技工院校实训基地人才培养一体化模块教材

机修钳工实训
（初级模块）

人力资源和社会保障部教材办公室组织编写

中国劳动社会保障出版社

简　介

本书主要内容有：机械设备零部件加工、机械设备安装与调试、机械设备维修以及职业技能鉴定机修钳工初级考核模拟试卷。

图书在版编目（CIP）数据

机修钳工实训：初级模块/李江主编．—北京：中国劳动社会保障出版社，2015
技工院校实训基地人才培养一体化模块教材
ISBN 978-7-5167-2004-2

Ⅰ.①机…　Ⅱ.①李…　Ⅲ.①机修钳工-教材　Ⅳ.①TG947

中国版本图书馆 CIP 数据核字（2015）第 199850 号

中国劳动社会保障出版社出版发行
（北京市惠新东街1号　邮政编码：100029）
*
北京市艺辉印刷有限公司印刷装订　新华书店经销
787毫米×1092毫米　16开本　19印张　425千字
2015年8月第1版　2020年6月第2次印刷
定价：35.00元

读者服务部电话：（010）64929211/84209101/64921644
营销中心电话：（010）64962347
出版社网址：http://www.class.com.cn
http://zyjy.class.com.cn

技工院校实训基地人才培养一体化模块教材编委会名单

编审委员会（以姓氏笔画排序）

王国海　冯跃虹　吕成鹰　刘海光　孙大俊
冷耀明　张　林　胡恒庆　龚　安

编审人员

本书主编：李　江
本书参编：张　静　赵树强　陈　潺
本书主审：邓　敏

前言

Preface

为了进一步发挥技工院校在技能人才培养方面的作用，切实满足企业对技能型人才的需求，人力资源和社会保障部教材办公室组织有关学校的骨干教师和行业、企业专家，在充分调研技工院校实训基地人才培养和培训模式以及企业技能人才需求的基础上，吸收和借鉴当前较为成熟的人才培养理念，编写了技工院校实训基地人才培养一体化模块教材。

使用说明

本套教材分为基础模块和专业核心模块（见下图）。其中专业核心模块教材根据国家职业技能鉴定标准中的初级、中级和高级要求设计有相对应的初级模块教材、中级模块教材和高级模块教材。实训基地可根据需要按照“基础模块＋专业核心模块”组合模式选择相应的教材。

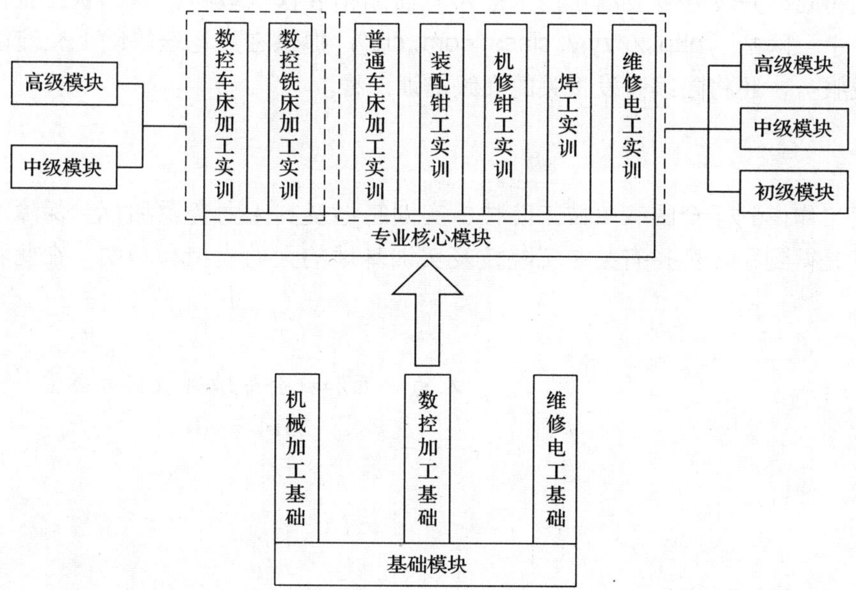

编写特色

◆与职业技能鉴定接轨

教材的编写以车工、数控车工、数控铣工、装配钳工、机修钳工、焊工、维修电工等国家职业技能标准为依据，涵盖国家职业技能标准（初、中、高级）的知识和技能要求，内容具有权威性。为了帮助学员熟悉职业技能鉴定考核形式及考题类型，每种专业核心模块教材均附有3～5套职业技能鉴定模拟试卷（包含理论知识试卷和技能操作试卷），并配有相应的参考答案。

◆与企业需求接轨

教材在编写中充分考虑企业的培训和用人需求，尽量选取企业真实的、有代表性的操作案例，整合相应的知识和技能，构建一体化教学模块，实现理论与操作技能的统一，既符合职业教育和职业培训的基本规律，又有利于培养学员分析问题和解决问题的综合职业能力。

◆保证先进性和规范性

教材根据相关专业领域的最新发展，编入了新知识、新技术、新设备、新材料等方面的内容，保证教材的先进性。同时采用最新的国家技术标准，使教材更加科学和规范。

读者对象

本套教材既可作为技工院校实训基地技能人才培养和培训用书，还可作为企业、社会培训机构的技能培训用书以及职业技术院校师生的专业用书。

后续拓展

作为补充，我们将陆续开发各专业高新技术应用方面的拓展模块教材，通过职业教育教学资源和数字学习中心网站（http://zyjy.class.com.cn/）提供在线论坛等网上交流以及相关教学资源下载服务，还将陆续开发相关的在线培训课程。

致谢

本套教材的开发工作得到了全国有关技工院校、实训基地及其人力资源和社会保障主管部门的支持，尤其是得到了江苏省有关技工院校及实训基地的大力支持和帮助，在此我们表示诚挚的谢意。

人力资源和社会保障部教材办公室

2014 年 10 月

目　录

CONTENTS

模块一　机械设备零部件加工

模块二 机械设备安装与调试

模块三 机械设备维修

模块四 职业技能鉴定机修钳工初级考核模拟试卷

模块一 机械设备零部件加工

机械设备都是由若干零件组成的，而大多数零件是用金属材料制成的。一台机械设备的产生，需要许多工种的相互配合来完成。钳工就是其中用来完成设备维修和维护所必须掌握的一种基本操作技能。本模块以《国家职业技能标准 · 机修钳工（初级）》所提出的技能要求为标准，介绍了机修钳工常用的量具及其使用方法，以及划线、錾削、锯削、锉削、孔加工、螺纹加工、刮削、研磨等钳工基本技能的操作方法，使学员能熟练掌握机械设备常用零部件的基本钳加工方法。

课题 1　机修钳工常用量仪使用

子课题 1　游标卡尺的使用

一、机修钳工量具的类型

为了确保零件和产品的质量，就必须用量具来测量。用来测量、检验零件及产品尺寸和形状的工具叫作量具。量具的种类很多，根据其用途和特点，可分为三种类型。

1．万能量具

这类量具一般都有刻度，在测量范围内可以测量零件和产品形状及尺寸的具体数值，如游标卡尺、千分尺、百分表和万能量角器等。

2．专用量具

这类量具不能测量出实际尺寸，只能测定零件和产品的形状及尺寸是否合格，如卡规、塞规等。

3．标准量具

这类量具只能制成某一固定尺寸，通常用来校对和调整其他量具，也可以作为标准与被测量件进行比较，如量块等。

游标卡尺是一种中等精度的量具，可以直接测量出工件的外径、孔径、长度、宽度、深度和孔距等尺寸。

二、游标卡尺的结构

游标卡尺是一种中等精度的量具，可以直接测量出工件的外径、孔径、长度、宽度、深度和孔距等尺寸。

游标卡尺的结构如图 1—1—1 所示，测量时，旋松紧固螺钉可使活动尺身沿固定尺身移动，并通过游标和固定尺身上的刻线进行读数，在调节尺寸时可先将微调装置上的紧固螺钉旋紧，再通过其内的微调螺母与螺杆配合推动活动尺身前进或后退，从而获得所需要的尺寸，前端量爪可分别用来测量外径、孔径、长度、宽度、孔距等尺寸，后端测深杆可用来测量深度尺寸。

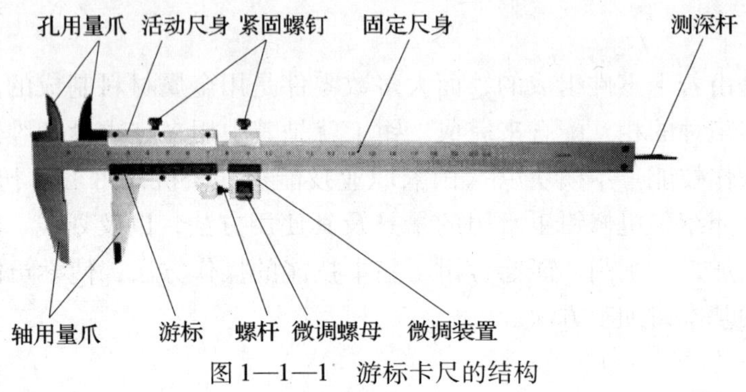

图 1—1—1　游标卡尺的结构

三、游标卡尺的刻线原理和读数方法

1. 游标卡尺的刻线原理

固定尺身上每一小格为 1 mm，当两量爪合并时，游标上的 50 小格正好与固定尺身上的 49 mm 相对正，因此，固定尺身与游标每小格之差为：

$$1-\frac{49}{50}=0.02\ (\text{mm})$$

此差值即为 1/50 mm 游标卡尺的测量精度。

2. 游标卡尺的读数方法

游标卡尺的读数方法如图 1—1—2 所示。

第一步：读出游标上零线左面固定尺身的毫米整数。

第二步：读出游标上哪一条刻度线与固定尺身上某刻度线对齐。

第三步：把固定尺身和游标上的尺寸加起来即为测得的尺寸。

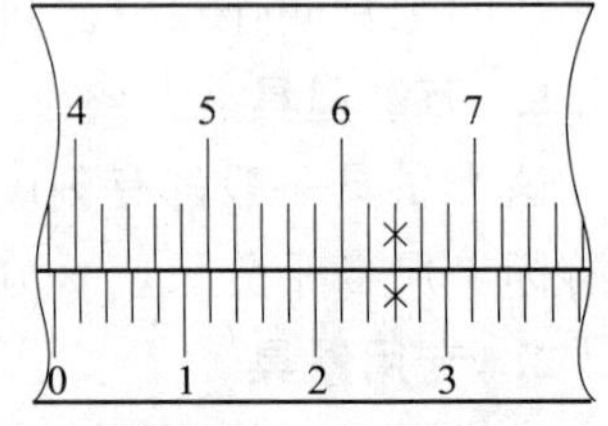

图 1—1—2　游标卡尺的读数

四、游标卡尺的测量范围和精度

游标卡尺只适用于中等精度（IT10 ~ IT16）尺寸的测量和检验。不能用游标卡尺测量铸造、锻造等毛坯工件，否则容易使量具很快磨损而失去精度；也不能用游标卡尺测量精度要求高的工件，因为游标卡尺存在一定的示值误差。

五、游标卡尺的使用方法

测量时，先将游标卡尺的一个量爪与工件上的被测表面完全接触，然后右手拇指推动另一个量爪向前移动至与工件另一被测表面完全接触（图 1—1—3），即可进行读数。

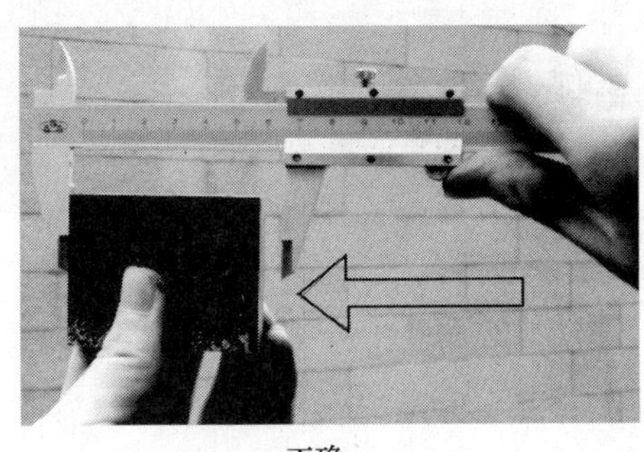
正确

错误

图 1—1—3　游标卡尺的测量

六、游标卡尺的维护与保养

（1）游标卡尺是比较精密的测量工具，要轻拿轻放，不得碰撞或跌落地下。使用时不要用来测量粗糙的物体，以免损坏量爪，不用时应置于干燥地方，防止锈蚀。

（2）测量时，应先拧松紧固螺钉，移动游标不能用力过猛。两量爪与待测物的接触不宜过紧。不能使被夹紧的物体在量爪内挪动。

（3）测量结束要把卡尺平放，尤其是大尺寸的卡尺更应注意，否则尺身会弯曲变形。

（4）测量时，视线应与尺面垂直。若需固定读数，可用紧固螺钉将游标固定在尺身上，防止滑动。

（5）不能把卡尺的两个测量爪当作螺钉扳手用，或把测量爪的尖端用作划线工具、圆规等。移动卡尺的尺框和微动装置时，不要忘记松开紧固螺钉；但也不要松得过量，以免螺钉脱落丢失。

（6）用完后，要把测量爪合拢，否则较细的深度尺露在外边，容易变形甚至折断。

子课题 2　外径千分尺的使用

一、外径千分尺的结构和用途

千分尺是一种精密量具，它的测量精度比游标卡尺高，而且比较灵敏。因此，对于加工精度要求较高的工件尺寸，要用千分尺来测量。

外径千分尺的结构如图 1—1—4 所示。外径千分尺的主体是尺架，尺架的左端有砧座，右端是表面有刻线的固定套筒，里面是带有内螺纹（螺距 0.5 mm）的衬套，测微螺杆右面的螺纹可沿此内螺纹回转，并用轴套定心。在固定套筒的外面是有刻线的微分筒，它用锥孔与右端锥体相连。转动锁紧手柄，通过偏心锁紧可使测微螺杆固定不动。松开罩壳，可使测微螺杆与微分筒分离，以便调整零线位置。棘轮用螺钉与罩壳连接，转动棘轮上的棘轮盘，测微螺杆就会移动。当测微螺杆的左端面接触工件时，棘轮在棘爪销的斜面上打滑，测微螺杆就停止前进。由于弹簧的作用，棘轮在棘爪销斜面滑动时发出“吱吱”声。如果棘轮盘反方向转动，则拨动棘爪销、微分筒转动，使测微螺杆向右移动。

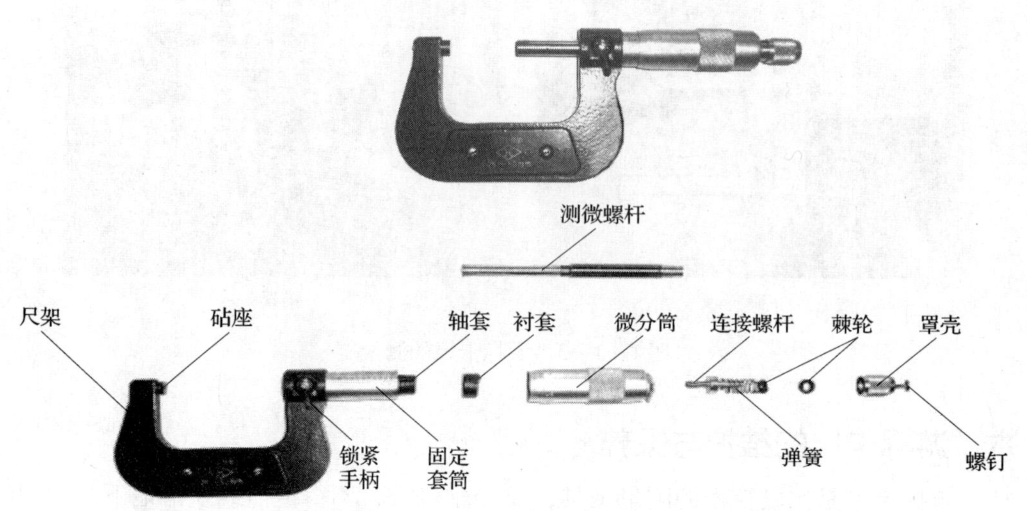

图 1—1—4　外径千分尺的结构

二、外径千分尺的刻线原理和读数方法

1. 外径千分尺的刻线原理

测微螺杆右端螺纹的螺距为 0.5 mm，当微分筒转一周时，测微螺杆就移动 0.5 mm。微分筒圆锥面上共刻有 50 格，因此微分筒每转一格，测微螺杆就移动 0.5 ÷ 50 = 0.01（mm）。固定套管上刻有主尺刻线，每格 0.5 mm。

2. 外径千分尺的读数方法

在外径千分尺上读数的方法可分三步（图 1—1—5）。

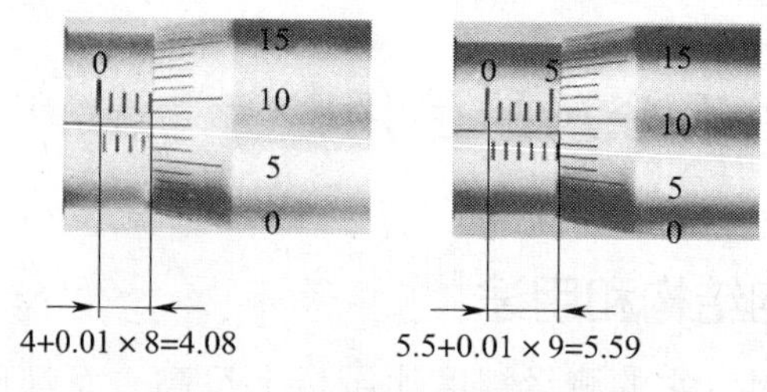

图 1—1—5　外径千分尺的读数

（1）读出微分筒边缘在固定套管主尺的毫米数和半毫米数。

（2）看微分筒上哪一格与固定套管上的基准线对齐，并读出不足半毫米的数。

（3）把两个读数加起来就是测得的实际尺寸。

三、外径千分尺的测量范围和精度

千分尺的规格按测量范围分为 0 ~ 25 mm、25 ~ 50 mm、50 ~ 75 mm、75 ~ 100 mm、100 ~ 125 mm 等。使用时按被测工件的尺寸选用。

千分尺的制造精度分为 0 级和 1 级两种，0 级精度最高，1 级稍差。千分尺的制造精度主要由它的示值误差和两测量面平行度误差的大小来决定。

四、外径千分尺的使用方法

1. 使用前的注意事项

(1) 使用前先用软布或干净棉丝擦净两个测量面，然后转动微分筒和棘轮，使这两个测量面轻轻地接触并使棘轮发出“咔咔”的声音。这时看两测量面间有没有间隙（漏光），以检查测量面的平行性。再看零位是否对准，如果零位不对则应重新调整。0～25 mm 的千分尺可直接校对零位，大于 25 mm 的千分尺用校对杆校对。

(2) 旋转微分筒时，微分筒应能够自由灵活并协调地沿固定套筒移动，而不应有磨卡和任何不灵活的现象。

(3) 被测工件表面必须拭揩干净，以免脏物损坏测量面或影响测量精度，如果发现测量面有毛刺，可用天然油石轻轻地将毛刺抛去。

2. 外径千分尺的正确使用

(1) 测量时左手握住尺架，右手转动微分筒，当测量面快要与零件表面接触时，再旋转棘轮，直到发出“咔咔”的响声后便可以读数。如果把千分尺从工件上取下来读数，应先扳动止动器把测杆固定后再取下尺来读数，这样的方法尽量少用，因为容易磨损测量面。

(2) 旋转微分筒不要太快，以防测量面相撞，挤坏千分螺杆和螺母，更不能用手握着微分筒使劲地拧动。旋转棘轮时要用力均匀，转动平缓，不要猛力旋转，这样会使测力不稳，也容易发生撞击。

(3) 退尺时应转动微分筒，而不应旋转后盖和棘轮，以免零件松动影响零位。

(4) 大量测量时可以把千分尺夹在钳子上，左手拿件，右手操作千分尺进行测量。

(5) 为了消除测量误差，可以在原地方多测几次，取平均数。为了测量某些工件是否产生椭圆或锥度，更需要对不同的方向、不同的位置做反复测量。

五、外径千分尺的维护与保养

(1) 千分尺用完后，应用干净的白布将切屑、切削液等脏物擦净。用汽油清洗两测量面，然后涂上凡士林放在盒内。注意放时要使两测量面相互离开，以免腐蚀。

(2) 千分尺的各回转副不能加普通机油、煤油、凡士林、酒精、柴油等润滑剂，更不能在机油里浸泡。需要润滑时应加轻质润滑油。

(3) 不能用千分尺测量粘有研磨剂的工件，测量面不允许用砂布或金刚砂随意研磨。

子课题 3　万能角度尺的使用

一、万能角度尺的结构和用途

万能角度尺是用来测量工件内、外角度的量具。按游标的测量精度分为 2′和 5′两种，其示值误差分别为 ±2′和 ±5′，测量范围是0° ~ 320°。现介绍测量精度为 2′的万能角度尺。

万能角度尺的结构如图 1—1—6 所示，万能角度尺由刻有角度刻线的尺身 1 和固定在扇形板 2 上的游标 3 组成。扇形板可以在尺身上回转移动，形成与游标卡尺相似的结构。直角尺 5 可用支架 4 固定在扇形板 2 上，直尺 6 用支架固定在直角尺 5 上。如果拆下直角尺 5，也可将直尺 6 固定在扇形板上。

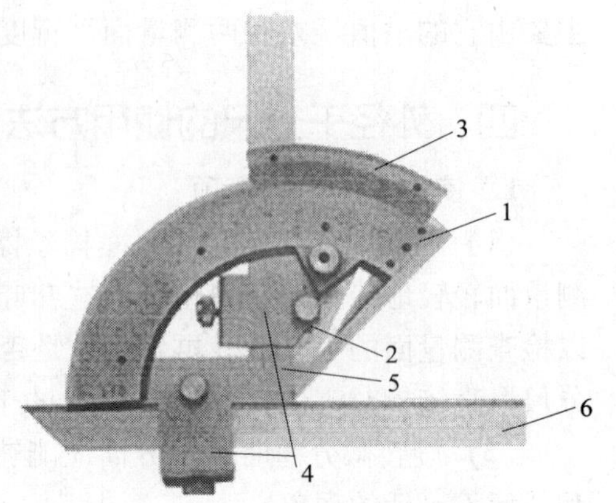

图 1—1—6 万能角度尺的结构

1—尺身 2—扇形板 3—游标 4—支架 5—直角尺 6—直尺

二、万能角度尺的刻线原理和读数方法

1. 万能角度尺的刻线原理

尺身刻线每格 1°，游标刻线是将尺身上 29°所占的弧长等分为 30 格，即每格所对应的角度为 29°/30，因此游标 1 格与尺身 1 格相差：

$$1° - 29°/30 = 1°/30 = 2'$$

即万能角度尺的测量精度为 2′。

2. 万能角度尺的读数方法

（1）先从尺身上读出游标零线前的整度数。

（2）再从游标上读出角度“′”的数值。

（3）两者相加就是被测角度数值。

三、万能角度尺的测量范围

由于直尺和直角尺可以移动和拆换，因此万能角度尺可以测量 0° ~320°的任何角度。

四、万能角度尺的使用方法

测量时应先校准零位，万能角度尺的零位是当直角尺与直尺均装上，而直角尺的底边及基尺与直尺无间隙接触，此时主尺与游标的“0”线对准。调整好零位后，通过改变基尺、直角尺、直尺的相互位置可测量 0° ~320°范围内的任意角度。

五、万能角度尺的维护与保养

应用万能角度尺测量工件时，要根据所测角度适当组合量尺。

（1）使用前，先将万能角度尺擦拭干净，再检查各部件的相互作用是否移动平稳、可靠，止动后的读数是否不动，然后对零位。

（2）测量时，旋松制动器上的螺帽，移动主尺座做粗调整，再转动游标背面的手把做精细调整，直到使角度尺的两测量面与被测工件的工作面密切接触为止。然后拧紧制动器上的螺帽加以固定，即可进行读数。

（3）测量完毕后，应用汽油或酒精把万能角度尺洗净，再用干净纱布仔细擦干，涂以防锈油，然后装入匣内。

子课题 4　百分表的使用

一、百分表的结构和用途

百分表可以用来检验机床精度和测量工件的尺寸、形状和位置误差。

百分表的结构如图 1—1—7 所示。淬硬的触头用螺纹旋入齿杆的下端。齿杆的上端有齿。当齿杆上升时，带动齿数为 16 的小齿轮。与小齿轮同轴装有齿数为 100 的大齿轮，再由这个齿轮带动中间齿数为 10 的小齿轮。与此小齿轮同轴装有长指针，因此长指针就随着该小齿轮一起转动。在此小齿轮的另一边装有大齿轮，在其轴下端装有游丝，用来消除齿轮间的间隙，以保证其精度。该轴的上端装有短指针，用来记录长指针的转数（长指针转一周时短指针转一格）。拉簧的作用是使齿杆能回到原位。在表盘上刻有线条，共分 100 格。转动表圈，可调整表盘刻线与长指针的相对位置。

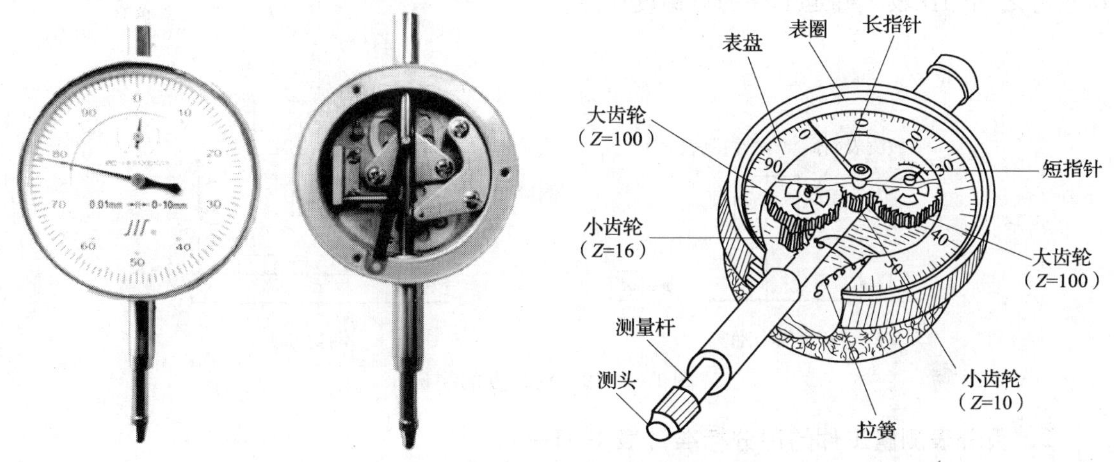

图 1—1—7　百分表的结构

二、百分表的分度原理

百分表内的齿杆和齿轮的周节是 0. 625 mm。当齿杆上升 16 个齿时（即 $0.625\times16=10$ mm），16 齿的小齿轮旋转一周，同时齿数为 100 的大齿轮也随之旋转一周，就带动齿数为 10 的小齿轮和长指针旋转 10 周，即齿杆移动 1 mm，长指针旋转一周。由于表盘上共刻 100 格，所以长指针每转过一格表示齿杆移动 0. 01 mm。

三、百分表的使用方法（图 1—1—8）

（1）使用前，应检查测量杆的灵活性。即轻轻推动测量杆时，测量杆在套筒内的移动要灵活，没有任何轧卡现象，每次手松开后，指针能回到原来的刻度位置。

（2）使用时，必须把百分表固定在可靠的夹持架上。切不可贪图省事，随便夹在不稳固的地方，否则容易造成测量结果不准确，或摔坏百分表。

（3）测量时，不要使测量杆的行程超过它的测量范围，不要使表头突然撞到工件上，也不要用百分表测量表面粗糙或明显凹凸不平的工件。

（4）测量平面时，百分表的测量杆要与平面垂直，测量圆柱形工件时，测量杆要与工件的中心线垂直，否则，将使测量杆活动不灵或测量结果不准确。

（5）为方便读数，在测量前一般都让长指针指到刻度盘的零位。

图 1—1—8 百分表测量工件

四、百分表的测量

1. 百分表对典型工件的测量

以 T 形工件的对称度测量为例（图 1—1—9）。测量时分别以 *A*、*B* 面为测量基准，将外径百分表的测量触头分别与工件的两个测量表面垂直接触，测量尺寸 *H* 和 *H′*，通过 *H* 和 *H′* 尺寸之间的比较，确定工件的对称度误差。

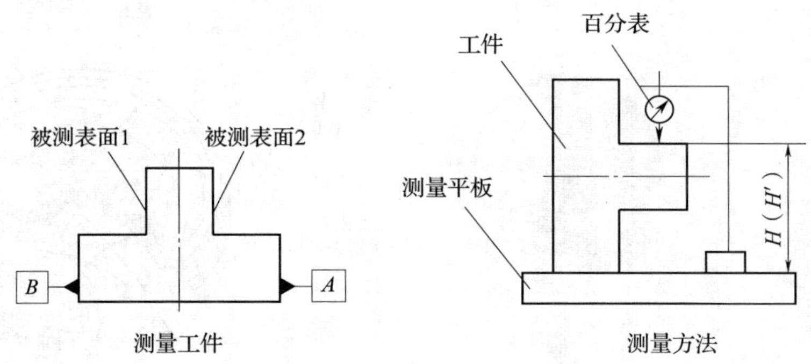

图 1—1—9 对称度的测量

2. 百分表测量工件的评分标准（表 1—1—1）

表 1—1—1 **百分表测量工件的评分标准**

时限	30 min		
序号	评分要素	配分	评分标准
1	测量前准备：正确选择百分表，被测工件整齐摆放	5	百分表、工件摆放无序，酌扣 1 ~ 5 分
2	工件 *H* 尺寸的测量	30	测量不准确，酌扣 1 ~ 30 分
3	工件 *H′* 尺寸的测量	30	测量不准确，酌扣 1 ~ 30 分
4	工件对称度的计算	20	计算不准确，酌扣 1 ~ 20 分
5	做好百分表的维护保养	15	不到位扣 1 ~ 15 分
6	安全文明生产		酌情扣分

五、百分表的维护与保养

（1）使用前应将百分表测量面、测杆擦净。

（2）使用百分表前，应将测头压缩，使指针至少转过 1/6 圈。

（3）应当先考察指示值的稳定性后再使用。在零位上，将测杆快速地或缓慢地往下移，这时看一下指示值的变化情况，当指示值变化 0.3 刻度以上时，就要考虑下列问题。

1）支架的固定是否松动。

2）百分表装卡的夹紧部分是否松动。

3）若无前两种情况，那么百分表本身有问题，需交计量检定人员处理。

子课题 5　其他常用量仪的使用

一、框式水平仪的使用

框式水平仪常用来校正装配基准件（如底座、床身、导轨、工作台等机床零部件）的安装水平，测量机床的导轨直线度、平行度、垂直度等几何精度。

框式水平仪由框架和水准器组成。框架的测量面上有 V 形槽，便于测量圆柱形零件，如图 1—1—10 所示。

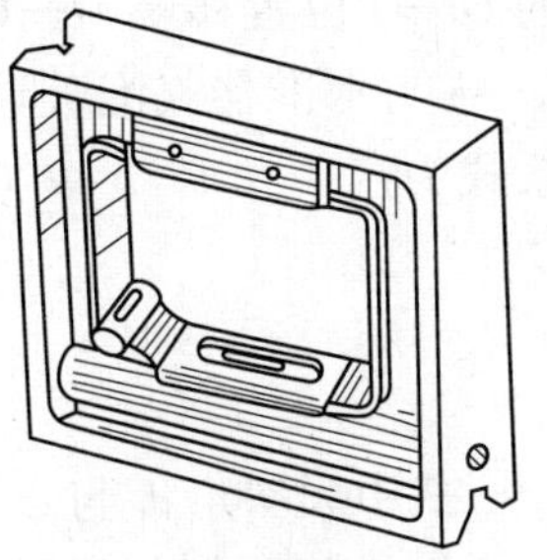

图 1—1—10　框式水平仪

1. 框式水平仪的分度值分组

外形尺寸系列及精度要求如下。

（1）框式水平仪的分组

框式水平仪是根据分度值进行分组的，我国框式水平仪的分组见表 1—1—2。国外进口的框式水平仪还有分度值为 0.01 mm/1 000 mm 的。

表 1—1—2　　我国框式水平仪的分组

组别	分度值
Ⅰ	0.02 mm/1 000 mm
Ⅱ	0.03 mm/1 000 mm ~ 0.05 mm/1 000 mm
Ⅲ	0.06 mm/1 000 mm ~ 0.15 mm/1 000 mm

（2）框式水平仪的外形尺寸

我国框式水平仪的外形尺寸见表 1—1—3。

（3）框式水平仪的精度

我国框式水平仪的精度见表 1—1—4。

表 1—1—3　　我国框式水平仪的外形尺寸

长（L）	宽（B）	高（H）	V 形工作面角度
100	25 ~ 35	100	120°或 140°
150	30 ~ 40	150	
200	35 ~ 45	200	
250	40 ~ 50	250	
300	40 ~ 50	300	

表 1—1—4　　我国框式水平仪的精度

项目	Ⅰ	Ⅱ	Ⅲ
两侧工作面与底部工作面的垂直度	不大于主水准泡分度值的 1/4	不大于主水准泡分度值的 1/4	不大于主水准泡分度值的 1/4
上工作面与底部工作面的平行度			
两 V 形工作面与所对平工作面的平行度			

2. 框式水平仪的工作原理

水平仪主要是依据水准器内液体在重力作用下总是流向低处并保持水平、气泡总是浮在高处这一原理制造成的。设气泡移动的距离为 L，水准器内气泡的倾角为 ϕ，由原来的 $O—O$ 位置移至 $O—O'$ 位置，如图 1—1—11 所示，这时 L、ϕ 与水准器气泡玻璃管内壁的曲率半径 R 三者之间的关系式为：

$$L = R\phi$$

$$L = \frac{R\phi''}{206\ 265}$$

式中倾斜角 ϕ 与 ϕ''的单位分别是弧度和秒。

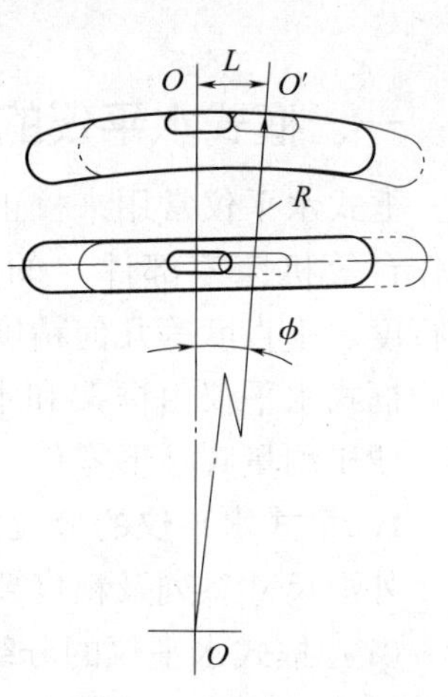

图 1—1—11　水平仪的工作原理

倾斜角 ϕ 相当于斜率，表示 L、R 的比值。该比值刻在水准器气泡玻璃管上，从中间向两端对称刻出，每一刻度即为水平仪的分度值。分度值是以每米内的毫米数来表示的。

3. 框式水平仪的读数方法

（1）绝对读数法

水平仪从起端测量，当气泡在中间时，才读为“0”，偏向起端时读为负值，偏离起端时读为正值，或用箭头表示气泡的偏移方向。

（2）相对读数法

采用相对读数法读数值，将水平仪在起端测量位置读为“0”，不管气泡位置是在中间或偏在一边。然后依次移动水平仪，记下每一个位置的气泡与前一位置的移动变化方向和移动的刻度格数。根据气泡的移动方向来评定被检导轨的倾斜方向，如果气泡的移动方向与水平仪的移动方向一致，读为正值，表示导轨向上倾斜；如果方向相反，读为负值，表示导轨向下倾斜。

4. 框式水平仪的使用方法

（1）根据被检查要素精度要求，选用合适的水平仪。因为水平仪精密度越高，稳定气泡的时间越长，测量成本也越高，而且需要精心维护。

（2）测量前，应仔细擦净表面，并检查被测表面有无毛刺。发现毛刺可用油石打磨。

（3）为减少水平仪测量面的磨损，不可将水平仪在被测表面上拖动，应将水平仪放在特制的垫板上使用。

（4）测量时不应对准气泡呼吸或用手擦摸气泡，尽量避免过冷或过热，更不允许有任何的撞击。

5. 框式水平仪使用时的注意事项

（1）使用前，应先检查水平仪零位是否正确。检查的方法是将水平仪放置在一块已经调平的平板上，读取水准器内气泡的读数。然后将水平仪调转180°，在相同的位置上放置后再次读取水准器内气泡的读数。如果两次读数相等，说明水平仪零位是正确的；如果两次读数有差值，则差值的一半就是水平仪零位误差。

（2）由于水准器内气泡随着温度升高而变小，造成测量误差。所以，在使用水平仪时必须提前将其放置在测量工作现场，进行等温处理。测量作业时，操作人员应戴手套，并握在胶木护腕处，以减少体温对水平仪测量精度的影响。

（3）用框式水平仪侧工作面做测量垂直度误差时，先要将横向水准器中的气泡置于零位后才能读数。因为水平仪整体斜置将会影响主水准器读数的精度。

（4）根据不同的测量精度要求选择不同分度值的框式水平仪。水平仪的最大测量误差Δh_{max}可由下式计算。

$$\Delta h_{max} = \pm \Delta h \frac{\sqrt{m}}{2} LK$$

式中 m——测量次数；

K——水平仪分度值，1 mm/1 000 mm；

L——水平仪测量误差；

Δh——各测段的测量误差。

二、检验棒的使用

检验棒的测量面是被测轴线的基准线，所以，检验棒制造时要有较高精度的圆柱度、圆锥度及各轴颈的同轴度。为了延长检验棒的使用寿命，检验棒表面要有较高的硬度，以及提高其耐磨性。

1. 检验棒的种类

检验棒的种类很多，在机床几何精度检查中常用圆柱形检验棒、莫氏锥柄检验棒、7∶24 锥度锥柄检验棒以及一些特殊检验棒。

2. 检验棒在机床几何精度检查中主要的检测项目

（1）旋转轴线的径向、轴向窜动的测量。

（2）轴线与轴线间的同轴度、平行度和垂直度的测量。

（3）轴线与平行面的平行度、垂直度的测量。

3. 检验棒使用时的注意事项

使用前应对检验棒及配合的孔进行清理，以保护检验棒的安装锥柄。使用中不能发生磕碰，应保护检验棒的中心孔。使用以后必须擦拭干净，上油后垂直悬挂。

三、平板的使用

平板测量面的形状有长方形、正方形和圆形，在机床几何精度检查中通常作为基准平面使用。因此，要根据实际测量的面积范围和精度要求，选择不同的平板。

1. 平板的规格型号

长方形和正方形铸铁平板按照尺寸系列划分，通常用平板工作面的长度尺寸乘以宽度尺寸表示，按照平板精度等级划分为 0 级、1 级、2 级和 3 级。根据接触精度要求，0 级和 1 级平板在每 25 mm^2 范围内不少于 25 点，2 级平板在每 25 mm^2 范围内不少于 20 点，3 级平板在每 25 mm^2 范围内不少于 12 点。

2. 平板的使用方法

用平板测量机床的平面度主要有两种方法。

（1）研点法

选择一块平板，其精度应高于被检查机床被检平面（或两条有一定跨距的导轨面）的平面度精度要求，被检平面应该被平板完全覆盖。检查时，先在被检平面上均匀涂抹一层很薄的显示剂，将平板擦净后覆盖在被检平面上；沿平板的长边方向做短距离的往复运动，进行研点。取下平板，观察被检平面上研点的分布，如果在整个平面上研点分布均匀，则表明被检平面的平面度已达到了相应的精度。研点法不能测出被检平面的平面度误差值。

（2）垫塞法

在被检平面上覆盖一块平板，用塞尺塞平板与被检平面结合面的四周，将插入不超过 20 mm 的最大塞尺片的厚度作为被检平面的平面度误差。垫塞法无法检查出呈中凹的平面度误差。

在用平板做机床几何精度检查前，应先对平板自身的制造精度进行鉴定，最简便的鉴定方法是 3 块平板对研法。因为平板一般都是以 3 块为一组，采用对研法刮削而成的。假设这 3 块平板分别为 *A* 平板、*B* 平板和 *C* 平板，只要分别将 *A* 平板与 *B* 平板、*A* 平板与 *C* 平板、*B* 平板与 *C* 平板对研，如果在 3 次对研中各平板工作平面上的接触点都是均匀分布的，就证明这组平板仍然保持着良好的精度，可以放心使用。如果现场只有 1 块或 2 块平板，无法采用对研检查时，可采用水平检查平面度的方法进行检查。

3. 平板使用时的注意事项

平板的平面度要求很高，在使用过程中要避免磕碰。平板使用后要擦净，上油，水平放置。严禁多块平板重叠放置。

四、平尺的使用

在检查机床几何精度时，平尺通常都是作为测量的基准。所以，其测量平面都具有很高的直线度、平面度、平行度和垂直度，以及很小的表面粗糙度值。通常采用刮削或研磨方法达到有关要求。平尺大多采用铸铁制造，为了减小长期使用中的变形，制造中经过多次时效处理及消除内应力。近年来，内应力很小、基本不变形的岩石平尺在几何精度检查中得到了应用。

1. 平尺的种类

常用的平尺有平行平尺（又分为Ⅰ字形平尺和Ⅱ字形平尺）和桥型平尺两种，如图 1—1—12 所示。它们在机床几何精度检查中通常作为基准直线使用，所以，要根据实际测量的长度和精度要求选择不同的平尺。表 1—1—5 中列举了平尺的长度系列和不同精度等级的直线度公差。

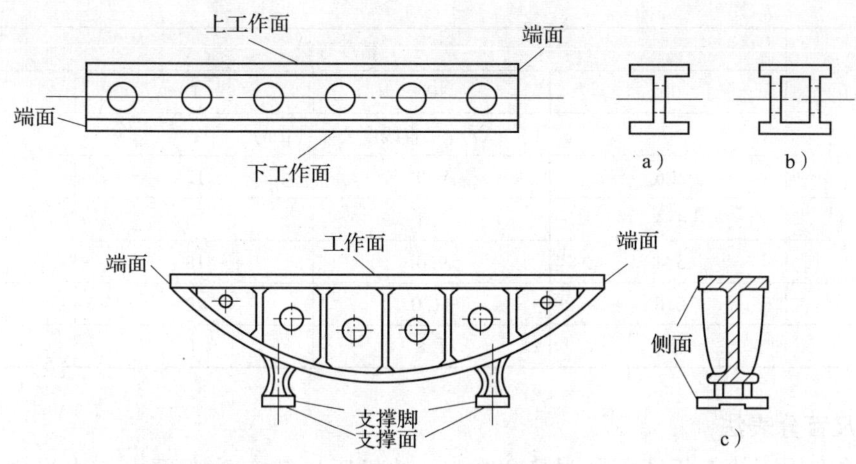

图 1—1—12　平行平尺和桥型平尺

a) Ⅰ字形平行平尺　b) Ⅱ字形平行平尺　c) 桥型平尺

2. 平尺在测量时的使用方法

用平尺测量机床直线度主要有三种方法。

(1) 研点法

选择一把平尺，其精度应高于被检查机床导轨直线度要求的精度，长度应不短于被检查导轨的长度。测量精度较低的机床导轨，允许平尺短于导轨长度，但导轨长度不得超过平尺长度的1/4，就是说，1 000 mm 长的平尺最长可以测量长度为1 250 mm 的导轨。研点法常用于检查长度不超过2 000 mm 的短导轨。

检查时，先在被检查的导轨面上均匀涂抹一层很薄的显示剂（如红丹油等），将平尺擦净后覆盖在被检查导轨表面上，垂直施加适当的压力后做短距离的往复运动，进行研点，如图 1—1—13a 所示。取下平尺，观察被检查导轨表面研点的分布，如果研点在导轨全长上均匀分布，则表明导轨的直线度已经达到了平尺的相应精度。由于研点方法不能直接测出导轨直线度的量值，所以，一般不用于几何精度检查的最后测量。它的优点是不需要精密的测量仪器。

表 1—1—5　　平尺的长度系列和不同精度等级的直线度公差

规格（mm）	精度等级			
	00	0	1	2
	直线度公差（μm）			
400	1.6	2.6	5	—
500	1.8	3.0	6	—
630	2.1	3.5	7	—
800	2.5	4.2	8	—
1 000	3.0	5.0	10	20

续表

规格（mm）	精度等级			
	00	0	1	2
	直线度公差（μm）			
1 250	3.6	6.0	12	24
1 600	4.4	7.4	15	30
2 000	5.4	9.0	18	36
2 500	6.6	11.0	22	44
任意 200	1.1	1.8	4	7

（2）平尺百分表法

这种方法常用于检查长度不超过 2 000 mm 的机床导轨在垂直面内或水平面内的直线度，如图 1—1—13b 和图 1—1—13c 所示。

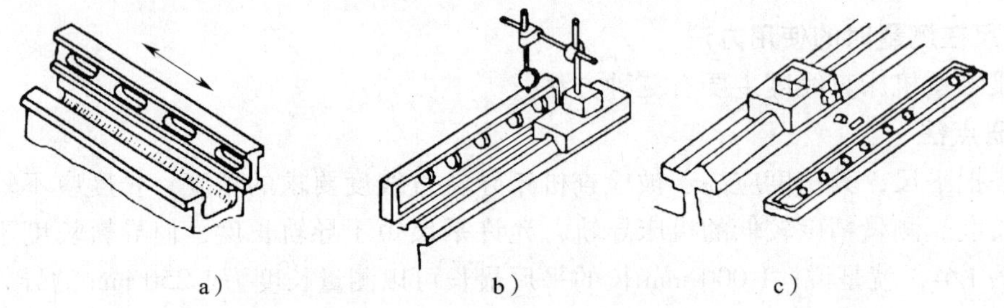

图 1—1—13 平尺的用法

a）研点法检查导轨直线度 b）平尺配合百分表在垂直面内直线度的检查
c）平尺配合百分表在水平面内直线度的检查

检查时将平尺置于被检查的导轨旁边，平尺的测量面与被检查导轨的直线度方向平行，在导轨上放置一块预先与被检查面刮好的垫铁，将百分表固定在垫铁上，使百分表测头顶压在平尺的测量面上。读数前，先调整平尺位置，使百分表在平尺两端的读数相等，然后移动垫铁，在导轨全长上读数，百分表的最大示值差就是该导轨的直线度误差。

（3）垫塞法

在被检查的平面导轨上安装一平尺，在离平尺两端各为全长的 2/9 处，支撑两个等高垫铁，如图 1—1—14 所示，用量块或塞尺测量平尺和被检查导轨面之间的间隙差值，就是该导轨的直线度误差值。

3. 平尺使用时的注意事项

铸铁平尺在使用前，应把工作面和被测量面清洗干净，不得有锈蚀、斑痕及其他缺陷存在，否则，直接影响测量精度或拉毛平尺及导轨表面。平尺使用后应擦净，涂油，以免生锈；存放桥型平尺时，应将测量面朝上水平放置。而平行平尺最好悬挂存放。

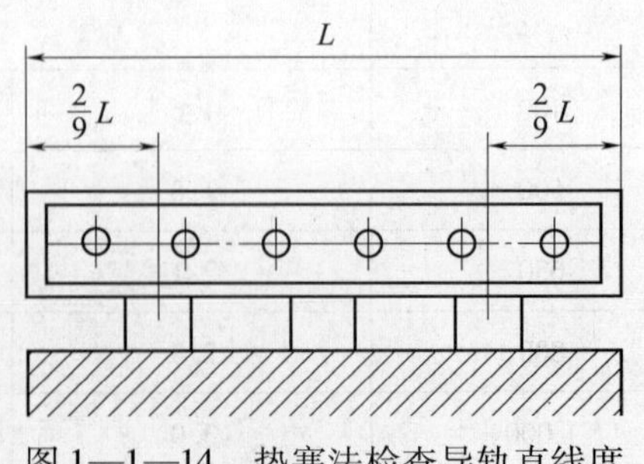

图 1—1—14 垫塞法检查导轨直线度

五、直角尺的使用

直角尺是用来测量零件上的直角或检验零件相互垂直度误差的量具，它也可以用来找正零件。直角尺大多数采用铸铁制造，为了减小长期使用中的变形，制造中经过多次时效处理以消除内应力。其测量表面都具有很高的直线度、平面度、平行度和垂直度，以及很小的表面粗糙度值。其结构形式和基本尺寸见表 1—1—6。

表 1—1—6　　直角尺结构形式和基本尺寸

形式	结构		精度等级	基本尺寸（mm）	
	简图	说明			
圆柱角尺	凹面、中心孔、测量面、h、α、d、基面	两端应有凹面及中心孔，在非基面一端应加标志及提手。高度 h 大于或等于 500 mm 的圆柱角尺允许制成空心式结构	00 级 0 级	h	d
				200	80
				315	100
				500	125
				800	160
				1250	200
刀口矩形角尺	刀口测量面、侧面、β、h、基面、隔热板、α、l、基面	高度 h 等于 200 mm 的刀口矩形角尺，其质量不得超过 3 kg	00 级 0 级	h	l
				63	40
				125	80
				200	125
矩形角尺	测量面、侧面、β、h、α、l、基面	在侧面上应采取减重措施 允许制成正方形角尺	00 级 0 级 1 级	h	l
				125	80
				200	125
				315	200
				500	315
				800	500
三角形角尺	侧面、测量面、h、α、l、基面	在侧面上应采取减重措施	00 级 0 级	h	l
				125	80
				200	125
				315	200
				500	315
				800	500
				1 250	800

续表

<table>
<tr><td rowspan="2">形式</td><td colspan="2">结　构</td><td rowspan="2">精度等级</td><td colspan="2" rowspan="2">基本尺寸（mm）</td></tr>
<tr><td>简　图</td><td>说　明</td></tr>
<tr><td rowspan="4">刀口角尺</td><td rowspan="4">刀口测量面 侧面 h β 基面 隔热板 α 长边 短边 l 基面</td><td rowspan="4">刀口角尺应带有隔热板</td><td rowspan="4">0 级
1 级</td><td>h</td><td>l</td></tr>
<tr><td>63</td><td>40</td></tr>
<tr><td>125</td><td>80</td></tr>
<tr><td>200</td><td>125</td></tr>
<tr><td rowspan="9">宽座角尺</td><td rowspan="9">测量面 侧面 h β 基面 长边 α l 基面 短边</td><td rowspan="9">允许制成整体式结构，但基面仍应为宽形基面。0 级宽座角尺仅适用于整体式结构</td><td rowspan="9">0 级
1 级
2 级</td><td>h</td><td>l</td></tr>
<tr><td>63</td><td>40</td></tr>
<tr><td>125</td><td>80</td></tr>
<tr><td>200</td><td>125</td></tr>
<tr><td>315</td><td>200</td></tr>
<tr><td>500</td><td>315</td></tr>
<tr><td>800</td><td>500</td></tr>
<tr><td>1 250</td><td>800</td></tr>
<tr><td>1 600</td><td>1 250</td></tr>
</table>

1. 直角尺的几何精度误差

由于直角尺有自身制造的误差，在测量时必须预先测量出直角尺的垂直度误差，然后从几何精度检查读数中予以补偿。

用直角尺拉表法检查垂直度时，直角尺垂直度误差的测量和计算如图 1—1—15 所示。

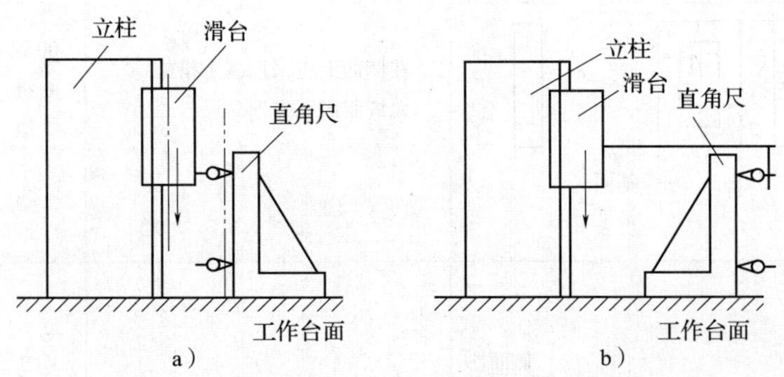

图 1—1—15　直角尺垂直度误差的测量和计算
a）面向立柱测量　b）背向立柱测量

若每次测量都是滑台从立柱的上方移向下方进行读数，则将百分表在上方的读数置为零，移到下方后压表视为正值（说明两者的距离变小）；反之，视为负值（说明两者的距离变大）。分别按直角尺面向立柱测量，如图 1—1—15a 所示；背向立柱测量，如图

1—1—15b 所示，进行两次测量读数。

面向立柱时读数值为 a，背向立柱时读数值为 b，则有：

被测立柱的垂直度误差为（$a+b$）/2

直角尺垂直度制造误差为（$a-b$）/2

计算结果的数值符号为正时表示立柱仰头或直角尺夹角小于 90°；符号为负时表示立柱俯头或直角尺夹角大于 90°。

例如：测得 $a=0.08$ mm，$b=0.06$ mm

立柱垂直度误差为（$a+b$）/2 =（0.08 + 0.06）/2 = 0.07 mm

直角尺垂直度制造误差为（$a-b$）/2 =（0.08 − 0.06）/2 = 0.01 mm

2. 直角尺使用时的注意事项

直角尺是一种精密量具，使用时要特别小心，不要使角尺的尖端、边缘与零件表面相磕碰。搬动时要一手托短边，一手扶长边，轻拿轻放。直角尺使用后一定要擦净，以防止生锈。保存时必须立放，严禁卧放以减少变形。立放时短边朝下，长边垂直放置。

课题 2　划线操作

子课题 1　划线工具的使用和保养

一、划线的概述

划线是指在毛坯或工件上，用划线工具划出待加工部位的轮廓线或作为基准的点、线。只需要在工件的一个表面上划线即能明确表示加工界线的划线方法，称为平面划线（图 1—2—1）。

二、划线的作用

（1）确定工件上的加工余量，使机械加工有明确的尺寸界线。

（2）便于复杂工件在机床上安装，可以按划线找正定位。

（3）能够及时发现和处理不合格的毛坯，避免加工后造成损失。

（4）采用借料划线可以使误差不大的毛坯得到补救，使加工后的零件仍能符合要求。

划线是机械加工的重要工序之一，广泛应用于单件和小批量生产。

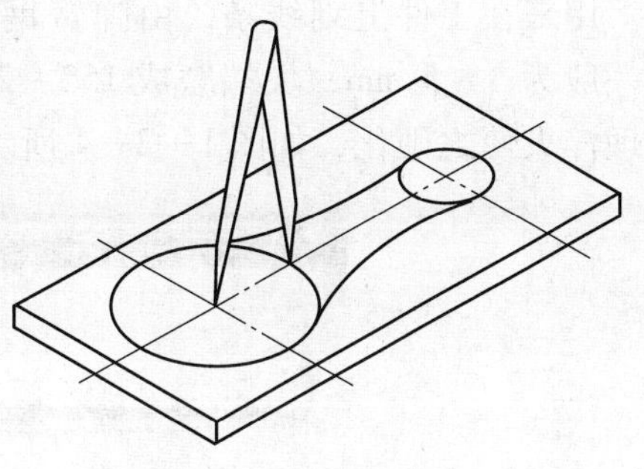

图 1—2—1　平面划线

三、划线的要求

划线除要求划出的线条清晰均匀外，最重要的是保证尺寸准确。在立体划线中，还应注意使长、宽、高三个方向的线条互相垂直。当划线发生错误或准确度太低时，就有可能造成工件报废。由于划出的线条总有一定的宽度，以及在使用划线工具和测量调整尺寸时难免产生误差，所以不可能绝对准确。一般的划线精度能达到0.25～0.5 mm。因此，通常不能依靠划线直接确定加工时的最后尺寸，而必须在加工过程中，通过测量来保证尺寸的准确度。

四、常用划线工具

1. 钢直尺

钢直尺是一种简单的尺寸量具，在尺面上刻有尺寸刻线，最小刻线距为0.5 mm，它的长度规格有150 mm、300 mm、1 000 mm等多种。可以用来量取尺寸，也可作为划直线时起导向作用的导向工具，如图1—2—2所示。

量取尺寸

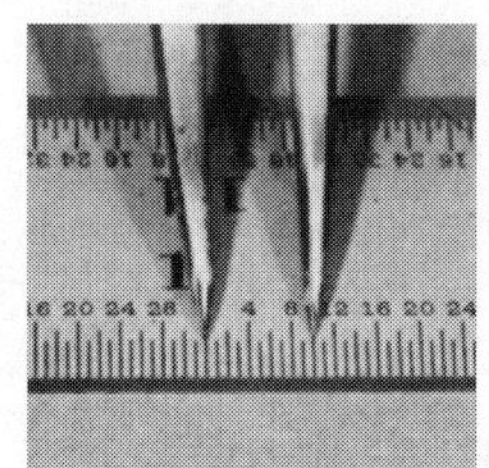
测量工件

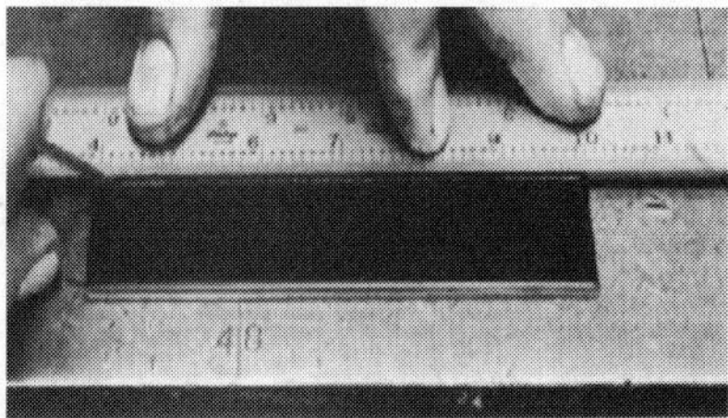
划直线

图1—2—2　钢直尺的使用

2. 划线平板

划线平板由铸铁制成，工作表面经过精刨或刮削加工，作为划线时的基准平面。划线平板放置时应使平板表面处于水平状态，如图1—2—3所示。

图1—2—3　划线平板

使用注意要点：平板工作表面应经常保持清洁；工件和工具在平板上都要轻拿轻放，不可损伤其工作表面；用后要擦拭干净，并上机油防锈。

3. 划针

用来在工件上划线条，由弹簧钢或高速钢制成，直径一般为3～5 mm，尖端磨成15°～20°的尖角，并经热处理淬火使之硬化，如图1—2—4所示。

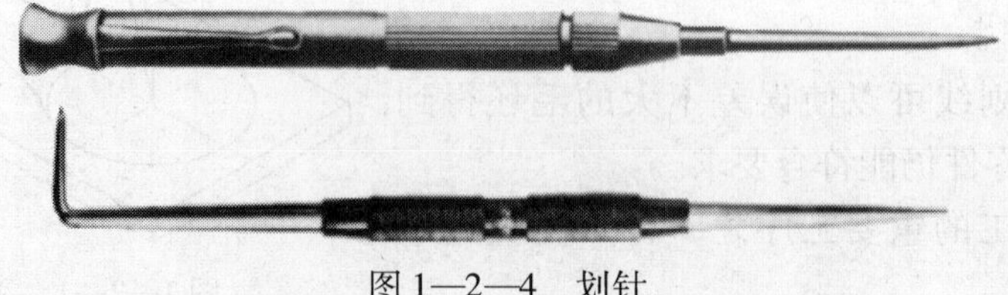
图1—2—4　划针

使用注意要点：在用钢直尺和划针连接两点的直线时，应先用划针和钢直尺定好其中一点的划线位置，然后调整钢直尺，与另一点的划线位置对准，再划出两点的连接直线；划线的时候，针尖要紧靠在导向工具的边缘，上部向外侧倾斜 15°～20°，向划线移动方向倾斜 45°～75°，如图 1—2—5 所示；针尖要保持尖锐，划线要尽量一次划成，使划出的线条清晰、准确；不用时，划针不能插在衣袋中，最好套上塑料管，不使针尖外露。

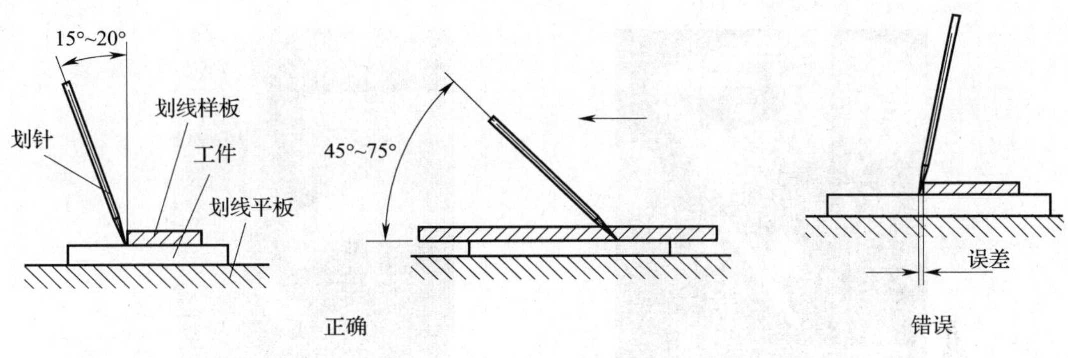

图 1—2—5　划针的用法

4. 高度划线尺

高度划线尺附有划针脚，能直接表示高度尺寸，其读数精度一般为 0.02 mm，可作为精密划线工具，如图 1—2—6 所示。

5. 划规

用来划圆和圆弧、等分线段、等分角度以及量取尺寸等，如图 1—2—7 所示。

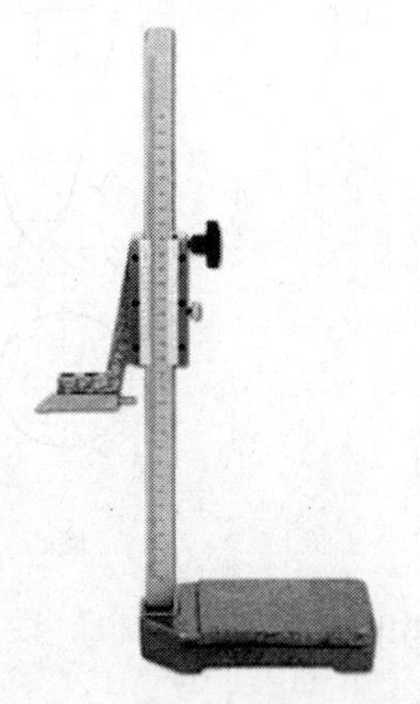

图 1—2—6　高度划线尺

图 1—2—7　划规

6. 样冲

用于在工件所划加工线条上打样冲眼（冲点），作为加强界限标记和作为划圆弧或钻孔时的定位中心。一般由工具钢制成，尖端处淬硬，其顶尖角 θ 在用于加强界限标记时大约为 40°，用于钻孔定中心时约取 60°，如图 1—2—8 所示。

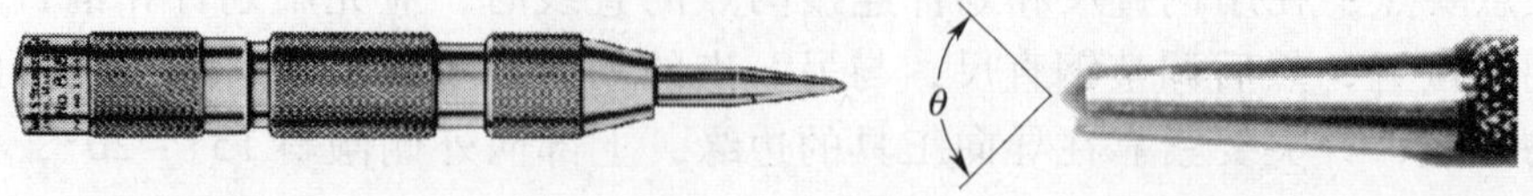

图 1—2—8　样冲

冲点方法：先将样冲外倾，使尖端对准线的正中（图 1—2—9a），然后再将样冲立直冲点（图 1—2—9b）。

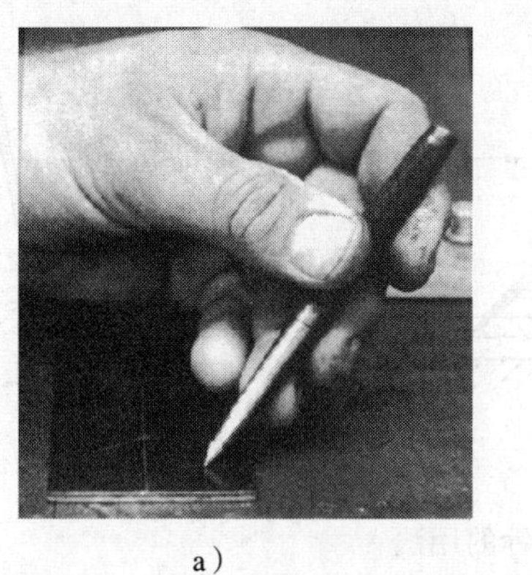

a）

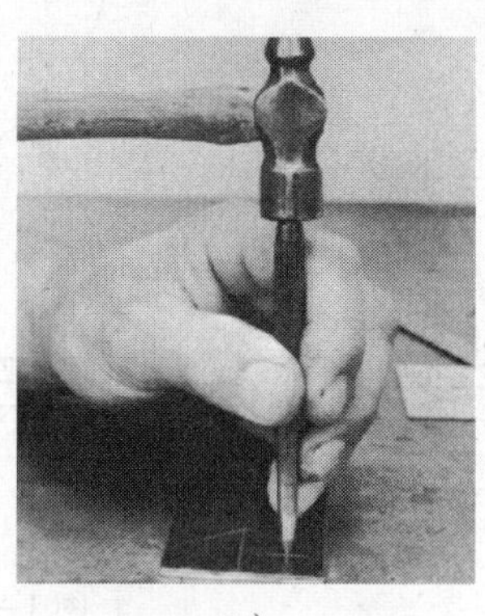

b）

图 1—2—9　样冲的使用方法

冲点要求：位置准确，冲点不可偏离线条（图 1—2—10）；在曲线上冲点距离要小些，在直线上冲点距离可大些，但短直线至少有三个冲点；在线条的交叉转折处必须冲点；冲点的深浅要掌握适当，在薄壁或光滑表面上冲点要浅，粗糙表面上要深些。

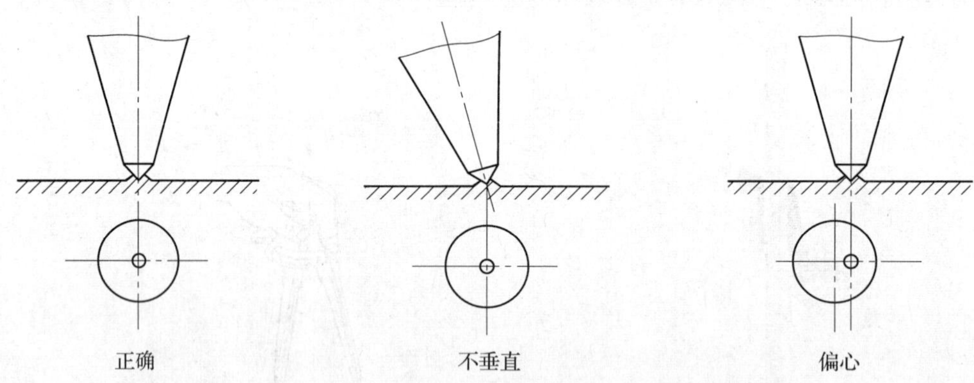

图 1—2—10　样冲的冲点要求

五、划线工具的保养

（1）钢直尺不用的时候可以上点油。

（2）铸铁平板的保养主要有以下几点：

1）为了防止铸铁平台、铸铁平板发生变形，在发装平台时，要将支承支在主支承点处。支承时，尽量将平板的工作面调整到水平面内。

2）为了防止铸铁平台、铸铁平板发生永久变形，工件检验完毕或划线完毕后，要把工件拿开，不得长时间放在平台上。

3）使用完毕，要及时擦净铸铁平台的工作面，然后涂上一层防锈油。如果较长时间不用，最好涂上一层黄油，然后铺一层白纸覆盖。

4）不用铸铁平台时，最好用木板制作的一个专用罩（平台的外包装即可）将平台的工作面罩住。严禁水滴在铸铁平台、铸铁平板的工作面上。

5）铸铁平台要实行周期检定，检定周期要根据使用的具体情况确定，一般情况为1年。

6）在使用铸铁平台、铸铁平板的过程中，要注意不要在潮湿、有腐蚀、过高和过低的温度环境下使用和存放。

（3）划针使用时注意不要碰伤头部，不用时可以上点油。对铸铁毛坯划线时，应使用焊有硬质合金的划针尖，以便保持长期锋利，其线条宽度应在0.1 ~0.15 mm范围内。平时不使用时应放入笔套，划针的头部要保持锐利。划线时划针要紧贴导向工具，划线要尽量一次划成。

（4）高度划线尺的使用与保养主要有以下几点：

1）用前检查零位。先把底面擦干净，放在平板上，量爪与平板接触时，游标零线应与主尺零线对齐。

2）用划线量爪测量高度时，轻推尺框到划线爪略高于被测件尺寸时，拧紧微动装置的紧固螺钉，旋动微动螺母，使划线爪与被测件表面接触，即可读数。

3）用测高量爪测量高度时，用量爪下工作面来测量，数值可直接从尺上读出；用量爪上工作面测量，被测尺寸应是从尺上读得的数加上量爪的厚度尺寸。

4）不要把高度尺横放在盒外面，以免弯曲变形。

5）搬移高度尺时，应一手托基座，一手扶主尺，不准竖着或横着提主尺。

（5）划规使用时用活动腿来划，另一条腿必须固定。

（6）样冲使用时要保证头部的锐利和适当的角度。

子课题2　轴承盖的划线

一、划线基准的选择

1. 基准的概念

（1）基准

用来确定其他点、线、面位置的点、线、面称为基准。

（2）设计基准

设计基准是指在零件图上用来确定其他点、线、面位置的基准。

（3）划线基准

划线基准是指在划线时选择工件上的某个点、线、面作为依据，用它来确定工件的各部分尺寸、几何形状及工件上各要素的相对位置。

2. 划线基准选择

(1) 划线基准的选择原则

1）划线基准应尽量与设计基准重合。

2）对称形状的工件，应以对称中心线为基准。

3）有孔的工件，应以主要孔的中心线为基准。

4）在未加工的毛坯上划线，应以主要不加工表面为基准。

5）在加工过的表面上划线，应以加工过的表面为基准。

划线时在零件的每一个方向都需要选择一个基准，因此，平面划线时一般要选择两个划线基准。

(2) 划线基准的选择类型

1）以两个互相垂直的平面（或线）为基准，如图 1—2—11a 所示。

2）以两条中心线为基准，如图 1—2—11b 所示。

3）以一个平面和一条中心线为基准，如图 1—2—11c 所示。

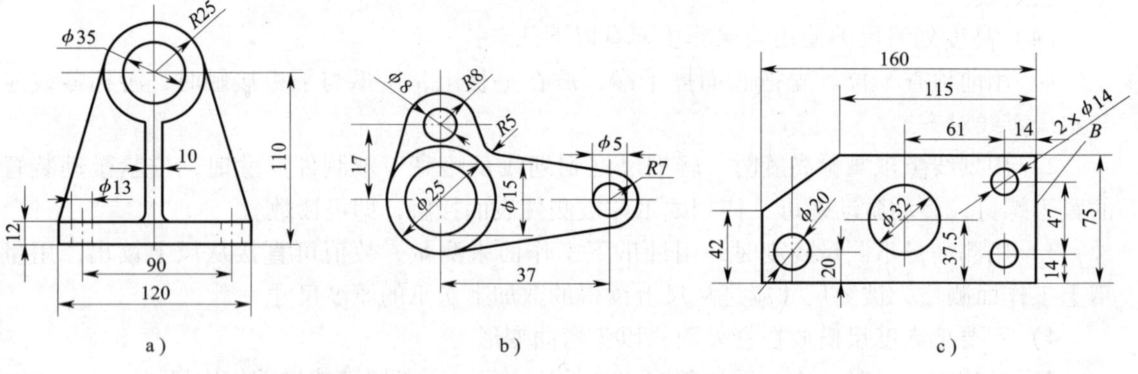

图 1—2—11　划线基准类型

二、基本划线方法

基本划线方法见表 1—2—1。

表 1—2—1　　**基本划线方法**

划线要求	图示	划线方法
将线段 *AB* 进行五等分（或若干等分）	*A*、*B*、*C*、*a*、*b*、*c*、*d*、*a*′、*b*′、*c*′、*d*′	1. 由 *A* 点作一射线并与已知线段 *AB* 成某一角度 2. 从 *A* 点在射线上任意截取五等分点 *a*、*b*、*c*、*d*、*C* 3. 连接 *BC*，并过 *a*、*b*、*c*、*d* 分别作线段 *BC* 的平行线，在 *AB* 线上的交点即为线段 *AB* 的五等分点
作与线段 *AB* 距离为 *R* 的平行线	*A*、*B*、*a*、*b*、*R*、*R*	1. 在已知线段上任取两点 *a*、*b* 2. 分别以 *a*、*b* 为圆心、*R* 为半径，在同侧作圆弧 3. 作两圆弧的公切线，即为所求的平行线

续表

划线要求	图示	划线方法
过线外一点 *P*，作线段 *AB* 的平行线	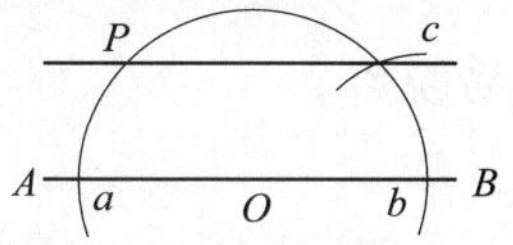	1. 在 *AB* 线段上取一点 *O* 2. 以 *O* 为圆心、*OP* 为半径作圆弧，交 *AB* 于 *a*、b 3. 以 *b* 为圆心，*aP* 为半径作圆弧，交圆弧 *ab* 于 *c* 4. 连接 *Pc*，即为所求平行线
过已知线段 *AB* 的端点 *B* 作垂直线段	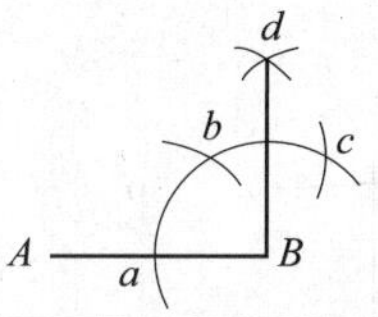	1. 以 *B* 为圆心，以 *Ba* 为半径作圆弧交线段 *AB* 于 *a* 2. 以 *Ba* 为半径，在圆弧上截取圆弧段 *ab* 和 *bc* 3. 分别以 *b*、*c* 为圆心、*Ba* 为半径作圆弧，交点为 *d* 4. 连接 *Bd*，即为所求垂直线段
作与两相交直线相切的圆弧线	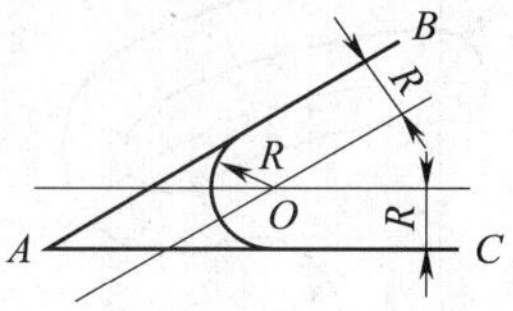	1. 在两相交直线的角度内，作与两直线相距为 *R* 的两条平行线，交点为 *O* 2. 以 *O* 为圆心、*R* 为半径作圆弧
作与两圆弧线外切的圆弧线	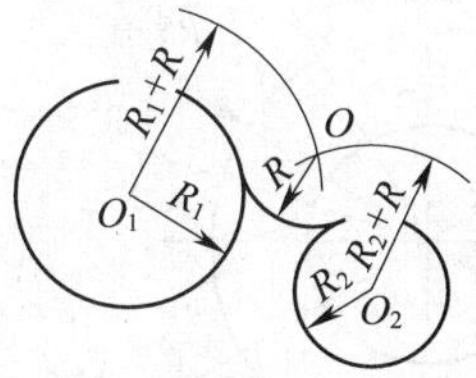	1. 分别以 O_1 和 O_2 为圆心，以 R_1+R 及 R_2+R 为半径作圆弧交于 *O* 2. 以 *O* 为圆心、*R* 为半径作圆弧
作与两圆弧线内切的圆弧线	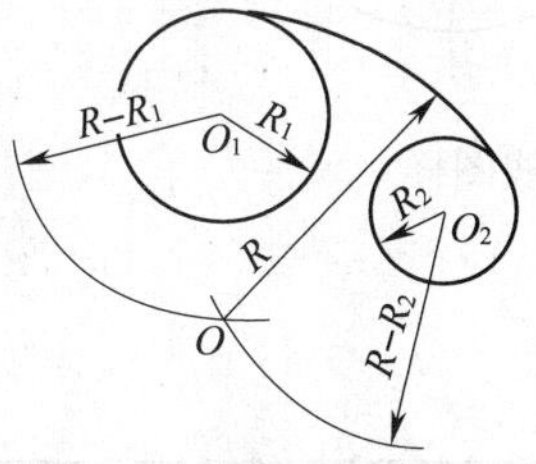	1. 分别以 O_1 和 O_2 为圆心，以 $R-R_1$ 及 $R-R_2$ 为半径作圆弧交于 *O* 2. 以 *O* 为圆心、*R* 为半径作圆弧
作与两相向圆弧相切的圆弧线	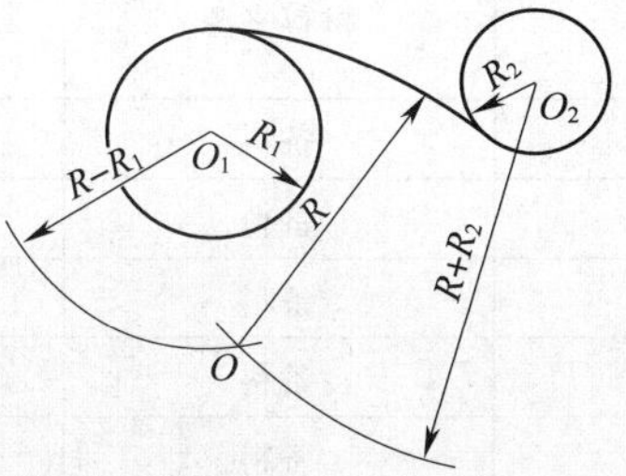	1. 分别以 O_1 和 O_2 为圆心，以 $R-R_1$ 及 $R+R_2$ 为半径作圆弧交于 *O* 2. 以 *O* 为圆心、*R* 为半径作圆弧

三、划线的涂料

工件的涂色是在工件需要划线的表面上涂上一层涂料，使划出的线条更清晰。常用的涂料有石灰水、蓝油等。

石灰水用于铸件和锻件毛坯。为了增加吸附力，可以在石灰水中加适量的牛皮胶水，划线后白底黑线，很清晰。

蓝油由2%～4%龙胆紫、3%～5%虫胶漆和91%～95%酒精配制而成。蓝油常用涂于已加工表面，划线后蓝底白线，效果较好。

涂色时，涂层要涂得均匀。太厚的涂层反而容易脱落。

四、技能操作

1. 划线图样（图1—2—12）

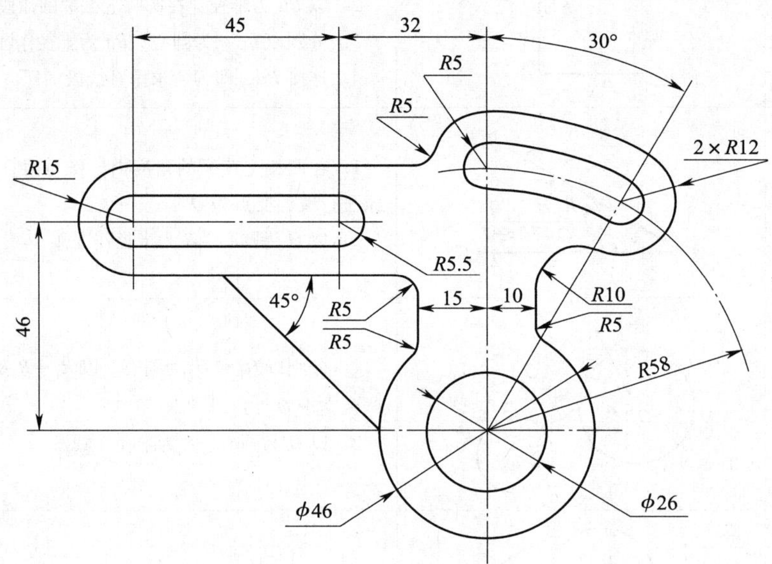

图1—2—12　划线图样

2. 操作准备（表1—2—2）

表1—2—2　　操作准备

实习工件（工具、量具）名称	材料	材料来源	件数	工时（h）
钢直尺		备料	1	2
划针		备料	1	
划线平板		备料	1	
游标高度尺		备料	1	
划规		备料	1	
样冲		备料	1	
锤子		备料	1	
角度样板		备料	1	
游标卡尺		备料	1	
直角尺		备料	1	
100 mm×100 mm×2 mm薄板	Q235	备料	1	

3. 操作步骤

（1）准备好所用的划线工具，并对实习件进行清理和划线表面涂色。

（2）熟悉图形画法，并指出图形应采取的划线基准及最大轮廓尺寸，安排基准线在实习件上的合理位置。

（3）除去毛刺，并检查毛坯尺寸。

（4）打学号。

（5）按照零件图选择基准并划线。

（6）检查划线尺寸是否正确。

4. 注意事项

（1）划线工具的使用方法及划线动作要领必须掌握正确。

（2）划线时要保持所划线条清楚、尺寸正确。

（3）样冲敲打正确。

（4）工件在划线后，都必须做一次仔细的复检校对工作，避免差错。

5. 练习记录及成绩评定（表1—2—3）

表1—2—3　　成绩评定

序号	图样要求	配分	检测结果		得分
			学生自测	教师检测	
1	图形及其排列位置正确	15分			
2	线条清晰、无重线	15分			
3	尺寸及线条位置公差正确	15分			
4	各圆弧连接圆滑	15分			
5	冲点位置公差正确	15分			
6	样冲眼位置分布合理	15分			
7	使用工具、操作姿势正确	10分			
8	安全文明生产	酌扣			
备注					

子课题3　旋转零件的划线

常用的等分圆周的方法有按同一弦长法等分圆周、按不等弦长法等分圆周以及用分度头等分圆周。

一、按同一弦长法等分圆周

利用划规（或圆规）量取每一等分所对应的弦长，对圆周进行等分划线的方法称为按同一弦长法等分圆周。

1. 弦长的确定

按同一弦长法等分圆周的关键在于如何确定各等分圆周所对应的同一弦长，如图

1—2—13 中的弦长 L。

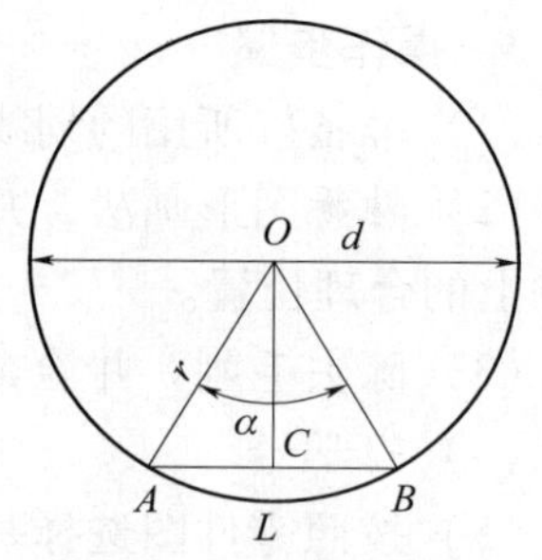

图 1—2—13　按同一弦长法等分圆周

弦长 L 的确定方法：

假设圆周上需要做 n 等分，每一等分的弧长所对应的中心角为 α，则根据公式可知：

$$\alpha = \frac{360^\circ}{n}$$

根据三角关系可得：

$$\overline{AC} = r\sin\frac{\alpha}{2}$$

所以弦长 L 可按下式计算：

$$L = 2r\sin\frac{\alpha}{2}$$

$$= D\sin\frac{\alpha}{2}$$

例 1　在直径为 60 mm 的圆周上按同一弦长法进行 12 等分。

解：

$$\alpha = \frac{360^\circ}{n} = \frac{360^\circ}{12} = 30^\circ$$

弦长 $L = D\sin\frac{\alpha}{2} = 60\sin\frac{30^\circ}{2} = 60 \times 0.258\ 8 = 15.528$（mm）

答：根据公式计算，弦长 L 应为 15.528 mm。

弦长计算出来后，只需用圆规（或划规）量取尺寸，就可以在圆周上进行等分划线了。

2. 划线时的注意事项

按同一弦长法等分圆周划线时，由于圆规（或划规）在量取尺寸时不可避免地会产生误差，再加上在划等分弧线时，每一次变动圆规（或划规）脚的位置也会产生一定的误差，往往不能较准确地划出所需要的等分圆弧段。随着等分数的增多，划线时所产生的累积误差也就越大。所以，在采用按同一弦长法等分圆周时，应在第一次等分圆周后重新调整圆规（或划规）的两脚尺寸，再进行圆周等分，直到能获得准确的圆周等分为止。

二、按不等弦长法等分圆周

按不等弦长法等分圆周的原理与按同一弦长法等分圆周的原理是基本一致的，所不同的是，用圆规（或划规）按不等弦长法等分圆周主要是如何确定各等分弧段的不等弦长，如图 1—2—14 中的弦长 $\overline{Aa_1}$、$\overline{Aa_2}$、$\overline{Aa_3}$。

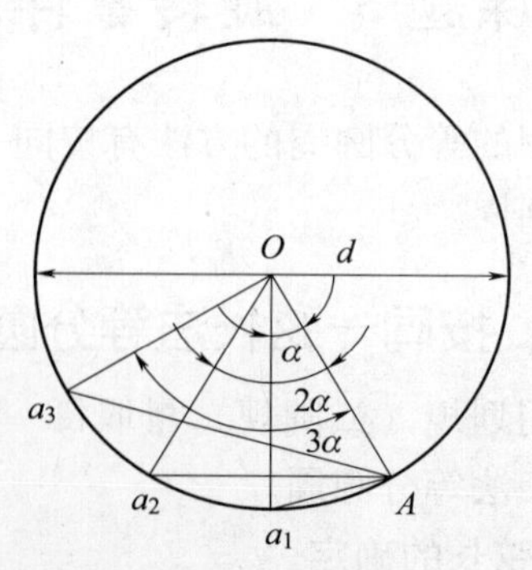

图 1—2—14　按不等弦长法等分圆周

1. 不等弦长法的确定

假设在圆周上做 n 等分，则按不等弦长法等分圆周时，其相应的不等弦长所对应的圆心

角分别为 α、2α、3α…根据公式计算，其中：

$$\alpha = \frac{360°}{n}$$

同理，由三角关系可得：

$$\overline{Aa_1} = D\sin\frac{\alpha}{2}$$

$$\overline{Aa_2} = D\sin\alpha$$

$$\overline{Aa_3} = D\sin\frac{3\alpha}{2}$$

2. 划线时的注意事项

(1) 等分偶数段

当等分线段数为偶数时，为等分方便起见，可先将圆周两等分，然后按求得的各不等弦长，用圆规（或划规）分别以 A、B 两点为圆心，依次在圆周上截取各等分点，如图 1—2—15 所示（图中所示为 14 等分，其中 $\overline{Aa_1}=\overline{Aa_2}=\overline{Bb_1}=\overline{Bb_2}$、$\overline{Aa_3}=\overline{Aa_4}=\overline{Bb_3}=\overline{Bb_4}$、$\overline{Aa_5}=\overline{Aa_6}=\overline{Bb_5}=\overline{Bb_6}$）。

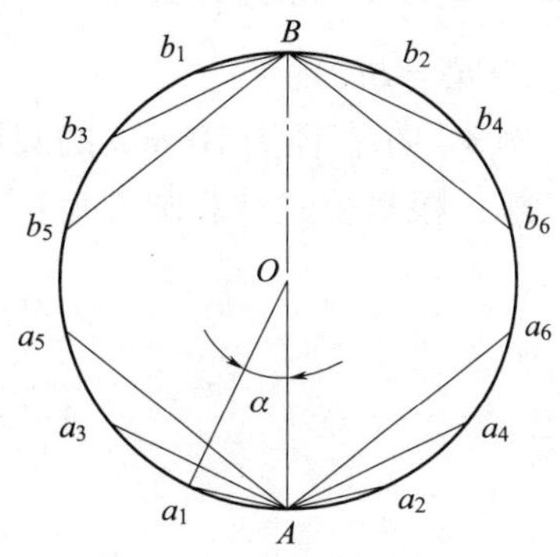

图 1—2—15　等分偶数段

例 2　在直径为 70 mm 的圆周上按不等弦长法进行 14 等分，如图 1—2—15 所示。

解： 根据公式计算圆心角：

$$\alpha = \frac{360°}{n} = \frac{360°}{14} = 25°42'51''$$

为使等分方便起见，可先将圆周进行两等分，作图只需对 1/2 圆进行 7 等分即可，此时，不等弦长只需要求出三个：

$$\begin{aligned}\overline{Aa_1} &= D\sin\frac{\alpha}{2}\\ &= 70\sin\frac{25°42'51''}{2}\\ &= 70\times 0.2224 = 15.568(\text{mm})\end{aligned}$$

$$\begin{aligned}\overline{Aa_2} &= D\sin\alpha\\ &= 70\sin 25°42'51''\\ &= 70\times 0.4340 = 30.38(\text{mm})\end{aligned}$$

$$\begin{aligned}\overline{Aa_3} &= D\sin\frac{3\alpha}{2}\\ &= 70\sin\frac{3\times 25°42'51''}{2}\\ &= 70\times 0.6234 = 43.638(\text{mm})\end{aligned}$$

用圆规（或划规）按以上计算出的三种弦长，分别以 A、B 两点为圆心，依次划出各等分点，校对无误，等分圆周即告结束。

(2) 等分奇数段

当等分线段数为奇数时，可先在圆周上划出一个等分线段，如图 1—2—16 中的 $A'A''$段，剩下的等分线段数即可视为偶数，于是就可按照上述偶数的等分方法进行。但是为了偶数等分的方便起见，要把圆周先两等分，所以在划取等分线段 $A'A''$时，应先求得 A 点，使 $\overline{AA'}=\overline{AA''}$，此时，弦长满足公式：

$$\overline{AA'}=\overline{AA''}=D\sin\frac{\alpha}{4}$$

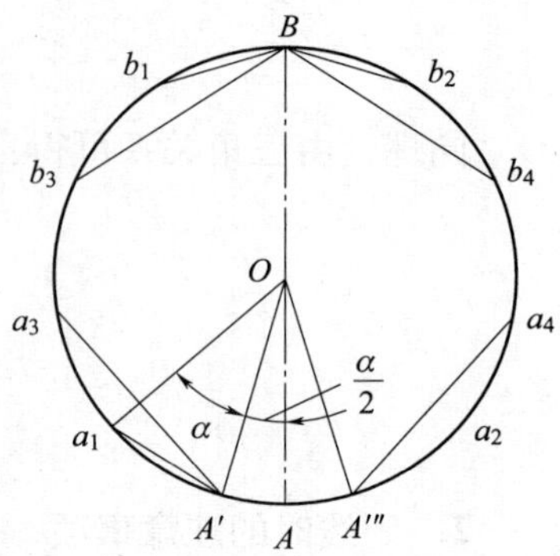

图 1—2—16　等分奇数段

此后，按求得的各不等弦长，用圆规（或划规）分别以 A'、A''、B 三点为圆心，依次在圆周上截取各等分点（图 1—2—16 为 11 等分，其中$\overline{A'a_1}=\overline{A''a_2}=\overline{Bb_1}=\overline{Bb_2}$、$\overline{A'a_3}=\overline{A''a_4}=\overline{Bb_3}=\overline{Bb_4}$）。

例 3　在直径为 70 mm 的圆周上按不等弦长法进行 11 等分，如图 1—2—16 所示。

解：根据公式计算圆心角：

$$\alpha=\frac{360°}{n}=\frac{360°}{11}=32°43'38''$$

$$\begin{aligned}\overline{AA'}=\overline{AA''}&=D\sin\frac{\alpha}{4}\\&=70\sin\frac{32°43'38''}{4}\\&=70\times0.142\,3=9.961(\mathrm{mm})\end{aligned}$$

$$\begin{aligned}\overline{A'a_1}&=D\sin\frac{\alpha}{2}\\&=70\sin\frac{32°43'38''}{2}\\&=70\times0.281\,7=19.719(\mathrm{mm})\end{aligned}$$

$$\begin{aligned}\overline{A'a_3}&=D\sin\alpha\\&=70\sin32°43'38''\\&=70\times0.540\,6=37.842(\mathrm{mm})\end{aligned}$$

用圆规（或划规）先按 AA'弦长在圆周上截取 AA'和 AA''，使 $A'A''$成为一个等分段，然后用圆规（或划规）按$\overline{A'a_1}$、$\overline{A''a_3}$两种不等的弦长，分别以圆周上的 A'、A''、B 三点为圆心，依次划出各等分点，校对无误，圆周等分即告结束。

用不等弦长法等分圆周时，可以避免操作中产生的累积误差，除了在计算时工作量有所增加以外，按不等弦长法等分圆周能比较迅速和准确地对圆周进行等分。

三、分度头等分圆周

分度头是铣床上用来进行等分圆周的附件，钳工在划线时常常用分度头对圆周工件进行分度和划线。分度头的外形结构如图 1—2—17 所示。

在分度头的主轴上装有一个三爪卡盘，在划线时，可以把分度头放在划线平板上，利用三爪卡盘将工件牢牢地夹持住。同时配合划线盘或高度划线尺，即可对工件进行分度划线。利用分度头可以在工件上划出水平线、垂直线、倾斜线、圆的等分线和不等分线。

图 1—2—17　分度头外形结构

分度头的主要规格是以顶尖（主轴）中心线到底面的高度（mm）来表示的。一般常用的规格主要有 100、125、160 等几种。

1. 分度头的传动原理

分度头的传动原理如图 1—2—18 所示。蜗轮是 40 齿，与单头蜗杆相啮合。B_1、B_2 是齿数相同的两个直齿圆柱齿轮。工件通过三爪卡盘装夹在装有蜗轮的主轴上，当拔出手柄插销，转动分度手柄绕分度头心轴旋转一周时，通过直齿圆柱齿轮 B_1、B_2 即可带动蜗杆旋转一周，从而带动蜗轮转动 1/40 周，即工件也转动 1/40 周。分度盘、套筒和圆锥齿轮 A_2 相连，空套在心轴上。分度盘上有几圈不同数目的等分小孔，利用这些小孔，根据计算所得的参数，选择合适等分数的小孔，将手柄依次转过一定的转数和孔数，使工件转过相应的角度，就可以对工件进行分度和划线了。

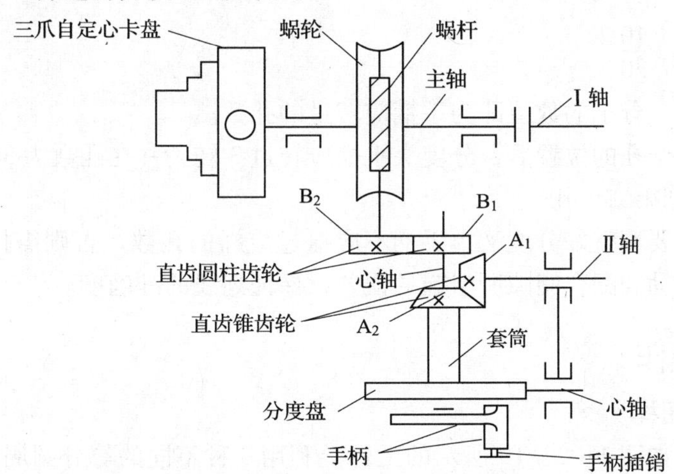

图 1—2—18　分度头的传动原理

2. 简单分度法

操作时，分度盘固定不动，利用分度头心轴上的手柄转动，经过蜗轮蜗杆传动进行分度。由于蜗轮蜗杆的传动比是 1/40，因此在工件转过每一等分时分度头手柄应转过的转数 n 可由以下公式确定：

$$n=\frac{40}{z}$$

式中　n——在工件转过每一等分时，分度头手柄应转过的转数；

z——工件的等分数。

例 4　在工件圆周上划出均匀分布的 12 个孔，试求每划完一个孔的位置后，手柄应转过多少转才能划第二个孔？

解：根据计算公式：

$$n=\frac{40}{z}=\frac{40}{12}=3\ \frac{1}{3}$$

注：由于计算结果不是整数，所以计算结果必须用分数的形式来表示。

整数部分保留不动，将分数部分进行分子、分母同时扩大相应倍数，并使扩大后的分母数等于分度盘上的某一个孔数（表 1—2—4）。

表 1—2—4　　分度头形式和孔数

分度头形式	分度盘的孔数
带一块分度盘	正面：24、25、28、30、34、37、38、39、41、42、43 反面：46、47、49、51、53、54、57、58、59、62、66
带二块分度盘	第一块　正面：24、25、28、30、34、37 　　　　反面：38、39、41、42、43 第二块　正面：46、47、49、51、53、54 　　　　反面：57、58、59、62、66

则：$n=3\ \frac{1}{3}=3\ \frac{10}{30}$

经过扩大以后，分子的数值即为手柄应转过的孔数。

答：每划完一个孔的位置后，分度头手柄应转过 3 转，并在孔数为 30 的分度盘上再转过 10 个孔，才能划第二个孔。

在转动手柄前要调整好分度叉，手柄不应摇过应摇的孔数，否则需把手柄多退回一些再正摇，以消除传动和配合间隙所引起的误差，保证划线的准确度。

四、技能操作

1. 等分圆周图样

技术要求：在如图 1—2—19 所示的工件上利用三种不同的等分圆周方法，对其进行 7 等分的划线，要求保留作图线。

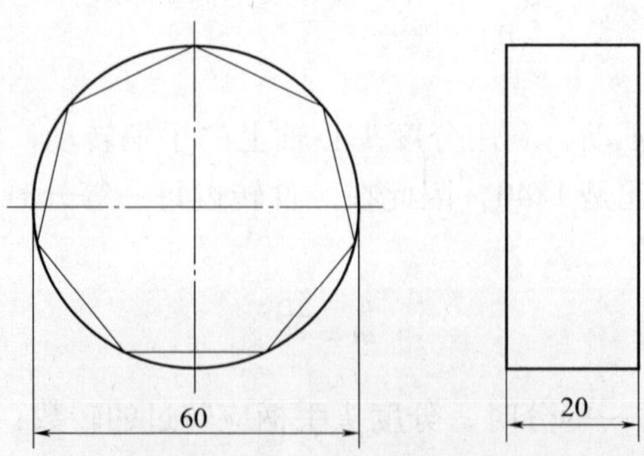

图 1—2—19　等分圆周图样

2. 操作准备（表 1—2—5）

表 1—2—5　　操作准备

实习工件（工具）名称	材料	材料来源	件数	工时（h）
实习备料	ϕ60 mm×20 mm（45 钢）	备料	1	
FW125 万能分度头		备料	1	
划线平板		备料		
300 mm 游标高度尺		备料	1	
V 形块		备料	1	1
划规		备料	1	
划针		备料	1	
锤子		备料	1	
样冲		备料	1	

3. 操作步骤

（1）将工件的下母线靠在 V 形块的两个斜面上，利用高度划线尺划出工件的圆心，并敲样冲眼。

（2）按三种不同的等分圆周方法分别计算相应的弦长或手柄转动的孔数，利用划线工具找出等分点，并敲样冲眼。

（3）将各等分点用线连起来，形成正确的七边形。

4. 注意事项

（1）计算过程中应严格控制计算结果的准确性，一般小数点后保留 3～4 位数值即可。

（2）用划规量取弦长时，应尽量保证量取线段的准确性，以防止误差的产生。

（3）样冲眼的深度应敲得适当，并保证其位置的准确性。

（4）划线时，应尽量避免累积误差的影响。

5. 外六角形的划线操作（表 1—2—6）

表 1—2—6　　外六角形的划线操作

操作步骤	操作内容	图例
1	将工件安放在 V 形块上，调整游标高度尺至中心位置，划出中心线	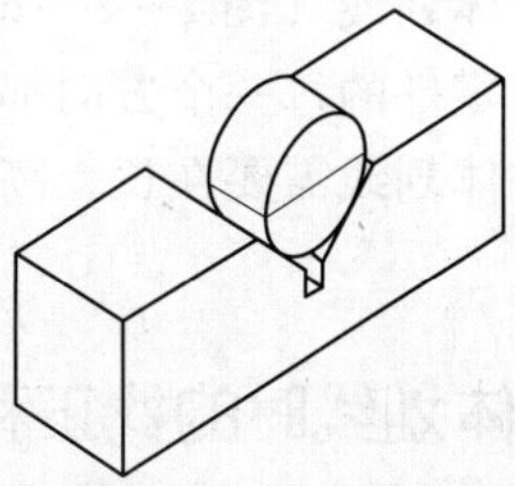
2	记下高度尺的尺寸数值，按六角形对边距离，调整游标高度尺，划出与中心线平行的六角形体两条对边线	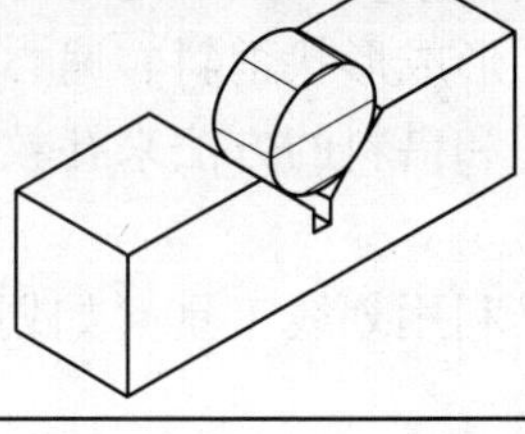

操作步骤	操作内容	图例
3	顺次连接圆上各交点即可	

6. 练习记录及成绩评定（表 1—2—7）

表 1—2—7　　成绩评定

序号	图样要求	配分	检测结果		得分
			学生自测	教师检测	
1	图形及其排列位置正确	10 分			
2	线条清晰、无重线	30 分			
3	尺寸及线条位置公差正确	30 分			
4	使用工具、操作姿势正确	30 分			
5	安全文明生产	酌扣			
备注					

子课题 4　轴承座的划线

一、立体划线概述

在工件上几个互成不同角度（通常是互相垂直）的表面上划线，才能明确表示加工界线的划线方法称为立体划线（图 1—2—20）。

划线时，零件的每一个方向都需要选择一个基准，所以，立体划线需要在长、高、宽三个方向选择划线基准。

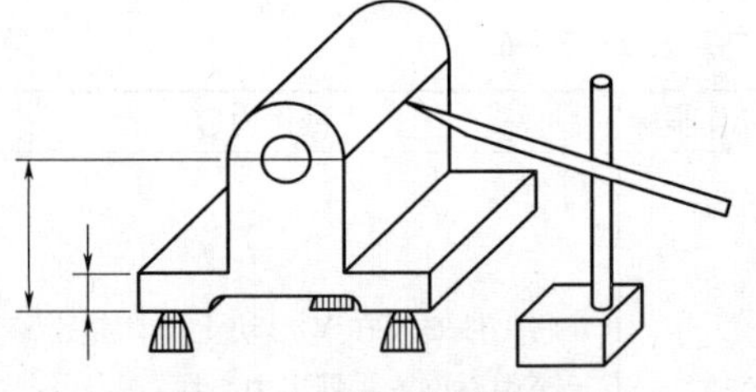

图 1—2—20　立体划线

二、立体划线时的找正和借料

立体划线在很多情况下是对铸、锻件毛坯划线。各种铸、锻件毛坯在前期加工中，由于种种原因，形成形状歪斜、偏心、各部分壁厚不均匀等缺陷。当形位误差不大时，可以通过划线找正和借料的方法来补救。

1. 找正

找正就是利用划线工具（如划线盘、角尺、单脚规等）使工件上有关的毛坯表面处于合适的位置。

（1）找正的目的

1）当毛坯工件上有不加工表面时，找正后再划线，可以使加工表面和不加工表面之间保持尺寸均匀。如图 1—2—21 所示的轴承支架毛坯件，内孔和外圆不同心，底面和上表面 *A* 不平行，划线之前应先进行找正。在划内孔中心线之前，应先以外圆为找正依据。用单脚规找出其中心，然后按外圆的中心线求出内孔的加工线。这样，内孔与外圆就可以达到同心要求。在划轴承座底面之前，同样应以上平面（不加工表面 *A*）为依据，用划线盘找正成水平位置，然后划出底面加工线，这样，底座各处的厚度就比较均匀。

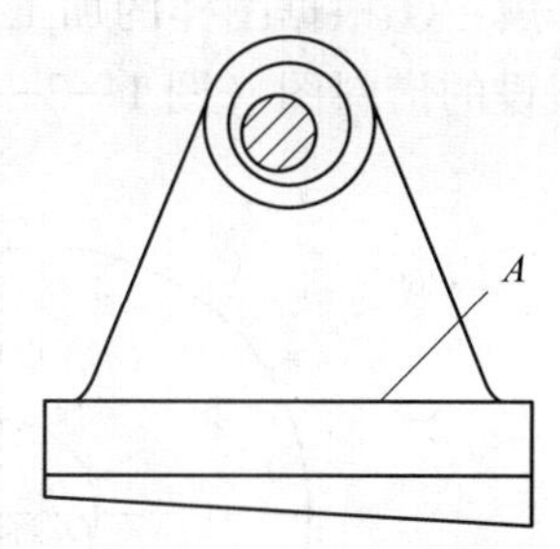

图 1—2—21　毛坯工件的找正

2）当工件上有两个以上的不加工表面时，应选择其中面积较大、较重要的或外观质量要求较高的表面作为主要找正依据，并兼顾其他较次要的不加工表面，使划线后的加工表面与不加工表面之间的尺寸（如壁厚、凸台的高低等）都尽量均匀和符合要求，而把无法弥补的误差反映到较次要的或不甚醒目的部位上去。

3）当毛坯上没有不加工表面时，对各加工表面自身位置的找正后再划线，可使各加工表面的加工余量得到合理、均匀的分布，而不至于出现过于悬殊的状况。

由于毛坯各表面的误差和工件结构形状不同，划线时的找正要按工件的实际情况进行。

（2）找正基准的确定

为了使工件在划线平台上处于正确的位置，必须确定好找正基准，一般的选择原则如下。

1）选择工件上与加工部位有关而且比较直观的表面（如凸台、对称中心和非加工的自由表面等）作为找正的基准，使非加工表面与加工表面之间的厚度均匀，并使其形状误差反映到次要的部位或不显著的部位上。

2）选择有装配关系的非加工部位作为找正的基准，以保证工件经过划线和加工后能顺利地进行装配。

3）在多数情况之下，还必须有一个与划线平台垂直或倾斜的找正基准，以保证该位置上的非加工表面与加工表面之间的厚度均匀。

2. 借料

铸、锻件毛坯在形状、尺寸和位置上的误差缺陷用找正后的划线方法不能补救时，就要用借料的方法来解决。借料就是通过试划和调整，使各个加工表面的加工余量合理分配，互相借用，从而保证各个加工表面都有足够的加工余量，而误差和缺陷可在加工后排除。

（1）借料的过程

1）了解零件的加工要求。

2）了解待划毛坯零件的误差大小。

3）通过分析误差情况，确定借料的大小和方向。

4）进行借料划线。

例 5　现有一毛坯零件，其形状误差如图 1—2—22 所示，要求其内、外圆都要加工，内孔为 ϕ32 mm，外圆为 ϕ62 mm，试确定其借料的大小和方向。

解：①根据图样的加工要求，确定借料的中心为 O_1O_2 中心距之间的任意一点 O，并作出假设的借料图（图 1—2—23）。

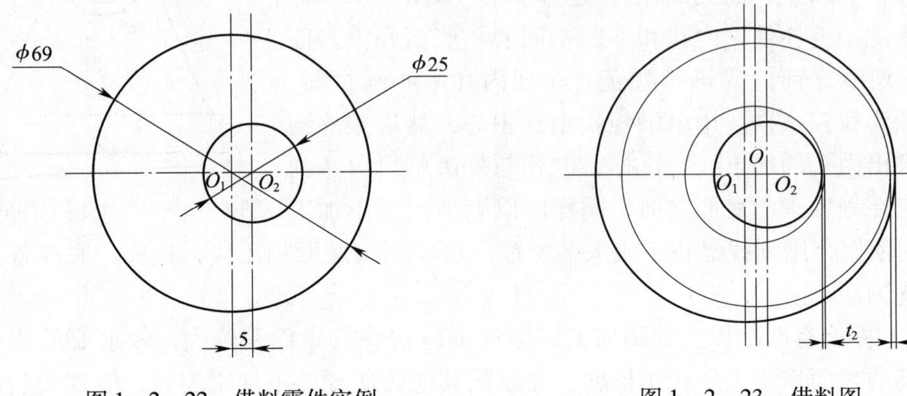

图 1—2—22　借料零件实例　　图 1—2—23　借料图

②设 O_1 为毛坯外圆中心线，O_2 为毛坯内孔中心线，O 为借料中心线；t_1 为毛坯外圆最小加工余量，t_2 为内孔最小加工余量。

③假设毛坯外圆和毛坯内孔在加工时，$t_1=t_2$。

则：

$$t_1+t_2=\left(\frac{R_{毛}}{2}-O_1O_2-\frac{r_{毛}}{2}\right)-\left(\frac{R_{加}}{2}-\frac{r_{加}}{2}\right)=2\ (\mathrm{mm})$$

因为　$t_1=t_2$

所以　$t_1=t_2=\dfrac{t_1+t_2}{2}=1\ (\mathrm{mm})$

④根据 t_1、t_2 的大小，求出 O_1O 和 O_2O 的大小：

$$O_1O=\frac{R_{毛}}{2}-\frac{R_{加}}{2}-t_1=2.5(\mathrm{mm})$$

$$O_2O=\frac{r_{加}}{2}-\frac{r_{毛}}{2}-t_2=2.5(\mathrm{mm})$$

⑤确定借料的方向：

O_1 的借料方向向右，大小为 2.5 mm；O_2 的借料方向向左，大小为 2.5 mm。

（2）借料时的注意事项

1）保证各加工表面都有最低限度的加工余量，对加工精度要求较高的表面，应保证其有足够的加工余量。

2）应考虑到加工表面与非加工表面之间的相对位置。对一些运动零件要保证它的运动极限位置与非加工表面之间的最小间隙。

3）尽可能保证加工后工件外观匀称、美观。

应该指出，在加工过程中，划线时的找正和借料这两项工作是密切结合进行的，找正和借料必须相互兼顾，使各方面都满足要求，如果只考虑一方面，而忽略了其他方面，都是不能做好划线工作的。

三、立体划线的工具及使用

常用的立体划线工具有以下几种。

1. 方箱（图 1—2—24）

方箱主要用于夹持工件并能翻转位置而划出垂直线，一般附有夹持装置，并在方箱上配有 V 形槽。

2. V 形铁（图 1—2—25）

V 形铁通常是两个一起使用，用来安放圆柱形工件，划出中心线，找出中心等。

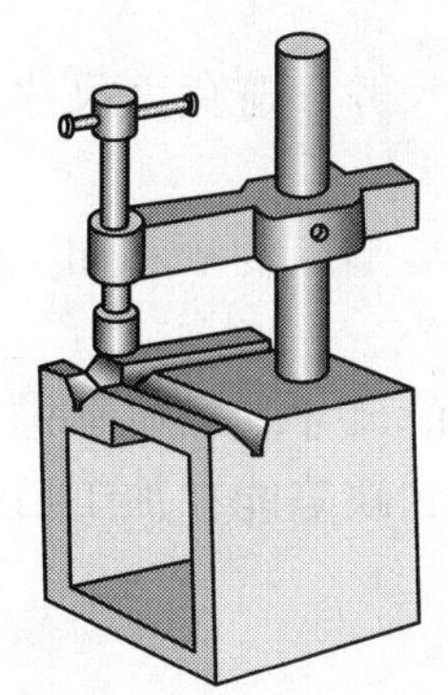

图 1—2—24　方箱

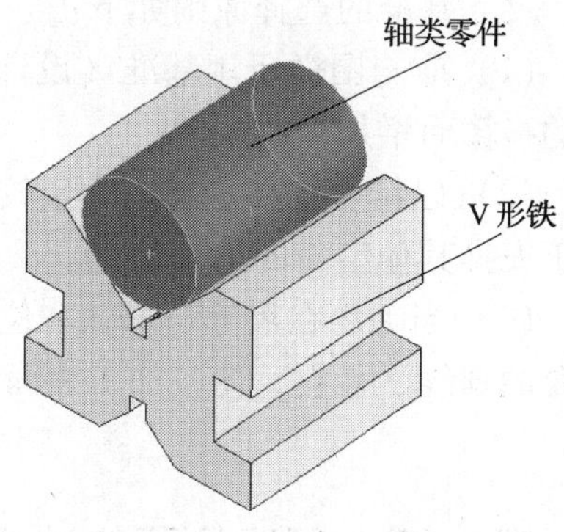

图 1—2—25　V 形铁

3. 直角铁（图 1—2—26）

可将工件装夹在直角铁的垂直面上进行划线。装夹时可用 C 形夹头或压板。

4. 调节支承工具

（1）锥顶千斤顶（图 1—2—27）

通常是三个一组，用于支承不规则的工件，其支承高度可做一定的调整。

（2）带 V 形槽的千斤顶（图 1—2—28）

用于支承工件的圆柱面。

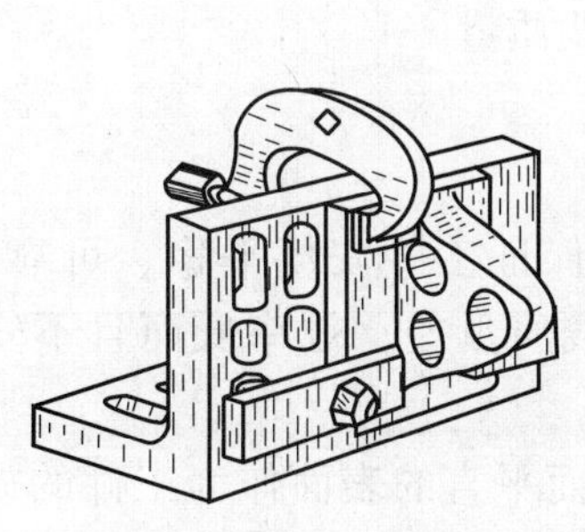

图 1—2—26　直角铁

图 1—2—27　锥顶千斤顶

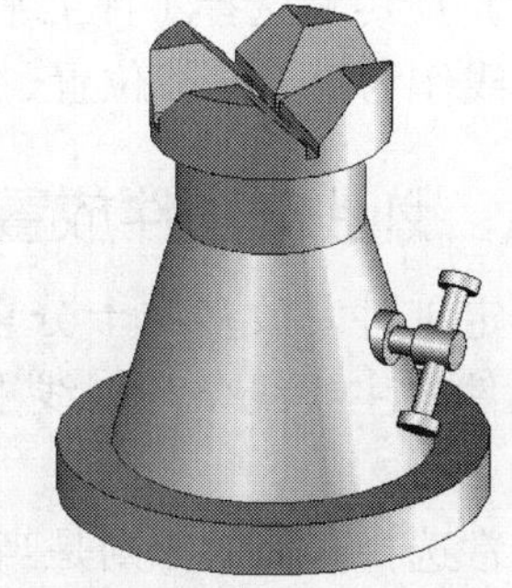

图 1—2—28　带 V 形槽的千斤顶

（3）斜楔垫铁和 V 形垫铁（图 1—2—29、图 1—2—30）

主要用于支承毛坯工件，使用方便，但只能做少量的高低调节。

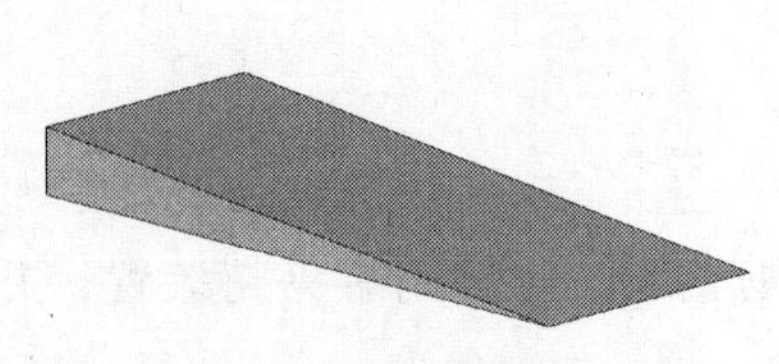

图 1—2—29　斜楔垫铁

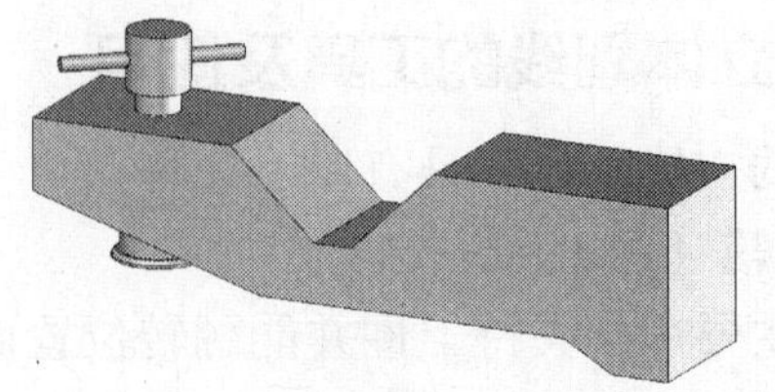

图 1—2—30　V 形垫铁

四、尺寸基准的确定

尺寸基准的选择原则如下：

（1）应与图样所用基准（设计基准）一致，以便能直接量取划线尺寸，避免因尺寸之间的换算而增加划线误差。

（2）以精度较高且加工余量较少的型面作为尺寸基准，并保证主要型面的顺利加工和便于安排其他型面的加工位置。

（3）当毛坯在尺寸、形状和位置上存在误差和缺陷时，可将所选的尺寸基准位置进行必要的划线、借料，使各加工表面都有必要的加工余量，并使其误差和缺陷能在加工后排除。

五、第一划线位置的选择原则

尺寸基准选定后，根据划线内容，首先应合理选择第一划线位置，以提高划线质量和简化划线过程。第一划线位置的选择，一般有以下几项原则。

（1）尽量选择划线面积较大的位置作为第一划线位置，这主要是因为工件校正时，校正大面比校正小面更准确。

（2）应选择精度要求较高的表面或主要加工表面的加工线作为第一划线位置。其目的是为了保证它们有足够的余量，经过加工后便于达到设计要求。

（3）应尽量选择复杂表面上需划线较多的一个位置作为第一划线位置，这样既能保证划线质量，提高工作效率，同时又便于校正。

（4）应尽量选择工件上平行于划线平板工作面的主要中心线或平行于划线平板工作面的加工线作为第一划线位置，这样可以简化划线过程，提高划线质量。

六、划线时工件放置基面的确定

确定工件安放基准十分重要，经选择的放置基面必须要保证工件安放平稳、可靠，并使工件的主要线条与划线平台平行。如果选择不当，则划线质量差，效率低而且不安全。

通常选择基面的原则是当第一划线位置确定后，应选择大而平直的表面作为工件的放置基面，以保证划线时工件安放平稳，安全可靠。

七、划线时的安全措施

（1）工件应在支承处打好样冲点，使工件稳固地放在支承上，防止倾倒；对较大的工件，应加附加支承，使安放稳定、可靠。

（2）在对较大工件划线，必须使用吊车吊运时，绳索应安全、可靠，吊装的方法应正确。

（3）大型工件放在划线平台上，使用千斤顶顶住时，应在工件下面垫上木块，以保证安全。

（4）调整千斤顶的高低时，不可直接用手调节，以防止工件掉下砸伤手。

八、技能操作

1. 轴承座划线样图（图 1—2—31）

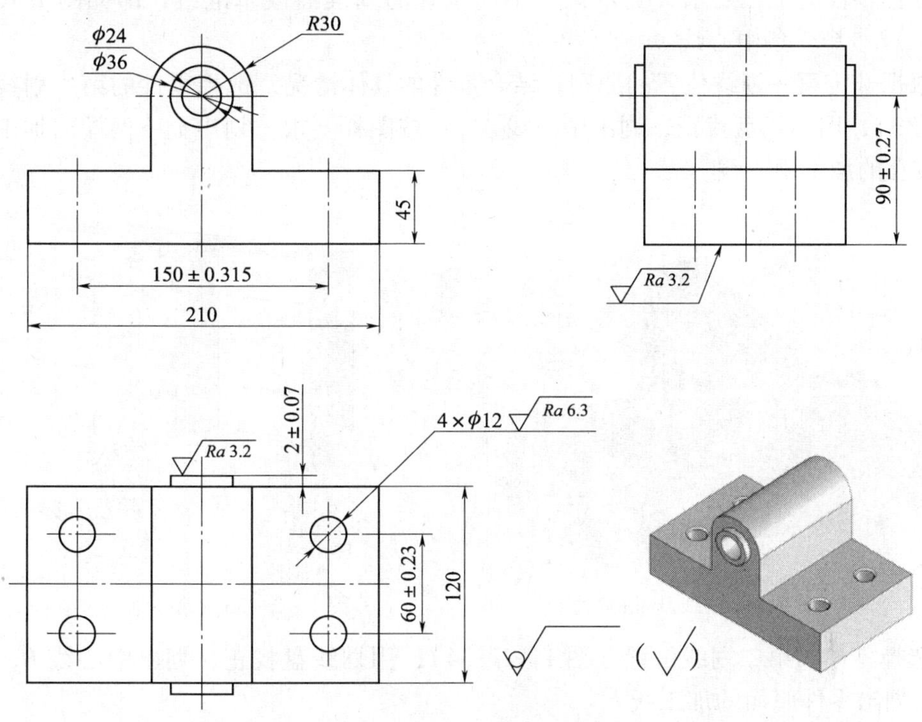

图 1—2—31　轴承座划线样图

技术要求：按图样要求，对零件上的加工部位进行划线。

2. 操作准备（表 1—2—8）

表 1—2—8　　操作准备

实习工件（工具）名称	材料	材料来源	件数	工时（h）
划线盘		备料	1	10
高度划线尺		备料	1	
划针		备料	1	
划规		备料	1	
千斤顶		备料	3	

续表

实习工件（工具）名称	材料	材料来源	件数	工时（h）
划线平板		备料	1	10
直角尺		备料	1	
垫块		备料	1	
斜铁		备料	2	
划线用毛坯零件		备料	1	

3. 操作步骤

（1）根据零件的加工要求，确定三个不同位置的基准面或基准线，即如图1—2—32中所示的*A*、*B*、*C*三条中心线。

（2）根据选定第一划线位置的原则，结合零件的具体情况，选择零件的第一划线位置（图1—2—33），用划线盘找正，划出中心线*A*，并按图样要求，划出上下两端面加工线以及四个安装孔的加工中心线。

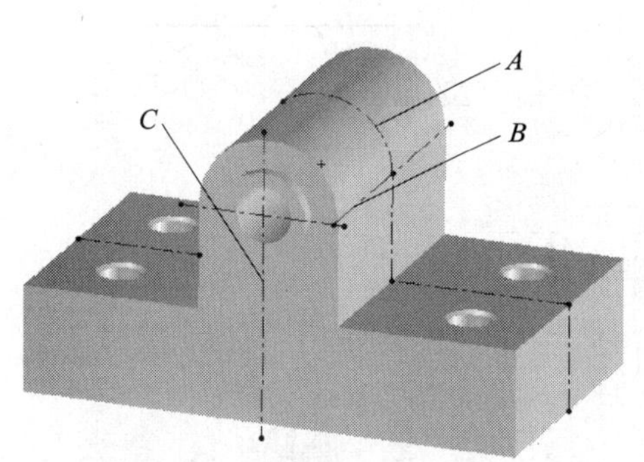

图1—2—32　划线基准的确定

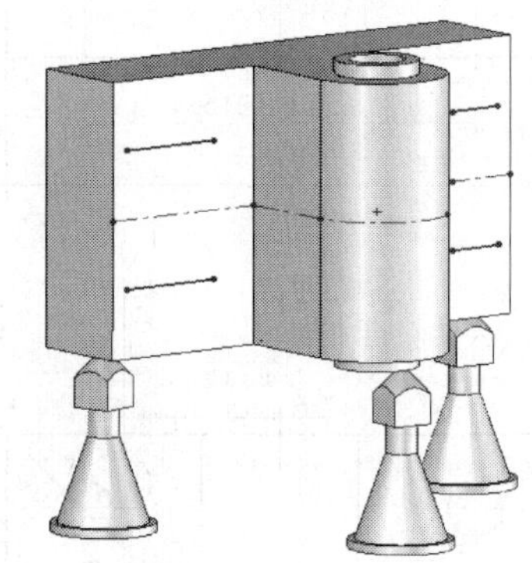
图1—2—33　第一划线位置

（3）选择零件的第二划线位置（图1—2—34），用划线盘找正，划出中心线*B*，并按图样要求，划出零件底面的加工线。

（4）选择零件的第三划线位置（图1—2—35），用划线盘找正，划出中心线*C*，并按图样要求，划出四个安装孔的加工中心线。

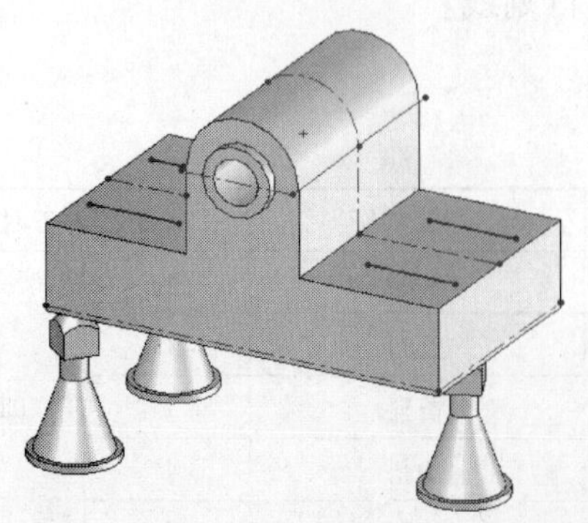
图1—2—34　第二划线位置

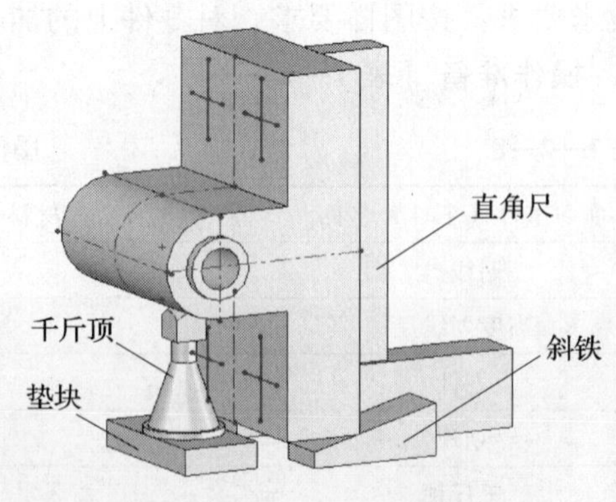

图1—2—35　第三划线位置

4. 注意事项

（1）采用三个千斤顶支承平面定位时，三个千斤顶之间的距离应尽可能远些，以提高支撑的稳定性。

（2）调节千斤顶高度时，应以将零件上的基准面调节至水平状态为准，然后固定千斤顶高度。

（3）找正划线时，应尽可能协调相关各加工表面的加工余量，确保每一个加工表面都有足够的加工余量。

（4）划线过程中应注意安全，避免零件掉落砸伤人或造成零件变形。

5. 练习记录及成绩评定（表 1—2—9）

表 1—2—9　　成绩评定

序号	图样要求	配分	检测结果		得分
			学生自测	教师检测	
1	图形及其排列位置正确	20 分			
2	线条清晰、无重线	20 分			
3	尺寸及线条位置公差正确	15 分			
4	定位支承方法正确	20 分			
5	找正方法正确	15 分			
6	使用工具、操作姿势正确	10 分			
7	安全文明生产	酌扣			
备注					

课题 3　錾削、锯削、锉削加工

子课题 1　钢件小平面的錾削

一、錾削的概述

用手锤打击錾子对金属工件进行切削加工的方法称为錾削。錾削是钳工工作中一项较为重要的基本操作。目前錾削工作主要用于不便于机械加工的场合，如去除毛坯上的凸缘、毛刺，分割板料，錾削平面以及沟槽等（图 1—3—1）。

二、錾削工具

1. 錾子

錾子由头部、切削部分以及錾身三部分组成，如图 1—3—2 所示。

去除毛坯上的凸缘、毛刺

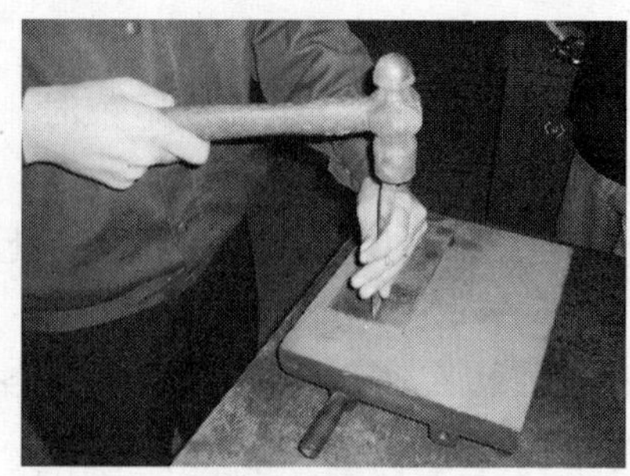
分割板料

錾削平面

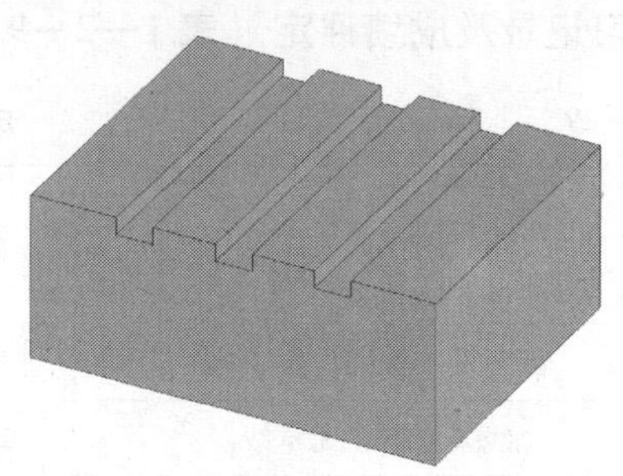
錾削沟槽

图 1—3—1　錾削的用途

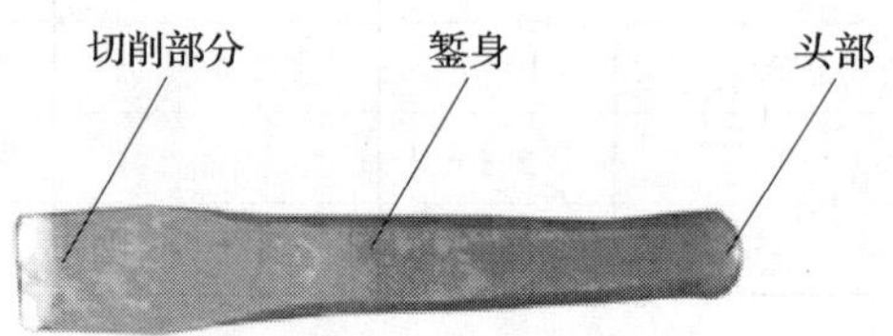

图 1—3—2　錾子的结构

錾子头部有一定的锥度，顶端略带球形，以便于锤击时作用力容易通过錾子的中心线，使錾子保持平稳。錾身多数呈八棱形，以防止錾削时錾子转动。

常用的錾子种类有三种。

（1）扁錾（图 1—3—3）

图 1—3—3　扁錾

切削部分扁平，刃口略带弧形，主要用来錾削平面、去毛刺和分割板料等。

（2）尖錾（图 1—3—4）

图 1—3—4　尖錾

切削刃较短，切削部分的两侧面从切削刃到錾身逐渐变小，以防止錾槽时两侧面被卡住，尖錾主要是用来錾削沟槽以及分割曲线形板料。

(3) 油槽錾（图 1—3—5）

图 1—3—5　油槽錾

切削刃很短，并呈圆弧形，为了能在对开式的内曲面上錾削油槽，其切削部分做成弯曲形状，油槽錾常用来錾切平面或曲面上的油槽。

2. 手锤（图 1—3—6）

手锤也称榔头，是钳工常用的敲击工具，它由锤头、木柄和楔子组成。

錾削用的手锤是硬头手锤，用碳素工具钢（T7）制成，并经淬硬处理。手锤的规格用其质量大小如 0.25 kg、0.5 kg 和 1 kg 等表示，手锤柄长约为 350 mm。

图 1—3—6　手锤

三、錾削姿势

1. 手锤的握法

(1) 紧握法

用右手五指紧握锤柄，拇指合在食指上，虎口对准锤头方向（木柄椭圆的长轴方向），木柄尾端露出 15 ~ 30 mm。在挥锤和锤击过程中，五指始终紧握锤柄（图 1—3—7）。

(2) 松握法

只有拇指和食指始终握紧锤柄。在挥锤时，小指、无名指、中指则依次放松；在锤击时，又以相反的顺序收拢握紧（图 1—3—8），这种握法的优点是手不易疲劳，而且锤击力大。

图 1—3—7　手锤紧握法

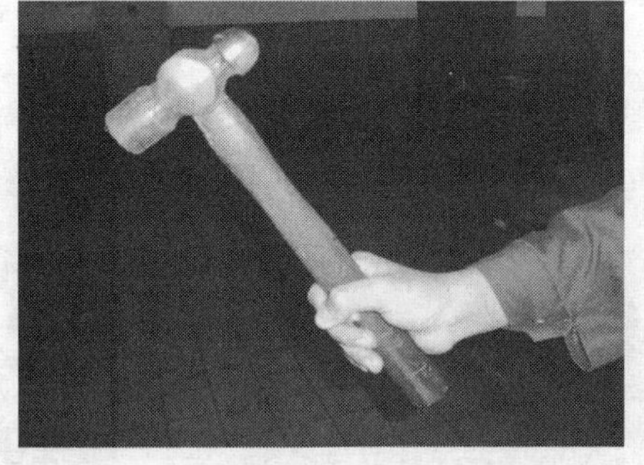

图 1—3—8　手锤松握法

2. 錾子的握法

(1) 正握法

手心向下，腕部伸直，用中指、无名指握住錾子，小指自然合拢，食指和拇指自然伸直地松靠，錾子头部伸出约 20 mm（图 1—3—9）。

（2）反握法

手心向上，手指自然捏住錾子，手掌悬空（图 1—3—10）。

图 1—3—9　錾子正握法

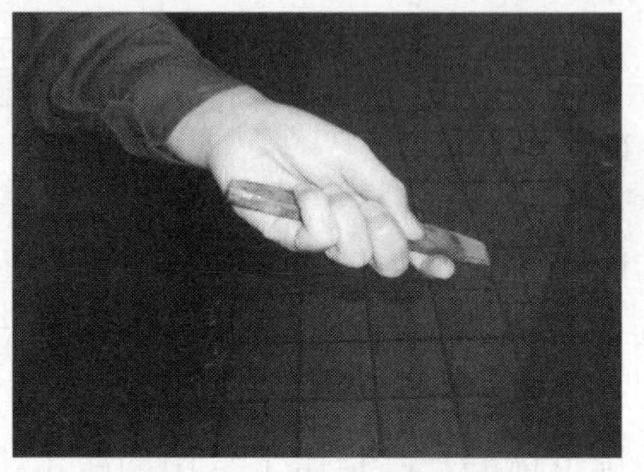

图 1—3—10　錾子反握法

3. 站立姿势

操作时的站立姿势如图 1—3—11 所示。

身体与台虎钳中心线大致成 45°角，且略向前倾，左脚跨前半步，膝盖处稍有弯曲，保持自然，右脚要站稳伸直，不要过于用力。

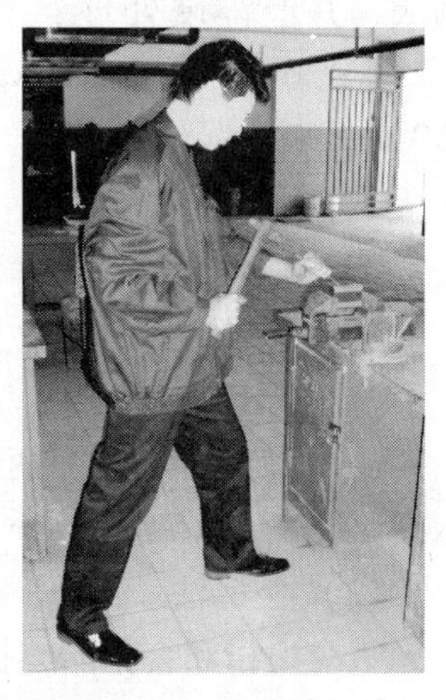

图 1—3—11　站立姿势

4. 挥锤方法

挥锤有腕挥、肘挥和臂挥三种方法。

（1）腕挥

腕挥（图 1—3—12a）是仅用手腕的动作进行锤击运动，采用紧握法握锤，一般用于余量较少以及錾削开始或结尾的时候。

（2）肘挥

肘挥（图 1—3—12b）是用手腕与肘部一起挥动做锤击运动，采用松握法握锤，因挥动幅度较大，故锤击力也较大，这种方法应用最多。

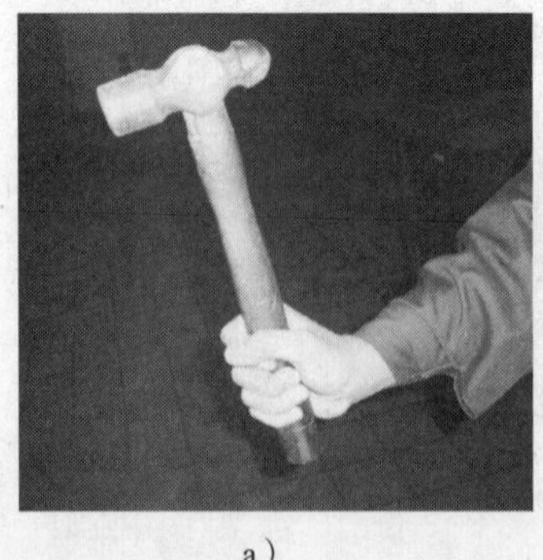

a）

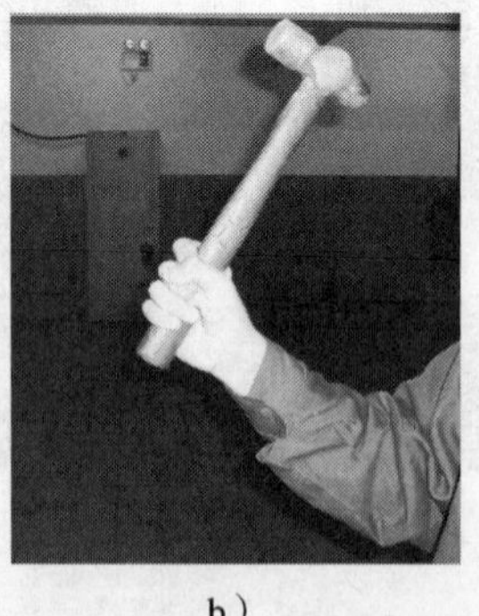

b）

c）

图 1—3—12　挥锤方法

a）腕挥　b）肘挥　c）臂挥

(3) 臂挥

臂挥（图 1—3—12c）是手腕、肘和手臂一起挥动，其锤击力最大，用于需要大力錾削的工件。

5. 锤击速度

錾削时的锤击要稳、准、狠，其动作要一下一下有节奏地进行，一般在肘挥时约为 40 次/min，腕挥时约为 50 次/min。

6. 锤击要领

(1) 挥锤

肘收臂提，举锤过肩；手腕后弓，三指微松；垂面朝天，稍停瞬间。

(2) 锤击

目视錾刃，臂肘齐下；收紧三指，手腕加劲；锤錾一线，锤走弧线；左脚着力，右腿伸直。

(3) 要求

稳——速度节奏 40 次/min；准——命中率高；狠——锤击有力。

四、安全注意事项

1. 练习件在台虎钳中必须夹紧，伸出高度一般以离钳口 10 ~ 15 mm 为宜，同时下面要加木衬垫。

2. 发现手锤木柄有松动或损坏时，要立即装牢或更换；木柄上不应沾有油，以免使用时滑出。

3. 錾子头部有明显的毛刺时，应及时磨去。

4. 手锤应放置在台虎钳右边，木柄不可露在钳台外面，以免掉下伤脚；錾子应放在台虎钳的左边。

五、金属切削加工的基本概念

利用刀具将工件上多余的金属切除，以获得符合要求的零件，这种加工方法称为金属切削加工。

金属切削加工时工件上形成表面的切削加工过程中，工件上形成的三种表面（以錾削为例）如图 1—3—13 所示。

1. 待加工表面

工件上即将被切去金属层的表面称为待加工表面。

2. 加工表面

工件上正在被切削的表面称为加工表面（图 1—3—13 中的加工表面与錾子的主切削刃相重合）。

3. 已加工表面

工件上已经被切去金属层的表面称为已加工表面。

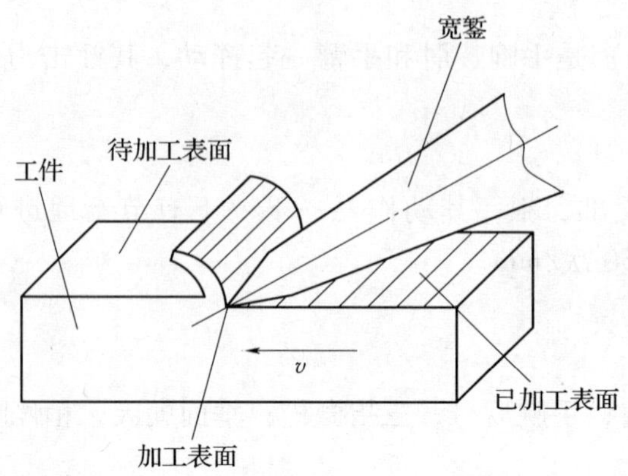

图 1—3—13　錾削时工件上所形成的表面

六、确定錾子切削角度的辅助平面

为了确定和测量錾子的切削角度，规定以下两个辅助平面，如图 1—3—14 所示。

1. 切削平面

通过主切削刃上任意一点，与工件加工表面相切的平面称为切削平面。

2. 基面

通过主切削刃上任一点，并垂直于该点切削速度方向的平面称为基面。

这两个辅助平面是相互垂直的，錾子的几何角度就是在这两个辅助平面内测量的。

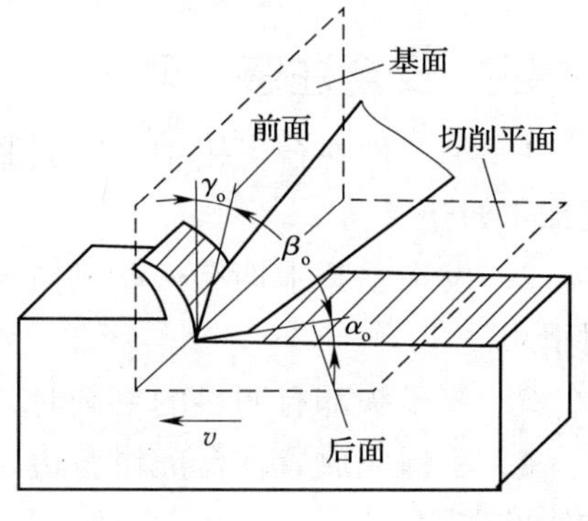

图 1—3—14　錾削时的切削角度

七、錾子的切削原理

錾子一般用碳素工具钢（T7A）锻成，然后将切削部分刃磨成楔形，经热处理后使其硬度达到 56 ~ 62HRC。

如图 1—3—14 所示为錾削平面时的情况，錾子切削部分由前面、后面以及它们的交线形成的切削刃组成。

錾削时形成的切削角度如下。

1. 楔角 β_o

錾削时，錾子的前面与后面之间所产生的夹角称为楔角。

楔角的大小对錾削有着直接的影响，一般楔角越小，錾削越省力。但楔角过小，会造成刃口比较薄弱，加工时容易产生崩损现象；而楔角过大时，錾削又比较费力，錾削的表面也不容易平整。通常根据工件材料软硬程度的不同，选取不同的楔角数值。錾削硬钢或铸铁时，楔角取 60° ~ 70°；錾削一般钢料和中等硬度材料时，楔角取 50° ~ 60°；錾削铜、铝等软材料时，楔角取 30° ~ 50°。

2. 后角 α_o

錾削时，錾子的后面与切削平面之间所产生的夹角称为后角。

后角的大小取决于錾子被掌握的方向，其作用是为了减少錾子在切削加工过程中后面与切削表面之间的摩擦，引导錾子顺利錾切。一般錾削时后角取5°~8°，后角太大会使錾子切入工件表面过深，錾切困难；后角太小造成錾子容易滑出工件表面，不能切入。

3. 前角 γ_o

錾削时，錾子的前面与基面之间所产生的夹角称为前角。其作用是减少錾削时的切削变形，使切削省力。前角越大，切削越省力。

从图1—3—14中可以看出，由于基面与切削平面是一组相互垂直的表面，錾削时形成的三个角度之间存在 $\alpha_o+\beta_o+\gamma_o=90°$ 的关系，当后角 α_o 一定时，前角 γ_o 的数值由楔角 β_o 的大小决定。

八、錾子的刃磨要求

錾子的几何形状以及合理的切削角度值需要根据使用用途和加工材料的性质来决定。

1. 狭錾的刃磨要求

狭錾的切削刃长度应与所加工槽的宽度相对应，狭錾两个侧面之间的宽度应从切削刃起向錾身处逐渐变狭窄，使狭錾的侧面与加工的槽的侧面之间能形成1°~3°角度，形成一个空隙，以避免錾子在錾槽时被卡住，同时保证槽侧面的加工平整度。切削刃要与錾子的几何中心线垂直，而且应在錾子的对称平面上。

2. 宽錾的刃磨要求

宽錾的切削刃可略带弧形，其作用是在平面上錾去微小的凸起部分时，切削刃两边的尖角不易损伤平面的其他部分，同时在錾削过程中可适当减小錾削时的阻力。宽錾刃磨时，前、后面要光洁、平整。

九、錾削工艺

1. 起錾方法

在錾削平面时，应采用斜角起錾的方法，即先在工件的边缘尖角处，将錾子放置成 $-\theta$ 角（图1—3—15），錾出一个斜面，然后按正常的錾削角度逐步向中间錾削。

2. 錾削动作

錾削时的切削角度一般应使后角在5°~8°之间（图1—3—16）。后角过大，錾子容易向工件深处扎入；后角过小，錾子则容易从錾削部位滑出。

在錾削过程中，一般每錾削两三次后，可将錾子退后一些，做一次短暂的停顿，然后再将刃口顶住錾削处继续錾削。这样，既可以随时观察錾削表面的平整情况，又可以使手臂肌肉有节奏地得到放松。

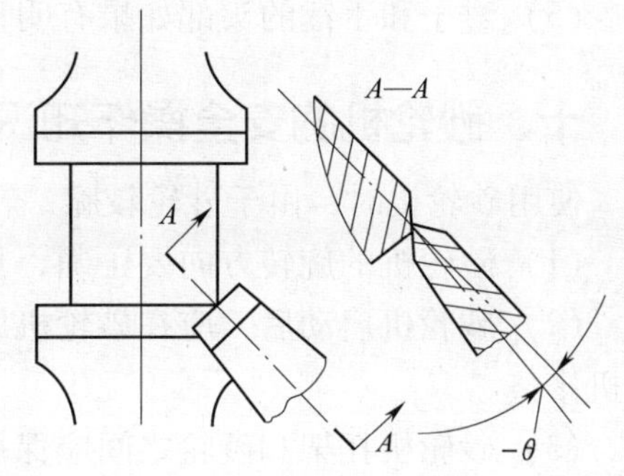

图1—3—15 斜角起錾方法

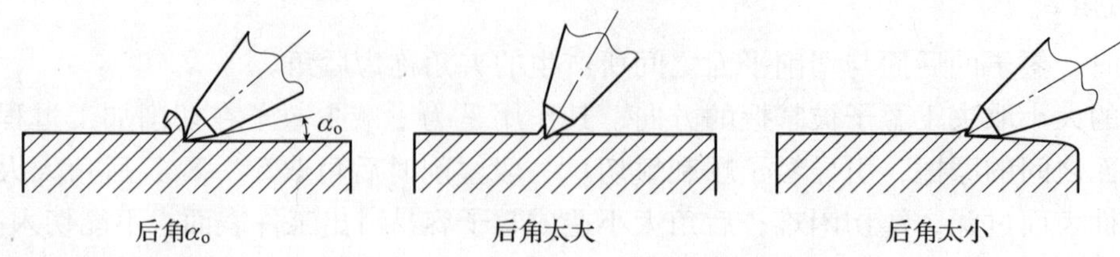

图 1—3—16　后角对錾削的影响

3. 尽头部位的錾削方法

在一般情况下，当錾子接近尽头部位 10 ~ 15 mm 时必须掉头錾去余下的部分，如图 1—3—17 所示，当錾削脆性材料（如铸铁和青铜材料）时更应该注意；否则，尽头部位部分材料会产生崩裂现象，从而影响工件质量。

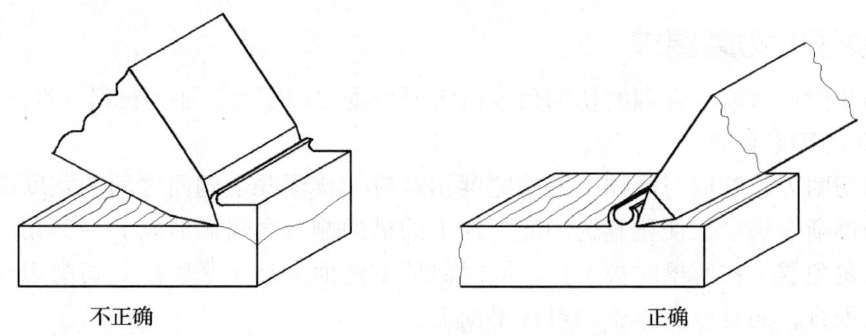

图 1—3—17　尽头部位的錾削方法

4. 安全注意事项

（1）工件必须夹紧，伸出钳口高度一般以 10 ~ 15 mm 为宜，同时对较大的工件夹紧时，为了防止工件在受力时产生松动现象，可在工件下端加上木衬垫。

（2）錾削时要防止切屑飞出伤人，在钳桌的前端安装防护网，操作者在必要时还可戴上防护眼镜。

（3）錾屑要用刷子刷掉，不得用手擦或用嘴吹。

（4）錾削时要防止錾子在錾削部位滑出，为此，錾子用钝后要及时刃磨锋利，并保证正确的楔角。

（5）錾子和手锤的头部如果有明显的毛刺，要及时用砂轮磨掉。

十、砂轮机的安全操作知识

使用砂轮机时，由于砂轮较脆，转速很高，应严格遵守安全操作规程。

（1）砂轮机的旋转方向要正确，只能使磨屑向下飞离砂轮。

（2）砂轮机启动后，应在砂轮机旋转平稳后再进行磨削。若砂轮机跳动明显，应及时停机修整。

（3）砂轮机托架和砂轮之间应保持 3 mm 的距离，以防工件扎入造成事故。

（4）磨削时应站在砂轮机的侧面，且用力不宜过大。

（5）根据砂轮使用的说明书，选择与砂轮机主轴转数相符合的砂轮。

（6）新领的砂轮要有出厂合格证或检查试验标志。安装前如果发现砂轮的质量、硬度、粒度和外观等有缺陷时，不能使用。

（7）砂轮两面要装有法兰盘，其直径不得小于砂轮直径的$\frac{1}{3}$，砂轮与法兰盘之间应垫好衬垫。

（8）拧紧螺母时，要用专用的扳手，不能拧得太紧，严禁用硬的东西锤敲，防止砂轮受撞击碎裂。

（9）砂轮装好后，要装防护罩、挡板和托架。挡板和托架与砂轮之间的间隙应保持在 3 mm 以内，并要略低于砂轮的中心。

（10）新装砂轮启动时，不要过急，先点动检查，经过 5 ~ 10 min 试转后，才能使用。

（11）初磨时不能用力过猛，以免砂轮受力不均而发生事故。

（12）禁止磨削紫铜、铅、木头等东西，以防砂轮嵌塞。

（13）磨刀时，人应站在砂轮机的侧面，不准两人同时在一块砂轮上磨刀。

（14）对于磨刀时间较长的刀具，应及时进行冷却，防止烫手。

（15）经常修整砂轮表面的平衡度，保持良好的状态。

（16）磨刀人员应戴好防护眼镜。

（17）吸尘机必须完好有效，如果发现故障，应及时修复，否则应停止磨刀。

十一、技能操作

1. 实训样图（图 1—3—18）

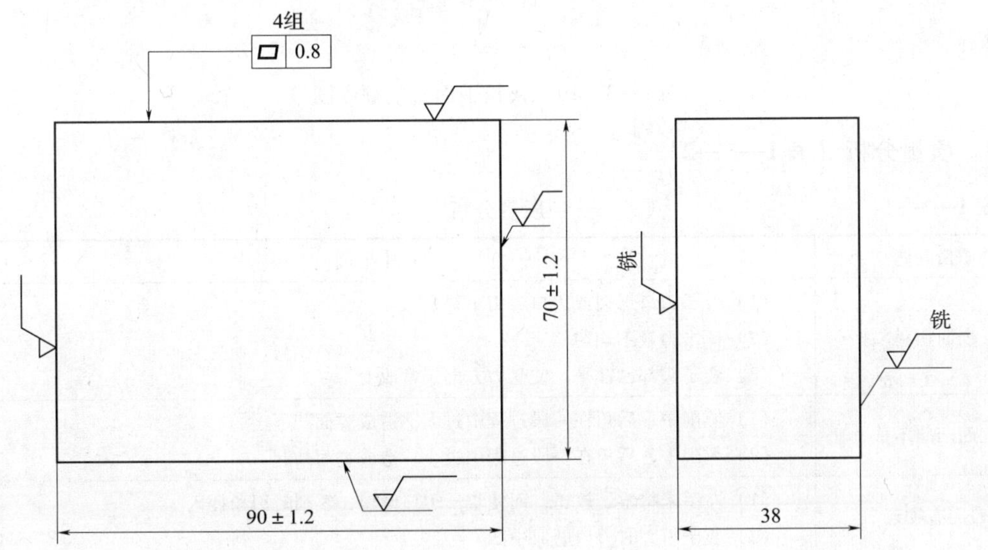

图 1—3—18 錾狭长平面

技术要求：（1）相邻两面的垂直度 1 mm。

（2）棱边去毛刺。

2. 操作准备（表 1—3—1）

表 1—3—1　　操作准备

实习工件（工具）名称	材　料（规格）	材料来源	件数	工时（h）
长方体	HT150 （80 mm×100 mm×38 mm）	备料	1	
阔錾			1	
锉刀			1	
高度划线尺	300 mm		1	

3. 操作步骤

（1）按图样尺寸划出 90 mm×70 mm 尺寸的平面加工线。

（2）按图 1—3—19 各面的编号顺序依次錾削，达到图样要求，且保证錾痕整齐。

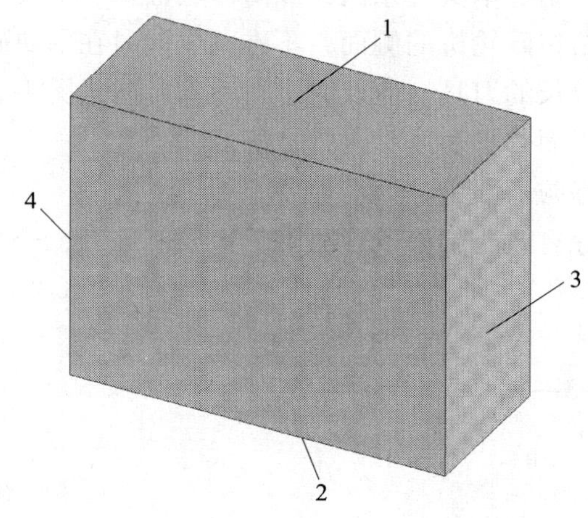

图 1—3—19　狭长平面錾削顺序图

4. 质量分析（表 1—3—2）

表 1—3—2　　质量分析

质量问题	产生原因
表面粗糙	（1）錾子刃口爆裂或刃口卷刃不锋利 （2）锤击力量不均匀 （3）錾子头部已锤平，使受力方向经常改变
表面凹凸不平	（1）錾削中，后角在一段过程中过大，造成錾面凹下 （2）錾削中，后角在一段过程中过小，造成錾面凸起
表面有梗痕	（1）左手未将錾子放正，而使錾子刃口倾斜，錾削时刃角梗入 （2）錾子刃磨时刃口磨成中凹
崩裂或塌角	（1）錾到尽头时未掉头錾，使棱角崩裂 （2）起錾量太多造成塌角
尺寸超差	（1）起錾时尺寸不准 （2）测量检查不及时

5. 注意事项

（1）学习重点应放在掌握正确的姿势、合适的锤击速度和锤击力量上。

（2）粗錾时每次錾削量应在 1.5 mm 左右。

（3）对实习工件进行錾削时，时常出现锤击速度过快、左手握錾不稳、锤击无力等情况，要注意及时克服。

（4）练习前先了解錾削平面时的几种常见质量问题及其产生的原因，便于练习时注意。

6. 练习记录及成绩评定（表 1—3—3）

表 1—3—3　　成绩评定

序号	技术要求（mm）	配分	检测结果		得分
			学生自测	教师检测	
1	70 ±1.2	10 分			
2	90 ±1.2	10 分			
3	平面度 0.8（4 组）	35 分			
4	相邻两面的垂直度 1（4 组）	35 分			
5	錾痕整齐美观	6 分			
6	安全文明生产	4 分			
备注					

子课题 2　钢件直油槽的錾削

一、錾直槽

1. 直槽的用途

（1）作键槽。

（2）作錾削大平面的工艺槽。在錾削大平面时，先用狭錾以适当的间隔錾出工艺槽，再用阔錾将槽间凸起部分錾平，既可以控制錾削的尺寸精度，又可以使錾削省力。

2. 錾直槽的方法

（1）根据图样要求划出加工线。

（2）根据直槽宽度修磨好狭錾。

（3）采用正面起錾，即对准划线槽錾出一个小斜面，再逐步进行錾削。

（4）确定錾削量。

1）开始第一遍的錾削，要根据线条（以一条线条为依据）将槽的方向錾直，錾削量一般不超过 0.5 mm。

2）以后的每次錾削量应根据槽深的不同而定，一般为 1 mm 左右。

3）最后一般的修整量应在 0.5 mm 之内。

（5）采用腕挥时用力大小要适当，防止錾子刃端崩裂。同时，用力轻重应一致，以保证槽底的平整。

二、錾油槽

1．油槽的作用和加工要求

油槽的作用是向运动机件的摩擦部位输送和储存润滑油，因此要求油槽必须和机件的润滑油通道相连，槽形粗细均匀、深浅一致，槽面光洁平滑。

2．油槽錾的合理几何形状和刃磨要求

油槽錾切削刃的几何形状应和图样上油槽断面形状刃磨一致。其楔角大小仍根据被錾削材料的性质而定，在铸铁上錾油槽，楔角可取60°～70°。錾子的后面（圆弧面），其两侧应逐步向后缩小，保证錾削时切削刃各点都能形成一定的后角，并且后面应用油石进行修光，以使錾出的油槽表面较为光洁。在曲面上錾削油槽的錾子，为保证錾削过程中的后角基本一致，其錾子前部应锻成弧形。此时，錾子圆弧刃刃口的中心点仍应在錾子錾体中心线的延长线上，使錾削时的锤击作用力方向能朝向刃口錾削方向。

3．油槽錾削方法

根据油槽的位置尺寸划线，可按油槽的宽度划两条线，也可只划一条中心线。在平面上錾削油槽，起錾时錾子要慢慢地加深至尺寸要求，錾到尽头时刃口必须慢慢翘起，保证槽底圆滑过渡。在曲面上錾直槽，錾子的切削情况应随着曲面而变动，使錾削时的后角保持不变。油槽錾好后，再修去槽边毛刺。

三、技能操作

1．实训样图（图1—3—20）

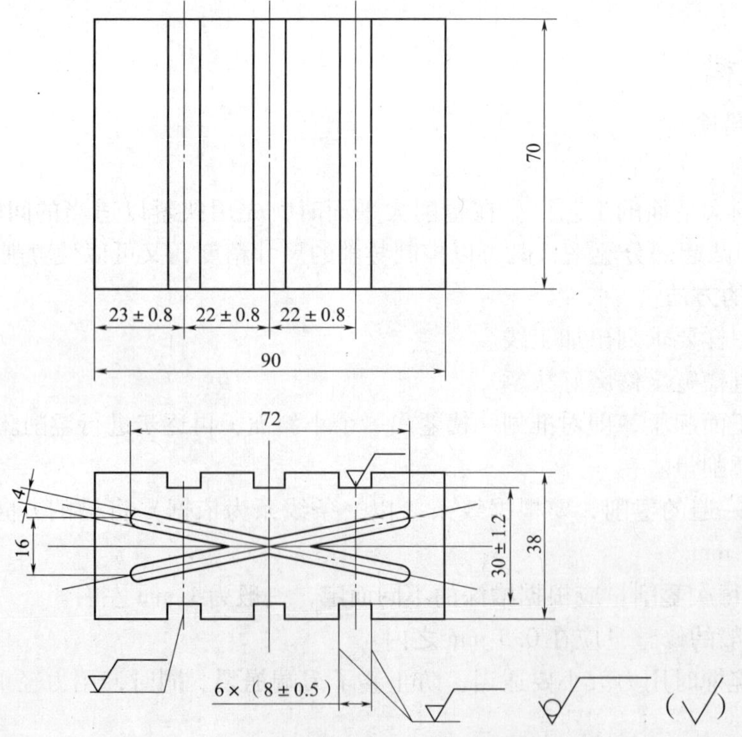

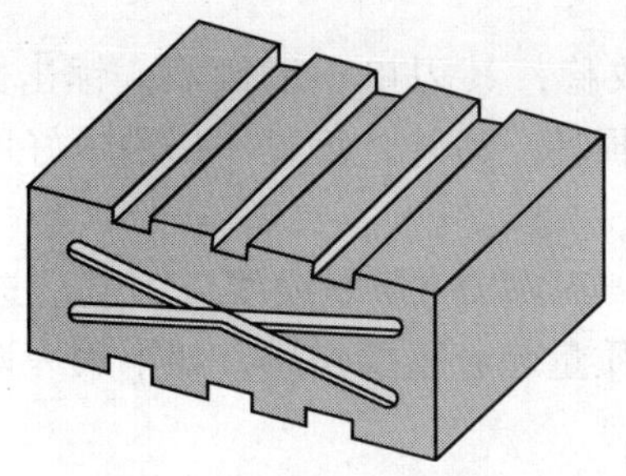

图 1—3—20　槽的錾削

技术要求：(1) 直槽底平面度 0.8 mm，直槽侧面平面度 0.5 mm。

(2) 棱边去毛刺。

2. 操作准备（表 1—3—4）

表 1—3—4　　操作准备

实习工件（工具）名称	材料（规格）	材料来源	件数	工时（h）
长方体	HT150	子课题 1 转入	1	6
直槽錾			1	
油槽錾			1	
锉刀	10in（中齿）		1	
板料	$\delta=1$ mm		1	
高度划线尺	300 mm		1	

3. 操作步骤

(1) 錾直槽

1) 检查来料尺寸，划线表面上好涂料。

2) 按图样尺寸划线。直槽线可利用平板和高度划线尺，也可用宽座直角尺和划针划出。

3) 分别完成两把狭錾的修整刃磨，达到要求。

4) 錾第一条槽。从正面起錾，先沿线条以 0.5 mm 的錾削量錾第一遍，再按直槽深度分次錾削，最后一遍做平整修整。

5) 依次錾第二、三、四、五、六条槽。检查全部錾削质量。

(2) 錾油槽

1) 准备好一把油槽錾，按加工油槽的断面形状和尺寸要求，进行刃磨。

2) 按实训图的油槽形状及尺寸，在长方铁两侧面上划出油槽加工线。

3) 先錾削件 1 上的直油槽，然后錾削件 2 上的圆弧形油槽。

4) 用锉刀修去槽边毛刺。

4. 注意事项

(1) 錾直槽

1) 起錾时錾子刃口要摆平，且刃口的一侧角需与槽位线对齐，同时，起錾后的斜面口尺寸应与槽形尺寸一致。

2）錾削时錾子要放正、放稳，其刃口不能倾斜；锤击力要均匀适当，使錾痕整齐、槽形正确，这样也不易使錾子损坏。另外，每錾一条槽最好用一把錾子，这样可以控制槽宽上下一致。

3）开始第一遍的錾削时，必须以一条划线线条为基准进行，并保证把槽錾直。第一遍的錾削精度对整个槽的錾削质量起着重要作用，如果第一遍把槽錾斜或弯曲，这条槽就不易修整好。

4）练习前应先了解在平面上錾直槽时可能出现的质量问题及其产生的原因（表1—3—5），便于练习时能及时加以注意。

表1—3—5　　　　　　　　錾直槽时的质量问题及其产生原因

质量问题	产生原因
槽口爆裂	第一遍錾削量过大
槽不直	1. 錾子未放正 2. 没有按所划线条进行錾削 3. 掉头錾削时未錾在同一直线上
槽底高低不平	狭錾刃口磨成倾斜状态或錾子斜放錾削
槽底倾斜	1. 狭錾的刃口两端已钝或碎裂，却仍在使用 2. 在同一条直槽上錾削，狭錾刃磨多次而使刃口宽度缩小
槽口喇叭口	每次起錾位置向一侧偏移
槽向一侧倾斜	1. 第一遍錾削时方向未把稳 2. 没有按照所划线条进行錾削

（2）錾油槽

1）油槽錾的圆弧面应刃磨光洁圆滑，其刃口形状应与油槽断面的形状要求相符，使錾削后能得到宽、深符合要求的光洁、圆滑的油槽。可先在废件上做试錾检查，符合要求后再在工件上錾削。

2）在油槽錾削中要保持錾削角度一致，采用腕挥法锤击，锤击力量均匀，使錾出的油槽深浅一致，槽面光滑。

3）錾油槽一般要求一次成形，必要时可进行一定的修整。如果在錾削中发现錾削方向开始偏离要求或槽发生变化等倾向，必须及时加以纠正。

5. 练习记录及成绩评定（表1—3—6）

表1—3—6　　　　　　　　成绩评定

序号	技术要求（mm）	配分	检测结果		得分
			学生自测	教师检测	
1	23±0.8	4分			
2	22±0.8（2组）	8分			
3	8±0.5（6组）	24分			

续表

序号	技术要求（mm）	配分	检测结果		得分
			学生自测	教师检测	
4	直槽槽底平面度 0.8 （6 组）	24 分			
5	直槽侧面平面度 0.5 （12 组）	24 分			
6	油槽形状正确、光滑	10 分			
7	安全文明生产	6 分			
备注					

子课题 3　钢件的锯削

一、锯削的概述

用锯削工具对材料或工件进行切断或切槽等的加工方法称为锯削。锯削操作可以对各种原材料或半成品进行锯断加工（图 1—3—21a）；可以锯除零件上多余部分（图 1—3—21b）或在零件上锯槽（图 1—3—21c）等。

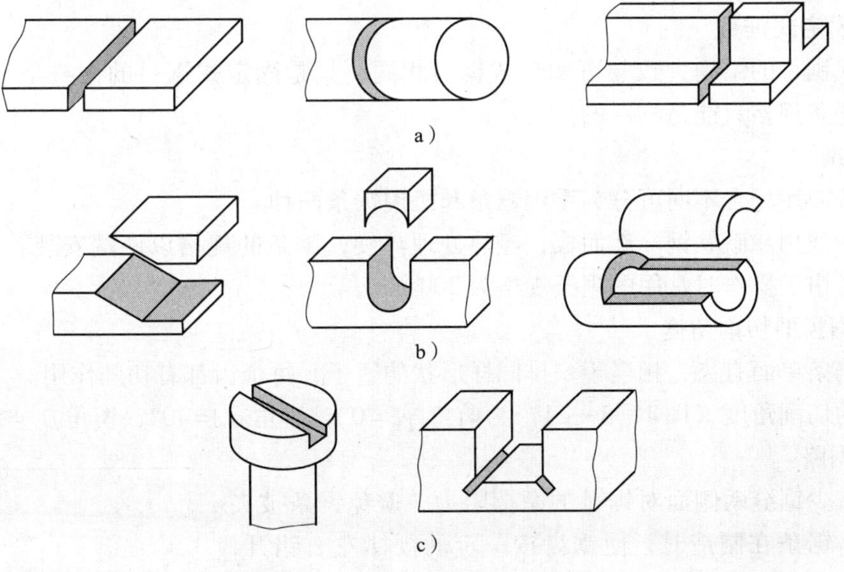

图 1—3—21　锯削的作用

二、锯削工具

锯削工具由锯弓和锯条两部分组成。

1. 锯弓

锯弓用于安装和张紧锯条，有固定式锯弓（图 1—3—22）和可调节式锯弓（图 1—3—23）两种。

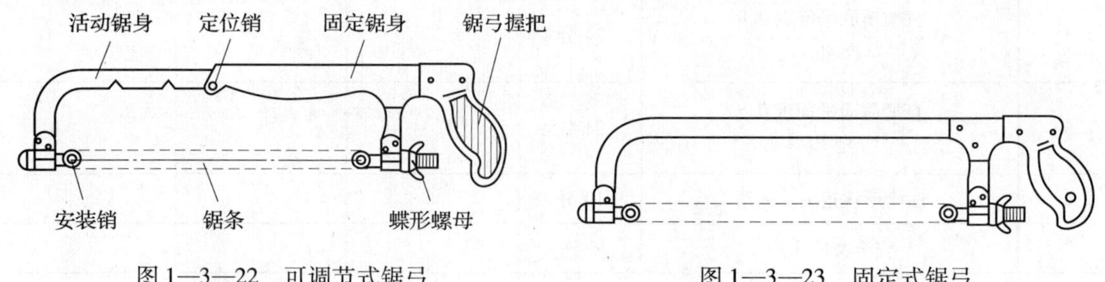

图 1—3—22　可调节式锯弓　　图 1—3—23　固定式锯弓

（1）可调节式锯弓

1）锯身。可调节式锯弓的锯身分为活动锯身和固定锯身。通过活动锯身的前后位置移动可以实现锯身长度的调节，以适应安装不同长度规格的锯条。

2）定位销。定位销与活动锯身下端的定位凹孔配合，可以起到固定活动锯身位置的作用。

3）锯弓握把。锯弓握把在锯削时供操作者握持，以产生锯削所必需的推力。

4）安装销。锯弓上有两个安装销，分别位于活动锯身和固定锯身下端的夹头上，在安装锯条时，用来固定锯条的位置。

5）蝶形螺母。蝶形螺母与安装销后端的螺栓配合，形成螺纹连接，在装夹锯条时用来张紧锯条。其外形做成蝶形，主要是为了方便操作。

（2）固定式锯弓

固定式锯弓的结构大致与可调节式锯弓相同，只是固定式锯弓的锯身是不可调节的，其安装的锯条规格只能是唯一的。

2. 锯条

锯条按使用场合不同可分为手用锯条和机用锯条两种。

锯条一般用渗碳软钢冷轧而成，经热处理淬硬，锯条的规格以两端安装孔中心距的大小来表示，钳工操作时常用的锯条规格为 300 mm。

（1）锯齿的切削角度

常用锯条单面有齿，相当于一排同样形状的錾子，每个齿都有切削作用。

锯齿的切削角度（图 1—3—24）为前角 $\gamma_o=0°$，后角 $\alpha_o=40°$，楔角 $\beta_o=50°$。

（2）锯路

为了减少锯缝两侧面对锯条的摩擦阻力，避免锯条被夹住或折断，锯条在制造时，使锯齿按一定的规律左右错开，排列成一定形状，称为锯路。锯路有交叉形和波浪形等（图 1—3—25）。锯条有了锯路以后，使工件上的锯缝宽度大于锯条背部的厚度，从而防止了夹锯和锯条过热，减少锯条磨损。

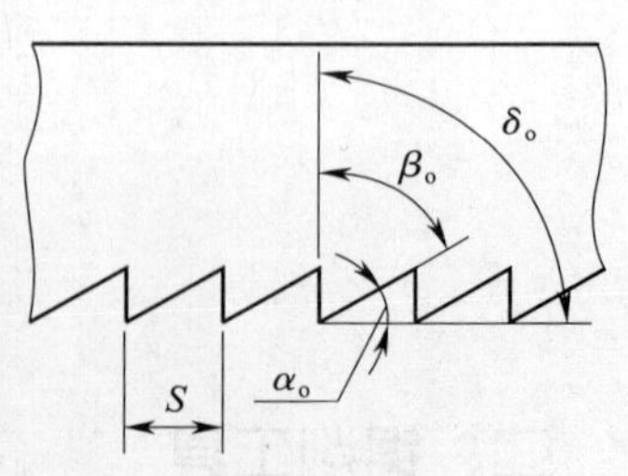

图 1—3—24　锯齿的角度

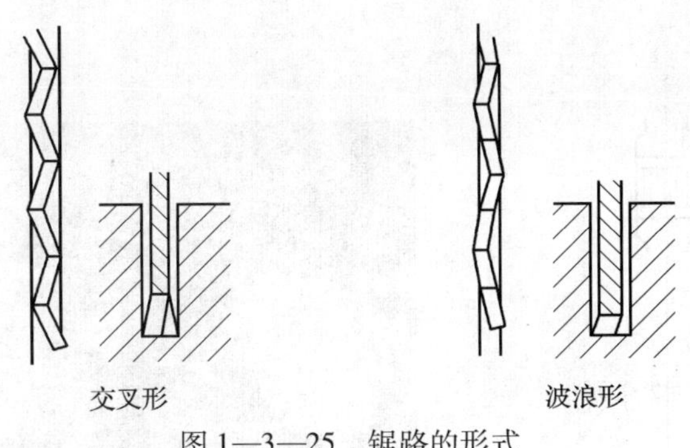

图 1—3—25　锯路的形式

三、锯齿的粗细规格

锯齿的粗细是以锯条每 25 mm 长度内的锯齿数来表示的。一般分为粗齿、中齿、细齿三种，见表 1—3—7。

表 1—3—7　　锯齿的粗细规格及应用

锯齿规格	每 25 mm 长度内齿数	应用
粗	14 ~ 18	锯削软钢、黄铜、铝、铸铁、紫铜、人造胶质材料
中	22 ~ 24	锯削中等硬度钢、厚壁的钢管、铜管
细	32	薄片金属、薄壁管子
细变中	32 ~ 20	一般工厂中使用，易于起锯

四、锯齿粗细规格的选用

一般说来，粗齿锯条的容屑槽较大，用于锯削软材料或较大的切面，因为在这种切削加工过程中，每锯一次所产生的切屑较多，只有大容屑槽才不致发生堵塞而影响锯削效率。

锯削硬材料或切面较小的工件应该选用细齿锯条，因硬材料不易锯入，每锯一次切屑较少，不易堵塞容屑槽，同时，细齿锯参加切削的齿数增多，可使每齿负担的锯削量小，锯削阻力小，材料易于切除，推锯省力，锯齿也不易磨损。

锯削管子和薄板时必须用细齿锯条；否则会因齿距大于板厚，使锯齿被钩住而崩断。因此，锯削工件时，截面上至少要有两个以上的锯齿同时参加锯削，才能避免锯齿被钩住而崩断的现象。

五、锯削方法

1. 锯削的基本姿势

(1) 站立姿势

锯削时的站立姿势如图 1—3—26 所示，摆动要自然。

(2) 锯弓握法

右手满握锯柄，左手扶在锯弓前端，如图 1—3—27 所示。

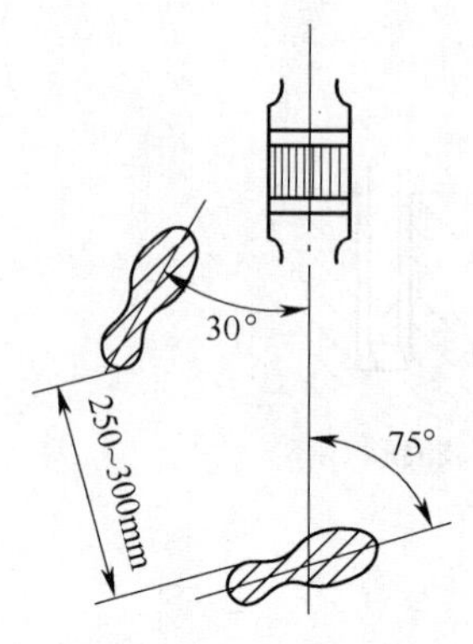

图 1—3—26　锯削时的站立姿势

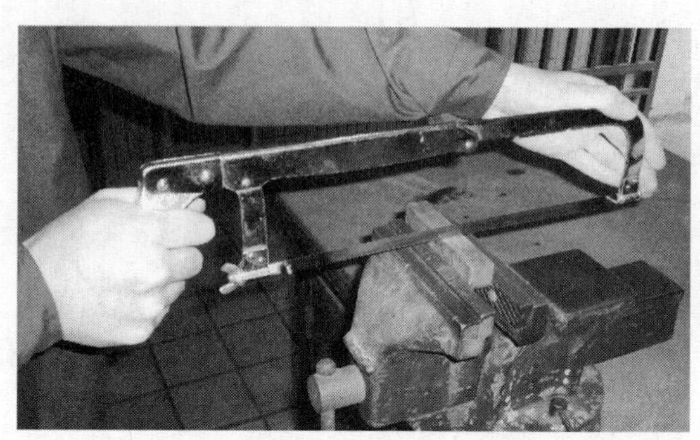

图 1—3—27　锯弓的握法

（3）锯削时的压力

锯削运动时，推力和压力由右手控制，左手主要配合右手扶正锯弓，压力不要过大。手锯推出时为切削行程，应施加压力，返回行程不切削，不加压力做自然拉回。工件快切断时要适当减小压力。

（4）锯削时的运动和速度

锯削运动一般采用小幅度的上下摆动式运动，即手锯推进时，身体略向前倾，双手在压向手锯的同时，左手上翘，右手下压，回程时，右手上抬，左手自然跟回。对锯缝底面要求平直的锯削，必须采用直线运动。锯削运动的速度一般为 40 次/分左右，锯削硬材料慢些，锯削软材料快些，同时，锯削行程应保持均匀，返回行程的速度应相对快些。

2．锯削操作方法

（1）工件的夹持

工件一般应夹在台虎钳的左面，以便操作（图 1—3—28）；工件伸出钳口不应过长（应使锯缝离开钳口侧面 20 mm 左右），防止工件在锯削时产生振动；锯缝线要与锯口侧面保持平行（使锯缝线与铅垂线方向一致），便于控制锯缝不偏离划线线条；夹紧要牢靠，同时要避免将工件夹变形和夹坏已加工面。

（2）锯条的安装

手锯是在前推时才起切削作用的，因此锯条安装应使齿尖的方向朝前（图 1—3—29a），如果装反了（图 1—3—29b），则锯齿前角为负值，不能正常锯削。在调节锯条松紧时，蝶形螺母不宜旋得太紧或太松。太紧时锯条受力太大，在锯削中用力稍有不当，就会折断；太松则锯削时锯条容易扭曲，也易折断，而且锯出的锯缝容易歪斜。其松紧程度以用手扳动锯条，感觉硬实即可。

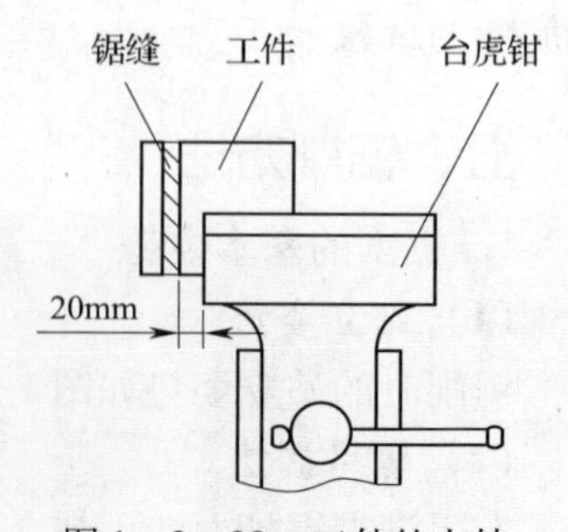

图 1—3—28　工件的夹持

锯条安装后，要保证锯条平面与锯弓中心平面平行，不得倾斜和扭曲，否则，锯削时锯缝极易出现歪斜现象。

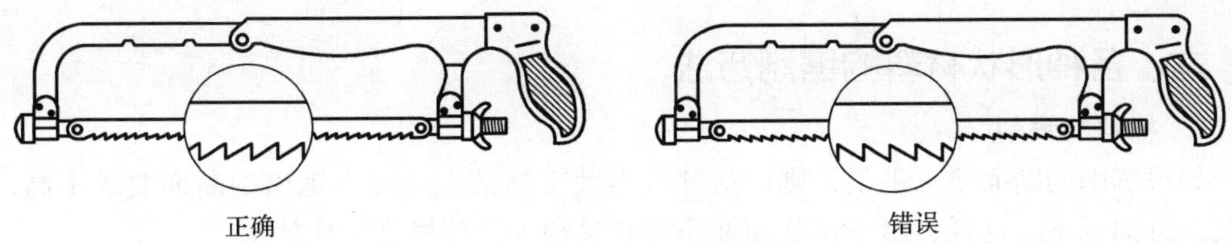

图 1—3—29　锯条的安装

（3）起锯方法

起锯是锯削工作的开始，起锯质量的好坏直接影响锯削质量。如果起锯不当，一是常出现锯条跳出锯缝将工件拉毛或者引起锯齿崩裂，二是起锯后的锯缝与划线位置不一致，将使锯削尺寸出现较大偏差。起锯方式有远起锯（图 1—3—30a）和近起锯（图 1—3—30b）两种。

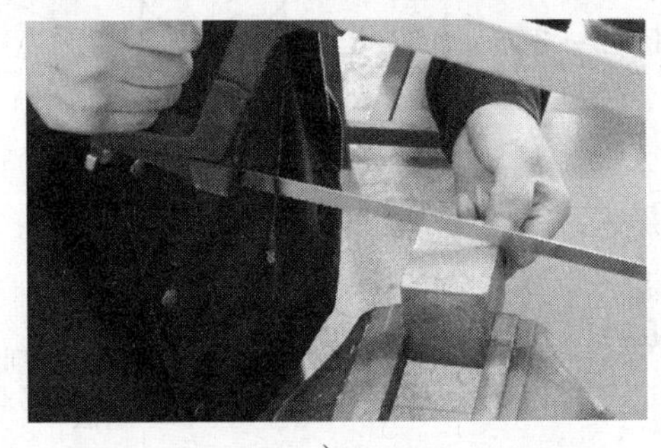

a）

b）

图 1—3—30　起锯方法

a）远起锯　b）近起锯

左手拇指靠住锯条，使锯条能正确地锯在所需要的位置上（图 1—3—30），行程要短，压力要小，起锯时的速度要慢，起锯角 θ 在 15°左右（图 1—3—31a）。如果起锯角太大，则起锯不易平稳，尤其是近起锯时锯齿会被工件棱边卡住，引起崩裂（图 1—3—31b）。但起锯角也不宜太小，否则，由于锯齿与工件同时接触的齿数较多，不易切入材料，多次起锯往往容易发生偏离，使工件表面锯出许多锯痕，影响表面质量。

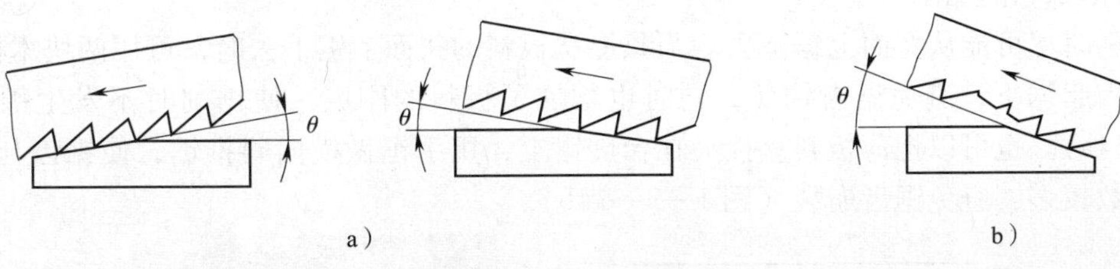

a）　　　　b）

图 1—3—31　起锯角度

a）起锯角正确　b）起锯角过大

一般情况下采用远起锯较好，因为远起锯锯齿是逐步切入材料，锯齿不易卡住，起锯也较方便。如果用近起锯而掌握不好，锯齿会被工件的棱边卡住，此时也可采用向后拉手锯做倒向起锯，使起锯时接触的齿数增加，再做推进起锯就不会被棱边卡住。起锯到槽深有 2 ~ 3 mm，锯条已不会滑出槽外，左手拇指可离开锯条，扶正锯弓逐渐使锯痕向后（向前）成为水平，然后往下正常锯削。正常锯削时应使锯条的全部有效齿在每次切削行程中都参加切削。

六、各种形状材料的锯削方法

1. 棒料的锯削

如果锯削的断面要求平整，则应从开始连续锯到结束。如果锯出的断面要求不高，可分几个方向锯下，这样，由于锯削面变小而容易锯入，可提高工作效率。

2. 管子的锯削

锯削管子前，可划出垂直于轴线的锯削线，由于锯削时对划线的精度要求不高，最简单的方法是用矩形纸条（划线边必须直）按锯削尺寸绕住工件外圆（图1—3—32），然后用滑石划出。锯削时必须把管子夹正。对于薄壁管子和精加工过的管子，应夹在有V形槽的两木衬垫之间（图1—3—33a），以防将管子夹扁和夹坏表面。

锯削薄壁管子时不可在一个方向从开始连续锯到结束，否则锯齿容易被管壁钩住而崩裂。正确的方法应是先在一个方向锯到管子内壁处，然后把管子向推锯的方向转过一定角度，并连接原锯缝再锯到管子的内壁处，如此逐渐改变方向不断转锯，直到锯断为止（图1—3—33b）。

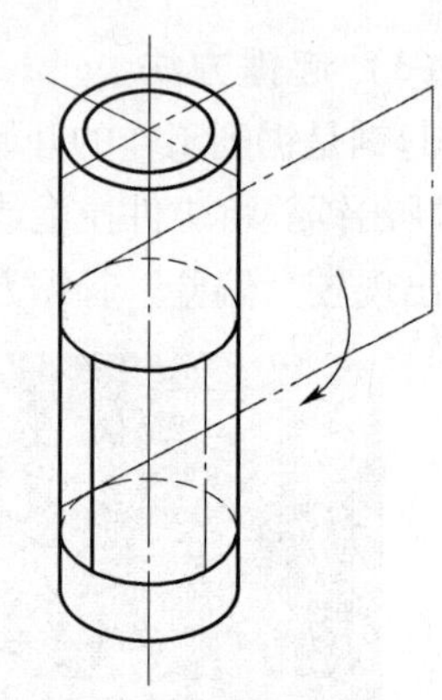

图1—3—32　管子锯削线的划法

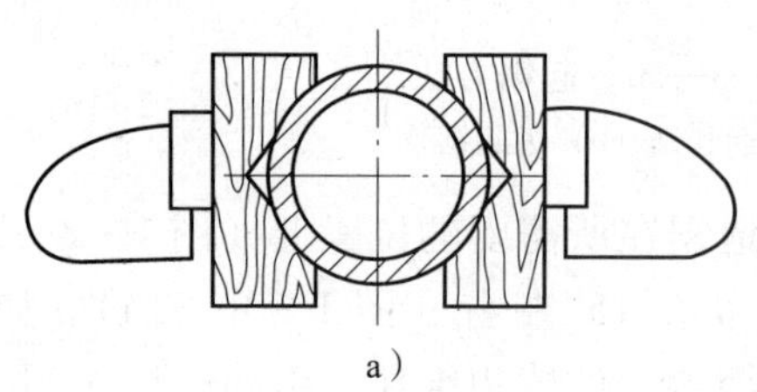

a）　b）

图1—3—33　管子的夹持和锯削

a）管子的夹持　b）转位锯削

3. 薄板料的锯削

锯削时尽可能从宽面上锯下去。当只能从板料的狭面上锯下去时，可用两块木板夹持，连木块一起锯下，避免锯齿钩住，同时也增加了板料的刚度，使锯削时不发生颤动（图1—3—34a）。也可以把薄板料直接夹在台虎钳上，用手锯做横向斜推锯，使锯齿与薄板接触的齿数较多，避免锯齿崩裂（图1—3—34b）。

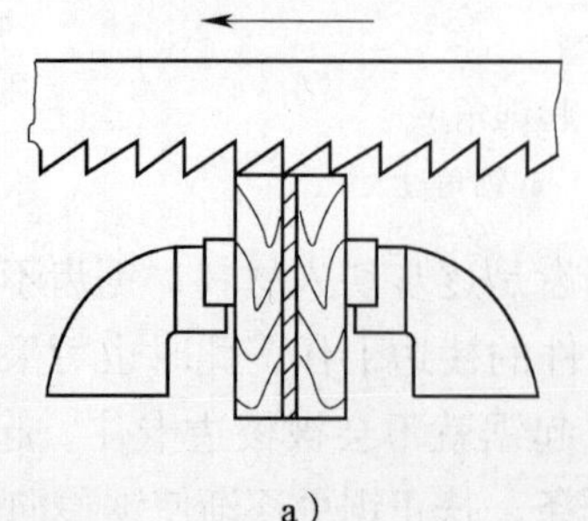

a）

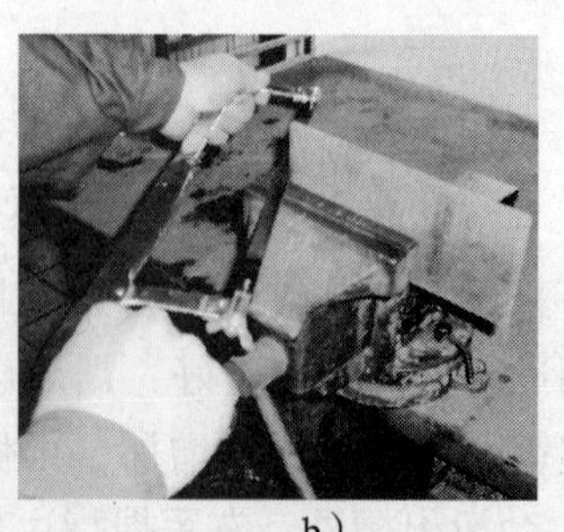

b）

图1—3—34　薄板料的锯削

4. 深缝的锯削

当锯缝的深度超过锯弓的高度时，应将锯条转过 90°重新装夹，使锯弓转到工件的旁边（图 1—3—35a），当锯弓横下来其高度仍不够时，也可把锯条装夹成使锯齿朝向锯内，进行锯削（图 1—3—35b）。

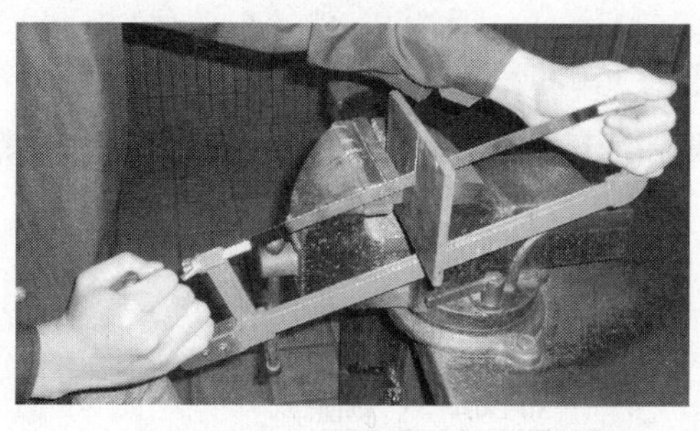
a）

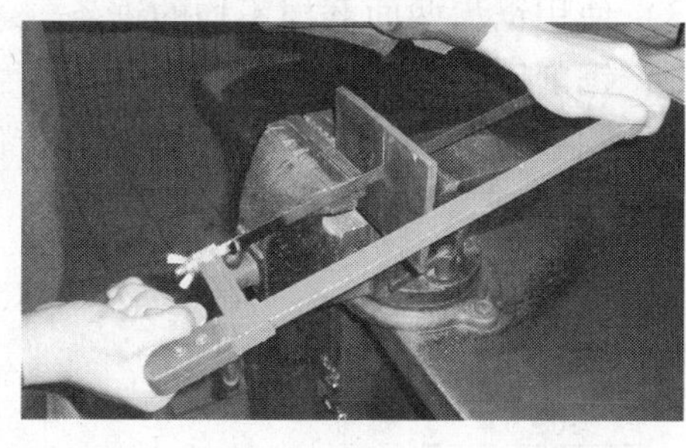
b）

图 1—3—35　深缝的锯削

七、锯削时的安全注意事项

（1）锯条安装时要松紧适当，锯削时避免突然用力过猛，以防止锯削过程中锯条折断，从锯弓上崩出伤人。

（2）工件快锯断时，锯弓上所施加的压力要小，以避免压力过大使工件突然断开，手向前冲造成事故。一般工件快锯断时，要用左手扶住工件断开部分，避免掉下砸伤脚。

八、锯条折断原因

（1）工件未夹紧，锯削时工件有松动。

（2）锯条装得过松或过紧。

（3）锯削压力过大或锯削方向突然偏离锯缝方向。

（4）强行纠正歪斜的锯缝，或调换新锯条后仍在原锯缝过猛地锯下。

（5）锯削时锯条中间局部磨损，当拉长锯削时而被卡住引起折断。

（6）中途停止使用时，手锯未从工件中取出而碰断。

九、锯削时产生崩齿的原因

（1）锯条选择不当，如锯薄板料、管子时用粗齿。

（2）起锯时起锯角太大。

（3）锯削运动突然摆动过大或锯齿有过猛的撞击。

当锯条局部几个齿崩裂后，应及时在砂轮机上进行修整，即将相邻的 2 ~ 3 齿磨低成凹圆弧（图 1—3—36），并把已断的齿根磨光。如果不及时处理，会使崩裂齿的后面各齿相继崩裂。

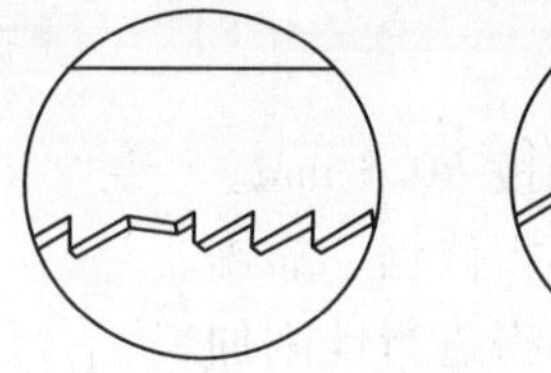

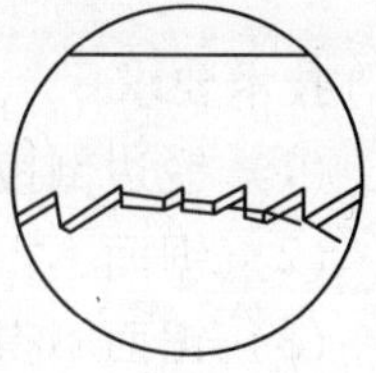

图 1—3—36　锯齿崩裂后的修整

十、锯缝产生歪斜的原因

（1）工件安装时，锯缝线未能与铅垂线方向一致。
（2）锯条安装太松或相对锯弓平面扭曲。
（3）使用锯齿两面磨损不均的锯条。
（4）锯削压力过大使锯条左右偏摆。
（5）锯弓未扶正或用力歪斜，使锯条背偏离锯缝中心平面，而斜靠在锯削断面的一侧。

十一、技能操作

1. 实训样图（图1—3—37）

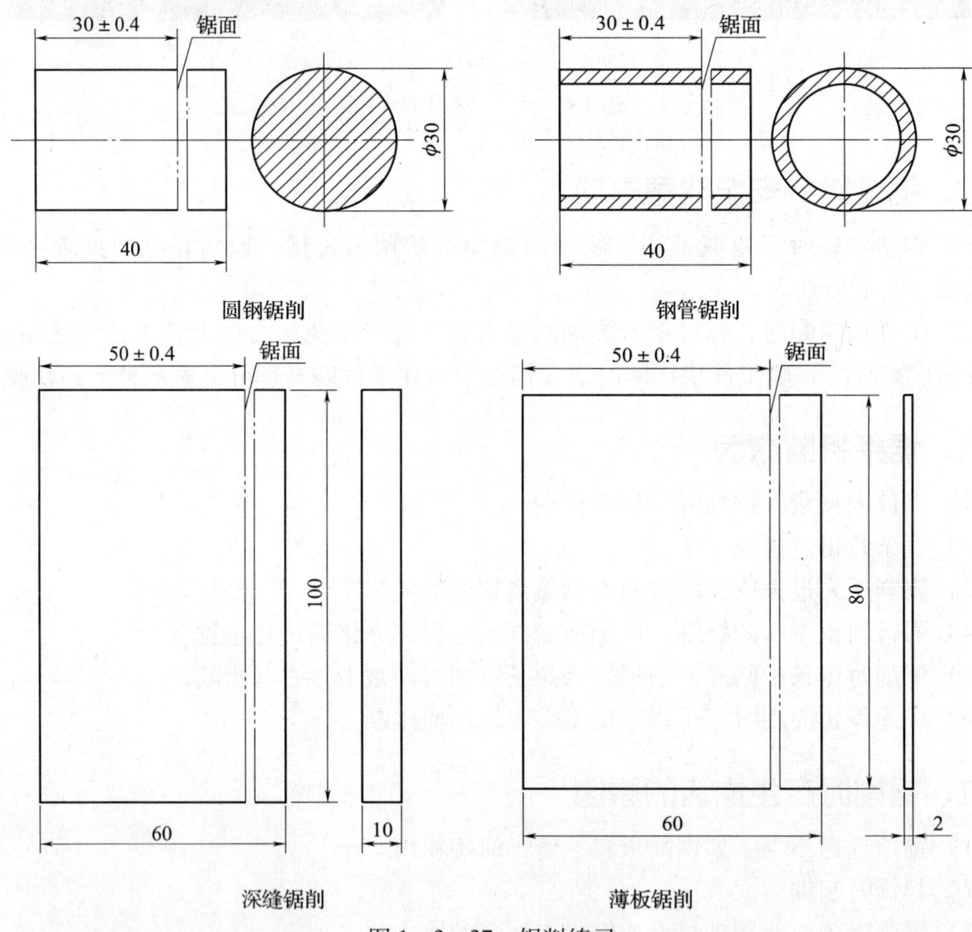

图1—3—37　锯削练习

技术要求：
（1）锐边倒棱 $R0.3$ mm。
（2）锯面不得修锯、靠锯。
（3）锯面不得进行锉削加工。
（4）锯面平面度误差不得大于0.4 mm。

2. 操作准备（表 1—3—8）

表 1—3—8　　操作准备

实习工件（工具）名称	材料	材料来源	件数	工时（h）
手用锯弓		备料	1	3
手用锯条（粗、中、细齿）		备料	1	
ϕ30 mm × 40 mm 棒料	45 钢	备料	1	
ϕ30 mm × 40 mm 钢管	45 钢	备料	1	
60 mm × 100 mm × 10 mm 板料	Q235	备料	1	
60 mm × 80 mm × 2 mm 薄板	Q235	备料	1	
300 mm 高度划线尺		备料	1	
0 ~ 150 mm 游标卡尺		备料	1	

3. 操作步骤

（1）根据图样要求，在零件上划出锯削的界线。

（2）薄板零件的加工界线上敲样冲。

（3）根据所加工的材料不同以及形状、大小的不同，正确选择合适的锯条。

（4）按所划的界线进行锯削加工。

4. 注意事项

（1）划线时应严格按照图样中所标明的尺寸进行划线。

（2）划线过程中应正确选择划线基准。

（3）锯削之前，应合理选择正确的锯条进行锯削。

（4）锯削过程中应随时注意锯缝的歪斜现象，避免产生较大的尺寸误差。

（5）应尽量避免锯条的折断和锯齿的崩裂。

（6）锯削过程中应严格控制好锯削的速度，以避免尺寸误差的增加和加快锯条的磨损。

5. 练习记录及成绩评定（表 1—3—9）

表 1—3—9　　成绩评定

序号	技术要求	配分	检测结果		得分
			学生自测	教师检测	
1	站位姿势正确	10 分			
2	锯削姿势正确	10 分			
3	锯削方法得当	10 分			
4	锯削速度适中	10 分			
5	（30 ± 0.4）mm	20 分			
6	（50 ± 0.4）mm	20 分			
7	锯面平面度不超差	10 分			
8	工件装夹正确	10 分			
9	安全文明生产	酌扣			

子课题 4　钢件的平面锉削

一、锉削概述

用锉刀对工件表面进行切削加工叫锉削。锉削一般是在錾、锯之后对工件进行的精度较高的加工，其精度可达 0.01 mm，表面粗糙度可达 *Ra*0.8 μm。

锉削的应用范围很广，可以锉削平面、曲面、外表面、内孔、沟槽和各种复杂表面，还可以配键、做样板以及在装配中修整工件，是钳工常用的重要操作之一。

二、锉刀

锉刀用高碳工具钢 T13 或 T12 制成，经热处理后切削部分硬度达 62～72HRC。

1. 锉刀的构造

锉刀由锉身和锉柄两部分组成，各部分名称如图 1—3—38 所示。

图 1—3—38　锉刀各部分名称

锉刀面是锉削的主要工作面。锉刀面在前端呈凸弧形，上下两面都制有锉齿，便于进行锉削。

锉刀尾的锉刀舌是用来装锉刀柄的。锉刀柄是木质的，在安装孔的外部应套有铁箍。

2. 锉纹

单齿纹是指锉刀上只有一个方向的齿纹，如图 1—3—39a 所示。单齿纹齿的强度弱，全齿宽同时参加切削，需要较大切削力，因此适用于锉削软材料。

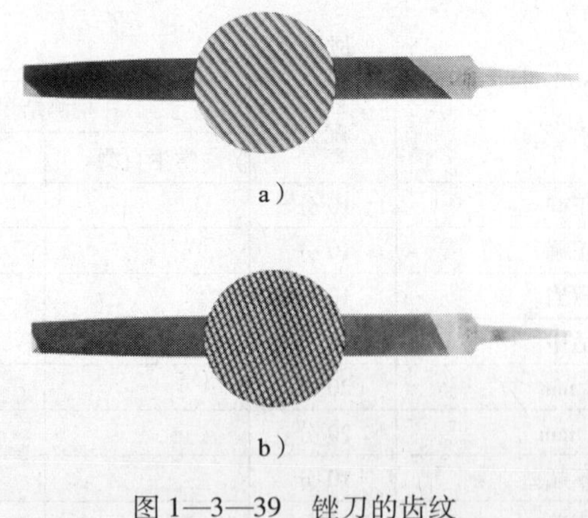

图 1—3—39　锉刀的齿纹
a）单齿纹　b）双齿纹

双齿纹是指锉刀上有两个方向排列的齿纹。如图 1—3—39b 所示。这样形成的锉齿沿锉刀中心线方向倾斜和有规律地排列。锉削时，每个齿的锉痕交错而不重叠，锉面比较光滑，锉削时切屑是碎断的，比较省力，锉齿强度也高，适用于锉削硬材料。

3. 锉刀的种类

钳工所用的锉刀按其用途不同，可分为普通钳工锉、异形锉和整形锉三类。

普通钳工锉按其断面形状不同，分为平锉（板锉）、方锉、三角锉、半圆锉和圆锉五种，如图 1—3—40 所示。

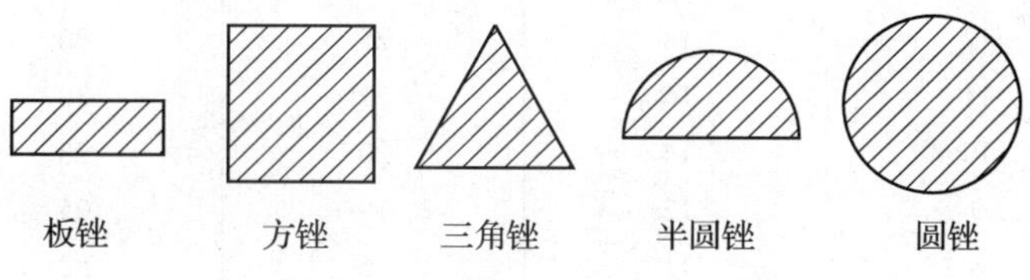

图 1—3—40　普通钳工锉断面形状

异形锉是用来锉削工件特殊表面的，有刀口锉、菱形锉、扁三角锉、椭圆锉、圆肚锉等。

整形锉又叫什锦锉或组锉，因分组配备各种断面形状的小锉而得名，主要用于修整工件上的细小部分。通常以 5 把、6 把、8 把、10 把或 12 把为一组，如图 1—3—41 所示。

图 1—3—41　整形锉

4. 锉刀的规格

锉刀的规格分为尺寸规格和齿纹的粗细规格。

不同锉刀的尺寸规格用不同的参数表示。圆锉刀的尺寸规格以直径表示；方锉刀的尺寸规格以方形尺寸表示；其他锉刀则以锉身长度表示其尺寸规格。钳工常用的锉刀有 100 mm、125 mm、150 mm、200 mm、250 mm、300 mm、350 mm、400 mm 等几种。

锉齿的粗细规格以锉刀每 10 mm 轴向长度内的主锉纹条数来表示，见表 1—3—10。主锉纹是指锉刀上两个方向排列的深浅不同的齿纹中起主要锉削作用的齿纹。起分屑作用的另一个方向的齿纹称为辅齿纹。

表 1—3—10　　锉刀齿纹粗细的规定

规格（mm）	主锉纹条数（10 mm 轴向长度内）				
	锉纹号				
	1	2	3	4	5
100	14	20	28	40	56
125	12	18	25	36	50
150	11	16	22	32	45
200	10	14	20	28	40
250	9	12	18	25	36
300	8	11	16	22	32
350	7	10	14	20	—
400	6	9	12	—	—
450	5.5	8	11	—	—

表 1—3—10 中，1 号锉纹为粗齿锉刀；2 号锉纹为中齿锉刀；3 号锉纹为细齿锉刀；4 号锉纹为双细齿锉刀；5 号锉纹为油光锉。

5. 锉刀的选择

每种锉刀都有一定的用途，如果选择不当，就不能充分发挥它的效能，甚至会过早地丧失切削能力。因此，锉削之前必须正确地选择锉刀。

应根据被锉削工件表面形状和大小选用锉刀的断面形状和长度。锉刀形状应适应工件加工表面形状。

锉刀的粗细规格选择取决于工件材料的性质、加工余量的大小、加工精度和表面粗糙度要求的高低。如粗锉刀由于齿距较大而不易堵塞，一般用于锉削铜、铝等软金属及加工余量大、精度低和表面粗糙的工件；而细锉刀则用于锉削钢、铸铁以及加工余量小、精度要求高和表面粗糙度低的工件；油光锉用于最后修光工件表面。

各种粗细规格的锉刀适宜的加工余量和所能达到的加工精度和表面粗糙度见表 1—3—11，供选择锉刀齿纹的粗细规格时参考。

表 1—3—11　　锉刀齿纹的粗细规格选用

锉刀粗细	适用场合		
	锉削余量（mm）	尺寸精度（mm）	表面粗糙度 Ra（μm）
1 号（粗齿锉刀）	0.5 ~ 1	0.2 ~ 0.5	100 ~ 25
2 号（中齿锉刀）	0.2 ~ 0.5	0.05 ~ 0.2	25 ~ 6.3
3 号（细齿锉刀）	0.1 ~ 0.3	0.02 ~ 0.05	12.5 ~ 3.2
4 号（双细齿锉刀）	0.1 ~ 0.2	0.01 ~ 0.02	6.3 ~ 1.6
5 号（油光锉）	0.1 以下	0.01	1.6 ~ 0.8

三、锉削姿势

1. 锉刀柄的装拆方法（图 1—3—42）

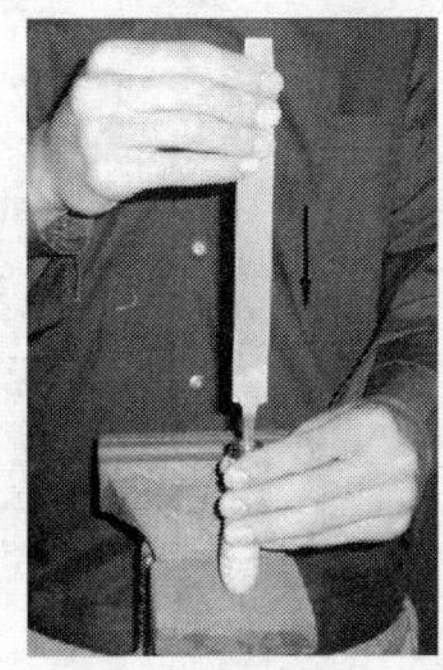
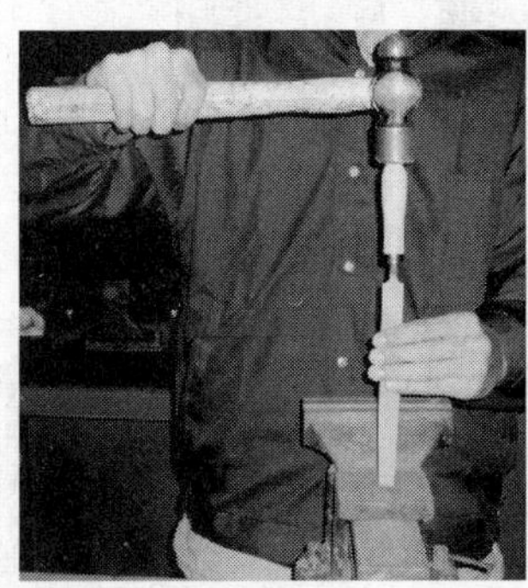

装锉刀柄的方法

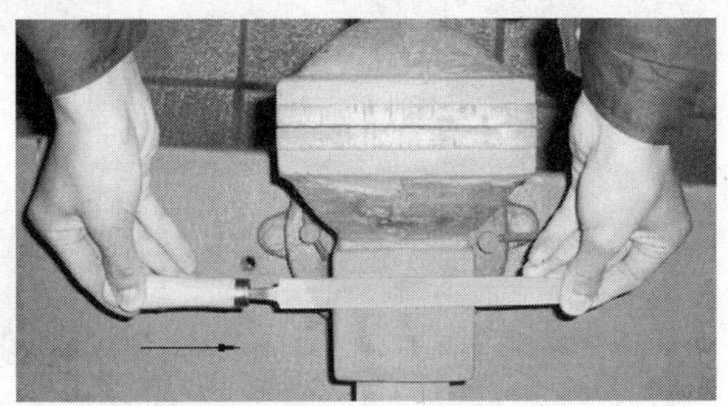

拆锉刀柄的方法

图 1—3—42 锉刀柄的装拆方法

2. 平面锉削的姿势

锉削姿势正确与否对锉削质量、锉削力的运用和发挥以及操作者的疲劳程度都起着决定影响。锉削姿势的正确掌握必须从握锉、站立步位和姿势动作以及操作用力等几方面进行，通过协调一致的反复练习才能达到。

（1）锉刀的握法

右手紧握锉刀柄，柄端抵在拇指根部的手掌上，拇指放在锉刀柄上部，其余手指由下而上地握住锉刀柄；左手的基本握法是将拇指根部的肌肉压在锉刀头上，拇指自然伸直，其余四指弯向手心，用中指、无名指捏住锉刀前端。锉削时右手推动锉刀并决定推动方向，左手协同右手使锉刀保持平衡，如图 1—3—43 所示。

（2）姿势动作

锉削时的站立步位和姿势如图 1—3—44 所示。站立时，以台虎钳中心线为基准，操作者的身体平面与台虎钳中心线成 45°；左脚在前，右脚在后，左脚脚面中心线与台虎钳中心线成 30°，右脚脚面中心线与台虎钳中心线成 75°；左腿膝盖略有弯曲，右腿膝盖绷直。

锉削动作如图 1—3—45 所示。两手握住锉刀放在工件上面，左臂弯曲，小臂与工件锉削面的左右方向保持基本平行，右小臂要与工件锉削面的前后方向保持基本平行，但要自然。

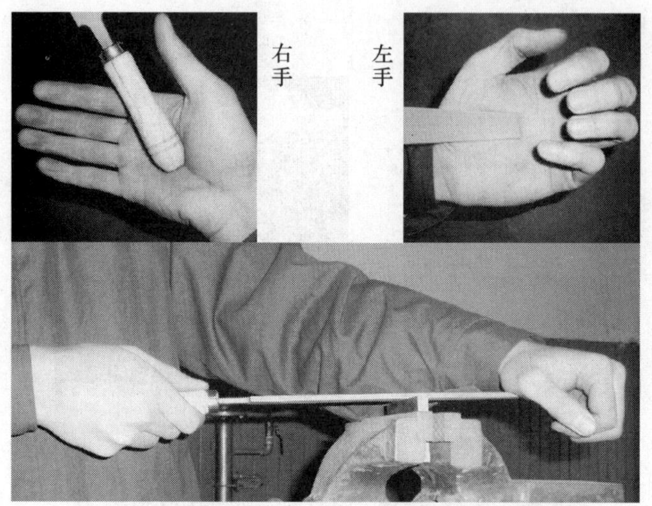

图 1—3—43　锉刀的握法

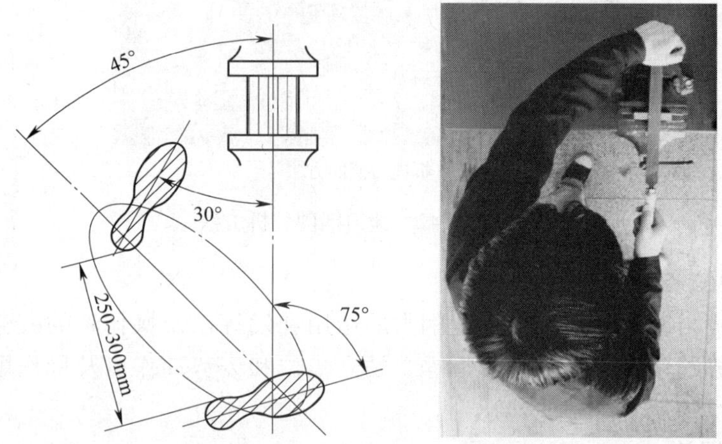

图 1—3—44　锉削时的站立步位和姿势

锉削时，身体先于锉刀并与之一起向前，右腿伸直并稍向前倾，重心在左脚，左膝部呈弯曲状态。当锉刀锉至约 3/4 行程时，身体停止前进，两臂则继续将锉刀向前锉到头，同时，左脚自然伸直并随着锉削时的反作用力，将身体重心后移，使身体恢复原位，并顺势将锉刀收回。当锉刀收回将近结束时，身体又开始先于锉刀前倾，做第二次锉削的向前运动。

3. 锉削时两手的用力和锉削速度

要锉出平直的平面，必须使锉刀保持直线的锉削运动。为此，锉削时右手的压力要随锉刀推动而逐渐增加，左手的压力要随锉刀推动而逐渐减小，回程时不要加压力，以减少锉齿的磨损，如图 1—3—46 所示。

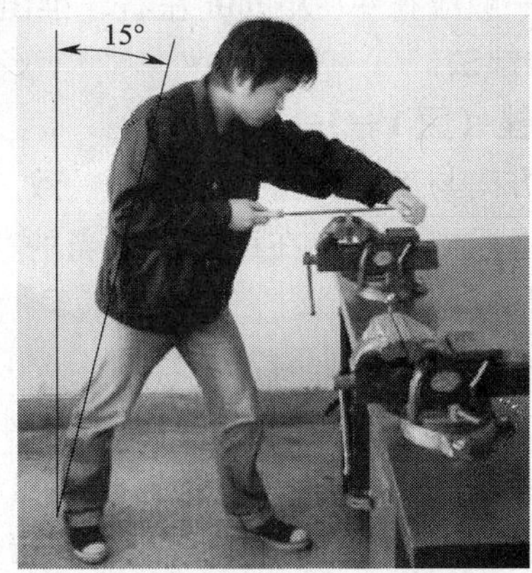

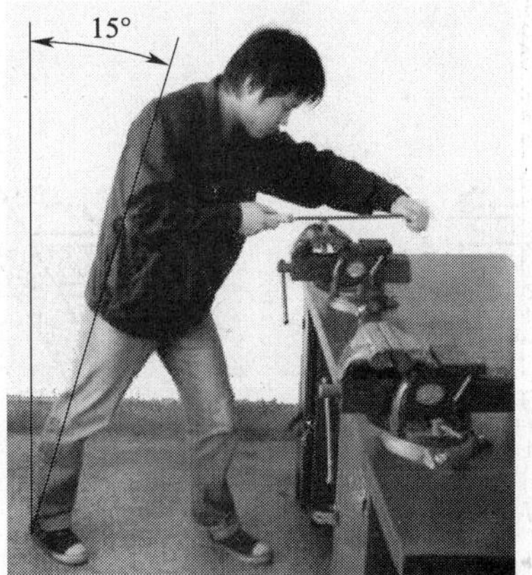

图 1—3—45　锉削动作

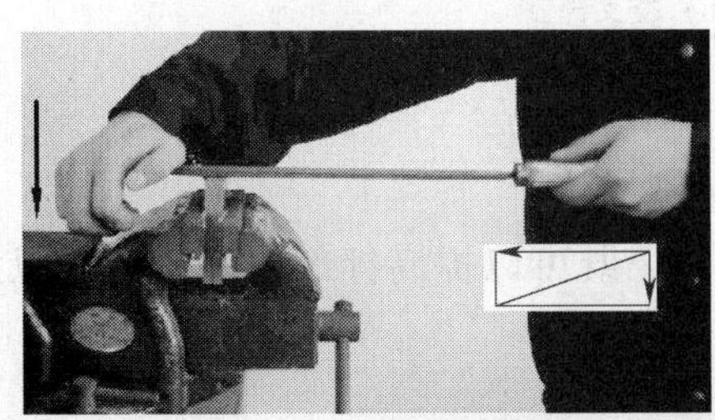
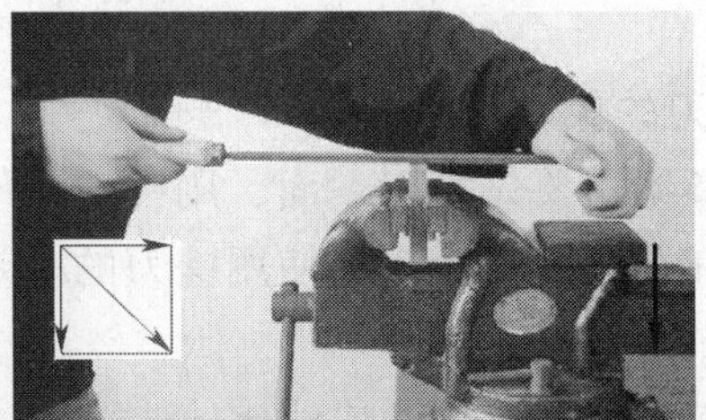
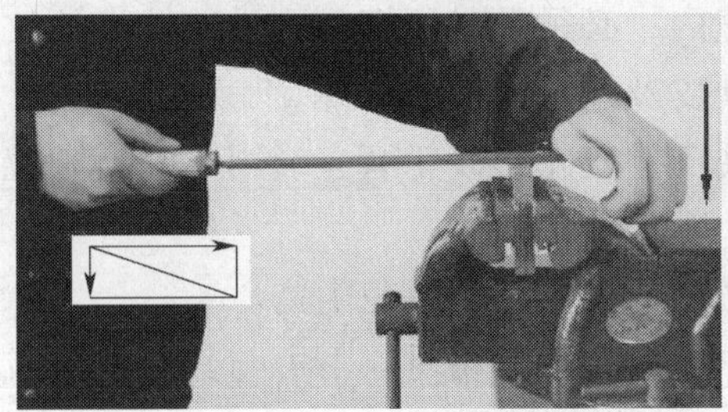

图 1—3—46　锉平面时的两手用力

锉削速度一般应在40次/min左右，推出时稍慢，回程时稍快，动作要自然协调。

4. 平面的锉法

(1) 顺向锉（图1—3—47a)

锉刀运动方向与工件夹持方向始终一致。在锉宽平面时，为使整个加工表面能被均匀地锉削，每次退回锉刀时应在横向做适当的移动。顺向锉的锉纹整齐一致，比较美观，这是最基本的一种锉削方法。

(2) 交叉锉（图1—3—47b)

锉刀运动方向与工件夹持方向成30°~40°，且锉纹交叉。由于锉刀与工件的接触面大，锉刀容易掌握平衡，同时，从锉痕上可以判断出锉削面的高低情况，便于不断地修正锉削部位。交叉锉法一般适用于粗锉，精锉时必须采用顺向锉，使锉痕变直，纹理一致。

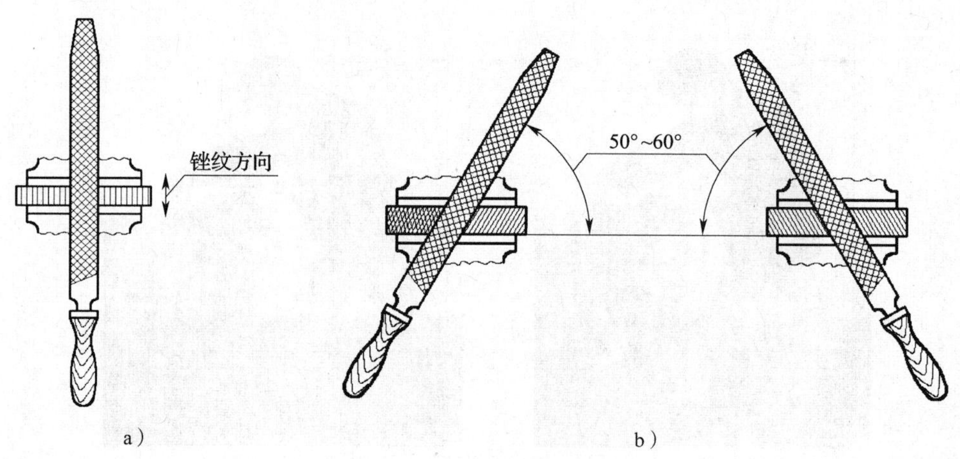

图1—3—47　平面的锉削方法

a) 顺向锉　b) 交叉锉

5. 锉刀的保养

(1) 新锉刀要先使用一面，用钝后再使用另一面。

(2) 在粗锉时，应充分使用锉刀的有效全长，既可以提高锉削效率，又可以避免锉齿局部磨损。

(3) 锉刀上不可沾油或沾水。

(4) 如果锉屑嵌入齿缝内，必须及时用钢丝刷沿着锉齿的纹路进行清除。

(5) 不可锉毛坯件的硬皮及经过淬硬的工件。

(6) 铸件表面如果有硬皮，应先用砂轮磨去或用旧锉刀和锉刀的有齿侧边锉去，然后再进行正常锉削加工。

(7) 锉刀使用完毕时必须清刷干净，以免生锈。

(8) 无论在使用过程中或放入工具箱时，不可与其他工具或工件堆放在一起，也不可与其他锉刀互相重叠堆放，以免损坏锉齿。

6. 锉削时的文明生产和安全生产知识

(1) 锉刀是右手工具，应放在台虎钳的右面；放在钳台上时锉刀柄不可露在钳桌外面，以免掉落地上砸伤脚或损坏锉刀。

(2) 没有装柄的锉刀、锉刀柄已经裂开或没有锉刀柄箍的锉刀不可使用。

(3) 锉削时锉刀柄不能撞击到工件，以免锉刀柄脱落造成事故。

(4) 不能用嘴吹锉屑，也不能用手擦、摸锉削表面。

(5) 锉刀不可作撬棒或手锤用。

四、锉平面的练习要领

用锉刀锉平面的技能、技巧必须通过反复的、多样性的刻苦练习才能形成，而掌握要领的练习可加快技能、技巧的掌握。

(1) 掌握好正确的姿势和动作。

(2) 做到锉削力的正确和熟练运用，使锉削时保持锉刀的直线平衡运动。因此，在操作时注意力要集中，练习过程要用心研究。

(3) 练习前了解几种锉面不平的具体因素，见表1—3—12，便于练习中分析改进。

表1—3—12　　锉面不平的形式和原因

形式	产生的原因
平面中凸	1. 锉削时双手的用力不能使锉刀保持平衡 2. 锉刀在开始推出时，右手压力太大，锉刀被压下，锉刀被推到前面，左手压力太大，锉刀被压下，形成前、后面多锉 3. 锉削姿势不正确 4. 锉刀本身中凹
对角扭曲或塌角	1. 左手或右手施加压力时，重心偏在锉刀的一侧 2. 工件未夹持正确 3. 锉刀本身扭曲
平面横向中凸或中凹	锉刀在锉削时左右移动不均匀

五、垂直度的检查方法

锉削工件时，垂直度检测通常都采用刀口形角尺通过透光法来检查。检查时，刀口形直尺的内尺座面应紧贴工件基准面，然后移动刀口形角尺使内尺瞄与被测面接触，采用透光法检查被测面的垂直情况。测量时当内尺瞄与被测面接触时，测量力不宜过大，否则会引起测量误差（图1—3—48）。

刀口形角尺在被检查平面上改变位置时，不能在平面上拖动，应提起后再轻放到另一检查位置，否则角尺的测量棱边容易磨损而降低其精度。

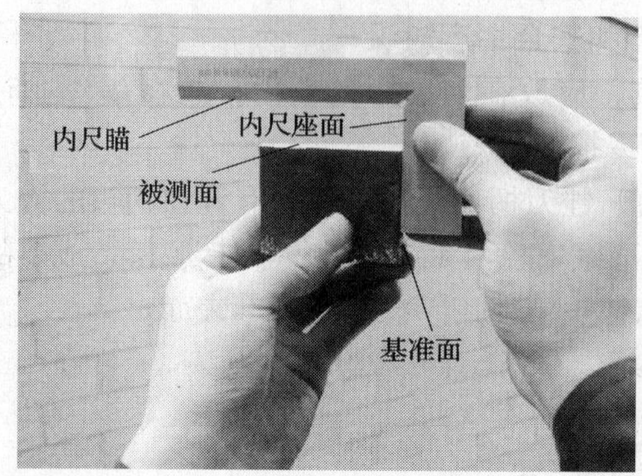

图 1—3—48　用刀口形角尺检查垂直度

六、技能操作

1. 实训样图（图 1—3—49）

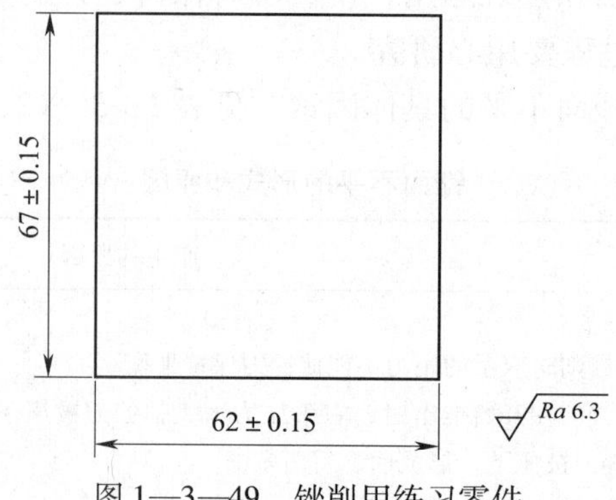

图 1—3—49　锉削用练习零件

技术要求：

（1）相邻两面的垂直度 0.1 mm。

（2）四个面直线度 0.1 mm。

（3）锐边去毛刺。

2. 操作准备（表 1—3—13）

表 1—3—13　　操作准备

实习工件（工具）名称	材料（规格）	材料来源	件数	工时（h）
板料	63 mm × 68 mm × 10 mm（Q235 钢）	备料	1	30
高度划线尺	300 mm		各 1	
游标卡尺	0 ~ 150 mm			
锉刀	6″（细齿） 8″（中齿） 10″（中齿）			
锯弓			1	
锯条（中齿）			若干	

3. 操作步骤

（1）将实训件正确装夹在台虎钳中间，锉削面高出钳口面大约15 mm。

（2）用旧的300 mm粗板锉，在实训工件上练习锉削姿势。开始用慢动作练习，初步掌握后再做正常速度练习。要求全部采用一种握法，做顺向锉削。练习件锉削后，最小厚度尺寸不能小于图样规定尺寸。

4. 注意事项

（1）锉削是钳工的一项重要基本操作，正确的姿势是掌握锉削技能的基础，因此要求必须正确练习。

（2）初次练习，会出现各种不正确的姿势，特别是身体和双手动作不协调，要随时注意及时纠正，若不正确的姿势成为习惯，以后就难以纠正，造成锉削精度的下降。

（3）在练习姿势动作时，也要注意体会两手用力如何变化才能使锉刀在工件上保持平稳的直线运动。

（4）正确使用直线度测量量具，做到文明安全操作。

5. 练习记录及成绩评定（表1—3—14）

表1—3—14　　成绩评定

序号	图样要求（mm）	配分	检测结果		分数
			学生自测	教师检测	
1	67 ±0.15	15分			
2	62 ±0.15	15分			
3	锉刀的握法及站立姿势正确	10分			
4	锉削姿势正确	10分			
5	相邻两面的垂直度0.1	15分			
6	四个面直线度0.1	15分			
7	表面粗糙度 Ra6.3 μm	10分			
8	锉纹整齐、无缺陷	5分			
9	打号、去毛刺	5分			
10	安全文明生产	酌扣			
备注					

课题4　孔加工和螺纹加工

子课题1　麻花钻的刃磨

一、普通麻花钻

普通麻花钻一般采用高速钢（W18Cr4V或W9Cr4V2）制成，经过淬火后，其硬度达到62～68HRC。

普通麻花钻的结构主要由柄部、颈部以及工作部分组成（图 1—4—1）。

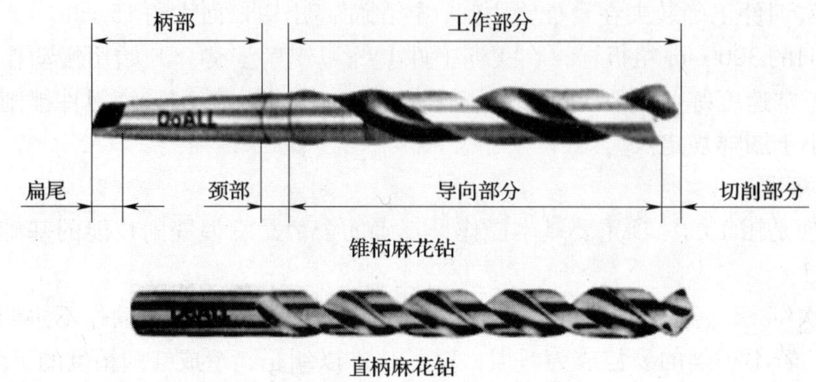

图 1—4—1　普通麻花钻的构成

1. 柄部

柄部是钻头的夹持部分。在钻削过程中，经过装夹之后，用来定心和传递动力，根据普通麻花钻直径大小的不同，柄部的形式有锥柄和柱柄两种。一般锥柄用于直径大于（或等于）13 mm 的钻头，而柱柄用于直径小于 13 mm 的钻头。

2. 颈部

颈部是普通麻花钻在磨制加工时遗留的退刀槽。一般普通麻花钻的尺寸规格、材料以及商标都标刻在颈部。

3. 工作部分

普通麻花钻的工作部分又可以分为切削部分和导向部分。

（1）普通麻花钻的切削部分由两个刀瓣组成，每个刀瓣都具有切削作用。普通麻花钻的切削部分主要由五刃六面组成，即两条主切削刃、两条副切削刃和一条横刃，此为五刃；两个前面、两个后面以及两个副后面，此为六面，如图 1—4—2 所示。

前面：钻头切削加工时，切屑流经的表面（普通麻花钻上的两条螺旋槽）。

后面（主后面）：钻头切削加工时，与工件上的加工表面相对的面。

副后面：钻头切削加工时，与工件上的已加工表面相对的面。

主切削刃：前面与后面之间的交线。

副切削刃：前面与副后面之间的交线。

横刃：两个后面之间的交线。

（2）普通麻花钻的导向部分主要用来保持普通麻花钻在切削加工时的方向准确。当钻头进行重新刃磨以后，导向部分又逐渐转变为切削部分。

导向部分的两条螺旋槽（即前面）主要起形成切削刃以及容纳和排除切屑的作用，同时也方便冷却润滑液沿螺旋槽流至切削部分。

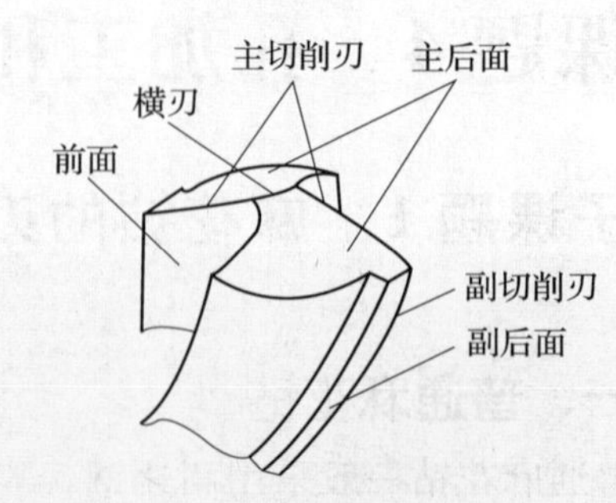

图 1—4—2　普通麻花钻切削部分的组成

导向部分外缘的两条棱带（副后面），其直径在长度方向略有倒锥，倒锥量为每100 mm 长度内直径向柄部减少 0. 05 ~0. 1 mm，目的在于减少钻头与孔壁之间的摩擦。

二、标准麻花钻

1. 标准麻花钻的切削角度

(1) 辅助平面

在测量麻花钻的切削角度时，主要利用其辅助平面进行测量。辅助平面包括基面、切削平面、主截面和柱截面。其中基面、切削平面和主截面三者互相垂直(图 1—4—3)。

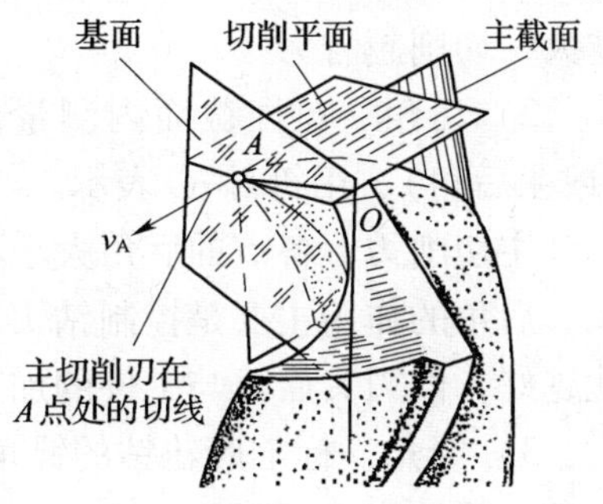

图 1—4—3　麻花钻的辅助平面

1) 切削平面。通过主切削刃上任一点的切削速度方向与钻刃构成的平面。

2) 基面。通过主切削刃上任一点，与切削速度方向相垂直的平面。由于标准麻花钻两主切削刃不通过钻心，而是平行并相互错开一个钻心厚度，因此，钻头主切削刃上各点的基面是不同的。

3) 主截面。通过主切削刃上任一点，并垂直于切削平面和基面的平面。

4) 柱截面。通过主切削刃上任一点，作与钻头轴线平行的直线，该直线绕钻头轴线旋转所形成圆柱面的切面。

(2) 标准麻花钻的切削角度(图 1—4—4)

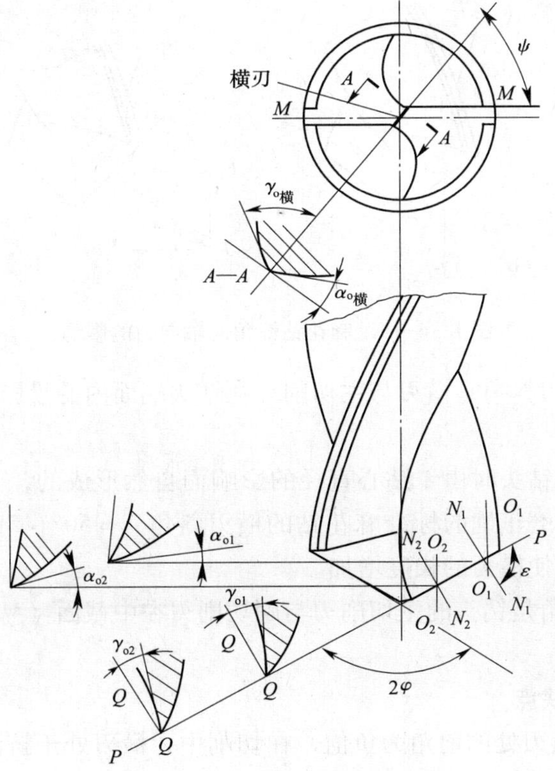

图 1—4—4　标准麻花钻的切削角度

1）前角。在柱截面（N_1-N_1或N_2-N_2）内测量的，由刀具的前面与基面之间产生的夹角称为前角，用符号γ_o表示。

由于麻花钻的前面是一个螺旋面，沿主切削刃各点倾斜方向不同，所以主切削刃上各点前角的大小是不相等的。靠近外缘处前角最大，自外缘向中心逐渐减小，在钻心至$D/3$范围内为负值。前角大小决定切除材料的难易程度和切屑在前面上摩擦阻力的大小。前角越大，切削越省力。

2）后角。在柱截面内测量的，由刀具的后面与切削平面之间产生的夹角称为后角（或主后角），用符号α_o表示。

主切削刃上各点的后角大小不相等，靠近外缘处的后角较小，越靠近钻心处，后角越大。后角的作用主要是控制钻头后面与工件的加工表面之间的摩擦，后角越小，刀具强度就越好，但刀具后面与工件的加工表面之间的摩擦就越大。

3）锋角。标准麻花钻的锋角是两条主切削刃在其平行平面（$M-M$）上的投影之间的夹角，用符号2φ表示。

锋角的大小可以根据加工条件由刃磨钻头决定。标准麻花钻的锋角$2\varphi=118°\pm2°$，此时，两条主切削刃呈直线形。$2\varphi>118°\pm2°$时，两条主切削刃呈内凹形；$2\varphi<118°\pm2°$时，两条主切削刃呈外凸形。锋角的大小影响主切削刃上轴向力（F_x）的大小（图1—4—5），锋角越小，则轴向力越小，外缘处的刀尖角ε越大，有利于散热和提高钻头的耐用度。但是，锋角较小后，在相同的条件之下，钻头所受的转矩就会增大，切屑变形加剧，排屑困难，还会妨碍冷却润滑液的进入。

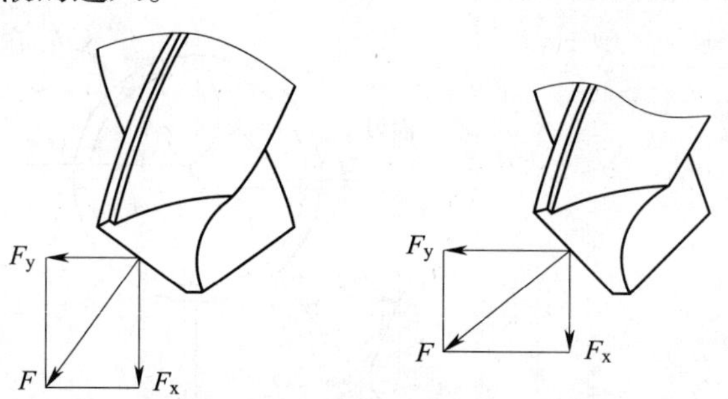

图1—4—5　麻花钻锋角对轴向力的影响

4）横刃斜角。横刃斜角是横刃与主切削刃在钻头端面内的投影之间的夹角，用符号ψ表示。

横刃斜角是在刃磨钻头时由于钻心直径的影响而自然形成的，其大小与钻头后角、锋角的大小有关。后角刃磨正确的标准麻花钻的横刃斜角$\psi=50°\sim55°$，当后角偏大时，横刃斜角就会较小，继而使横刃的长度增加。

5）刀尖角。刀尖角是钻头的主切削刃与副切削刃在中截面（$M-M$）上的投影之间的夹角，用符号ε表示。

2. 标准麻花钻的缺点

（1）横刃较长，横刃处的前角为负值，在切削中，横刃处于挤刮状态，产生很大的轴向力，使钻头容易发生抖动，定心不良。

（2）主切削刃上各点的前角大小不一样，导致各点的切削性能不同。由于靠近钻心处的前角为负值，切削处于挤刮状态，切削性能较差，产生较大的切削热，使钻头磨损严重。

（3）钻头的副后角为零值，靠近切削部分的棱边与孔壁表面的摩擦比较严重，容易发热和磨损。

（4）主切削刃外缘处的刀尖角较小，前角很大，刀齿薄弱，而此处的切削速度却是最高的，所以产生的切削热最多，磨损极为严重。

（5）主切削刃较长，而且全宽参加切削。各点切屑流出速度的大小和方向都不相同，会增大切屑的变形，所以切屑卷曲成很宽的螺旋卷，容易堵塞容屑槽，造成排屑困难。

3. 标准麻花钻的修磨

对麻花钻进行修磨，其目的主要在于改善刀具的切削性能。通常是按照钻孔的具体要求，在以下几个方面有选择地对钻头进行修磨。

（1）修磨横刃

磨短横刃并增大靠近钻心处的前角（图1—4—6），经过修磨后，横刃的长度 b 为原来尺寸的1/5～1/3，以减小轴向抗力和挤刮现象，提高钻头的定心作用和切削的稳定性。同时，在靠近钻心处形成内刃，形成一个角度值为20°～30°的内刃斜角 τ，内刃处的前角 $\gamma_\tau=0°\sim15°$，切削性能得到改善。一般直径在5 mm以上的钻头都需要修磨横刃。

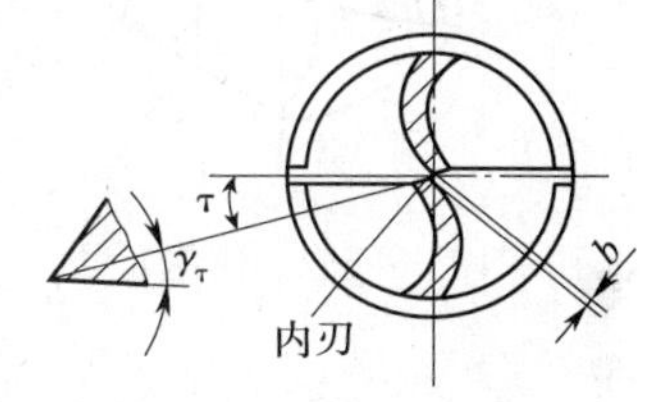

图1—4—6　修磨横刃

（2）修磨主切削刃

修磨主切削刃的方法（图1—4—7）主要是磨出第二重锋角 $2\varphi_0$（$2\varphi_0=70°\sim75°$）。在钻头外缘处磨出过渡刃（$f_o=0.2d$），以增大外缘处的刀尖角，改善散热条件，增加刀齿强度，提高切削刃与棱边交角处的耐磨性，以延长钻头寿命，减少孔壁的残留面积，有利于减小孔壁的表面粗糙度值。

（3）修磨棱边

如图1—4—8所示，在靠近主切削刃的一段棱边上，修磨出一个角度值为6°～8°的副后角 α_{o1}，同时保留棱边的宽度为原来的1/3～1/2，以减少棱边对孔壁表面的摩擦，延长钻头的使用寿命。

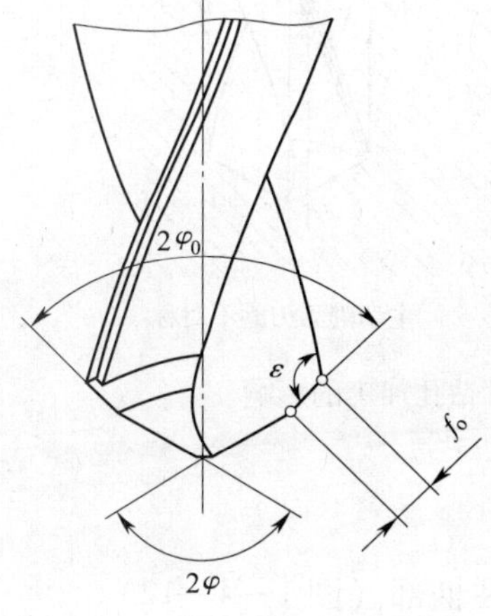

图1—4—7　修磨主切削刃

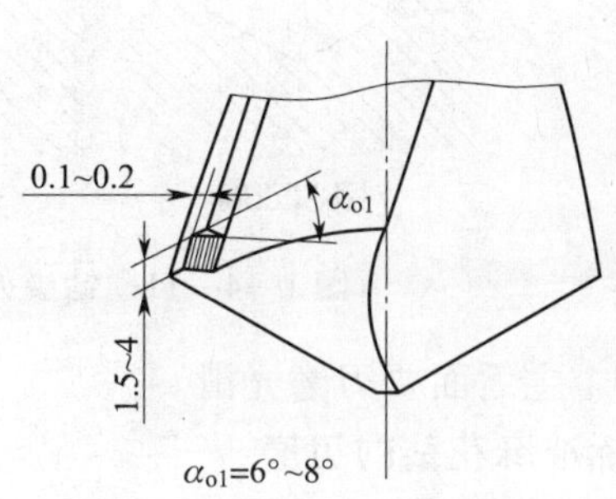

图1—4—8　修磨棱边

（4）修磨前面

如图 1—4—9 所示，修磨钻头外缘处的前面可以减小此处的前角值，提高刀齿的强度，在钻削黄铜零件时，还可以避免扎刀现象的产生。

（5）修磨分屑槽

在钻头的两个后面上刃磨出几条相互错开的分屑槽，使切屑变窄，有利于切屑的顺利排出，如图 1—4—10 所示。

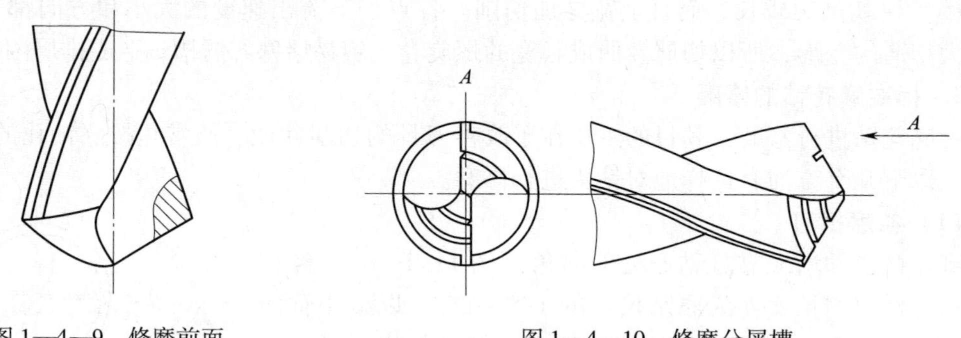

图 1—4—9　修磨前面　　　图 1—4—10　修磨分屑槽

三、技能操作

1．标准麻花钻的刃磨

（1）标准麻花钻的刃磨要求

1）锋角 $2\varphi=118°\pm2°$。

2）外缘处的后角 $\alpha_o=10°\sim14°$。

3）横刃斜角 $\psi=50°\sim55°$。

4）钻头的两个刀瓣应刃磨对称（图 1—4—11）；否则，在钻孔时容易产生孔扩大或孔歪斜的现象，同时，由于两条主切削刃所受的切削抗力不均衡，造成钻头振动，从而加剧钻头的磨损。

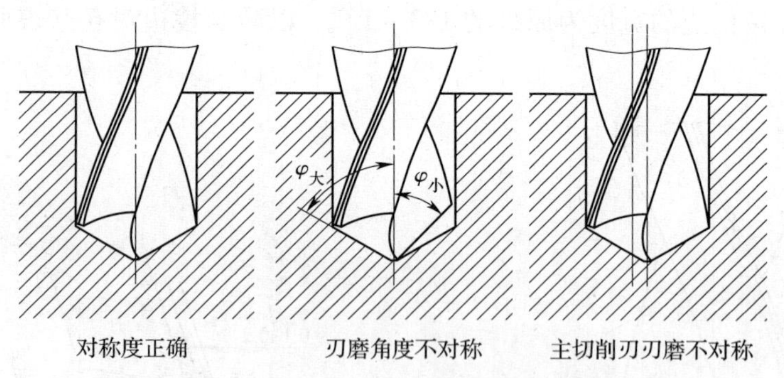

图 1—4—11　钻头刃磨的对称度对钻孔加工的影响

5）两个主后面要刃磨光滑。

（2）标准麻花钻的刃磨

1）钻头的握法。右手握住钻头的头部，左手握住柄部（图 1—4—12）。

2）钻头与砂轮的相对位置。钻头轴心线与砂轮圆柱母线在水平面内的夹角等于钻头

锋角 2φ 的一半，被刃磨部分的主切削刃处于水平位置（图 1—4—12a）。

3）刃磨动作。将主切削刃在略高于砂轮水平中心平面处先接触砂轮（图 1—4—12b），右手缓慢地使钻头绕自身轴线由下向上转动，同时施加适当的刃磨压力，以使整个后面都能磨到，左手配合右手做缓慢的同步下压运动，刃磨压力逐渐加大，便于磨出后角，其下压的速度及其幅度随要求的后角大小而变。为保证钻头靠近中心处磨出较大的后角，还应做适当的右移运动。刃磨时两手动作的配合要协调、自然。刃磨时还应注意两个后面的对称。

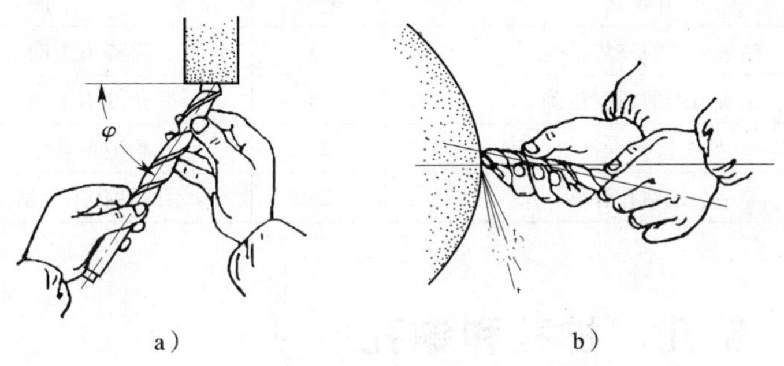

图 1—4—12　钻头刃磨时与砂轮的相对位置

4）修磨横刃。钻头轴线在水平面内与砂轮侧面左倾大约 15°夹角，在垂直平面内与刃磨点的砂轮半径方向大约成 55°下摆角（图 1—4—13）。

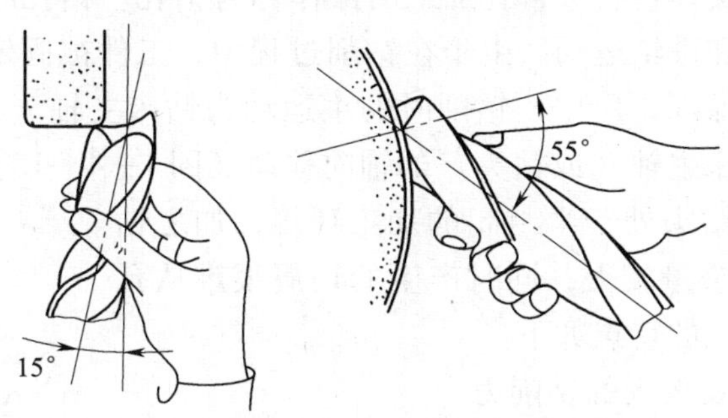

图 1—4—13　横刃修磨方法

5）钻头冷却。钻头刃磨压力不宜过大，并要经常蘸水冷却，以防止因过热引起退火而造成钻头的硬度降低。

（3）标准麻花钻的刃磨质量检验

对于钻头的几何角度以及两条主切削刃的对称度等要求，可利用样板进行检验（图 1—4—14），但在刃磨的过程中最经常采用的还是目测的方法。目测检验时，把钻头的切削部分向上竖立，两眼平视，由于两主切削刃一前一后会产生视觉误差，往往感到前面的主切削刃略高于后面的主切削刃，所以要旋转 180°后反复查看，如果经几次检验，结果都一样，说明钻头两主切削刃是对称的。对于钻头外缘处的后角要求，

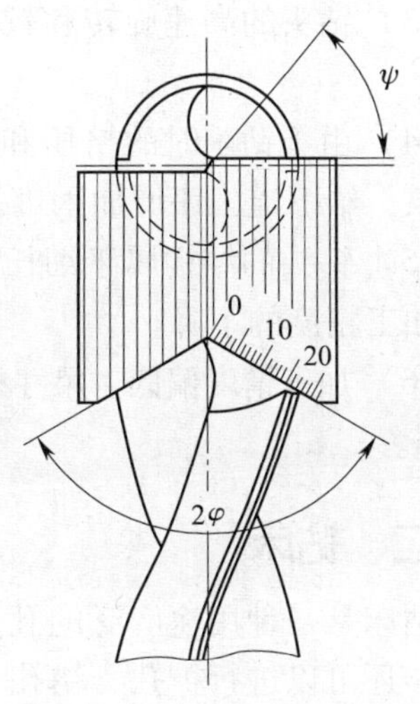

图 1—4—14　用样板检验刃磨角度

可对外缘处靠近刃口部分的后面的倾斜情况直接目测。靠近中心处的后角要求可通过控制横刃斜角的合理数值来保证。

2. 标准麻花钻刃磨评分标准（表 1—4—1）

表 1—4—1　　标准麻花钻刃磨评分标准

时限	30 min		
序号	评分要素	配分	评分标准
1	钻头刃磨的姿势正确	25	姿势不正确，酌扣 1 ~ 25 分
2	钻头刃磨的角度正确	25	角度不正确，酌扣 1 ~ 25 分
3	钻头检测合格	25	检测不合格，酌扣 1 ~ 25 分
4	钻头试钻孔合格	25	试钻孔不合格，酌扣 1 ~ 25 分

子课题 2　钻孔、扩孔和锪孔

一、钻削

用钻头在钻床上对实体材料进行孔加工的操作称为钻孔。钻孔时的切削运动主要由两大运动组成，即主运动和进给运动。由于在钻削过程中，工件被固定在钻床上，切削运动的完成主要由钻床主轴保证，所以，钻削时的主运动为钻床主轴（或钻头）的旋转运动；钻削时的进给运动为钻床主轴（或钻头）的轴向移动（图 1—4—15）。

钻削过程中，由于钻头处于半封闭的加工环境，加之钻削时的转速较高，切削余量较大，同时产生的切屑很难从孔底排出，所以，钻削加工的特点如下。

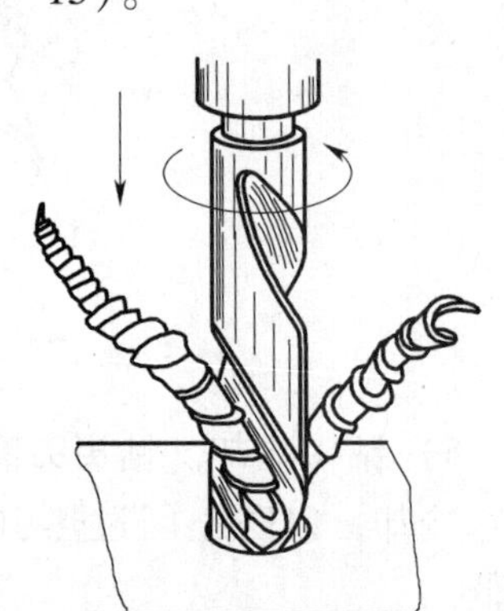

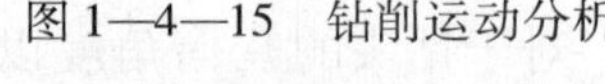

图 1—4—15　钻削运动分析

（1）摩擦严重，需要较大的钻削力。

（2）产生热量较多，且传热、散热较困难，切削温度较高。

（3）钻头的高速旋转和较高的切削温度造成钻头磨损严重。

（4）由于钻削时的挤压和摩擦，容易产生孔壁的冷作硬化现象，给下道工序增加困难。

（5）钻头的结构属于细长型，钻孔时容易引起振动现象，造成加工精度的下降。

（6）加工精度偏低，尺寸精度只能达到 IT11 ~ IT10，表面粗糙度精度只能达到 *Ra*100 ~ 25 μm。

二、钻床

钻床是一种用途广泛的孔加工机床。钻床主要是用钻头切削加工精度要求不高的孔，此外，还可以进行扩孔、锪孔、铰孔、攻螺纹以及锪平端面等操作。常用钻床按其结构形式可以分为台式钻床、立式钻床、摇臂式钻床等。

1. 台式钻床

台式钻床具有结构简单、操作方便等优点，主要用在小型零件上加工 ϕ12 mm 以下的孔。台式钻床的结构如图 1—4—16 所示。

台式钻床的主轴一共可以实现五级不同的转速（480 ~ 4 100 r/min），转速之间的转换主要依靠一组皮带轮，通过改变三角带在皮带轮中的位置来实现转速的调节（图 1—4—17）。主轴下端安装有莫式 2 号短型圆锥，用来安装钻夹头。

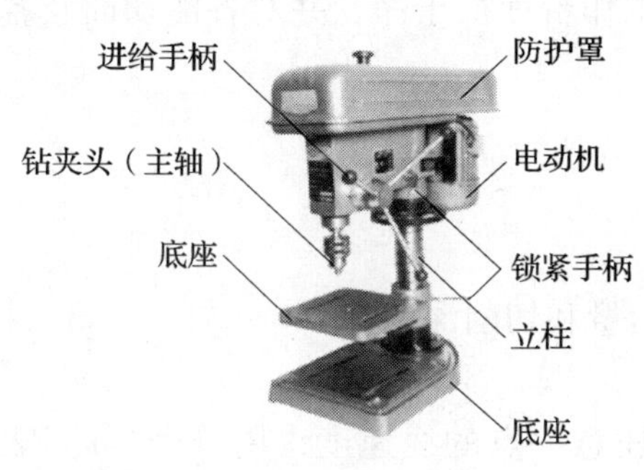

图 1—4—16　台式钻床的结构

图 1—4—17　台式钻床的传动

2. 立式钻床

立式钻床的结构如图 1—4—18 所示。它的最大钻孔直径为 25 mm，主轴下端采用的是莫式 3 号锥轴。在加工时，立式钻床分别可以实现九种不同的主轴转速（97 ~ 1 360 r/min）和九种不同的主轴进给量（0. 1 ~ 0. 81 r/min）。

立式钻床除了能实现主运动和进给运动以外，还有两个辅助运动，分别是进给箱的升降运动和工作台的升降运动。

3. 摇臂钻床

摇臂钻床适用于加工中、小型零件，可以进行钻孔、扩孔、铰孔、锪平面以及攻螺纹等工作。摇臂钻床的结构如图 1—4—19 所示。

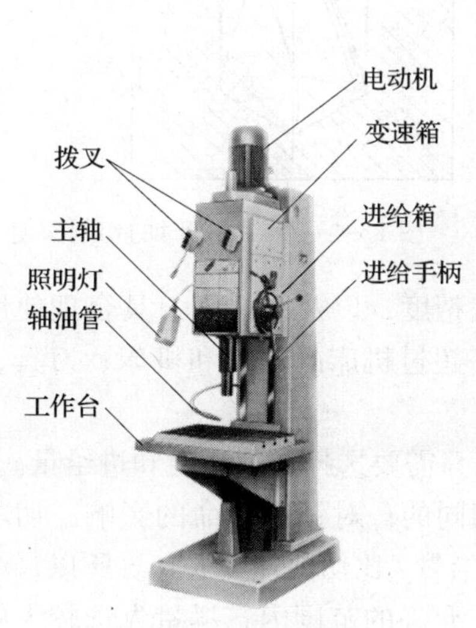

图 1—4—18　立式钻床的结构

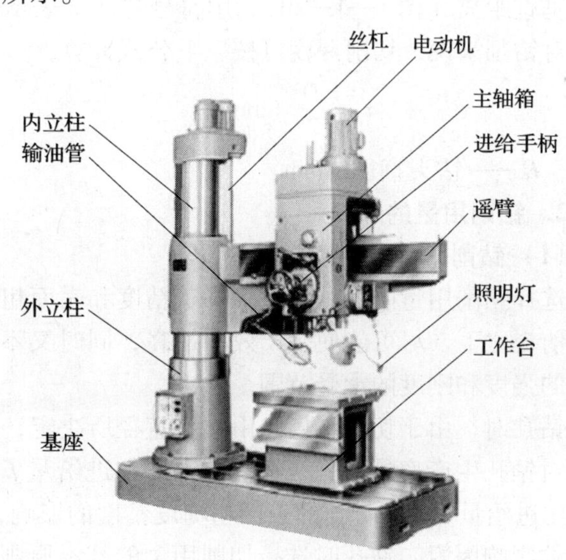

图 1—4—19　摇臂钻床的结构

摇臂钻床在使用过程中还可以实现三个辅助运动，分别为摇臂绕内立柱 360°旋转、主轴箱沿摇臂水平导轨的移动以及摇臂沿丝杠的上下移动。

4. 钻床的维护与保养

（1）在使用过程中，工作台面必须保持清洁。

（2）钻通孔时必须使钻头能通过工作台面上的让刀孔，或在工件下面垫上垫铁，以免钻坏工作台面。

（3）使用完毕后必须将机床外露滑动面及工作台面擦干净，并对各滑动面及各注油孔加注润滑油。

三、钻削用量的选择

1. 钻削用量

钻削用量包括三个要素，即切削速度、进给量和切削深度。

（1）钻削时的切削速度

钻削时的切削速度是指钻孔时钻头直径上任意一点的线速度，用符号“v”表示。其计算公式为：

$$v = \frac{\pi D n}{1\,000}$$

式中　D——钻头直径，mm；

n——钻床主轴转速，r/min。

（2）钻削时的进给量

钻削进给量是指主轴每转一转，钻头对工件沿主轴轴线相对的移动量，用符号“f”表示，单位为 mm/r。

（3）钻削时的切削深度

切削深度是指工件上已加工表面与待加工表面之间的垂直距离（图 1—4—20），用符号“a_p”表示。

对钻削来说，切削深度可按以下公式计算：

$$a_p = \frac{D}{2}\ (\text{mm})$$

式中　D——钻头直径，mm。

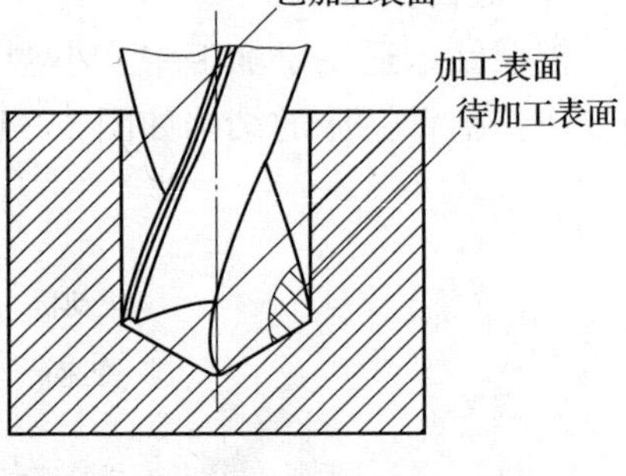

图 1—4—20　钻削时的切削深度

2. 钻削用量的选择

（1）钻削用量的选择原则

选择钻削用量的目的是保证加工精度和表面粗糙度精度，以及在保证刀具合理使用寿命的前提之下，尽可能使生产效率最高，同时又不允许超过机床的功率和机床、刀具、工件等的强度和刚度的承受范围。

钻孔时，由于切削深度已由钻头直径所决定，所以只需要选择切削速度和进给量。

对钻孔生产率的影响，切削速度 v 和进给量 f 是相同的；对钻头寿命的影响，切削速度 v 比进给量 f 大；对孔的表面粗糙度精度的影响，进给量 f 比切削速度 v 大。所以，综合以上的影响因素，钻孔时选择切削用量的基本原则是在允许的范围内，尽量先选较大的进

给量 f，当进给量 f 受到表面粗糙度精度和钻头刚度的限制时，再考虑较大的切削速度 v。

(2) 钻削用量的选择方法

1）切削深度的选择。在钻孔过程中，可根据实际情况，先用直径为（0.5～0.7）D 的钻头进行钻底孔加工，然后用直径为 D 的钻头对孔进行扩大加工。这样可以减小切削深度以及轴向力，保护机床，同时又可以提高钻孔质量。

2）进给量的选择。孔的加工精度要求较高以及表面粗糙度值要求较小时，应选取较小的进给量；钻孔深度较深，钻头较长，钻头的刚度和强度较差时，也应选取较小的进给量。

3）钻削速度的选择。当钻头直径和进给量确定后，钻削速度应按照钻头的寿命选取合理的数值。当钻孔的深度较深时，应选取较小的切削速度。

四、钻孔时的冷却与润滑

在切削加工过程中，由于被切削金属层的变形、分离以及刀具和被切削材料之间的摩擦而产生的热量称为切削热。切削热主要通过切屑、刀具、工件、切削液和周围的空气传导出去。如果切削加工时不加切削液，则大部分的切削热主要由切屑传出。

切削热通过对切削温度的影响而影响切削过程。切削热传入刀具后，使刀具温度升高，当温度超过刀具材料所能承受的极限温度时，刀具材料的硬度将降低，并迅速丧失切削性能，使刀具磨损加快，使用寿命降低。切削热传入工件后，工件温度升高而产生热变形，影响工件的加工精度和表面质量。所以，必须对刀具和工件的温度加以控制。

合理选用切削液是控制切削温度升高的有效方法之一。为了提高切削加工效果而使用的液体称为切削液。切削液的作用是：

1. 冷却作用

能带走大量的切削热，从而降低切削温度，延长刀具的使用寿命，同时能有效地提高生产效率。

2. 润滑作用

能减小摩擦，减小切削力和切削热，减少刀具磨损，提高加工表面质量。

3. 清洗作用

能及时冲洗掉切削过程中产生的细小切屑，以免影响工件表面质量和机床精度。

常用的切削液主要有水基和油基两种溶液。

钻孔加工时，由于加工材料和加工要求不同，所以切削液的种类和作用也不同。

钻孔一般属于粗加工，同时又是在半封闭状态下加工，摩擦严重，散热困难，加工时应加入以冷却作用为主的切削液。

在高强度材料上钻孔时，因钻头的前面承受着较大的压力，要求加入的切削液能产生足够强度的润滑膜，用来减少摩擦和钻削阻力。因此，所选用的切削液应以起润滑作用为主，通常可在切削液中增加硫、二硫化钼等成分，以增强切削液的润滑性能。

在塑性、韧性较大的材料上钻孔，要求加强润滑作用，可在切削液中加入适量的动物油或矿物油。

当孔的加工精度要求较高以及孔壁表面粗糙度值要求较小时，应选用主要起润滑作用的切削液，如动物油、植物油等。

五、钻孔的方法

1. 钻孔时的工件划线

按钻孔的位置尺寸要求，划出孔位的十字中心线，并打上中心样冲眼。为了便于在钻孔时检查和借正钻孔的位置，可以按加工孔的直径大小划出孔的圆周线，对于直径较大的孔，还可以划出几个大小不等的检查圆或检查方框（图 1—4—21）。

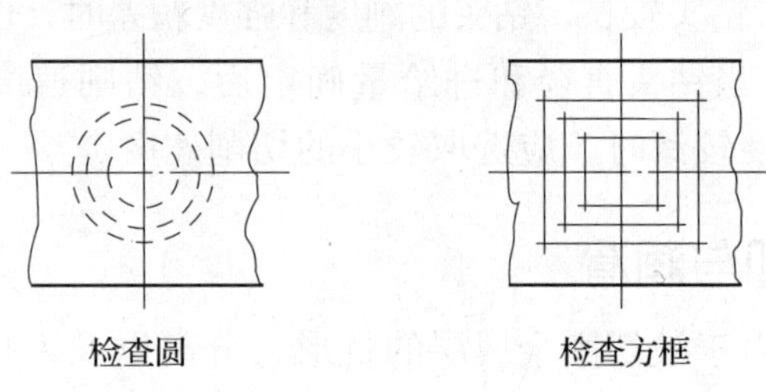

图 1—4—21　孔的检查线形式

2. 工件的装夹

工件钻孔时，根据工件的不同形状以及钻削力的大小（或钻孔的直径大小）等情况，采用不同的装夹（定位和夹紧）方法，以保证钻孔的质量和安全。常用的基本装夹方法如图 1—4—22 所示。

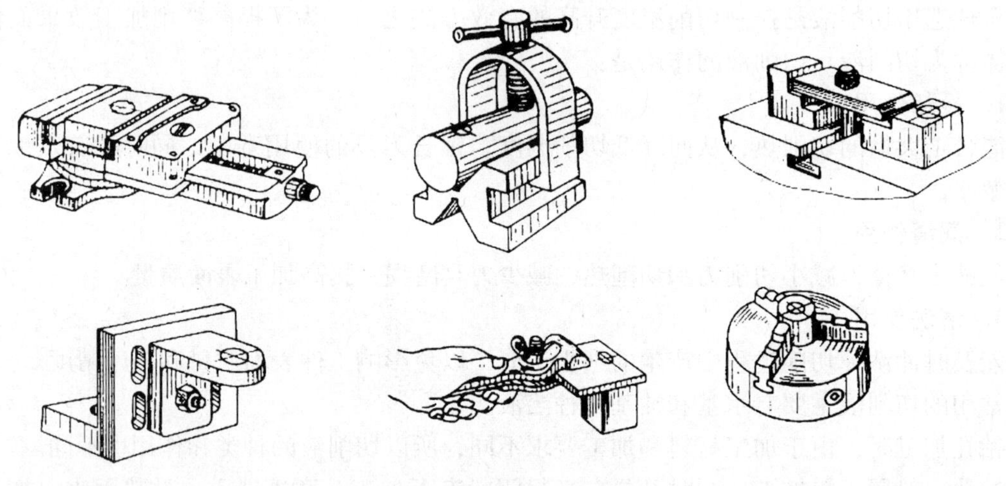

图 1—4—22　常用的装夹方法

3. 钻头的装拆

（1）直柄钻头的装夹（图 1—4—23）

直柄钻头用钻夹头夹持，其夹持长度不得小于 15 mm，使用钻夹头钥匙旋转外套，做夹紧或放松动作。

（2）锥柄钻头的装夹（图 1—4—24）

锥柄钻头用莫氏锥套直接与钻床主轴连接。当钻头锥柄小于主轴锥孔时，可加过渡套来连接。

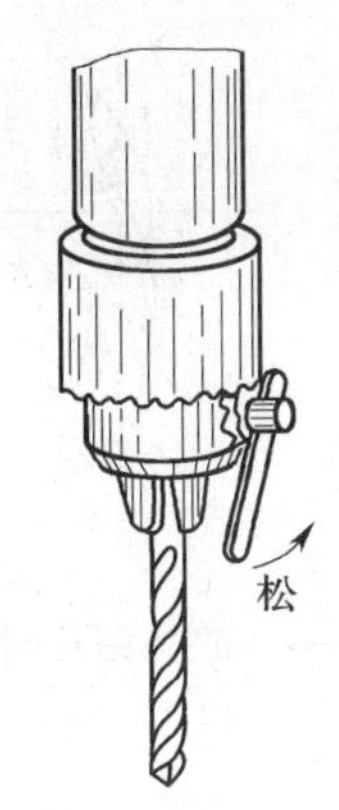
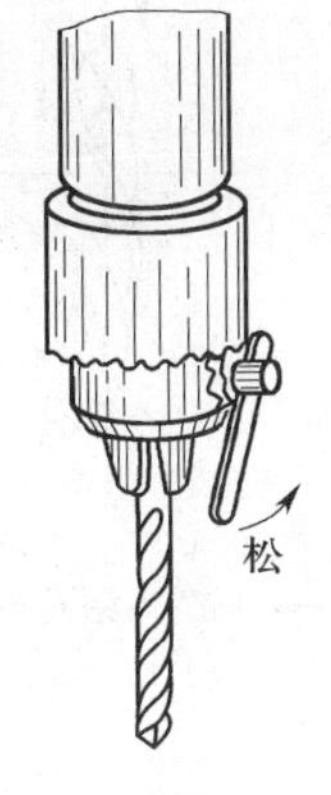

图 1—4—23　直柄钻头的装夹

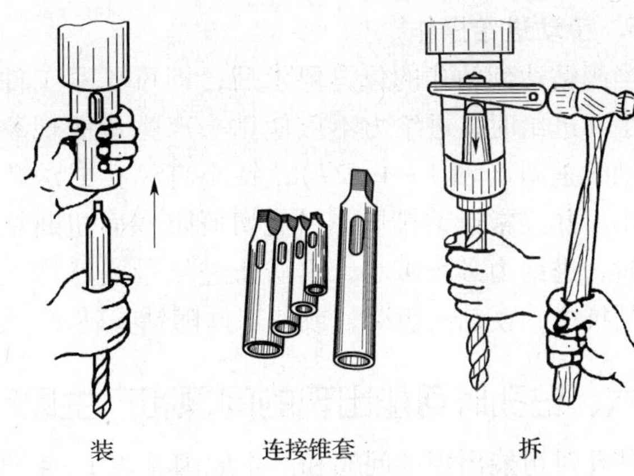

图 1—4—24　锥柄钻头的装夹

(3) 快换钻夹头（图 1—4—25）

快换钻夹头是机械加工中钻、扩、铰、攻螺纹使用的先进高效夹具（机床附件）。此夹头（系列）的可换套采用了锥直复合插入结构，提高了精度和使用的可靠性能。夹头整体结构精巧合理，刀具伸出主轴较短，刚度足，能在转速很高的情况下无须停车便能更换刀具，减少辅助时间，提高工效。能广泛应用于各类普通机床、数控机床和加工中心。

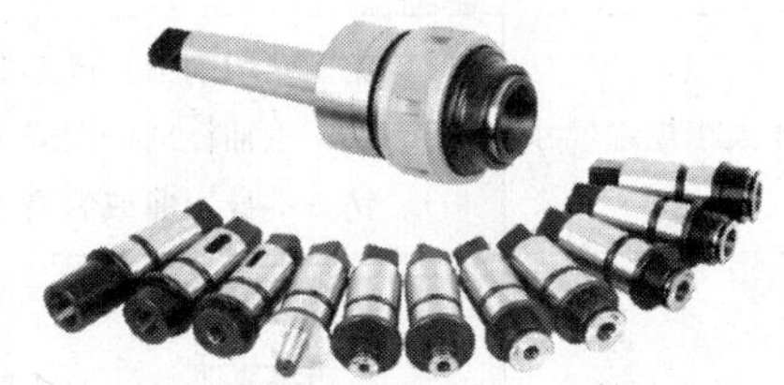

图 1—4—25　快换钻夹头

4. 起钻的方法

钻孔时，先使钻头对准钻孔中心，起钻出一个浅坑，观察钻孔位置是否正确，并要不断校正，使浅坑与划线圆同轴。借正方法：如果偏位较少，可在起钻的同时用力将工件向偏位的相反方向推移，达到逐步校正的目的；如果偏位较多，可在校正的方向上打上几个样冲眼或用油槽錾錾出几条槽（图 1—4—26），以减少此处的钻削阻力，达到校正目的。

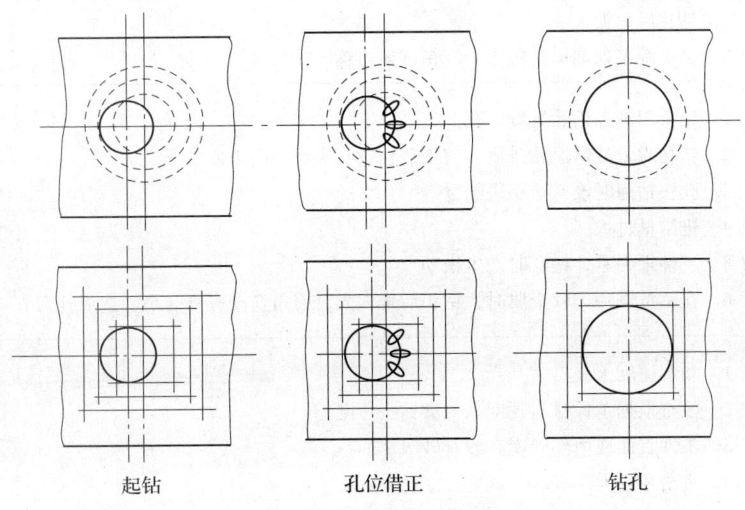

图 1—4—26　起钻偏位的借正

5. 手动进给操作

当起钻达到钻孔的位置要求后，即可压紧工件，完成钻孔。手动进给时，进给力不应使钻头产生弯曲现象，以免钻孔时轴线歪斜（图 1—4—27）；钻小直径孔或深孔时，进给力要小，并经常退钻排屑，以免切屑阻塞而扭断钻头；钻孔快穿时，进给力必须减小，以防止进给量突然增大，造成增大切削抗力，使钻头折断，或使工件随钻头转动，造成事故。

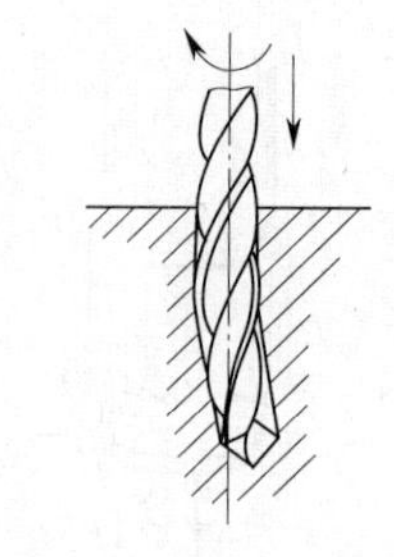

图 1—4—27　钻孔时轴线歪斜

六、钻孔时可能出现的问题和产生原因

钻孔时可能出现的问题和产生原因见表 1—4—2。

表 1—4—2　　钻孔时可能出现的问题和产生原因

出现的问题	产生原因
孔大于规定尺寸	1. 钻头两切削刃长度不等，高低不一致 2. 钻床主轴径向偏摆或工作台未锁紧，有松动 3. 钻头本身弯曲或装夹不好，使钻头有过大的径向跳动现象
孔壁粗糙	1. 钻头不锋利 2. 进给量太大 3. 切削液选用不当或供应不足 4. 钻头过短，排屑槽堵塞
孔位偏移	1. 工件划线不正确 2. 钻头横刃太长，定心不准，起钻过偏而没有校正
孔歪斜	1. 与孔垂直的平面与主轴不垂直或钻床主轴与台面不垂直 2. 工件安装时，安装接触面上的切屑未清除干净 3. 工件装夹不牢，钻孔时产生歪斜，或工件有砂眼 4. 进给量过大，使钻头产生弯曲变形
钻孔呈多角形	1. 钻头后角太大 2. 钻头两主切削刃长短不一，角度不对称
钻头工作部分折断	1. 钻头用钝后仍然继续钻孔 2. 钻孔时未经常退钻排屑，使切屑在钻头螺旋槽内阻塞 3. 孔快钻通时没有减小进给量 4. 进给量过大 5. 工件未夹紧，钻孔时产生松动 6. 在钻黄铜一类软金属时，钻头后角太大，前角又没有修磨小，造成扎刀
切削刃迅速磨损或碎裂	1. 切削速度太高 2. 没有根据工件材料硬度来刃磨钻头角度 3. 工件表面或内部硬度高或有砂眼 4. 进给量过大 5. 切削液不足

七、钻削时的安全注意事项

（1）操作机床时不可戴手套，袖口必须扎紧；女生必须戴工作帽。

（2）工件必须夹紧，特别在小工件上钻较大直径孔时，装夹必须牢固，孔快钻通时，要尽量减小进给量。

（3）开动钻床前，应检查是否有钻夹头钥匙或斜铁插在钻轴上。

（4）钻孔时不可用手和棉纱或用嘴吹来清除切屑，必须用毛刷清除，钻出长条切屑时，要用钩子钩断后除去。

（5）操作者的头部不准与旋转着的主轴靠得太近，停车时应让主轴自然停止，不可用手刹住，也不能用反转制动。

（6）严禁在开车状态下装拆工件。检验工件和变换主轴转速必须在停车状况下进行。

（7）清洁钻床或加注润滑油时，必须切断电源。

八、扩孔

扩孔是用扩孔钻对工件上已有的孔进行扩大加工的一种孔加工方法，如图 1—4—28 所示。

扩孔时的切削深度 a_p 按如下公式计算：

$$a_p = \frac{D-d}{2}$$

式中　D——扩孔后的直径，mm；

d——工件预加工时的底孔直径，mm。

扩孔加工的特点：

（1）切削深度 a_p 较钻孔时大大减小，切削阻力小，切削条件大大改善。

（2）避免了横刃切削所引起的不良影响。

（3）产生的切屑体积小，排屑容易。

九、扩孔钻

由于扩孔时加工条件大大改善，所以扩孔钻的结构与标准麻花钻的结构相比有较大的改变，如图 1—4—29 所示为扩孔钻工作部分的结构，其结构特点如下。

（1）因钻头中心不参与切削，所以钻头没有横刃，切削刃只做成靠近边缘的一段。

（2）因扩孔加工时产生的切屑体积较小，不需要大的容屑槽，从而使扩孔钻在制造时可以加粗钻心，提高刚度，使钻头在切削加工时稳定性增强。

（3）由于容屑槽较小，扩孔钻可以做出较多的刀齿，增强切削加工时刀具的导向作用。一般整体式扩孔钻有 3 ~ 4 个刀齿。

（4）因为切削深度 a_p 较小，切削角度可取较大值，使切削省力。

由于以上原因，扩孔的加工质量比钻孔高。一般尺寸精度可达到 IT10 ~ IT9，表面粗糙度可达到 $Ra25 \sim 6.3\ \mu m$，因此扩孔加工常作为孔的半精加工或铰孔前的预加工。

扩孔时的进给量为钻孔时的 1.5 ~ 2 倍，切削速度为钻孔时的 1/2。

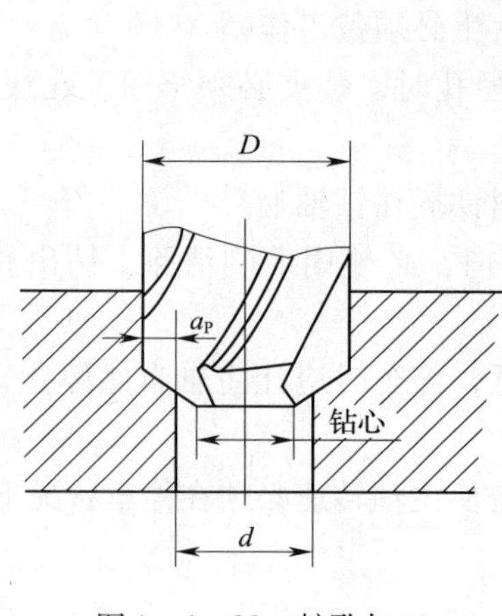

图 1—4—28　扩孔加工

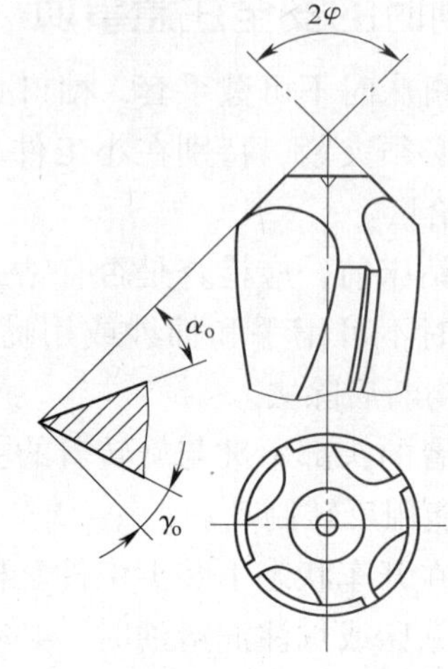

图 1—4—29　扩孔钻的工作部分

实际生产中，为了节约成本，经常采用标准麻花钻代替扩孔钻。

十、锪孔

用锪孔钻锪平孔的端面或切除沉孔的方法称为锪孔。常见的锪孔应用如图 1—4—30 所示。

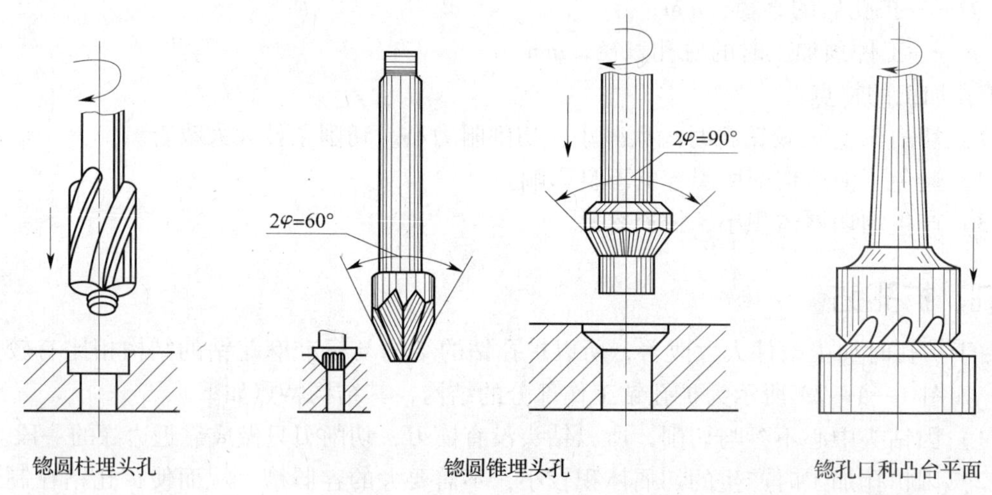

图 1—4—30　常见的锪孔应用

锪孔的目的是保证孔端面与孔中心线的垂直度，以便与孔连接的零件在装配时，能保证整齐的外观，结构紧凑，同时使装配位置正确，连接可靠。

十一、锪钻的种类和特点

常用的锪钻有柱形锪钻、锥形锪钻和端面锪钻三种。

1. 柱形锪钻

用来加工圆柱形埋头孔的锪钻称为柱形锪钻，其结构如图 1—4—31 所示。

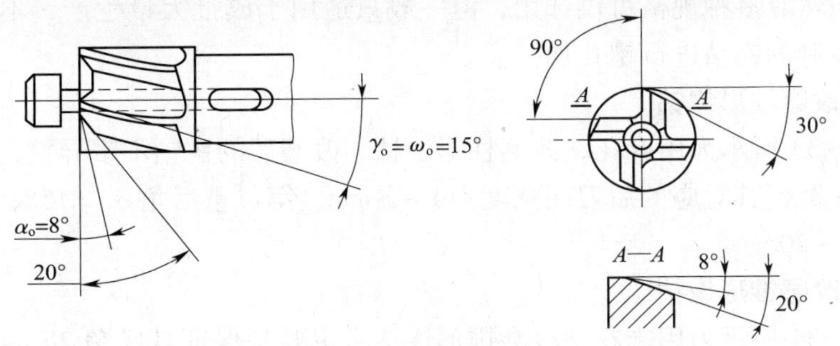

图 1—4—31 柱形锪钻

柱形锪钻起主要切削作用的是端面刀刃，螺旋槽的斜角就是锪钻的前角（$\gamma_o=\omega_o=15°$），后角 $\alpha_o=8°$。锪钻前端有导柱，导柱与工件上已有孔为紧密的间隙配合，以保证良好的定心和导向作用。一般导柱是可拆卸的，也可以把导柱和锪钻做成一体。

2. 锥形锪钻

用来加工圆锥形埋头孔的锪钻称为锥形锪钻，其结构如图 1—4—32 所示。锥形锪钻的锥角（2φ）按工件锥形埋头孔加工要求不同，有 60°、75°、90°、120°四种，其中 90°的锥角应用最为广泛。锥形锪钻直径 d 在 12 ~ 60 mm 之间，刀齿齿数为 4 ~ 12 个，前角 $\gamma_o=0°$，后角 $\alpha_o=6°\sim8°$。为了改善钻尖处的容屑条件，每隔一个刀齿将刀刃切去一块。

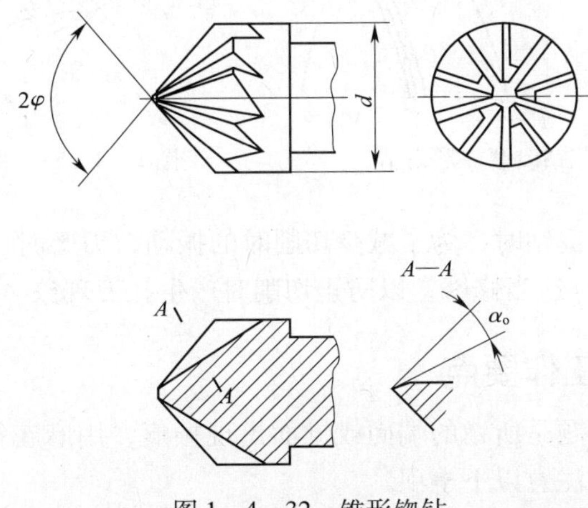

图 1—4—32 锥形锪钻

3. 端面锪钻

专门用来锪平孔口端面的锪钻称为端面锪钻。端面锪钻的端面刀齿为主切削刃，前端装有导柱，用来提高切削时的导向、定心作用，保证孔口端面与孔中心线之间的垂直度。

十二、用麻花钻改磨锪钻

标准锪钻虽然有多种规格可供选用，但一般只适用于成批大量生产，不少场合经常采用普通麻花钻改制的锪钻进行锪孔加工。

1. 麻花钻改磨柱形锪钻

如图 1—4—33 所示为用麻花钻改磨柱形锪钻。改磨后的锪钻不带导柱，刃磨后，第一重后角 $\alpha_o=6°\sim8°$，其对应的后刀面宽度为 1 ~ 2 mm，第二重后角 $\alpha_1=15°$，外缘处的前角修整为 $\gamma_o=15°\sim20°$。

2. 麻花钻改磨锥形锪钻

如图 1—4—34 所示为用麻花钻改磨锥形锪钻，主要是保证其锋角 2φ 与要求的锥角一致，两切削刃要刃磨对称，同时刃磨后，第一重后角 $\alpha_o=6°\sim10°$，对应的后面宽度为 1 ~ 2 mm，第二重后角 $\alpha_1=15°$，外缘处的前角修整为 $\gamma_o=15°\sim20°$。

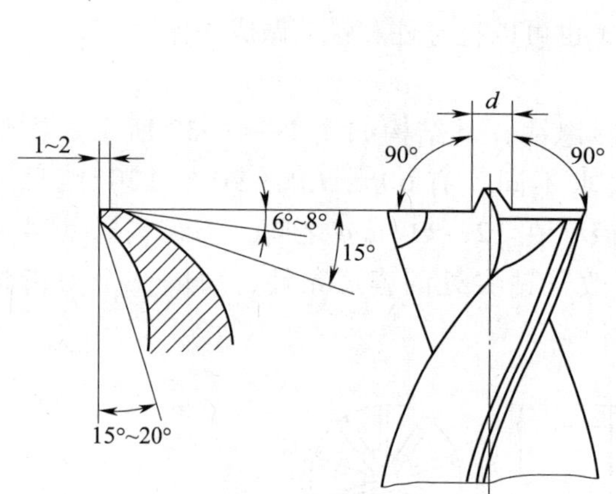

图 1—4—33　用麻花钻改磨柱形锪钻

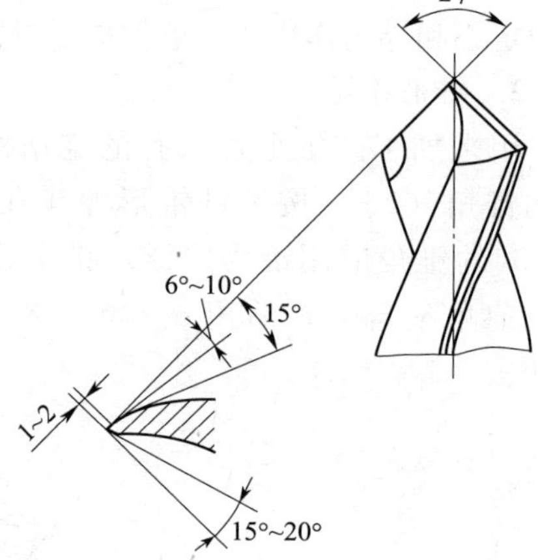

图 1—4—34　用麻花钻改磨锥形锪钻

在用普通麻花钻改磨锪钻时，为了减少切削时的振动，刃磨时一般都磨成双重后角 α_o 和 α_1，并将外缘处前角 γ_o 适当修磨，以防止切削时产生扎刀现象。

十三、锪孔时的工作要点

锪孔时存在的主要问题是所锪的端面或锥面出现振痕，用麻花钻改磨的锪钻，振痕尤为严重。因此在锪孔时应注意以下事项。

（1）锪孔时，进给量为钻孔时的 2 ~ 3 倍，切削速度为钻孔时 1/3 ~ 1/2。精锪时，往往利用钻床停车后主轴的惯性来锪孔，以减少振动而获得光滑的加工表面。

（2）尽量选用较短的钻头来改磨锪钻，并注意修磨前面，减小前角，以防止扎刀和振动现象的产生。还应选用较小的后角，防止形成多边形（或多角形）。

（3）加工塑性材料时，因产生的切削热量较大，加工过程中应在导柱和切削表面之间加注切削液。

十四、技能操作

1. 技能操作 1——钻孔

（1）钻孔样图（图 1—4—35）

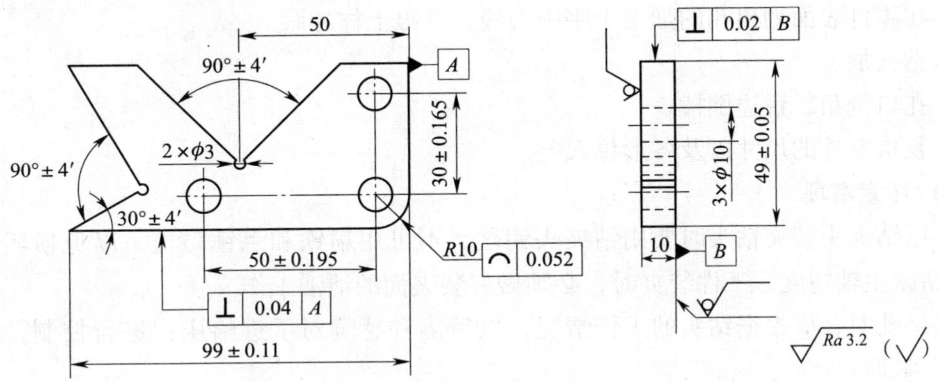

图 1—4—35　钻孔加工工件

技术要求：

1）孔口倒角 C0.5 mm。

2）锐边倒棱 R0.3 mm。

3）图中未标注极限偏差的尺寸按标准公差等级 IT10 ~ IT11 加工。

（2）操作准备（表 1—4—3）

表 1—4—3　　操作准备

实习工件（工具）名称	材料	材料来源	件数	工时（h）
砂轮机		备料	1	18
台式钻床		备料	1	
立式钻床		备料	1	
ϕ3 mm、ϕ6 mm、ϕ8 mm、ϕ10 mm 麻花钻		备料	1	
板锉		备料	1	
手用锯弓		备料	1	
锯条		备料	1	
300 mm 游标高度尺		备料	1	
0 ~ 150 mm 游标卡尺		备料	1	
63 mm × 100 mm 刀口形直角尺		备料	1	
R7.5 ~ R15 mm 半径样板		备料	1	
划规		备料	1	
锤子		备料	1	
样冲		备料	1	
50 mm × 100 mm × 10 mm 板料	Q235		1	

(3) 操作步骤

1) 检查来料尺寸，并修整零件基准面。

2) 根据图样要求，划出型腔尺寸的加工线。

3) 按图样要求，加工零件型腔。

4) 在零件表面划出孔的加工十字中心线，并敲上样冲眼。

5) 钻孔加工。

6) 孔口倒角，锐边倒棱。

7) 复检零件的尺寸以及各形位误差。

(4) 注意事项

1) 用钻夹头装夹钻头时要用钻夹头钥匙，不可用扁铁和手锤敲击，以免损坏钻夹头和影响钻床主轴精度。工件装夹时，必须做好装夹面的清洁工作。

2) 钻孔时，应根据钻头的工作情况，以目测和感觉对手进给压力进行控制，在实习中应注意掌握。

3) 钻头用钝后必须及时修磨锋利。

4) 注意操作安全。

5) 熟悉钻孔时常出现的问题及其产生的原因，以便在练习时加以注意。

(5) 练习记录及成绩评定（表1—4—4）

表1—4—4　　成绩评定

序号	技术要求	配分	检测结果		得分
			学生自测	教师检测	
1	刃磨姿势正确	7分			
2	刃磨角度正确	7分			
3	刃磨钻头的切削性能好	6分			
4	(49 ±0.05) mm	6分			
5	(99 ±0.11) mm	6分			
6	(30 ±0.165) mm	6分			
7	(50 ±0.195) mm	6分			
8	90° ±4′	6分×2			
9	30° ±4′	5分			
10	⊥ 0.04 A	3分			
11	⊥ 0.02 B	1分×9			
12	⌒ 0.052	4分			
13	3×ϕ10 mm	2分×3			
14	2×ϕ3 mm	2分×2			
15	Ra3.2 μm	1分×9			
16	孔口倒角 C0.5 mm	0.5分×8			
17	安全文明生产	酌扣			

2. 技能操作 2——扩孔、锪孔

(1) 扩孔、锪孔样图(图 1—4—36)

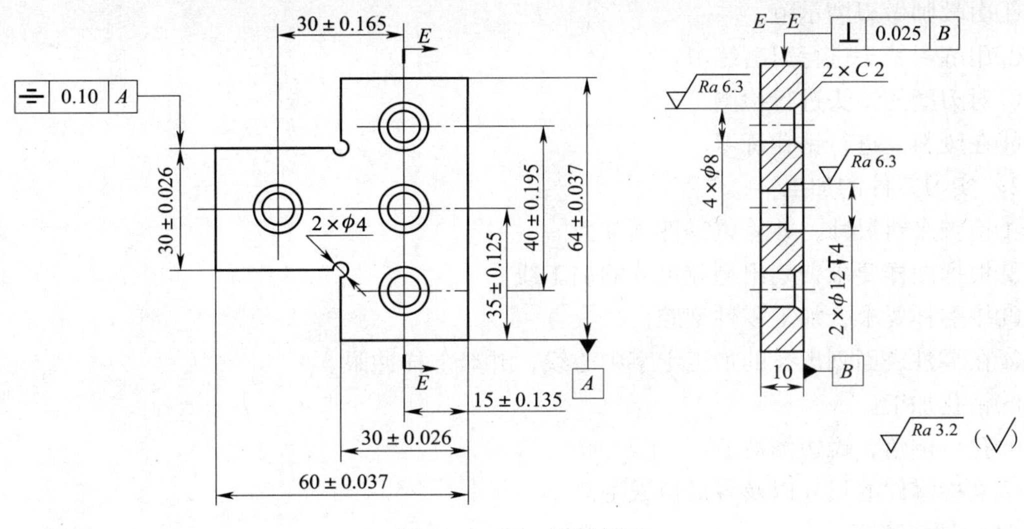

图 1—4—36 零件加工

技术要求:

1) 孔口未标注倒角处按 C0.5 mm 进行倒角。

2) 锐边倒棱 R0.3 mm。

3) 孔加工直径尺寸公差按 h10 精度选取。

(2) 操作准备(表 1—4—5)

表 1—4—5 **操作准备**

实习工件(工具)名称	材料	材料来源	件数	工时(h)
砂轮机		备料	1	
台式钻床		备料	1	
立式钻床		备料	1	
ϕ6 mm、ϕ8 mm、ϕ10 mm、ϕ12 mm 钻头		备料	1	
板锉		备料	1	
手用锯弓		备料	1	
锯条		备料	1	
300 mm 高度划线尺		备料	1	12
0 ~ 150 mm 游标卡尺		备料	1	
63 mm × 100 mm 刀口形直角尺		备料	1	
划规		备料	1	
手锤		备料	1	
样冲		备料	1	
67 mm × 62 mm × 10 mm 板料	Q235		1	

（3）操作步骤

1）完成扩孔钻或锪孔钻的刃磨练习

①由教师做刃磨示范。

②用练习钻头进行刃磨练习。

③对刃磨的钻头进行检测。

④在废料上进行钻孔练习。

2）实习零件的加工

①检查来料尺寸，并修整零件基准面。

②根据图样要求，划出型腔尺寸的加工线。

③按图样要求，加工零件型腔。

④在零件表面划出孔的加工十字中心线，并敲上样冲眼。

⑤钻孔加工。

⑥孔口倒角，锐边倒棱。

⑦复检零件的尺寸以及各形位误差。

（4）注意事项

1）零件加工前应先将其外形尺寸加工完毕，并准确记录尺寸的大小。

2）零件加工时，应先将工艺孔钻出后，再进行T形的加工。

3）为保证清角处在加工过程中不会造成已加工表面粗糙度精度的降低，可事先对板锉棱边进行修磨，用砂轮刃磨出一个80°~85°的倾角，并保证刃磨后，棱边具有一定的光滑度和直线度。

4）加工过程中，可先按L形对其中的一个加工角进行切削加工，待第一个加工角加工完毕后，再按T形对第二个切削角进行切削加工。

5）用百分表测量工件对称度时，应在测量前清除工件测量表面和基准表面的毛刺、铁屑，同时将测量平板表面擦拭干净，避免多余的毛刺、铁屑遗留在工件或平板表面上，从而影响对称度的测量精度。

（5）练习记录及成绩评定（表1—4—6）

表1—4—6　　成绩评定

序号	技术要求	配分	检测结果		得分
			学生自测	教师检测	
1	刃磨姿势正确	6分			
2	刃磨角度正确	6分			
3	刃磨钻头的切削能力	6分			
4	（64±0.037）mm	6分			
5	（60±0.037）mm	6分			
6	（30±0.026）mm	6分×3			
7	（40±0.195）mm	6分			
8	（30±0.165）mm	6分			

续表

序号	技术要求	配分	检测结果		得分
			学生自测	教师检测	
9	(35 ±0.125) mm	6分			
10	(15 ±0.135) mm	6分			
11	⊥ 0.025 *B*	0.5分×8			
12	⌯ 0.1 *A*	8分			
13	4×ϕ8 mm	1分×4			
14	2×ϕ12↧4 mm	2分×2			
15	2×*C*2	2分×2			
16	*Ra*3.2 μm	0.5分×8			
17	安全文明生产	酌扣			

子课题3　铰削直孔

用铰刀从工件孔壁上切除微量金属层，以提高其尺寸精度和降低表面粗糙度的方法，称为铰孔。由于铰刀的刀齿数量多，切削余量小，所以，铰削时产生的切削阻力小，导向性好，故加工精度高，一般可以达到IT9～IT7级，表面粗糙度值可以达到*Ra*1.6 μm。

一、铰刀的种类及结构特点

铰刀的种类很多，钳工常用的有以下几种。

1. 整体式圆柱铰刀

整体式圆柱铰刀分为机用铰刀和手用铰刀两种，其结构如图1—4—37所示。

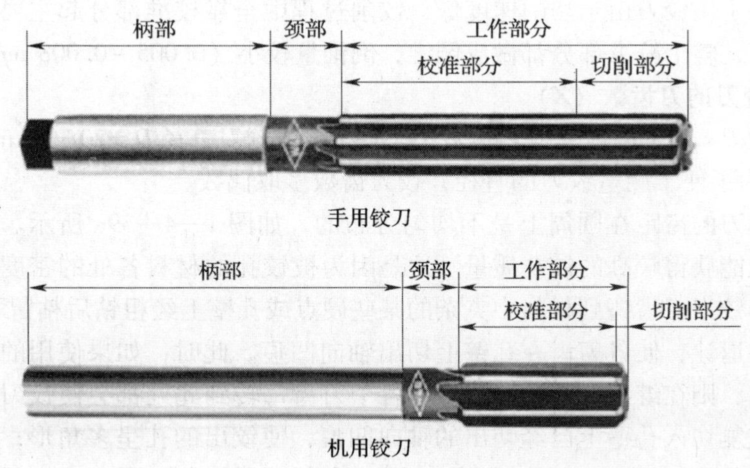

图1—4—37　整体式圆柱铰刀

(1) 切削锥角 (2φ)

切削锥角2φ决定铰刀切削部分的长度，对切削力的大小和铰削质量也有较大影响。

适当减小切削锥角 2φ 是获得较小表面粗糙度值的重要条件。一般手用铰刀的 $\varphi=30'\sim1°30'$，这样定心作用较好，铰削时轴向力也较小，切削部分较长。用机用铰刀铰削钢或其他韧性材料的通孔时，$\varphi=15°$；铰削铸铁或其他脆性材料的通孔时，$\varphi=3°\sim5°$。机用铰刀铰削盲孔（不通孔）时，为了使铰出的孔圆柱部分尽量长，要采用 $\varphi=45°$的铰刀。

（2）切削角度

铰孔时的切削余量很小，切屑变形也较小，一般铰刀切削部分前角 $\gamma_o=0°\sim3°$，校准部分前角 $\gamma_o=0°$，使铰削近似于刮削，以减小孔壁表面粗糙度值，铰刀切削部分和校准部分的后角都磨成 $\alpha_o=6°\sim8°$（图 1—4—38）。

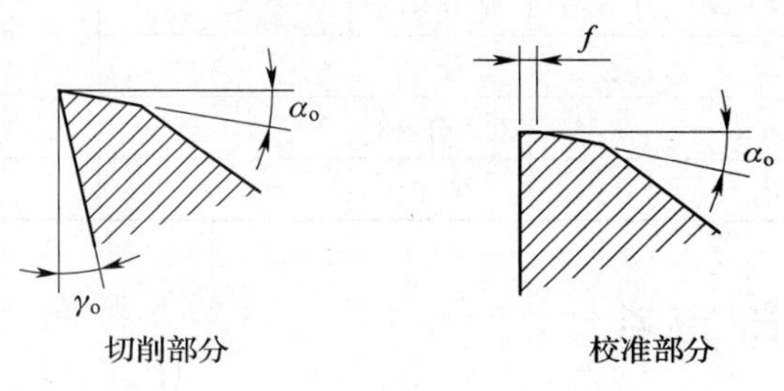

图 1—4—38　铰刀的切削角度

（3）校准部分刃带宽度（f）

校准部分的刀刃上留有无后角的棱边。其作用是引导铰刀的铰削方向和修整孔的尺寸，同时也便于测量铰刀的直径。一般铰刀的刃带宽度 $f=0.1\sim0.3$ mm。

（4）倒锥量

为了避免铰刀校准部分的后面摩擦孔壁，所以在校准部分磨出一定量的倒锥量。机用铰刀铰孔时，因切削速度较高，导向主要由机床保证。为了减小摩擦和防止孔口扩大，其校准部分做得较短，倒锥量较大（0.04～0.08 mm），校准部分有圆柱形校准部分和倒锥形校准部分两段。手用铰刀由于切削速度低，铰削过程中全靠校准部分起主要导向作用，所以校准部分较长，整个校准部分都做成倒锥，倒锥量较小（0.005～0.008 mm）。

（5）标准铰刀的刀齿数（Z）

当铰刀直径 $D<20$ mm 时，铰刀齿数 $Z=6\sim8$；当铰刀直径 $D=20\sim50$ mm 时，铰刀齿数 $Z=8\sim12$。为了便于测量铰刀的直径，铰刀齿数多取偶数。

一般手用铰刀的齿距在圆周上是不均匀分布的，如图 1—4—39a 所示。采用齿距不均匀分布的铰刀，能获得较高的铰孔质量。这是因为被铰孔的材料各处的密度不可能完全一样，铰削时，当铰刀刀齿碰到材料中夹杂的某些硬点或孔壁上经粗钻后粘留下来的切屑时，铰刀会产生径向退让，使各刀齿在孔壁上切出轴向凹痕。此时，如果使用的铰刀采用齿距均匀分布的形式，则在继续铰削的过程中，各个刀齿每转到此处都会使铰刀重复产生径向退让，各刀齿重复切入孔壁上已经切出的轴向凹痕，使铰出的孔呈多角形；如果使用的铰刀采用齿距不均匀分布的形式，铰刀重复产生径向退让时，各刀齿不会重复切入已经切出的凹痕，相反，还能将凹痕铰光，从而得到较高的铰孔质量。

机用铰刀工作时靠机床带动，由于锥柄是与机床主轴锥孔连接在一起的，因此受到的径向退让影响较小，为了制造方便，一般都做成等距分布的刀齿，如图 1—4—39b 所示。

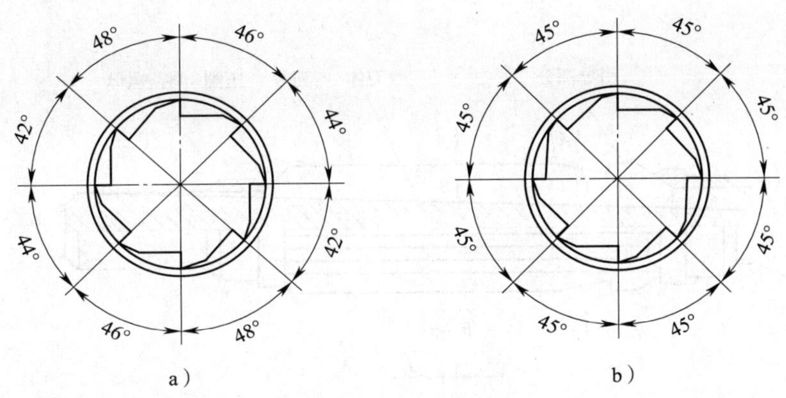

图 1—4—39　铰刀刀齿的分布

a）不均匀分布　b）均匀分布

（6）铰刀的直径（*D*）

铰刀的直径是铰刀最基本的结构参数，其精确程度直接影响铰孔的精度。标准铰刀按直径公差分一、二、三号，直径尺寸一般留有 0.005 ~0.02 mm 的研磨量，待使用者按需要尺寸进行研磨。

铰孔后孔径有时可能收缩。如果使用硬质合金铰刀、无刃铰刀或铰削硬材料，挤压较严重，铰孔后由于弹性复原而使孔径缩小。铰铸铁孔时加注煤油润滑，由于煤油的渗透性较强，铰刀与工件之间形成的油膜产生挤压作用，也会产生铰孔后孔径缩小现象。目前收缩量的大小尚无统一规定，一般应根据实际情况来决定铰刀直径。

铰孔后的孔径也有可能扩张。影响扩张量的因素很多，情况也比较复杂。当确定铰刀直径无把握时，最好通过试铰，按实际情况修正铰刀直径。

机用铰刀一般用高速钢制作，手用铰刀一般用高速钢或高碳钢制作。

2. 可调节式手用铰刀

整体式圆柱铰刀主要用来铰削标准直径系列的孔。在单件生产和修配工作中需要铰削少量的非标准孔，则应使用可调式手用铰刀（图 1—4—40）。

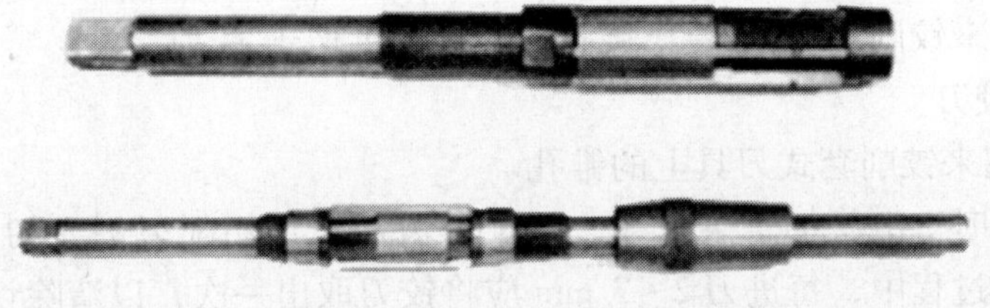

图 1—4—40　可调式手用铰刀

可调式手用铰刀的结构如图 1—4—41 所示，其刀体上开有斜底槽，具有同样斜度的刀片可放置在槽内，用调整螺母和压圈压紧刀片的两端。调节调整螺母，可使刀片沿斜底槽移动，即能改变铰刀的直径，以适应加工不同孔径的需要。加工孔径的范围为 6.25 ~44 mm，直径的调节范围为 0.75 ~10 mm。刀片切削部分的前角 $\gamma_o=0°$，后角 $\alpha_o=8°\sim10°$。校准部分的后角 $\alpha_o=6°\sim8°$，倒棱宽度 $f=0.25\sim0.4$ mm。

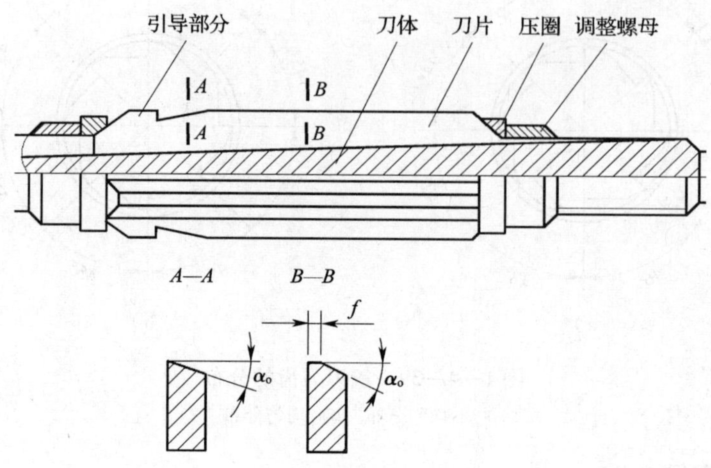

图 1—4—41　可调式手用铰刀的结构

可调式手用铰刀的刀体用 45 钢制作，直径小于或等于 12. 75 mm 的刀片用合金工具钢制作，直径大于 12. 75 mm 的刀片用高速钢制作。

3. 锥铰刀

锥铰刀用于铰削圆锥孔，常用的有以下几种。

（1）1∶50 锥铰刀

1∶50 锥铰刀主要用来铰削圆锥定位销孔，如图 1—4—42 所示。

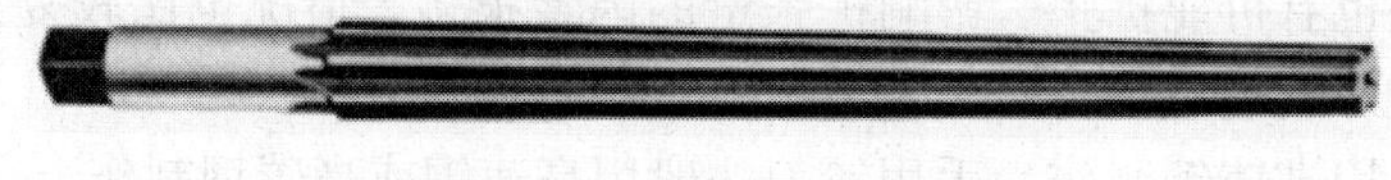

图 1—4—42　1∶50 锥铰刀

（2）1∶10 锥铰刀

1∶10 锥铰刀用来铰削联轴器上的锥孔。

（3）莫氏锥铰刀

莫氏锥铰刀用来铰削 0 ~ 6 号莫氏锥孔，其锥度近似于 1∶20。

（4）1∶30 锥铰刀

1∶30 锥铰刀用来铰削套式刀具上的锥孔。

用锥铰刀铰孔时，由于加工余量大，整个刀齿都作为切削刃进入切削，切削负荷大，所以，在切削加工过程中，每进刀 2 ~ 3 mm 应将铰刀取出一次，以清除切屑。1∶10 锥孔和莫氏锥孔的锥度大，加工余量更大，为了使铰削省力，这类铰刀一般制成 2 ~ 3 把一套，其中一把是精铰刀，其余是粗铰刀（图 1—4—43），其中粗铰刀的刀刃上开有螺旋分布的分屑槽，以减轻切削负荷。

4. 螺旋槽手用铰刀

用普通直槽铰刀铰削带有键槽的孔时，因为刀刃会被键槽棱边钩住，从而造成铰削无法进行，因此，必须采用螺旋槽手用铰刀（图 1—4—44）。

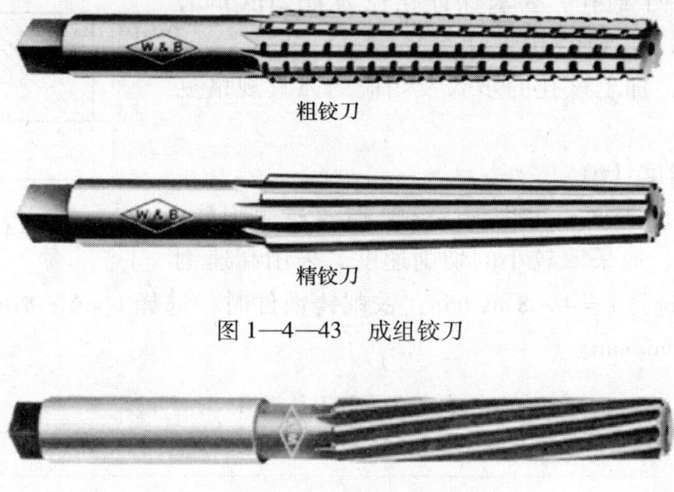

粗铰刀

精铰刀

图 1—4—43 成组铰刀

图 1—4—44 螺旋槽手用铰刀

使用螺旋槽手用铰刀铰孔时，铰削阻力沿圆周均匀分布，铰削平稳，铰出来的孔壁表面光滑。一般螺旋槽的方向应是左旋，以避免铰削时因铰刀的正向转动而产生自动旋进的现象，同时，左旋刀刃容易使切屑向下，易将切屑排出孔外。

二、铰削用量

铰削用量包括铰削余量（$2a_p$）、机铰切削速度（v）和机铰进给量（f）。

1. 铰削余量（$2a_p$）

铰削余量是指上道工序（钻孔或扩孔）完成后留下的直径方向的加工余量。铰削余量不宜过大，因为铰削余量过大会使刀齿切削负荷增大，变形增大，切削热增加，被加工表面呈撕裂状态，致使尺寸精度降低，表面粗糙度值增大，同时加剧铰刀的磨损。铰削余量也不宜过小，否则，上道工序的残留变形难以纠正，原有刀痕不能去除，铰削质量达不到要求。

选择铰削余量时，应考虑孔径的大小、材料的软硬程度、尺寸的加工精度、表面粗糙度要求以及铰刀的类型等诸多因素的综合影响。用普通标准高速钢铰刀铰孔时，可参考表 1—4—7 选取铰削余量。

表 1—4—7　　铰削余量

铰孔直径（mm）	<5	5 ~ 20	21 ~ 32	33 ~ 50	51 ~ 70
铰削余量（mm）	0.1 ~ 0.2	0.2 ~ 0.3	0.3	0.5	0.8

此外，铰削余量的确定与上道工序的加工质量有直接的关系。对铰削前预加工孔时出现的弯曲、锥度、椭圆和不光洁等缺陷，应有一定限制。铰削精度要求较高的孔，必须经过扩孔或粗铰，才能保证最后的铰孔质量。所以确定铰削余量时，还要考虑铰孔的工艺过程。

例 1　如图 1—4—45 所示，在材料厚度为 20 mm 的 Q235 钢板上加工一个通孔，要求保证孔径为 ϕ12H9 mm，试确定其加工步骤，并选择相应的刀具规格。

解：通过分析，加工该孔的步骤及相应的刀具规格见表 1—4—8。

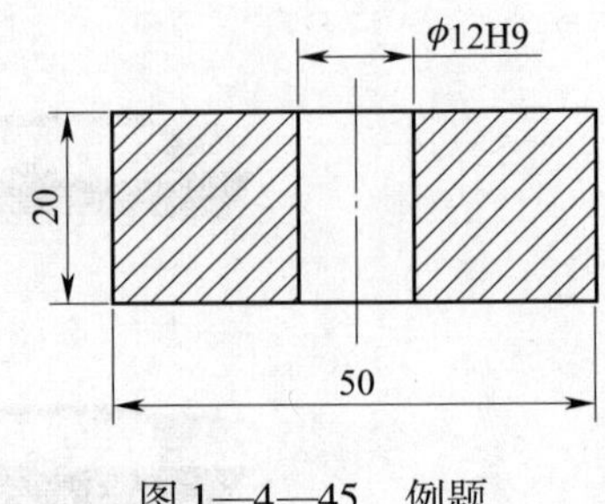

图 1—4—45　例题

2．机铰切削速度（v）

为了得到较小的表面粗糙度值，必须避免产生刀瘤，减少切削热和变形，应采取较小的切削速度。采用高速钢铰刀铰削钢件时，选择 $v = 4 \sim 8$ m/min；铰削铸铁件时，选择 $v = 6 \sim 8$ m/min；铰削铜件时，选择 $v = 8 \sim 12$ m/min。

表 1—4—8　　加工步骤和刀具规格

序号	步骤	刀具规格	说明
1	钻底孔	（ϕ6 ~ ϕ8.4 mm）普通麻花钻	根据公式（0.5 ~ 0.7）D 计算得出结果，式中 D 为所加工孔的直径，这里为 ϕ12 mm
2	扩孔	（ϕ11.7 ~ ϕ11.8 mm）扩孔钻	根据表 1—4—7 选择铰削余量为 0.2 ~ 0.3 mm，再根据公式 D − 0.2 ~ 0.3 算出结果，式中 D 为所加工孔的直径，这里为 ϕ12 mm
3	铰孔	ϕ12H9 整体式圆柱铰刀	直接按孔的加工要求选择铰刀

3．机铰进给量（f）

进给量要适当，过大则铰刀容易磨损，也影响加工质量；过小则很难切下金属材料，对材料形成挤压，使其产生塑性变形和表面硬化，最后形成刀刃，撕去大片切屑，使表面粗糙度值增大，并加快铰刀磨损。

机铰钢件及铸铁件时，$f = 0.5 \sim 1$ mm/r；机铰铜件或铝件时，$f = 1 \sim 1.2$ mm/r。

三、铰削操作方法

（1）将手用铰刀装夹在铰杠上（图 1—4—46）。

（2）在铰削前，可采用单手对铰刀施加压力，所施压力必须通过铰孔轴线，同时转动铰刀，使铰刀进行起铰（图 1—4—47）。正常铰削时，两手要用力均匀、平稳地旋转，不得有侧向压力，同时适当加压，使铰刀均匀地进给（图 1—4—48），以保证铰刀正确铰削，获得较小的表面粗糙度值，并避免孔口变成喇叭形或将孔径扩大。

（3）铰刀铰孔或退出铰刀时，铰刀均不能反转（图 1—4—49），以防止刃口磨钝或将切屑嵌入刀具后刀面与孔壁之间，将孔壁划伤。

（4）机铰时，应使工件一次装夹进行钻、铰工作，以保证铰刀中心线与钻孔中心线一致。铰削完毕后，要等铰刀退出后再停车，以防止将孔壁刮出痕迹。

（5）铰削尺寸较小的圆锥孔时，可先按小端直径钻出圆柱底孔，要求留有一定的铰削余量，然后再用锥铰刀铰削即可。对于尺寸和深度较大的锥孔，为了减小铰削余量，铰孔前可先钻出阶梯孔（图 1—4—50），然后再用铰刀铰削。铰削过程中要经常用相配的圆锥销来检验所铰孔的尺寸（图 1—4—51）。

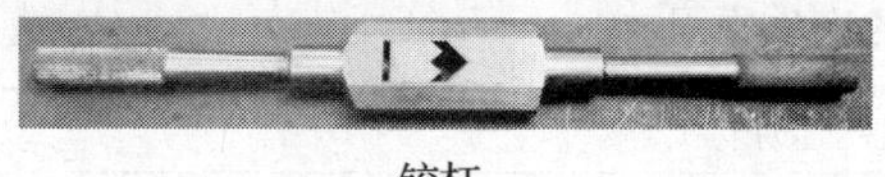

铰杠

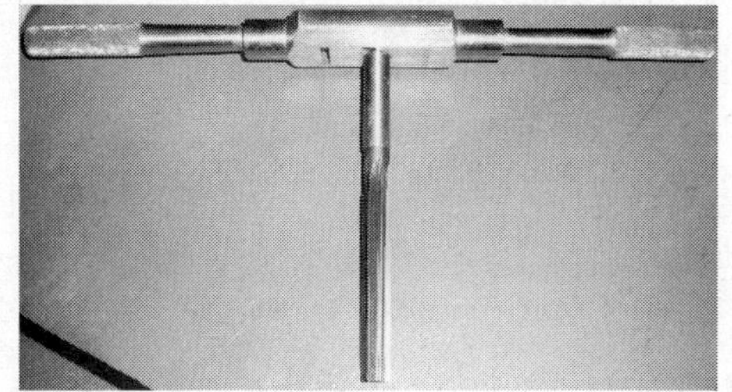

装夹手用铰刀

图 1—4—46　手用铰刀的装夹

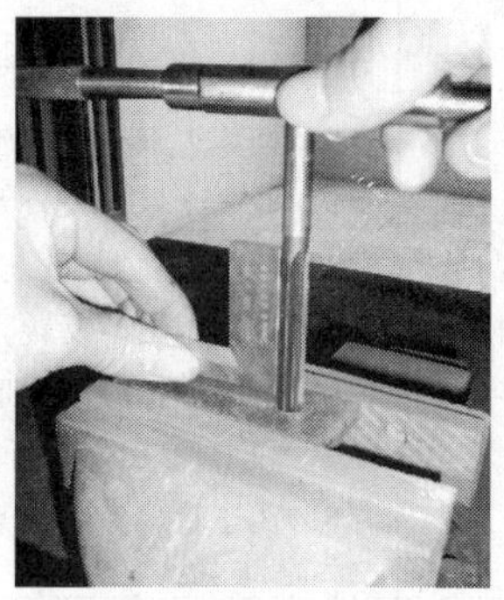

图 1—4—47　起铰方法

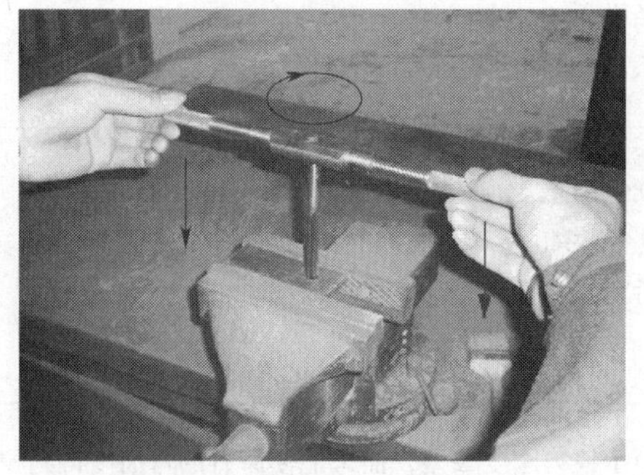

图 1—4—48　铰削方法

图 1—4—49　退铰方法

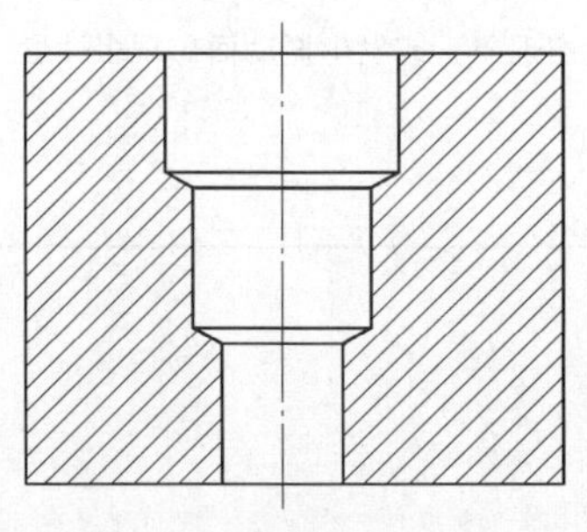

图 1—4—50　阶梯孔

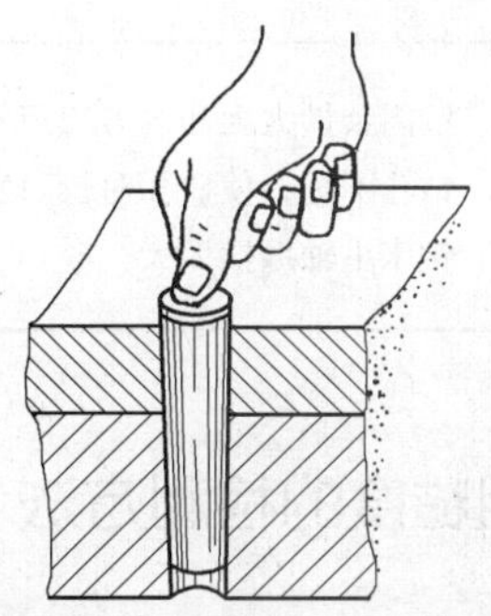

图 1—4—51　用圆锥销检查所铰孔的尺寸

（6）铰削时必须选用适当的切削液来减少摩擦并降低刀具和工件的温度，防止产生积屑瘤并避免切屑细末黏附在铰刀刀刃上以及孔壁和铰刀的刃带之间，从而减小加工表面的表面粗糙度值与孔的扩大量。

四、铰孔时常见废品的产生原因（表1—4—9）

表1—4—9　　铰孔时常见废品的产生原因

废品形式	产生原因
光洁度达不到要求	1. 铰刀刃口不锋利或有崩裂，铰刀切削部分和校准部分不光洁 2. 切削刃上粘有积屑瘤，容屑槽内切屑粘积过多 3. 铰削余量太大或太小 4. 切削速度太高，以致产生积屑瘤 5. 铰刀退出时反转，手铰时铰刀旋转不平稳 6. 润滑冷却液不充足或选择不当 7. 铰刀偏摆过大 8. 由于材料关系，不适宜用前角 $\gamma=0°$ 的铰刀或负前角铰刀
孔径扩大	1. 铰刀与孔的中心线不重合，铰刀偏摆过大 2. 进给量和铰削余量太大 3. 切削速度太高，使铰刀温度上升，直径增大 4. 铰刀直径不符合要求
孔径缩小	1. 铰刀超过磨损标准，尺寸变小而仍继续使用 2. 铰刀磨钝后还在使用，而引起过大的孔径收缩 3. 铰削钢料时加工余量太大，铰削完毕后内孔弹性恢复，使孔径缩小 4. 铰削铸铁时使用煤油作为润滑液
孔不直	1. 铰孔前的预加工孔不直，铰削小孔时由于铰刀刚度较差，而未能使原有的弯曲度得到校正 2. 铰刀的切削锥角太大，导向不良，使铰削时方向发生偏歪 3. 手铰时两手用力不均匀
孔呈多棱形	1. 铰削余量太大和铰刀刀刃不锋利，使铰削发生啃切现象，或发生振动而出现多棱形 2. 钻孔不圆，使铰孔时铰刀发生弹跳现象 3. 钻床主轴振摆太大

五、表面粗糙度的检测方法

1. 比较法

将表面粗糙度比较样块根据视觉和触觉与被测表面比较，判断被测表面粗糙度相当于哪一数值，或测量其反射光强度变化来评定表面粗糙度（见激光测长技术）。样块是一套具有平面或圆柱表面的金属块，表面经磨、车、镗、铣、刨等切削加工，电铸或其他铸造工艺等加工而具有不同的表面粗糙度。有时可直接从工件中选出样品，经过测量并评定合格后作为样块。利用样块根据视觉和触觉评定表面粗糙度的方法虽然简便，但会受到主观因素的影响，常常不能得出正确的表面粗糙度数值。

2. 针描法

利用针尖曲率半径为 2 μm 左右的金刚石触针沿被测表面缓慢滑行，金刚石触针的上下位移量由电学式长度传感器转换为电信号，经放大、滤波、计算后由显示仪表指示出表面粗糙度数值，也可用记录器记录被测截面轮廓曲线。一般将仅能显示表面粗糙度数值的测量工具称为表面粗糙度测量仪，同时能记录表面轮廓曲线的称为表面粗糙度轮廓仪（简称轮廓仪），这两种测量工具都有电子计算电路或电子计算机，能自动计算出轮廓算术平均偏差 *Ra*、微观不平度十点高度 *Rz*、轮廓最大高度 *Ry* 和其他多种评定参数，测量效率高，适用于测量 *Ra* 为 0.025 ~ 6.3 μm 的表面。

3. 光切法

光线通过狭缝后形成的光带投射到被测表面上，以它与被测表面的交线所形成的轮廓曲线来测量表面粗糙度。由光源射出的光经聚光镜、狭缝、物镜 1 后，以 45° 的倾斜角将狭缝投影到被测表面，形成被测表面的截面轮廓图形，然后通过物镜 2 将此图形放大后投射到分划板上。利用测微目镜和读数鼓轮，先读出 *h* 值，计算后得到 *H* 值。应用此法的表面粗糙度测量工具称为光切显微镜。它适用于测量 *Rz* 和 *Ry* 为 0.8 ~ 100 μm 的表面，需要人工取点，测量效率低。

4. 干涉法

利用光波干涉原理（见平晶、激光测长技术）将被测表面的形状误差以干涉条纹图形显示出来，并利用放大倍数高（可达 500 倍）的显微镜将这些干涉条纹的微观部分放大后进行测量，以得出被测表面粗糙度。应用此法的表面粗糙度测量工具称为干涉显微镜。这种方法适用于测量 *Rz* 和 *Ry* 为 0.025 ~ 0.8 μm 的表面。

六、技能操作

1. 图样（图 1—4—52）

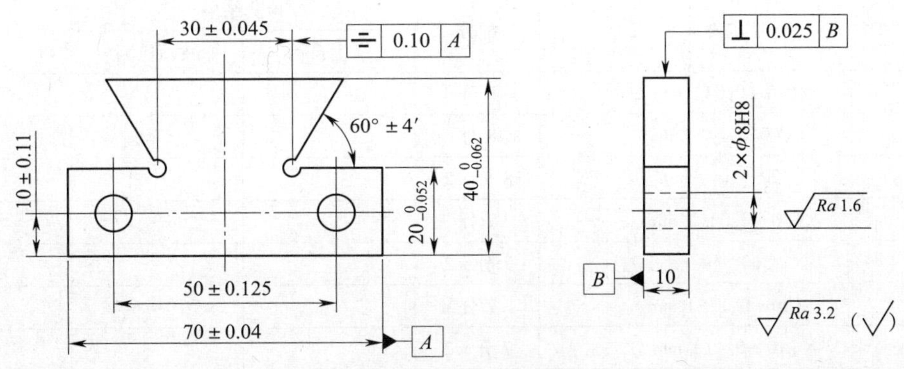

图 1—4—52　燕尾零件加工

技术要求：

（1）孔口倒角 *C*0.5 mm。

（2）锐边倒棱 *R*0.3 mm。

2．操作准备（表 1—4—10）

表 1—4—10 操作准备

实习工件（工具）名称	材料	材料来源	件数	工时（h）
手用锯弓		备料	1	12
手用锯条、锉刀		备料	若干	
ϕ4 mm、ϕ6 mm、ϕ8 mm、ϕ10 mm 钻头		备料	各 1	
71 mm×41 mm×10 mm 板料	Q235	备料	1	
300 mm 高度划线尺		备料	1	
0～150 mm 游标卡尺		备料	1	
千分尺 0～25 mm、25～50 mm、50～75 mm		备料	各 1	
杠杆百分表		备料	1	
斜 90°V 形块		备料	1	
圆柱销		备料	2	

3．操作步骤

（1）检查来料，并选择零件的加工基准和划线基准。

（2）按图样要求，划出零件的加工界线。

（3）加工零件形状，并保证各部分精度达到要求。

（4）按图样要求，划出孔的加工界线。

（5）钻、扩、铰孔，并保证达到孔距加工要求和表面粗糙度要求。

（6）去毛刺，复检零件各部分尺寸误差与形位误差。

4．练习记录及成绩评定（表 1—4—11）

表 1—4—11 练习记录及成绩评定

序号	技术要求	配分	检测结果		得分
			学生自测	教师检测	
1	(70 ± 0.04) mm	8 分			
2	$(40^{\ 0}_{-0.062})$ mm	8 分			
3	$(20^{\ 0}_{-0.052})$ mm	8 分×2			
4	(30 ± 0.045) mm	7 分			
5	$60° \pm 4'$	7 分×2			
6	(50 ± 0.125) mm	7 分			
7	(10 ± 0.11) mm	7 分×2			
8	2×ϕ8 H8（孔）	2 分×2			
9	*Ra*1.6μm（孔）	2 分×2			
10	⌯ 0.10 *A*	8 分			
11	⊥ 0.025 *B*	0.5 分×8			
12	*Ra*3.2μm（锉）	0.5 分×8			

续表

序号	技术要求	配分	检测结果		得分
			学生自测	教师检测	
13	孔口倒角 C0.5 mm	0.5 分×4			
14	锐边倒棱	酌扣			
15	安全文明生产	酌扣			
16	备注				

子课题 4　螺纹加工

一、攻螺纹的工具

用丝锥在工件孔中切削出内螺纹的加工方法称为攻螺纹；用板牙在圆杆上切削出外螺纹的加工方法称为套螺纹。常用普通螺纹直径与螺距见表 1—4—12。

表 1—4—12　　常用普通螺纹直径与螺距　　mm

公称直径 D、d			螺距 P	
第一系列	第二系列	第三系列	粗牙	细牙
4			0.7	0.5
5			0.8	
6		7	1	0.75、0.5
8			1.25	1、0.75、(0.5)
10			1.5	1.25、1、0.75、(0.5)
12			1.75	1.5、1.25、1、(0.75)、(0.5)
	14		2	1.5、(1.25)、1、(0.75)、(0.5)
		15		1.5、(1)
16			2	1.5、1、(0.75)、(0.5)
18	20		2.5	2、1.5、1、(0.75)、(0.5)
24			3	2、1.5、1、(0.75)
		25		2、1.5、(1)
	27		3	2、1.5、1、(0.75)
30			3.5	(3)、2、1.5、1、(0.75)
36			4	3、2、1.5、(1)
		40		(3)、(2)、1.5
42	45		4.5	(4)、3、2、1.5、(1)

注：1. 优先选用第一系列，其次是第二系列，第三系列尽可能不用。
2. 括号内尺寸尽可能不用。
3. M14×1.25 仅用于火花塞。

1. 丝锥

丝锥是加工内螺纹的工具，有机用丝锥和手用丝锥两类。机用丝锥通常用高速钢制成，一般是单独一支，其螺纹公差带分为 H1、H2、H3 三种。手用丝锥用碳素工具钢或合金工具钢制成，一般是由两支或三支组成一组，其螺纹公差带为 H4。

（1）丝锥的构造

丝锥构造如图 1—4—53 所示，由工作部分和柄部组成。工作部分又分为切削部分和校准部分。

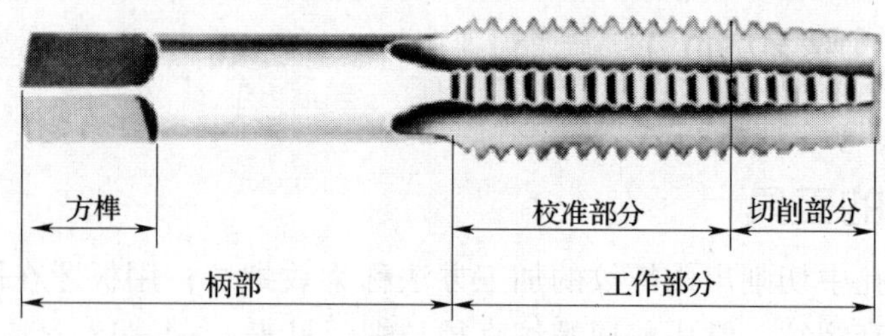

图 1—4—53 丝锥的构造

丝锥沿轴向开有几条容屑槽，以形成切削部分锋利的切削刃，起主切削作用。前端磨出切削锥角，切削负荷分布在几个刀齿上，使切削省力，便于切入。丝锥校准部分有完整的牙型，用来修光和校准已切出的螺纹，并引导丝锥沿轴向前进。

为了适用于不同工件材料，丝锥切削部分前角可按表 1—4—13 选取。

表 1—4—13　　丝锥前角的选择

切削材料	铸青铜	铸铁	硬钢	黄铜	中碳钢	低碳钢	不锈钢	铝合金
前角	0°	5°	5°	10°	10°	15°	15° ~20°	20° ~30°

丝锥校准部分的大径、中径、小径均有（0.05 ~0.12）/100 的倒锥，以减小与螺孔的摩擦及所攻螺孔的扩张量。

为了制造和刃磨方便，丝锥上的容屑槽一般做成直槽。有些专用丝锥为了控制排屑方向，做成螺旋槽，如图 1—4—54 所示。加工不通孔螺纹时，为使切屑向上排出，容屑槽做成右旋槽；加工通孔螺纹时，为使切屑向下排出，容屑槽做成左旋槽。一般丝锥的容屑槽为 3 ~4 个。丝锥柄部有方榫，用以夹持。

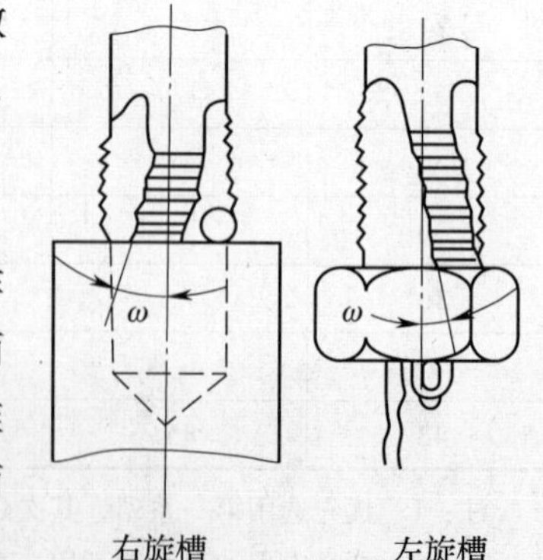

图 1—4—54 螺旋形容屑槽

（2）成组丝锥切削用量的分配

为了减少切削力和延长使用寿命，一般将整个切削工作量分配给几支丝锥来担当。通常 M6 ~ M24 的丝锥每组有两支；M6 以下及 M24 以上的丝锥每组有三支；细牙螺纹丝锥为两支一组。成组丝锥中，对每支丝锥切削用量的分配有两种方式。

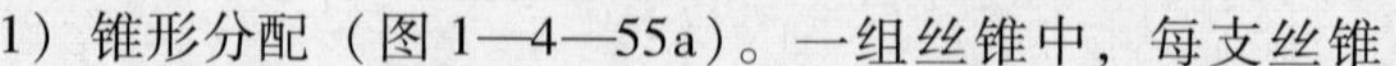

1）锥形分配（图 1—4—55a）。一组丝锥中，每支丝锥

的大径、中径、小径都相等，只是切削部分的切削锥角及长度不等。锥形分配切削量的丝锥也叫等径丝锥。当攻制通孔螺纹时，用头攻（初锥）一次切削即可加工完毕，二攻（也叫中锥）、三攻（底锥）则用得较少。一般 M12 以下丝锥采用锥形分配。一组丝锥中，每支丝锥磨损很不均匀。由于头攻能一次切削成形，切削厚度大，切削变形严重，加工表面粗糙度差。

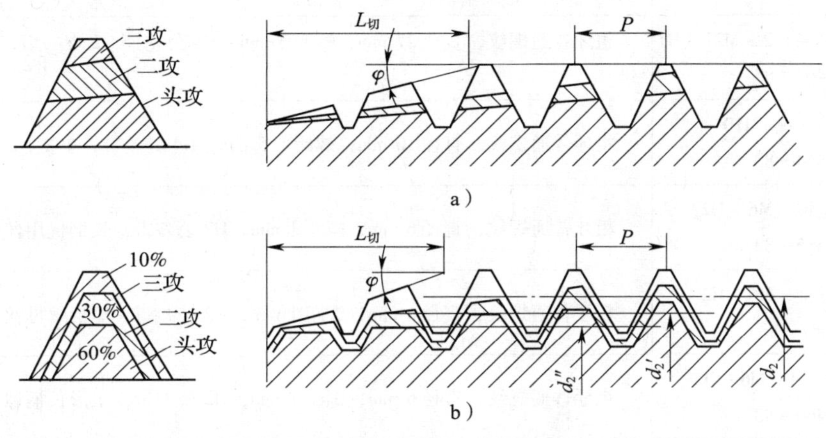

图 1—4—55　成套丝锥切削用量的分配

a）锥形分配　b）柱形分配

2）柱形分配（图 1—4—55b）。柱形分配切削用量的丝锥也叫不等径丝锥，即头攻、二攻的大径、中径、小径都比三攻小。头攻、二攻的中径一样，大径不一样，头攻大径小，二攻大径大。这种丝锥的切削用量分配比较合理，三支一套的丝锥按 6∶3∶1 分担切削用量，两支一套的丝锥按 7.5∶2.5 分担切削用量，切削省力，各锥磨损量差别小，使用寿命较长。同时末锥的两侧也参与少量切削，所以加工表面粗糙度值较小，一般 M12 以上的丝锥多属于这一种。

（3）丝锥的种类

丝锥的种类很多，钳工常用的有机用普通螺纹丝锥、手用普通螺纹丝锥、圆柱管螺纹丝锥、圆锥管螺纹丝锥等。

机用普通螺纹丝锥和手用普通螺纹丝锥有粗牙、细牙之分，粗柄、细柄之分，单支、成组之分，等径、不等径之分。此外还有长柄机用丝锥、短柄螺母丝锥、长柄螺母丝锥等。

圆柱管螺纹丝锥与一般手用丝锥相近，只是其工作部分较短，一般为两支一组。圆锥管螺纹丝锥的直径从头到尾逐渐增大，呈圆锥形，牙型与丝锥轴线相垂直，以保证内外螺纹结合时有良好的接触。

（4）丝锥的标志

每一种丝锥都有相应的标志，弄清其所代表的内容，对正确选择和使用丝锥是很重要的。

丝锥上标志的螺纹代号见表 1—4—14。

表 1—4—14　　丝锥上标志的螺纹代号

标志	说明
机用丝锥 中锥 M10 - H1 GB 3464—83	粗牙普通螺纹，直径 10 mm，螺距 1.5 mm，H1 公差带，单支，中锥机用丝锥
机用丝锥 2 - M12 - H2 GB 3464—83	粗牙普通螺纹，直径 12 mm，螺距 1.75 mm，H2 公差带，2 支一组，等径机用丝锥
机用丝锥（不等径）2 - M27 - H1 GB 3464—83	粗牙普通螺纹，直径 27 mm，螺距 3 mm，H1 公差带，2 支一组，不等径机用丝锥
手用丝锥 中锥 M10 GB 3464—83	粗牙普通螺纹，直径 10 mm，螺距 1.5 mm，H4 公差带，单支，中锥手用丝锥
长柄机用丝锥　M6 - H2 GB 3465—83	粗牙普通螺纹，直径 6 mm，螺距 1 mm，H2 公差带，长柄机用丝锥
短柄螺母丝锥　M6 - H2 GB 967—83	粗牙普通螺纹，直径 6 mm，螺距 1 mm，H2 公差带，短柄螺母丝锥
长柄螺母丝锥 1 - M6 - H2 GB 3466—83	粗牙普通螺纹，直径 6 mm，螺距 1 mm，H2 公差带，Ⅰ形长柄螺母丝锥

2. 铰杠

铰杠是手工攻螺纹时用来夹持丝锥的工具，分为普通铰杠（图 1—4—56）和丁字铰杠（图 1—4—57）两类，丁字铰杠适用于在高凸台旁边或箱体内部攻螺纹。各类铰杠又可分为固定式和活络式两种，活络式丁字铰杠用于 M6 以下丝锥，固定式普通铰杠用于 M5 以下丝锥。

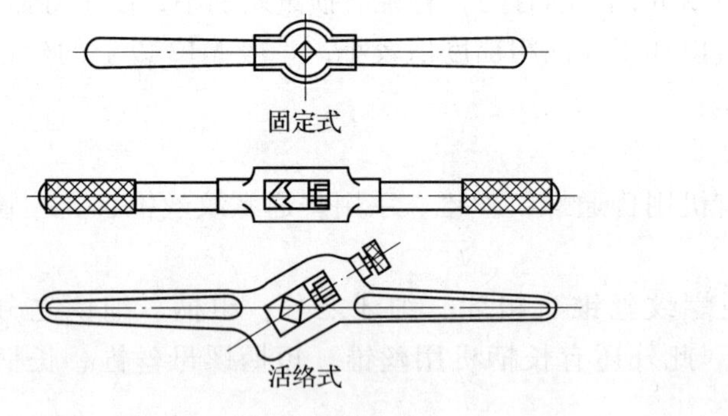

图 1—4—56　普通铰杠

图 1—4—57　活络式丁字铰杠

铰杠的方孔尺寸和柄的长度都有一定规格，使用时应按丝锥尺寸大小，根据表 1—4—15 合理选用。

表 1—4—15　　铰杠规格及适用的丝锥范围　　mm

铰杠规格	150	225	275	375	475	600
适用的丝锥范围	M5 ~ M8	M8 ~ M12	M12 ~ M14	M14 ~ M16	M16 ~ M22	M24 以上

二、攻螺纹前的底孔直径和深度

攻螺纹时，丝锥在切削金属的同时，还伴随较强的挤压作用。因此，金属产生塑性变形，形成凸起并挤向牙尖，如图 1—4—58 所示，使攻螺纹的小径小于底孔直径。

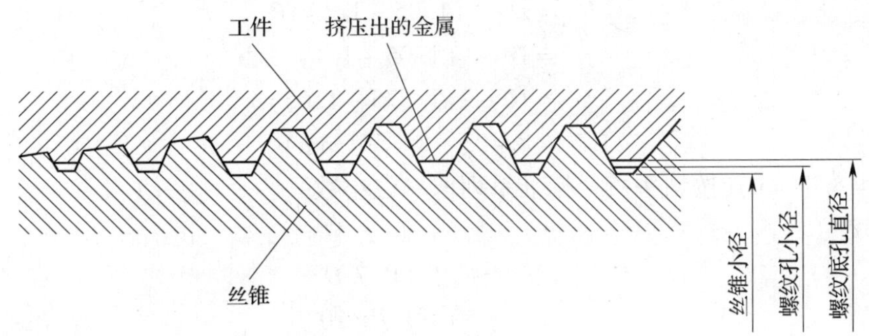

图 1—4—58　攻螺纹时的挤压现象

因此，攻螺纹前的底孔直径应稍大于螺纹小径，否则攻螺纹时容易因挤压作用，使螺纹牙顶与丝锥牙底之间没有足够的容屑空间，将丝锥箍住，甚至折断丝锥。此种现象在攻塑性较大的材料时更为严重。但是底孔不宜过大，否则会使螺纹牙型不够，降低强度。

底孔直径大小要根据工件材料塑性大小及钻孔扩胀量考虑，按经验公式计算得出。

（1）在加工钢和塑性较大的材料及扩胀量中等的条件下：

$$D_{钻} = D - P \qquad (1—4—1)$$

式中　$D_{钻}$——攻螺纹钻螺纹底孔用钻头直径，mm；

D——螺纹大径，mm；

P——螺距，mm。

（2）在加工铸铁和塑性较小的材料及扩胀量较小的条件下：

$$D_{钻} = D - (1.05 \sim 1.1)\ P \qquad (1—4—2)$$

常用英制螺纹攻螺纹前，钻底孔的钻头直径也可以从有关手册中查出。

攻螺纹底孔深度的确定如图 1—4—59 所示。

攻不通螺纹时，由于丝锥切削部分有锥角，端部不能切出完整的牙型，所以钻孔深度要大于螺纹的有效深度。一般取

$$H_{钻} = h + 0.7D$$

式中　$H_{钻}$——底孔深度，mm；

$h_{有效}$——螺纹有效深度，mm；

D——螺纹大径，mm。

例 2　分别计算在钢件和铸铁件上攻 M10 螺纹时的底孔直径各为多少。若攻不通孔螺纹，其螺纹有效深度为 50 mm，底孔深度为多少（$2\varphi = 120°$，只计算钢件）？

解： 查表得，$P = 1.5$ mm

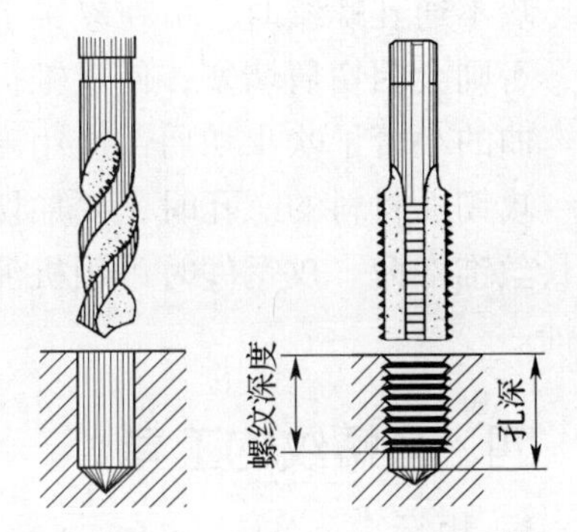

图 1—4—59　攻螺纹底孔深度的确定

钢件攻螺纹底孔直径：

$$D_{钻} = D - P = 10 - 1.5 = 8.5\ (\text{mm})$$

铸铁件攻螺纹底孔直径：

$$\begin{aligned} D_{钻} &= D - (1.05 \sim 1.1)\ P \\ &= 10 - (1.05 \sim 1.1)\ 1.5 \\ &= 10 - (1.575 \sim 1.65) \\ &= 8.425 \sim 8.35\ (\text{mm}) \end{aligned}$$

取 $D_{钻} = 8.4$ mm（按钻头直径标准系列取一位小数）

底孔深度：

$$\begin{aligned} H_{钻} &= h_{有效} + 0.7\ D \\ &= 50 + 0.7 \times 10 \\ &= 67\ (\text{mm}) \end{aligned}$$

三、攻螺纹的方法

（1）划线，打底孔。

（2）在螺纹底孔的孔口倒角，通孔螺纹两端都倒角，倒角处直径可略大于螺孔大径，这样可使丝锥开始切削时容易切入，并可防止空口出现挤压出的凸边。

（3）用头锥起攻。起攻时，可一手按住铰杠中部，沿丝锥轴线用力加压，另一手配合做顺向旋进（图 1—4—60a）；或两手握住铰杠两端均匀施加压力，并将丝锥顺向旋进（图 1—4—60b）。应保证丝锥中心线与孔中心线重合，不能歪斜。在丝锥攻入 1 ~ 2 圈后，应及时从前、后、左、右四个方向用直角尺进行检查（图 1—4—60c），并不断校正至符合要求。

（4）当丝锥的切削部分全部进入工件时，就不需要再施加压力，而靠丝锥做旋进切削。此时，两手旋转用力要均匀，并要经常倒转 1/4 ~ 1/2 圈，使切屑碎断后容易排出，避免因切屑阻塞而使丝锥卡住。

攻螺纹时，必须以头锥、二锥、三锥顺序切削至标准尺寸。在较硬的材料上攻螺纹时，可轮换各丝锥交替攻下，以减小切削部分负荷，防止丝锥折短。

攻不通孔螺纹时，可在丝锥上做好深度标记，并要经常退出丝锥，清除留在孔内的切屑，否则会因切屑堵塞，使丝锥折断或达不到深度要求。当工件不便倒向进行清屑时，可用弯曲的小管子吹出切屑，或用磁性针棒吸出。

攻韧性材料的螺孔时，要加切削液，以减小切削阻力，减小加工螺孔的表面粗糙度和延长丝锥寿命。攻钢件时可用机油，螺纹质量要求高时可用工业植物油，攻铸铁件时可用煤油。

四、套螺纹的工具

1. 板牙

板牙是加工外螺纹的工具，用合金工具钢或高速钢制作并经淬火处理。

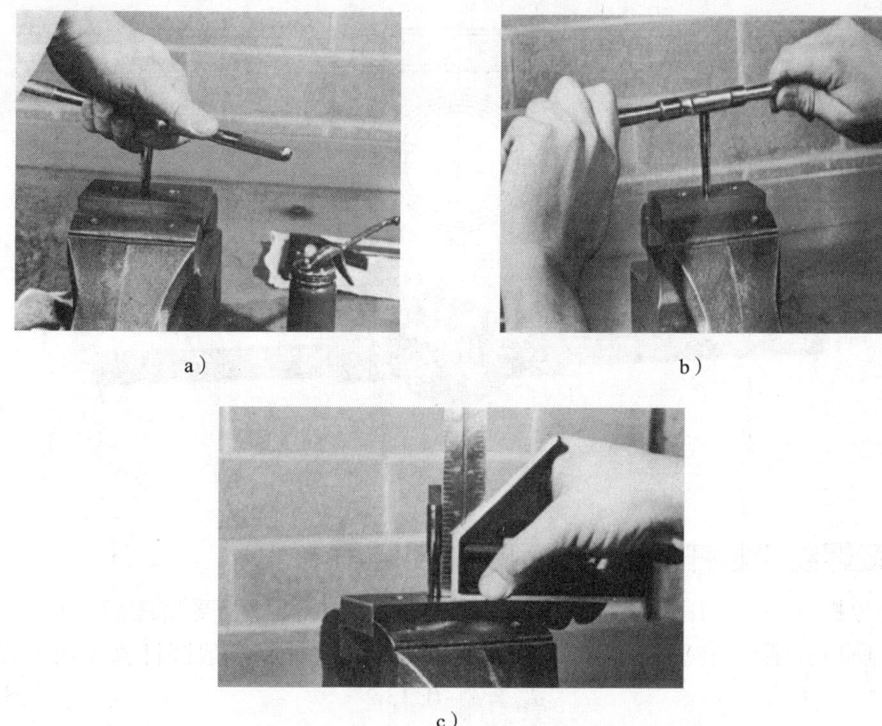

图 1—4—60 起攻方法

如图 1—4—61 所示为圆板牙的构造，由切削部分、校准部分和排屑孔组成。它本身就像一个螺母，在它上面钻有几个排屑孔而形成刀刃。

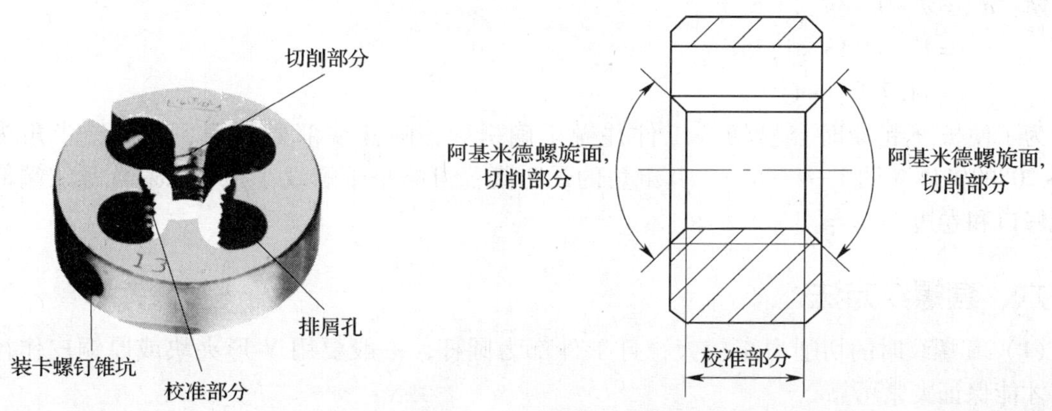

图 1—4—61 圆板牙的构造

切削部分是板牙两端有切削锥角的部分。它不是个圆锥面，而是一个经过铲磨而成的阿基米德螺旋面，能形成后角。板牙中间一段是校准部分，也是套螺纹的导向部分。板牙两端都有切削部分，待一端磨损后，可换另一端使用。

2. 板牙架

板牙架是装夹板牙的工具，如图 1—4—62 所示为圆板牙架。板牙放入后，用螺钉紧固。

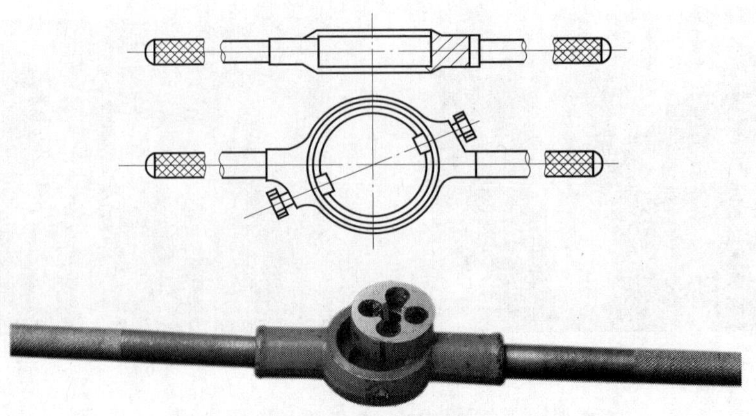

图 1—4—62　圆板牙架

五、套螺纹前圆杆直径的确定及端部倒角

与丝锥攻螺纹一样，用板牙在工件上套螺纹时，材料同样因受挤压而变形，牙顶将被挤高一些。所以套螺纹前圆杆直径应稍小于螺纹的大径尺寸，一般圆杆直径用下式计算。

$$d_{杆} = d - 0.13p \qquad (1—4—3)$$

式中　$d_{杆}$——套螺纹前圆杆直径，mm；

d——螺纹大径，mm；

p——螺距，mm。

例 3　在 45 钢的圆杆上需套 M12 的螺纹，试确定圆杆直径。

解： $d_{杆} = d - 0.13p$

$= 12 - 0.13 \times 1.75$

$= 11.77$ (mm)

为了使板牙起套时容易切入工件并做正确引导，圆杆端部要倒角，倒成锥半角为 15°～20°的锥体（图 1—4—63）。其倒角的最小直径可略小于螺纹小径，以避免螺纹端部出现峰口和卷边。

六、套螺纹方法

（1）套螺纹时的切削力矩较大，且工件都为圆杆，一般要用 V 形夹块或厚铜皮作衬垫，才能保证夹紧可靠。

（2）起套方法与攻螺纹起攻方法一样，一手按住铰杠中部，沿圆杆轴向施加压力，另一手配合做顺向切进，转动要慢，压力要大，并保证板牙端面与圆杆轴线的垂直度，不能歪斜。要特别注意在板牙切入圆杆 2～3 牙时，应及时检查其垂直度并做校正。

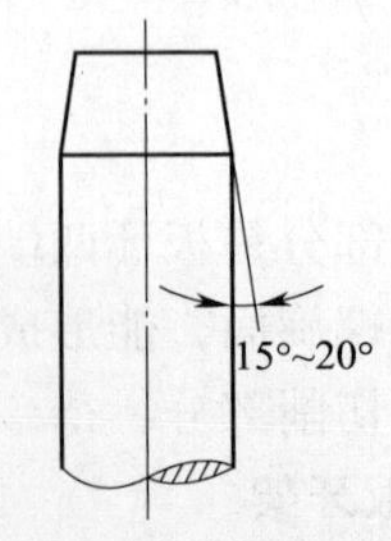

图 1—4—63　圆杆端部倒角

（3）正常套螺纹时，不要加压，让板牙自然引进（图 1—4—64），以免损坏螺纹和板牙，也要经常倒转以断屑。

（4）在钢件上套螺纹时要加切削液，一般可以用机油或较浓的乳化液，要求较高时可用工业植物油。

图 1—4—64　套螺纹

七、技能操作

1. 技能操作 1——攻螺纹

（1）攻螺纹零件样图（图 1—4—65）

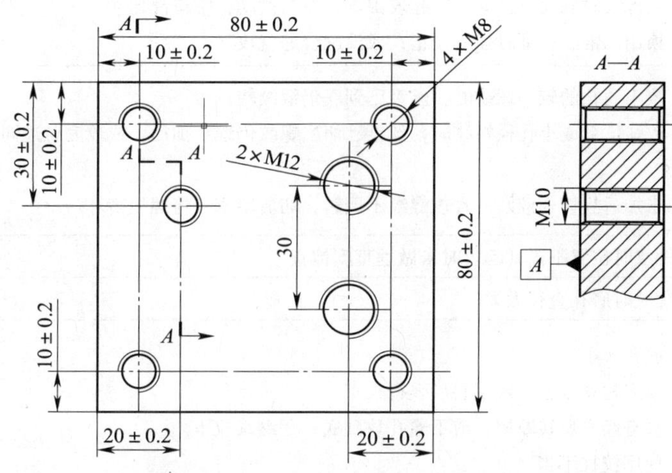

图 1—4—65　内螺纹加工图

技术要求：

1）M8、M10、M12 螺纹孔与基准面 *A* 的垂直度为 0.2 mm。

2）孔口倒角。

（2）操作准备（表 1—4—16）

表 1—4—16　　**操作准备**

实习工件（工具）名称	材　料	材料来源	件数	工时（h）
80 mm×80 mm 板料	Q235	备料	1	2
手用丝锥 M8、M10、M12				
刀口角尺 63 mm×100 mm				
高度游标卡尺 0～300 mm				

(3) 操作步骤

按实习图尺寸要求划出各螺纹的加工位置线，钻各螺纹底孔，并对孔口进行倒角。

依次攻制 M8、M10、M20 螺纹，检查螺纹孔与基准面的垂直度，并用相应的螺钉进行配检。

(4) 注意事项

1）在钻 M20 螺纹底孔时要立钻，必须先熟习机床的使用，调整方法，然后再进行加工，并注意安全操作。

2）起攻的正确性以及攻螺纹时能控制两手用力均匀和掌握好用力限度，是攻螺纹的基本功之一，必须用心掌握。

3）熟悉攻螺纹中常出现的问题及其产生原因（表 1—4—17），以便在练习时加以注意。

表 1—4—17　　攻螺纹中常出现的问题及其产生原因

出现的问题	产生原因
螺纹乱牙	1. 攻螺纹时底孔直径太小，起攻困难，左右摆动，空口乱牙 2. 换用二锥、三锥时强行校正，或没旋合好就攻下
螺纹滑牙	1. 攻不通孔的较小螺纹时，丝锥已到底仍继续转 2. 攻强度低或小孔径螺纹时，丝锥已切出螺纹仍继续加压，或攻完时连同绞杠做自由的快速转出 3. 未加适当切削液及一直攻螺纹不倒转，切屑堵塞，将螺纹啃坏
螺纹歪斜	攻螺纹时位置不正，起攻时未做垂直度检查
螺纹形状不完整	攻螺纹时底孔直径太大
丝锥折断	1. 底孔太小 2. 攻入时丝锥歪斜或歪斜后强行校正 3. 没有经常反转断屑，或不通孔攻到底，还继续攻下 4. 使用铰杠不当 5. 丝锥牙爆裂或磨损过多而强行攻下 6. 工件材料过硬或夹有硬点 7. 两手用力不均或用力过猛

(5) 练习记录及成绩评定（表 1—4—18）

表 1—4—18　　练习记录及成绩评定

序号	技术要求	配分	检测结果		得分
			学生自测	教师检测	
1	(30 ±0.2) mm	5 分			
2	M8	6 ×4 分			
3	M12	6 ×2 分			
4	(10 ±0.2) mm	8 ×2 分			

续表

序号	技术要求	配分	检测结果		得分
			学生自测	教师检测	
5	(20 ±0.2) mm	4 ×2 分			
6	M10	4 分			
7	各螺纹孔与基准面 A 的垂直度为 0.2 mm	7 ×2 分			
8	表面粗糙度	4 分			
9	螺纹完整	5 分			
10	丝锥不乱牙	4 分			
11	丝锥不折断	4 分			

2. 技能操作 2——套螺纹

(1) 套螺纹零件样图(图 1—4—66)

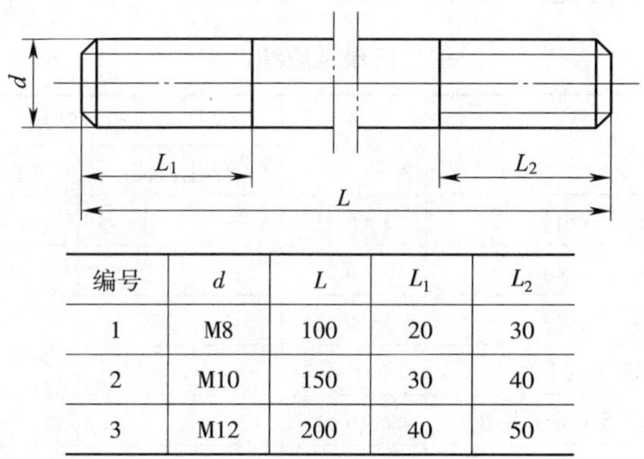

编号	d	L	L_1	L_2
1	M8	100	20	30
2	M10	150	30	40
3	M12	200	40	50

图 1—4—66 外螺纹加工图

技术要求:螺纹表面粗糙度 Ra 不大于 12.5 μm。

(2) 操作准备(表 1—4—19)

表 1—4—19 **操作准备**

实习工件(工具)名称	材料(规格)	材料来源	件数	工时(h)
圆杆	45 钢	备料	3	2
板牙 M8、M10、M12			3	
刀口角尺 63 mm ×100 mm			1	
游标卡尺 0 ~150 mm			1	

(3) 操作步骤

1) 按图样尺寸下料。

2) 按套螺纹的方法套制 M8、M10、M12 三件双头螺纹,并使用相应的螺母进行配检。

(4) 注意事项

1) 在起套螺纹时,要从两个方向进行垂直度的校正,这个是保证螺纹质量的关键。

2）在起套螺纹时，两手用力要均匀，掌握好两手用力的力度是套螺纹的基本功之一，必须多加练习，以便熟练掌握。

3）了解在套螺纹中常出现的问题及其产生原因（表1—4—20），以便在练习时加以注意。

表1—4—20　　套螺纹中常出现的问题及其产生原因

出现的问题	产生原因
螺纹乱牙	圆杆直径过大，起套困难，左右摆动，杆端乱牙。
螺纹滑牙	未加切削液或套螺纹时没有倒转，切屑堵塞，将螺纹啃坏。
螺纹歪斜	套螺纹位置不正确，起套时没有检查垂直度
螺纹形状不完整	1. 圆杆直径太小 2. 圆杆不直 3. 板牙摆动幅度太大

（5）练习记录及成绩评定（表1—4—21）

表1—4—21　　练习记录及成绩评定

序号	技术要求	配分	检测结果		得分
			学生自测	教师检测	
1	螺纹不乱牙（六组）	3×6分			
2	螺纹不滑牙（六组）	3×6分			
3	螺纹不歪斜（六组）	3×6分			
4	螺纹形状完整（六组）	3×6分			
5	表面粗糙度 $Ra \leqslant 12.5$ μm（六组）	2×6分			
6	1号螺杆20 mm、30 mm	2×2分			
7	2号螺杆30 mm、40 mm	2×2分			
8	3号螺杆40 mm、50 mm	2×2分			
9	安全文明生产	4分			

课题5　平面刮削和研磨

子课题1　2级精度平板的刮削

一、刮削

用刮刀刮除工件表面薄层的加工方法叫刮削。

1. 刮削原理

刮削是将工件与校准工具或与其相配合的工件之间涂上一层显示剂，经过对研，使工件上较高的部位显示出来，然后用刮刀进行微量刮削，刮去较高金属层。刮削的同时，刮刀对工件还有推挤和压光的作用，这样反复地显示和刮削就能使工件的加工精度达到预定的要求。

2. 刮削的特点及应用

刮削具有切削量小、切削力小、产生热量小、装夹变形小等特点，不存在车、铣、刨等机械加工中不可避免的振动、热变形等因素，所以能获得很高的尺寸精度、形状和位置精度、接触精度、传动精度和很小的表面粗糙度值。

在刮削过程中，由于工件多次受到刮刀的推挤和压光作用，从而使工件表面组织变得比原来紧密，表面粗糙度值很小。

刮削后的工件表面还能形成比较均匀的微浅凹坑，可创造良好的存油条件，改善了相对运动零件之间的润滑情况。

因此，机床导轨、与滑行面和滑动轴承接触的面、工量具的接触面及密封表面等，在机械加工之后通常用刮削方法进行加工。

3. 刮削余量

由于刮削每次只能刮去很薄的一层金属，刮削操作的劳动强度又很大，所以要求在机械加工后留下的刮削余量不宜太大，一般为 0.05 ~ 0.4 mm，具体数值见表 1—5—1。

表 1—5—1　　平面刮削余量　　mm

平面宽度	平面长度				
	100 ~ 500	>500 ~ 1 000	>1 000 ~ 2 000	>2 000 ~ 4 000	>4 000 ~ 6 000
100 以下	0.10	0.15	0.20	0.25	0.30
100 ~ 500	0.15	0.20	0.25	0.30	0.40

在确定刮削余量时，还要考虑工件刮削面积的大小。面积大时余量大，刮削前加工误差大时余量大，工件结构刚度差时余量也应大些。具有合适的余量，才能经过反复刮削达到尺寸精度及形状和位置精度的要求。

4. 平面刮削

平面刮削有单个平面（如平板、工作台面等）刮削和组合平面（如 V 形导轨面、燕尾槽面等）刮削两种。

平面刮削一般要经过粗刮、细刮、精刮和刮花。

粗刮是用粗刮刀在刮削面上均匀地铲去一层较厚的金属，可以采用连续推铲的方法，刀迹要连成长片。粗刮能很快地去除刀痕、锈斑或过多的余量。当粗刮到每 25 mm × 25 mm 方框内有 2 ~ 3 个研点时，即可转入细刮。

细刮是用细刮刀在刮削面上刮去稀疏的大块研点（俗称破点），目的是进一步改善不平现象。细刮时采用短刮法，刀痕宽而短，刀迹长度均为刀刃宽度，而且随着研点的增多，刀迹逐步缩短。每刮一遍时，需按同一方向刮削（一般要与平面的边成一定角度），刮第二遍时要交叉刮削，以消除原方向刀迹。在整个刮削面上达到 12 ~ 15 点/（25 mm × 25 mm）时，细刮结束。

精刮是用精刮刀更仔细地刮削研点（俗称摘点），目的是增加研点，改善表面质量，使刮削面符合精度要求。精刮时采用点刮法（刀迹长度约为 5 mm），刮削面越窄小，精度越高，刀迹越短。精刮时，更要注意压力要轻，提刀要快，在每个研点上只刮一刀，不要重复刮削，并始终交叉地进行刮削。当研点增加到 20 点/（25 mm × 25 mm）以上时，精刮结束。注意交叉刀迹的大小应该一致，排列应该整齐，以增加刮削面的美观。

刮花是在刮削面或机器外观表面上用刮刀刮出装饰花纹，目的是使刮削面美观，并使滑动件之间形成良好的润滑条件。刮花的花纹如图 1—5—1 所示。

图 1—5—1　刮花的花纹

二、刮削工具

1. 平面刮刀

刮刀是刮削的主要工具。刮削时，由于工件的形状不同，因此要求刮刀有不同的形式，平面刮刀用于刮削平面和刮花，一般采用 T12 A 碳素工具钢或耐磨性较好的 GCr15 滚动轴承钢锻造，并经磨制和热处理淬硬而成。当工件表面较硬时，也可以焊接高速钢或硬质合金刀头。常用的平面刮刀有直头刮刀和弯头刮刀两种，如图 1—5—2 所示。

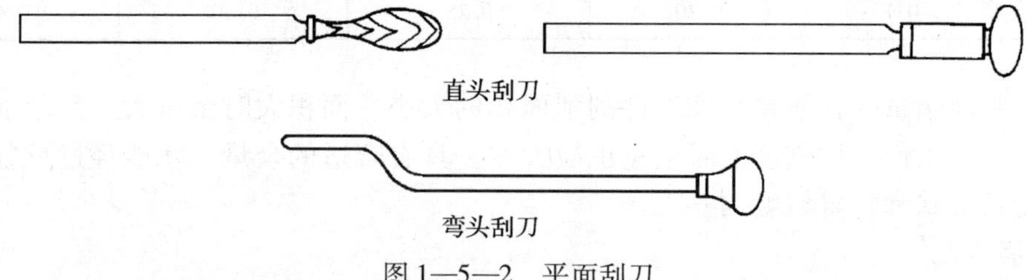

图 1—5—2　平面刮刀

刮刀头部形状和角度如图 1—5—3 所示。

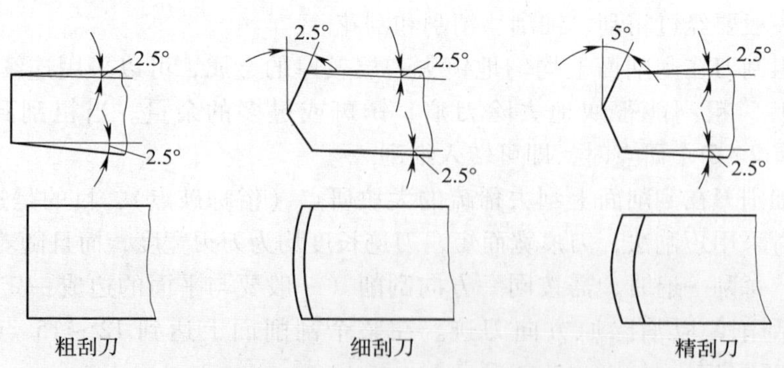

图 1—5—3　刮刀头部形状和角度

2. 校准工具

校准工具是用来推磨研点和检查被刮面准确性的工具，也叫研具。常用的有校准平板（通用平板）、校准直尺、角度直尺以及根据被刮面形状设计制造的专用校准型板等，如图 1—5—4 所示。

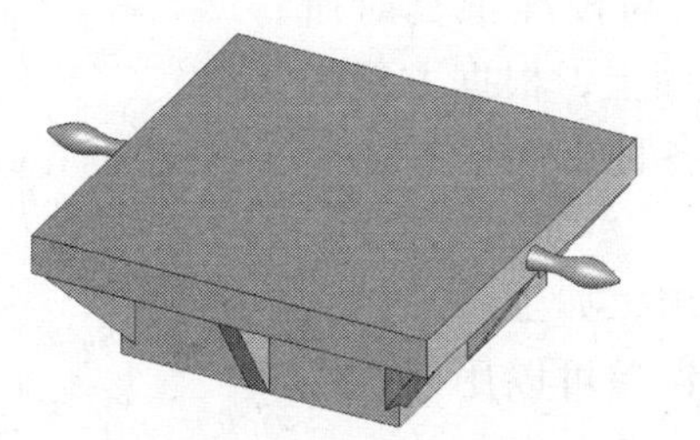
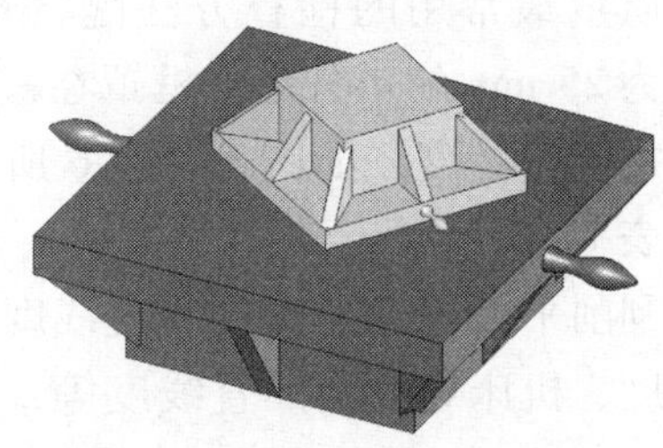

图 1—5—4　校准平板

3. 显示剂

工件和校准工具对研时，所加的涂料叫显示剂，其作用是显示工件误差的位置和大小。

（1）显示剂的种类

1）红丹粉。红丹粉分铅丹（氧化铅，呈橘红色）和铁丹（氧化铁，呈红褐色）两种，颗粒较细，用机油调和后使用，广泛用于钢件和铸铁工件。

2）蓝油。蓝油是用蓝粉、蓖麻油及适量机油调和而成的，呈深蓝色，其研点小而清楚，多用于精密工件和有色金属及其合金的工件。

（2）显示剂的用法

刮削时，显示剂可以涂在工件表面上，也可以涂在校准件上。前者在工件表面上显示的结果是红底黑点，没有闪光，容易看清，适用于精刮。后者只在工件表面的高处着色，研点暗淡，不宜看清，但切屑不易黏附在刀刃上，刮削方便，适用于粗刮。

在调和显示剂时应注意粗刮时，可调得稀些，这样在刀痕较多的工件表面上便于涂抹，显示的研点也大；精刮时，应调得干些，涂抹要薄而均匀，这样显示的研点细小，否则，研点会模糊不清。

三、显点的方法

显点的方法应根据不同形状和刮削面积的大小有所区别。如图 1—5—5 所示为平面的显点方法。

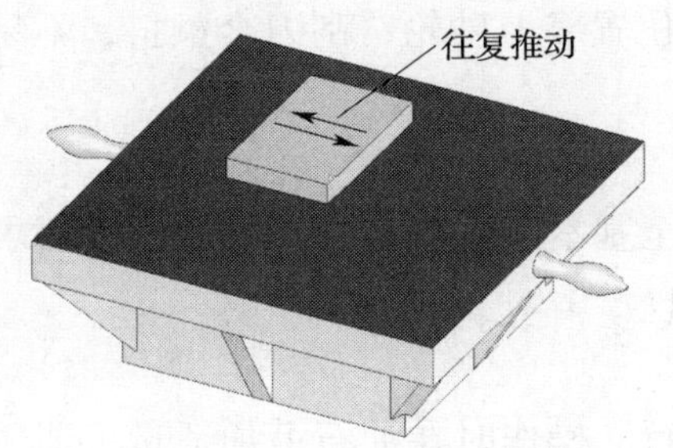

图 1—5—5　平面的显点方法

四、刮削质量的检验

刮削精度包括尺寸精度、形状和位置精度、接触精度及贴合程度、表面粗糙度等。

对刮削质量最常用的检查方法是将被刮面与校准工具对研后，用边长为25 mm的正方形方框罩在被检查面上，根据方框内的研点来决定接触精度，如图1—5—6所示。各种平面接触精度的研点数见表1—5—2。

大多数刮削平面还有平面度和直线度的要求，如工件平面大范围的平面度、机床导轨面的直线度等，这些误差可以用框式水平仪检查。

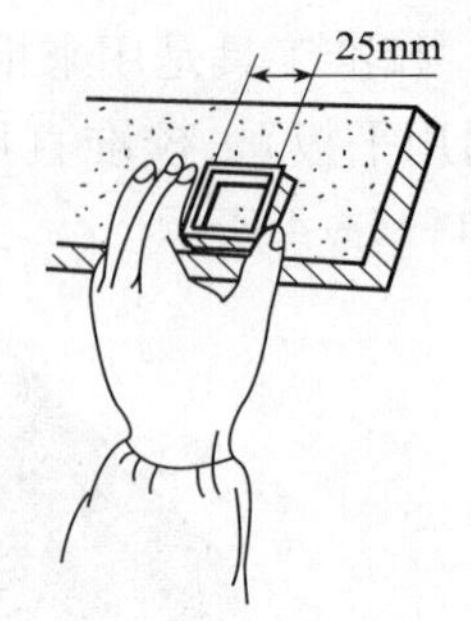

图1—5—6　平面刮削质量检验

表1—5—2　　**各种平面接触精度的研点数**

平面种类	每25 mm×25 mm内的研点数	应用
一般平面	2~5	较粗糙机件的固定结合面
	>5~8	一般结合面
	>8~12	机器台面、一般基准面、机床导向面、密封结合面
	>12~16	机床导轨及导向面、工具基准面、量具接触面
精密平面	>16~20	精密机床导轨、直尺
	>20~25	1级平板 、精密量具
超精密平面	>25	0级平板 、高精度机场导轨、精密量具

有些工件表面（如导轨配合面）除了用方框检查研点数以外，还要用塞尺检查配合面之间的间隙大小。

五、平面刮刀的刃磨

1. 粗磨

粗磨（图1—5—7）时分别将刮刀两平面贴在砂轮侧面上，开始时应先接触砂轮边缘，再慢慢平放在侧面上，不断地前后移动进行刃磨，使两面都达到平整，在刮刀全宽上用肉眼看不出有显著的厚薄差别。然后粗磨顶端面，把刮刀的顶端放在砂轮轮缘上，平稳地左右移动刃磨，要求顶端面与中心线垂直，顶端面应先以一定倾斜度与砂轮接触，再逐步按图示箭头方向转动至水平。如果直接按水平位置靠上砂轮，刮刀会颤抖，不易磨削，甚至会出事故。

2. 细磨

热处理后的刮刀要在细砂轮上细磨，直至基本达到刮刀的形状和角度要求。刮刀刃磨时必须经常蘸水冷却，避免刀口部分退火。

3. 精磨

刮刀精磨（图1—5—8）需在油石上进行。操作时在油石上加适量机油，先磨两平面直至平面平整，表面粗糙度 $Ra<0.2$ μm。然后精磨端面，刃磨时左手扶住手柄，右手紧握

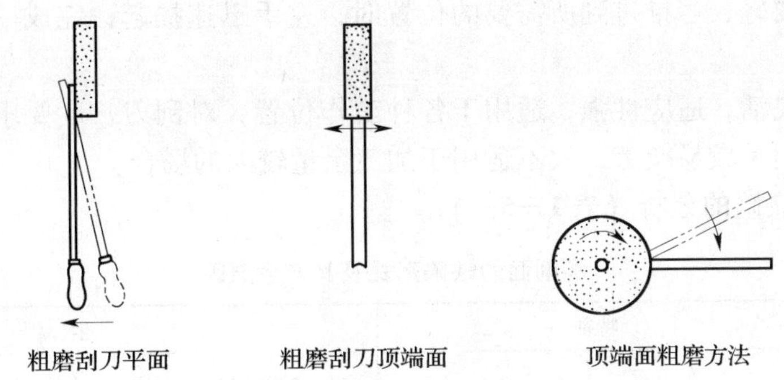

图 1—5—7　刮刀在砂轮上的粗磨

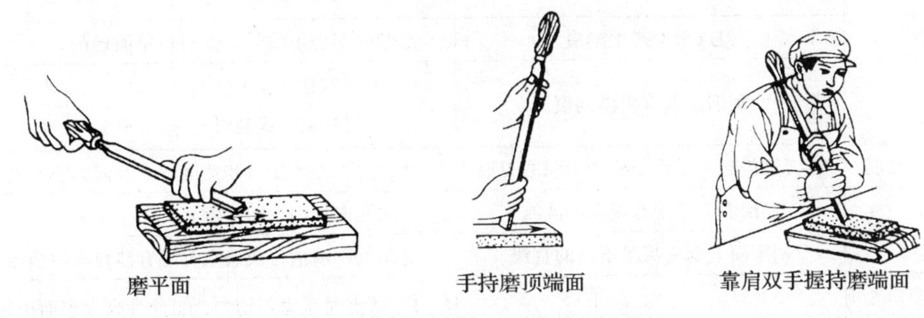

图 1—5—8　刮刀精磨

刀身，使刮刀直立在油石上，略带前倾（前倾角度根据刮刀 β 角的不同而定）地向前推移，拉回时刀身略微提起，以免磨损刃口，如此反复，直到切削部分形状和角度符合要求，且刃口锋利为止。初学时还可将刮刀上部靠在肩上，两手握住刀身，向后拉动来磨锐刃口，而向前则将刮刀提起。此法速度较慢，但容易掌握，在初学时常采用此方法练习，待熟练后再采用前述磨法。

4. 刃磨时的安全知识和文明生产要求

（1）刮刀毛坯锻打后应先磨去棱角及边口毛刺。

（2）刃磨刮刀端面时，力的作用方向应通过砂轮轴线，应站在砂轮的侧面或斜侧面。

（3）刃磨时施加压力不能太大，刮刀应缓慢接近砂轮，避免刮刀颤动过大，造成事故。

（4）热处理时工作场地应保持整洁，淬火操作时应小心谨慎，以免灼伤。

六、刮削方法

1. 手刮法

（1）姿势及动作要领

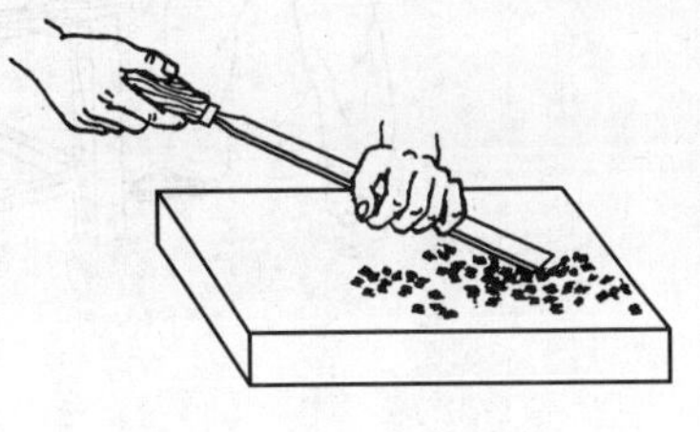

图 1—5—9　手刮法

手刮的姿势如图 1—5—9 所示，右手握住锉刀柄，左手四指向下握在近刮刀头部约 50 mm 处，刮刀与被刮削表面成 20° ~ 30°。同时，左脚前跨一步，上身随着往前倾斜，这样可以增加左手压力，也易看清刮刀前面显点的情况。刮削时右手随着上身前倾，使刮刀向前推进，左手下压，落刀要轻，当推进到所需要的位置时，左手迅速提起，完成一个手刮动作。练习时以直刮为主。

手刮法动作灵活，适应性强，适用于各种工作位置，对刮刀长度要求也不太严格，姿势可合理掌握，但手较易疲劳，故不适用于加工余量较大的场合。

（2）刮削面缺陷的分析（表 1—5—3）

表 1—5—3　　刮削面的缺陷形式及其产生原因

缺陷形式	特征	产生原因
深凹痕	刀迹太深，局部显点稀少	1．粗刮时用力不均匀，局部落刀太重 2．多次刀痕重叠 3．刀刃圆弧过小
梗痕	刀迹单面产生刻痕	刮削时用力不均匀，使刃口单面切削
撕痕	刮削面上有粗糙刮痕	1．刀刃不光洁、不锋利 2．刀刃有缺口或裂纹
落刀痕或起刀痕	在刀迹的起始或终了处产生深的刀痕	落刀时，左手压力和速度较大及起刀不及时
振痕	刮削面上呈现有规则的波纹	多次同向切削，刀迹没有交叉
划痕	刮削面上划有深浅不一的直线	显示剂不清洁，或研点时混有沙粒和铁屑等杂物
切削面精度不高	显点变化情况无规律	1．研点时压力不均匀，工件外露太多而出现假点子 2．研具不正确 3．研点时放置不平稳

2．挺刮法

（1）姿势及动作要领

挺刮的姿势如图 1—5—10 所示，将刮刀柄放在小腹右下侧，双手并拢握在刮刀前部距刀刃约 80 mm 处（左手在前，右手在后），刮削时刮刀对准研点，左手下压，利用腿部和臀部力量，使刮刀向前推挤，在推动到位的瞬间，同时用双手将刮刀提起，完成一次刮点。

图 1—5—10　挺刮法

挺刮法每刀切削量较大，适合大余量的刮削，工作效率较高，但腰部易疲劳。

(2) 原始平板刮削法

1）刮削原始平板采用的方法一般为渐进法，即不用标准平板，而以三块（或三块以上）平板依次循环互研互刮，来达到平板平面度要求。

2）刮削的步骤按如图 1—5—11 所示的顺序进行。

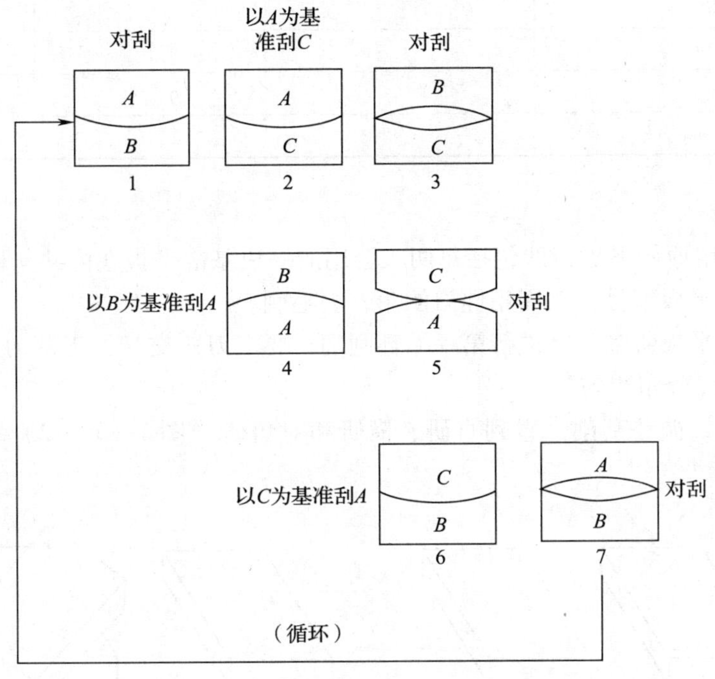

图 1—5—11　原始平板刮削步骤

3）研点方法是先直研（纵向、横向）以消除纵横起伏误差，通过几次循环刮削，达到各平板显点一致，然后必须采用对角刮研以消除平面的扭曲误差，直到直研和对角研时三块平板显点一致为止。

4）一般平板按接触精度分级，以每 25 mm×25 mm 内 25 点以上为 0 级平板，25 点为 1 级平板，20 点以上为 2 级平板，16 点以上为 3 级平板。

七、技能操作

1. 刮削样件

原始平板刮削：HT200　300 mm×200 mm×20 mm

技术要求：

（1）刀迹整齐、美观（3 块）。

（2）接触点每 25 mm×25 mm 16 点以上（3 块）。

（3）点子清晰、均匀，每 25 mm×25 mm 点数允差 6 点（3 块）。

（4）无明显落刀痕，无丝纹和振纹（3 块）。

2. 操作准备（表 1—5—4）

表 1—5—4　　　　操作准备

实习工件（工具）名称	材料（规格）	材料来源	件数	工时（h）
300 mm×200 mm×20 mm	HT200	备料	3	
平面刮刀			若干	24
锉刀			1	
红丹粉			若干	
机油			若干	
25 mm×25 mm 方框			1	

3. 操作步骤

每两人刮一组原始平板，即包括每两人合用的一块基准平板在内共三块。

（1）将三块平板编号，四周用锉刀倒角，去毛刺。

（2）按原始平板研刮步骤进行第一循环刮削，要求刀迹交叉，无落刀和起刀痕迹及振痕，平板表面研点分布均匀。

（3）进行第二循环刮削，直到直研、横研和对角研（图 1—5—12）三块平板显点一致，分布均匀。

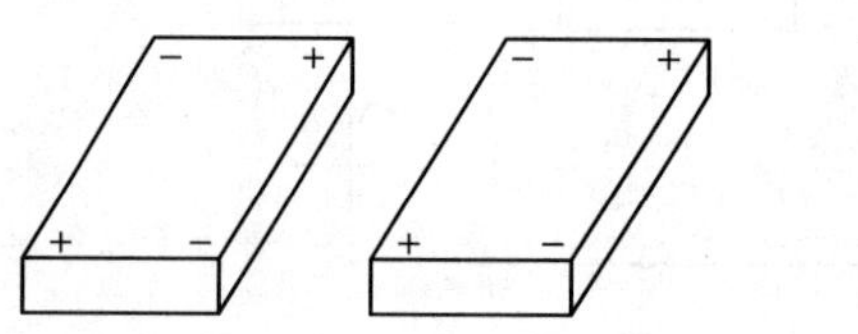
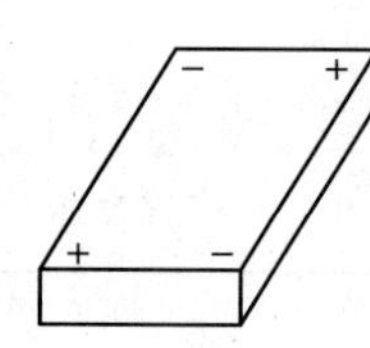
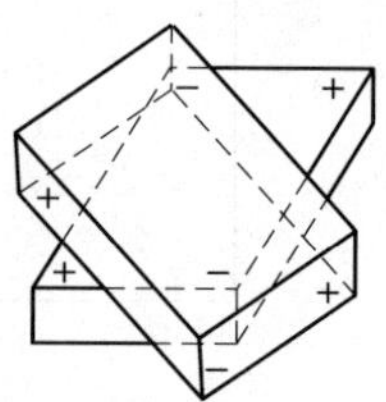

图 1—5—12　对角研点方法

（4）在确认平板平整后，即进行精刮工序，直至用各种研点方法得到相同的清晰点，且在任意 25 mm×25 mm 面积内的点数达到 20 点以上，表面粗糙度 $Ra \leq 0.8$ μm 时即完成。

4. 注意事项

（1）刮削姿势动作正确是本课题的重点，必须严格训练。

（2）要重视刮刀的修磨，正确刃磨刮刀是提高刮削速度和保证精度的基本条件。

（3）粗刮是为了获得工件初步的形位精度，一般都要刮去较多的金属，所以刮削要有力，每刀的刮削量要大；而细刮和精刮主要是为了提高刮削表面的光整度和接触点数，所以必须挑点准确，刀迹细小光整。因此，不要在平板还没有达到粗刮要求的情况下，过早地进入细刮工序，这样既影响刮削速度，也不易将平板刮好，这一点必须注意。

（4）在原始平板研刮中，每三块轮刮后应换掉一次研点方法，并在粗刮到细刮的过程中，逐渐缩短研点移动距离，逐步减薄显示剂涂层，使显点真实、清楚。

（5）在刮削中要勤于思考，善于分析，随时掌握工件的实际误差情况，并选择适当的部位进行刮削修整，以最少的加工量和刮削时间来达到技术要求。

5. 练习记录及成绩评定（表1—5—5）

表1—5—5　　练习记录及成绩评定

序号	技术要求	配分	检测结果		得分
			学生自测	教师检测	
1	姿势（站立、两手）正确	22分			
2	刀迹整齐、美观（3块）	6×3分			
3	接触点每25 mm×25 mm 16点以上（3块）	8×3分			
4	点子清晰、均匀，每25 mm×25 mm 点数允差6点（3块）	6×3分			
5	无明显落刀痕，无丝纹和振纹（3块）	6×3分			
6	文明生产与安全生产	违者每次扣2分			

子课题2　平面研磨

一、研磨

使用研磨工具和研磨剂，利用研具和被研零件之间的相对滑动，从零件表面上研去一层极薄金属层，以提高零件的尺寸精度、形状精度，减小表面粗糙度值的精加工方法，称为研磨。

1. 研磨原理

手工研磨的一般方法如图1—5—13所示，即在研磨工具的研磨表面上涂上适量的研磨剂，在一定的压力作用下，工件与研磨工具之间按一定的轨迹做相对运动，直至研磨完毕。

图1—5—13　手工研磨方法

研磨的基本原理包含着物理和化学的综合作用。

(1) 物理作用

研磨时要求研磨工具的材料比被研磨的工件材料稍软一些，这样，当研磨工具受到一定的压力作用以后，研磨剂中的微小颗粒（磨料）被压嵌在研磨工具的表面上。这些微小的磨料具有较高的硬度，像无数把刀刃。由于研磨工具和工件的相对运动，使半固定或浮动的磨料微粒在工件和研磨工具之间做运动轨迹很少重复的滑动和滚动，因而对工件产生微量的切削作用，均匀地从工件表面上切去一层极薄的金属。借助于研磨工具的精确型面，可以使工件逐渐得到准确的尺寸精度以及较小的表面粗糙度值。

（2）化学作用

有的研磨剂由于本身带有化学性能，在研磨过程中，化学研磨剂对工件表面进行研磨时，与空气接触的工件表面很快就会形成一层极薄的氧化膜，而且氧化膜又很容易被研磨掉，这就是研磨的化学作用。

在研磨过程中，氧化膜迅速形成（化学作用），又不断地被磨掉（物理作用）。经过这样的多次反复，工件表面就能很快达到预定的要求。由此可见，研磨加工实际体现了物理和化学的综合作用。

2. 研磨的作用

（1）减小表面粗糙度值

一般情况下，表面粗糙度为 $Ra1.6 \sim 0.1$ μm，表面粗糙度最小可达到 $Ra0.012$ μm。

（2）能达到精确的尺寸精度

通过研磨后的尺寸精度可达到 0.001 ~ 0.005 mm。

（3）能改进工件的几何形状

经过研磨加工，可以使一般机械加工所产生的形状误差得到校正，从而使零件得到准确的形状。

由于研磨后零件的表面粗糙度值很小，形状准确，所以，零件的耐磨性、抗腐蚀能力和疲劳强度都相应地提高，零件的使用寿命延长。

3. 研磨余量

研磨是微量切削，每研磨一遍所能磨去的金属层一般不超过 0.002 mm，因此，研磨余量不能太大，一般研磨余量控制在 0.005 ~ 0.030 mm 之间比较适宜。研磨余量应根据零件加工表面的大小、精度要求的高低以及研磨条件的不同进行合理选择，有时研磨余量可以留在零件的加工公差之内。

二、研磨剂

研磨剂是由磨料和润滑液调配而成的混合剂。

1. 磨料

磨料在研磨过程中起主要的切削作用，研磨工作的效率、工件的精度以及表面粗糙度都与磨料有着密切的关系。磨料的种类很多，使用时应根据零件材料和加工要求合理选择。常用磨料的代号、特性和用途见表 1—5—6。

磨料的粗细用粒度表示，粒度有两种表示方法，即粒度号和微粉号。粒度号是用筛网的方法测定的，粒度号越大，磨粒就越细。微粉号是用显微镜测量的方法测定的，用符号“W”表示，微粉号越小，则磨粒越细。常用研磨粉粒度见表 1—5—7。

表 1—5—6　　常用磨料的代号、特性和用途

系列	名称	代号	特性	用途
氧化物	棕刚玉	A	棕褐色，硬度高，韧性好，价格便宜	用于粗研磨、精研磨钢、铸铁、铜合金
	白刚玉	WA	白色，硬度比棕刚玉高，韧性比棕刚玉差	精研磨淬火钢、高速钢和薄壁零件
	铬刚玉	PA	玫瑰红或紫红色，韧性比白刚玉高，研磨表面质量好	研磨量具、仪表零件和高精度零件
	单晶刚玉	SA	淡黄色或白色，硬度和韧性都比白刚玉高	研磨不锈钢、高钒高速钢等强度高、韧性好的材料
碳化物	黑碳化硅	C	黑色有光泽，硬度比白刚玉高，性脆而锋利，导热性和导电性好	研磨铸铁、铜合金、铝合金和非金属材料
	绿碳化硅	GC	绿色，硬度和脆性比黑碳化硅高，具有良好的导热性和导电性	研磨硬质合金、硬铬、宝石、陶瓷、玻璃等材料
	碳化硼	BC	灰黑色，硬度仅次于金刚石，耐磨性好	精研磨和抛光硬质合金、人造宝石等硬质材料
金刚石	人造金刚石	JR	淡黄色、黄绿色或黑色，硬度高，比天然金刚石略脆，表面粗糙	粗研磨、精研磨硬质合金、人造宝石、单晶硅等高硬度脆性材料
	天然金刚石	JT	无色透明或淡黄色，硬度最高，价格昂贵	
其他	氧化铁		红色至暗红色，比氧化铬软	精研磨或抛光钢、铁、玻璃等材料
	氧化铬		深绿色	

表 1—5—7　　常用研磨粉粒度

研磨粉粒度	研磨加工类别	可达到的表面粗糙度值
100 ~ W50	用于最初的研磨加工	
W40 ~ W20	用于粗研磨加工	Ra0. 4 ~ 0. 2 μm
W14 ~ W7	用于半精研磨加工	Ra0. 2 ~ 0. 1 μm
W5 以下	用于精研磨加工	Ra0. 1 μm 以下

2. 研磨液

研磨液在研磨加工中起到调和磨料、冷却和润滑的作用。研磨液的质量高低和选用是否正确直接关系到研磨加工的效果。一般要求具备下列条件。

（1）有一定的黏度和稀释能力。磨料通过研磨液的调和，均匀分布在研具表面后，与研具表面有一定的黏附性，否则，磨料不能对工件产生切削作用。同时，研磨液对磨料有稀释能力，使磨料能均匀分布在研具表面。

（2）有良好的润滑和冷却作用。

（3）对工件无腐蚀性，且不伤害人体皮肤和健康，并易于清洗。常用的研磨液有煤油、汽油和机油等，此外根据需要在研磨液中加入适量的石蜡和蜂蜡等填料和黏性较大而氧化作用较强的油酸、脂肪酸、硬脂酸等，可以提高研磨效果。

三、研具材料

研具是用于涂敷或嵌入磨料并使磨粒发挥切削作用的工具。

研具材料应满足如下技术要求。材料的组织要细致均匀，要有很高的稳定性和耐磨性，具有较好的嵌存磨粒的性能，工作面的硬度应比工件表面硬度稍小。

常用的研具材料有如下几种。

1．灰铸铁

具有较好的润滑性，磨损较慢，硬度适中，研磨剂在其表面容易涂布均匀，是一种研磨效果较好、价格便宜的研具材料，在生产中应用广泛。

2．球墨铸铁

球墨铸铁比一般的灰铸铁更容易嵌存磨料，而且更均匀、牢固，同时还能增加研具的耐用度。采用球墨铸铁制作研具已得到广泛应用，尤其用于精密零件的研磨。

3．低碳钢

具有较好的韧性，不易折断，常用来制作小型的研具，如研磨 M5 以下的螺纹孔、直径小于 ϕ8 mm 的孔以及较窄的凹槽等。

4．铜

较软，表面容易嵌存磨料，适用于制作研磨软钢类零件的研具。

四、平面研磨

1．研具类型

（1）通用研具

平面研磨通常都采用标准平板。粗研磨时，平板表面上可开槽（图 1—5—14a），可以避免过多的研磨剂浮在平板上，影响研磨效果。精研磨时则使用精密无槽平板（图 1—5—14b）。

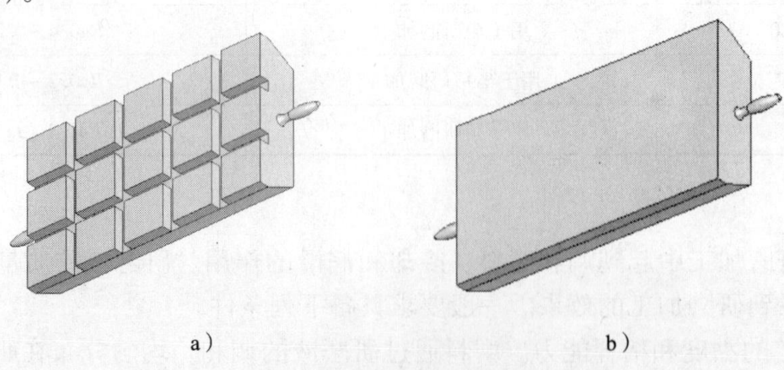

a）　　　　b）

图 1—5—14　研磨平板

a）粗研磨　b）精研磨

(2) 辅助工具

狭窄平面研磨时，为防止研磨平面产生倾斜或圆角，研磨时应利用靠块（图 1—5—15），保证研磨精度。如果研磨工件数量较多，可采用 C 形夹头（图 1—5—16），将几个工件夹在一起研磨，能有效防止工件倾斜。

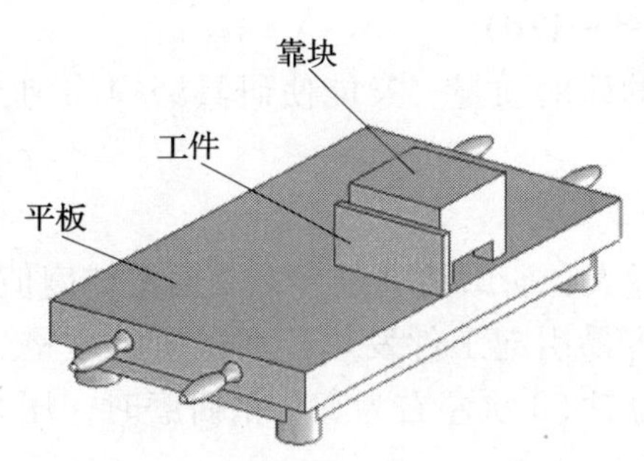

图 1—5—15 利用靠块研磨狭窄平面

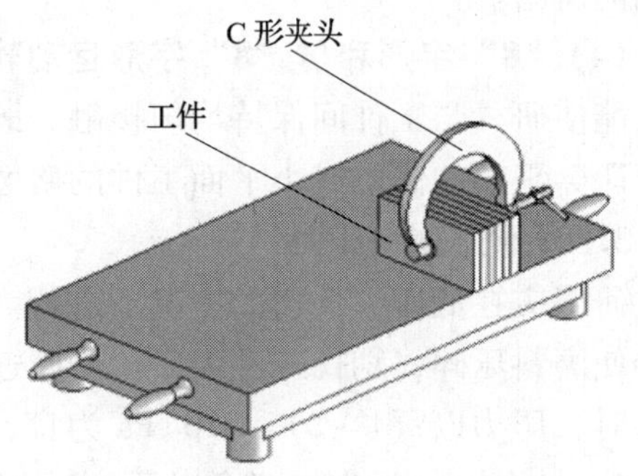

图 1—5—16 利用 C 形夹头研磨狭窄平面

2. 研磨的运动轨迹

为了使工件达到理想的研磨效果，并保持研具的磨损均匀，根据工件的不同形状，可采用以下研磨轨迹。

(1) 直线运动轨迹（图 1—5—17a）

直线运动轨迹可使工件表面研磨纹路平行，适用于狭长平面工件的研磨。

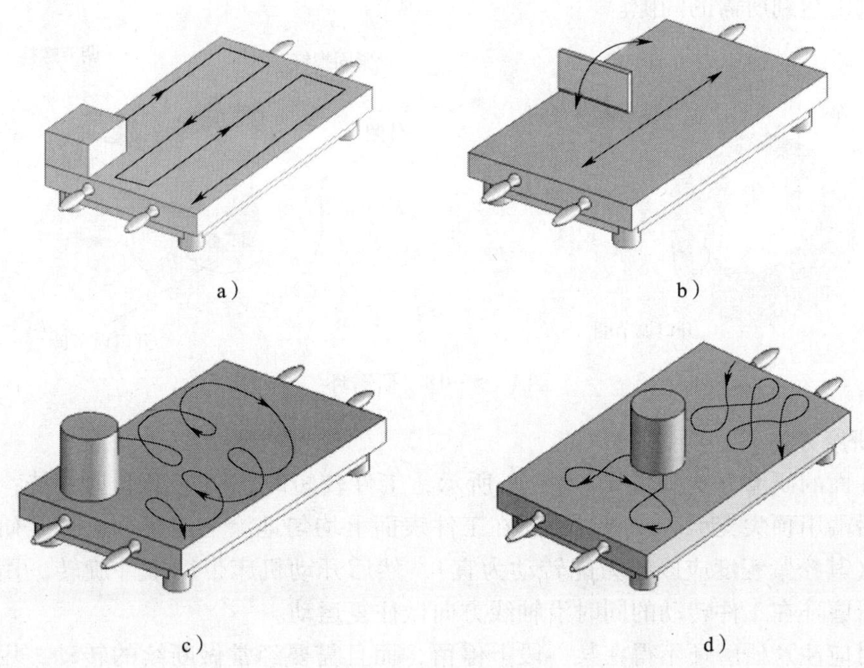

图 1—5—17 研磨的运动轨迹

a）直线运动轨迹 b）直线摆动运动轨迹 c）螺旋形运动轨迹 d）“8”字形和仿“8”字形运动轨迹

（2）直线摆动运动轨迹（图 1—5—17b）

工件在左右摆动的同时做直线往复运动，适用于平直的圆弧面工件的研磨。

（3）螺旋形运动轨迹（图 1—5—17c）

螺旋形研磨运动能使工件获得较高的平面度和很小的表面粗糙度值，适用于圆柱工件端面的研磨。

（4）“8”字形和仿“8”字形运动轨迹（图 1—5—17d）

能使研具与工件间保持均匀接触，既提高工件的研磨质量，又能使研具磨损均匀，常用于研磨平板的修整或小平面工件的研磨。

3. 研磨速度和压力

研磨应在低压、低速的情况下进行。研磨压力过大，研磨切削量大，表面粗糙度值大，还会使磨料压碎，划伤工件表面。研磨速度太快，容易引起工件发热，降低研磨质量。粗研磨时，压力以（1 ~2） $\times 10^5$ Pa 为宜，速度以每分钟 50 次左右为宜；精研磨时，压力以（1 ~5） $\times 10^4$ Pa 为宜，速度以每分钟 30 次左右为宜。

五、圆柱面研磨

1. 外圆柱面研磨

（1）研具类型

外圆柱面研磨时采用研磨环作为主要研具（图 1—5—18）。研磨环的内径应比工件的外径略大 0.025 ~0.05 mm，当研磨一段时间后，若研磨环内孔磨大，拧紧调节螺钉，可使孔径缩小，以达到所需的间隙。

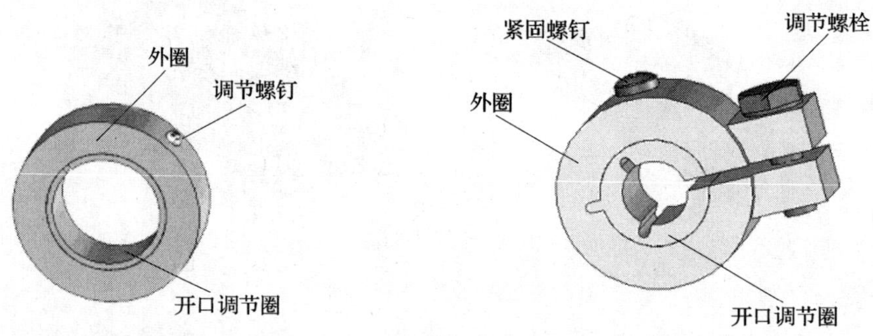

图 1—5—18　研磨环

（2）研磨方法

外圆柱面的研磨方法如图 1—5—19 所示，工件较短时，用三爪卡盘夹持；工件较长时，可在后端用顶尖支承。研磨时，先在工件表面上均匀地涂上研磨剂，套上研磨环并调整好间隙（其松紧程度应以用力能转动为宜），然后开动机床带动工件旋转。用手推动研磨环，使研磨环在工件转动的同时沿轴线方向做往复运动。

研磨时应注意研磨环不得在某一段上停留，而且需要经常做断续的转动，用以消除因重力作用可能造成的椭圆。

工件的旋转速度应根据工件的直径来控制，当直径小于 80 mm 时，机床转速约为 100 r/min；当直径大于 100 mm 时，转速约为 50 r/min。

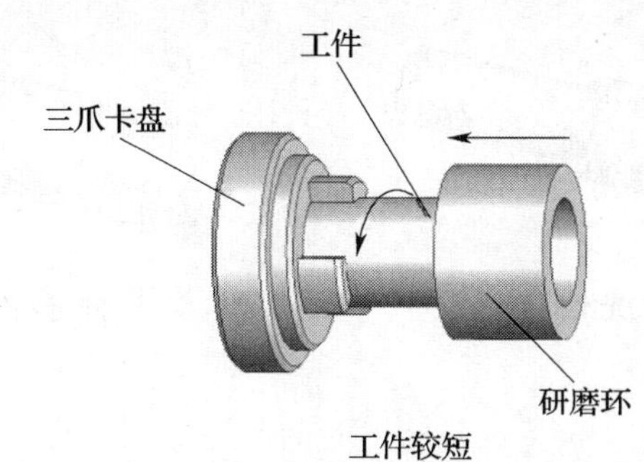

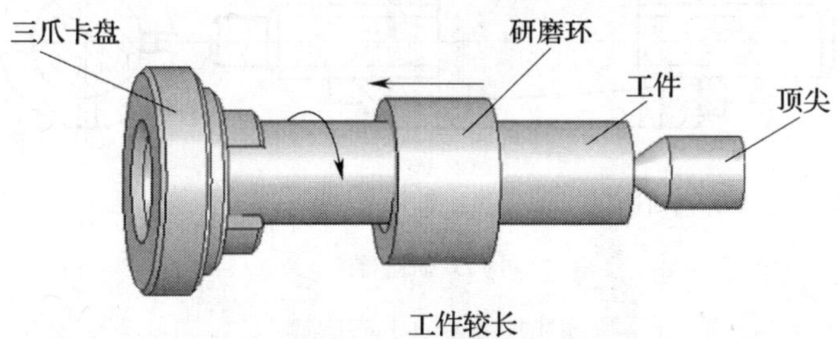

图 1—5—19　外圆柱面的研磨方法

研磨环在工件上的往复移动速度根据工件表面出现的网纹来控制（图 1—5—20）。研磨环的移动速度不论太慢或太快，都会影响工件的精度和表面粗糙度。

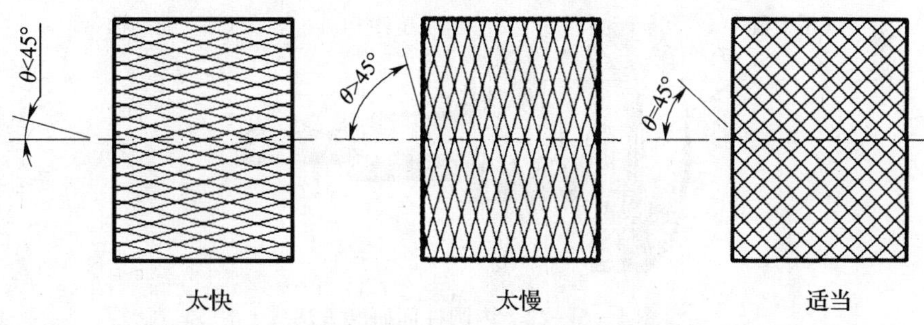

图 1—5—20　外圆柱面研磨时的网纹

2. 内圆柱面研磨

（1）研具类型

内圆柱面研磨时采用的研具主要是研磨棒，根据其结构的不同，常用研磨棒主要分为固定式和可调式两种（图 1—5—21）。

固定式研磨棒制造容易，但磨损后无法补偿，多用于单件研磨或机修中。对工件上某一尺寸孔径的研磨，需要两三个预先做好的粗、半精、精加工研磨棒来完成。带槽的研磨棒用于粗研磨，光滑的研磨棒用于精研磨。可调式研磨棒因为能在一定的尺寸范围内进行调节，适用于成批生产，其使用寿命较长，应用较广泛。

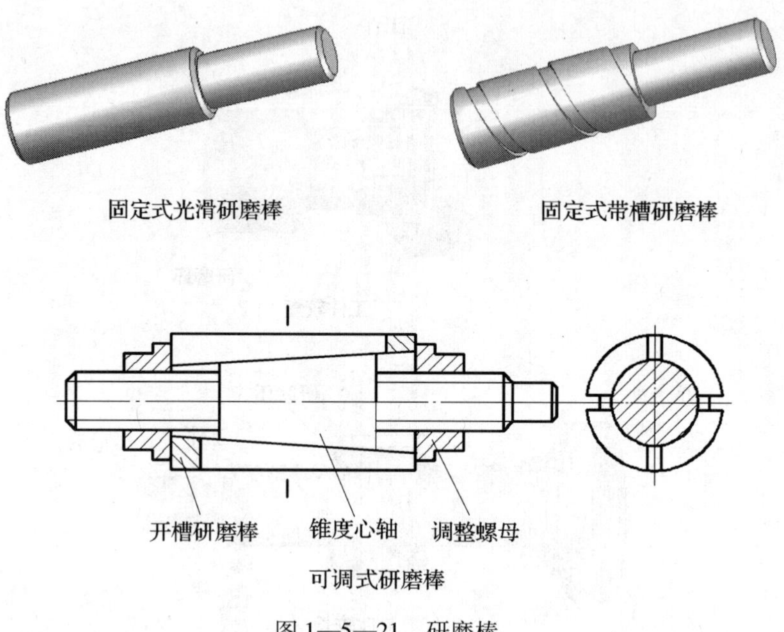

图 1—5—21　研磨棒

（2）研磨方法

研磨内圆柱面与研磨外圆柱面的方法基本相同，只是将研磨棒夹持在三爪卡盘上，然后将工件的圆柱孔套在研磨棒上进行研磨（图 1—5—22）。

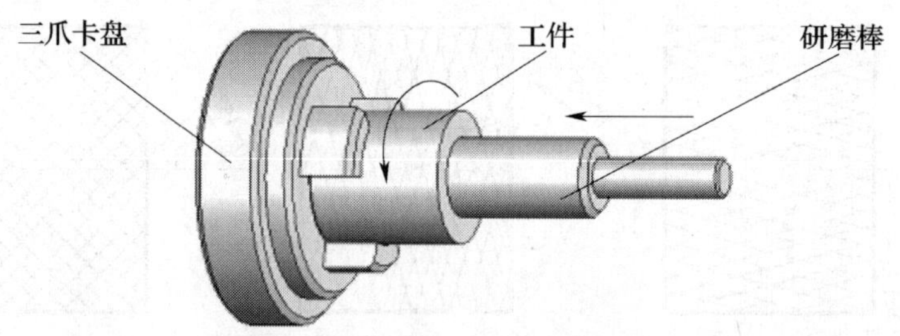

图 1—5—22　内圆柱面研磨方法

研磨时，研磨棒与工件内孔配合应适当，配合太紧，容易将孔表面拉毛；配合太松，孔会被研磨成椭圆形。采用固定式研磨棒时，研磨棒外径应比工件内孔直径小 0.01 ~ 0.025 mm；采用可调式研磨棒时，配合松紧程度一般以手推研磨棒时不十分费力为宜。

研磨时，如果工件两端孔口有过多的研磨剂被挤出，应及时擦去，否则会使孔口扩大，变成喇叭口形状。研磨棒的工作长度应大于工件内孔的长度，一般是工件内孔长度的 1.5 ~ 2 倍，太长会影响研磨精度。

六、技能操作

1. 研磨零件样图（图 1—5—23）

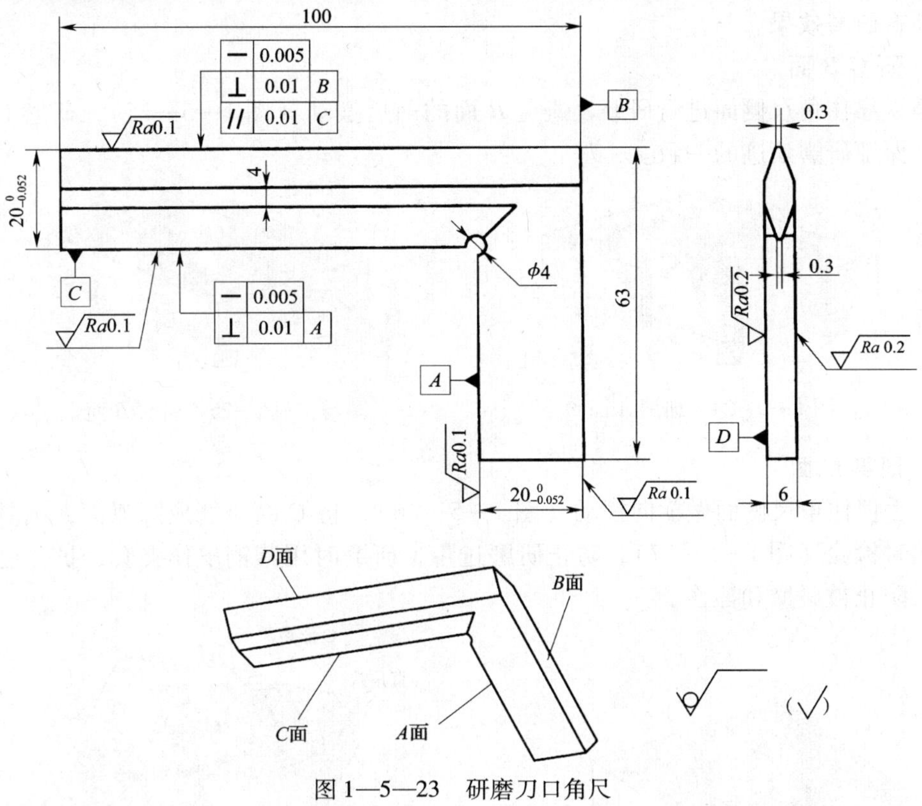

图 1—5—23　研磨刀口角尺

技术要求：

（1）*A* 面与 *B* 面、*C* 面与 *D* 面应相互平行，其平行度误差要求小于 0.02 mm。

（2）*A* 面与 *B* 面的平面度误差要求在 0.005 mm 以内。

2. 操作准备（表 1—5—8）

表 1—5—8　操作准备

实习工件（工具）名称	材料	材料来源	件数	工时（h）
W20～W10 研磨粉		备料	若干	10
W5（W7）研磨粉		备料	若干	
研磨平板		备料	1	
靠铁		备料	1	
紫铜皮		备料	1	
测量角铁		备料	1	
杠杆百分表		备料	1	
检验直角尺		备料	1	
标准平尺		备料	1	
灯箱		备料	1	
荧光灯		备料	1	
63 mm×100 mm 刀口角尺毛坯件	Q235	备料	1	

3. 操作步骤

(1) 研磨 *A* 面

用靠铁靠住角尺的侧面，平稳地推动角尺做纵向移动（图 1—5—24），研磨时要随时观察和检查研磨效果。

(2) 研磨 *B* 面

用靠铁靠住角尺侧面进行研磨，避免 *B* 面的前后摆动（图 1—5—25），研磨时采用横向研磨，保证研磨痕迹的一致。

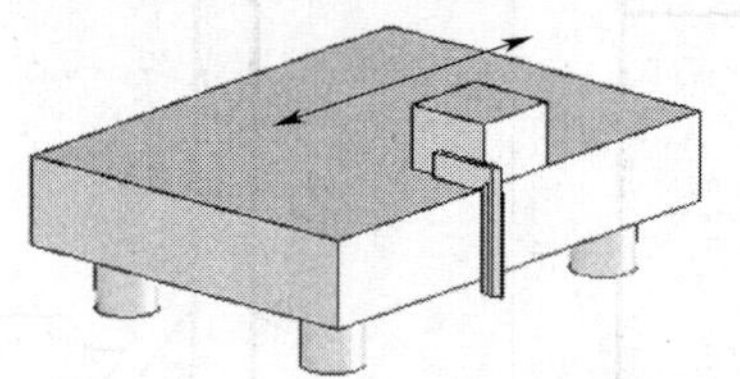

图 1—5—24 研磨 *A* 面

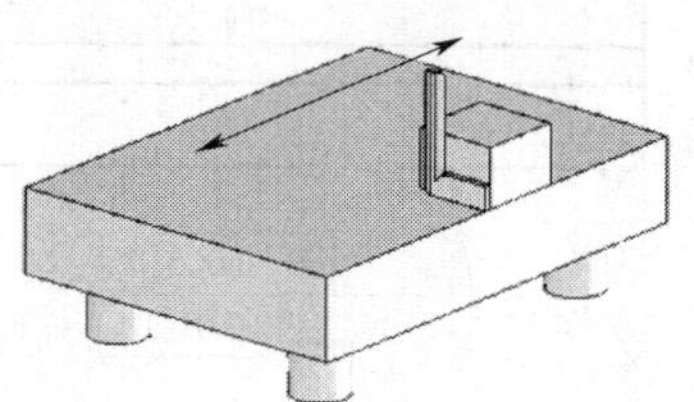

图 1—5—25 研磨 *B* 面

(3) 研磨 *C* 面

用双手捏住角尺侧面做横向摆动（图 1—5—26），将 *C* 面研磨成圆弧面，因其研磨量少，应随时检验（图 1—5—27），防止研磨过量，研磨时用紫铜皮作夹套，护住已研磨好的 *A* 面，防止被碰撞和擦伤。

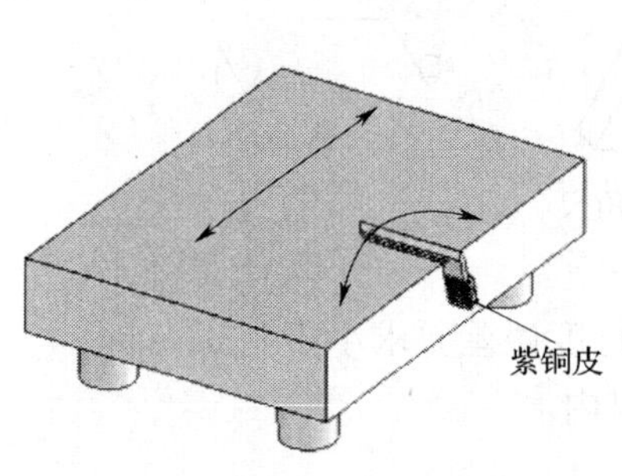

图 1—5—26 研磨 *C* 面

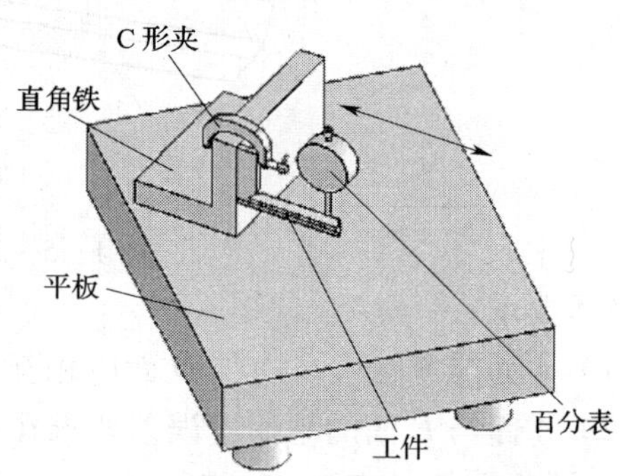

图 1—5—27 *C* 面精度检验

(4) 研磨 *D* 面

用双手捏住角尺侧面使 *D* 面做横向摆动（图 1—5—28），研磨要求与 *C* 面相同，精度检查如图 1—5—29 所示。

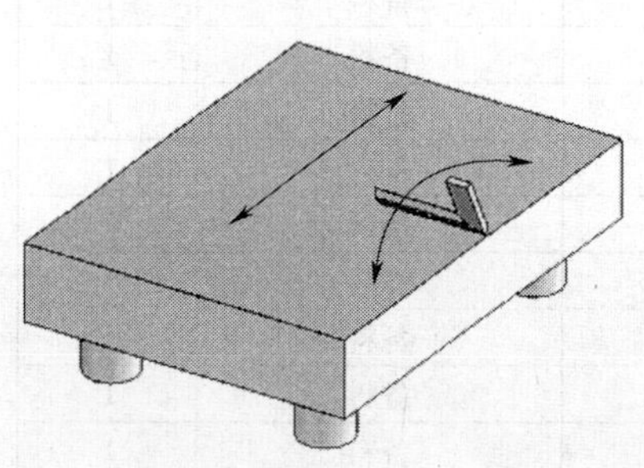

图 1—5—28 研磨 *D* 面

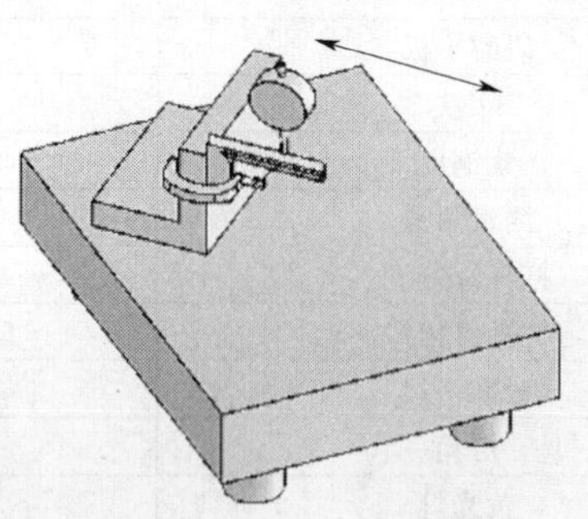

图 1—5—29 *D* 面精度检验

4. 注意事项

（1）工件研磨过程中，用力要均匀，压力要适中，研磨量要均匀。

（2）因工件直角边一端重量大于另一端，所以工作压力应小于另一端，使工件保持平衡，保证研磨表面能均匀地进行研磨加工。

（3）研磨时，应注意工件的研磨轨迹，保证工件的研磨痕迹正确。

（4）工件研磨时，应避免在平板的某处长时间研磨，导致平板局部磨损过大，误差不均匀。

（5）研磨时，应经常注意精度的检验，避免研磨误差过大。

5. 练习记录及成绩评定（表 1—5—9）

表 1—5—9　　练习记录及成绩评定

序号	技术要求	配分	检测结果		得分
			学生自测	教师检测	
1	$(20^{\ 0}_{-0.052})$ mm	8 分 ×2			
2	*A*、*B* 面平面度 0.005 mm	8 分 ×2			
3	刀口面直线度 0.005 mm	8 分 ×2			
4	外直角垂直度 0.01 mm	10 分			
5	内直角垂直度 0.01 mm	10 分			
6	测量面表面粗糙度 *Ra*0.1 μm	5 分 ×4			
7	大平面表面粗糙度 *Ra*0.1 μm	6 分 ×2			
8	安全文明生产	酌扣			
9	备注				

课题 6　综合技能训练

子课题 1　制作錾口锤子

一、教学要求

（1）掌握锉腰孔及连接内外圆弧面的方法，达到连接圆滑、位置及尺寸正确的要求。

（2）提高推锉技能，达到纹理齐正、表面光洁。

（3）通过复合作业，要求掌握已学的基本技能并达到能进行一般的手工工具制作，同时对工件各形面的加工步骤、使用工具及有关基准、测量方法的确定等方面能达到基本的掌握。

二、零件实训样图（图 1—6—1）

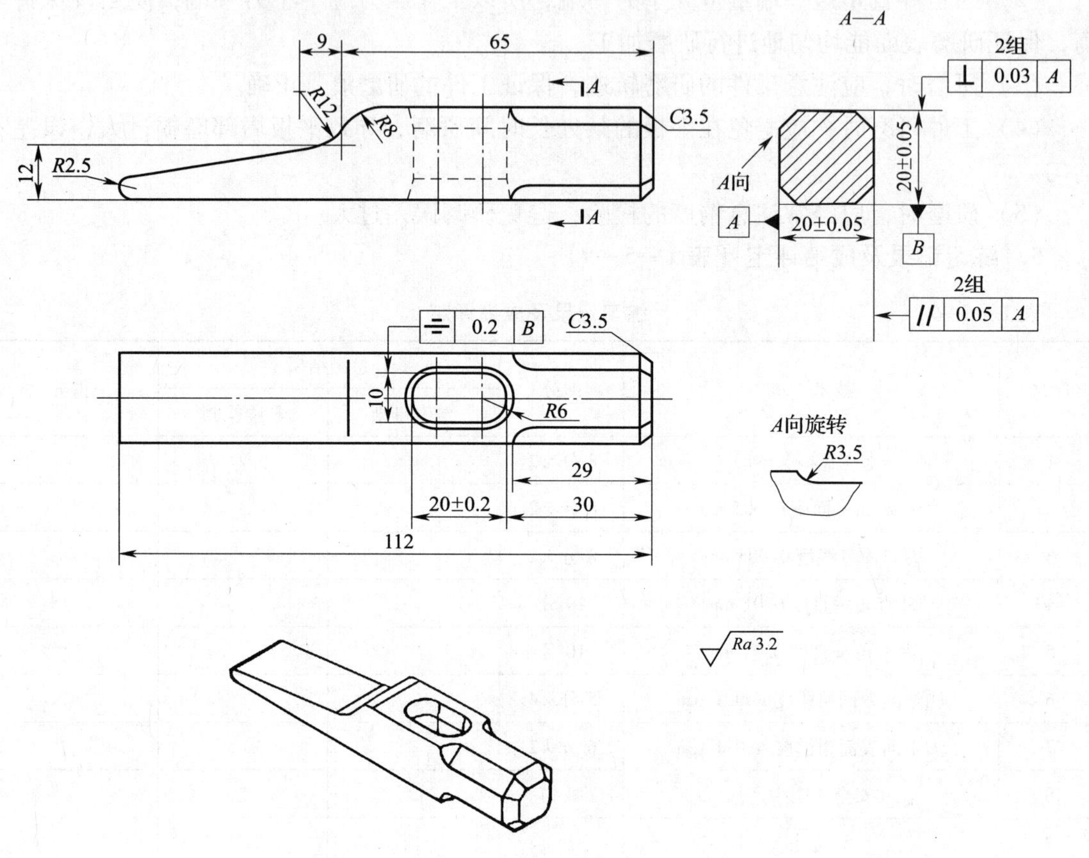

图 1—6—1　錾口锤子

三、操作准备（表 1—6—1）

表 1—6—1　　操作准备

实习工件（工具、量具）名称	材料（规格）	材料来源	件数	工时（h）
圆钢 ϕ30 mm × 120 mm	45 钢	备料	1	16
手用锯弓			1	
手用锯条（中齿）			若干	
板锉			若干	
钢丝刷			1	
刀口直角尺			1	

续表

实习工件（工具、量具）名称	材料（规格）	材料来源	件数	工时（h）
0 ~ 150 mm 游标卡尺			1	16
300 mm 高度划线尺			1	
ϕ4 mm、ϕ6 mm、ϕ12 mm 麻花钻			若干	
乳化液			适量	

四、操作步骤

（1）检查来料尺寸。

（2）按图样要求锉准 20 mm × 20 mm 长方体。

（3）以长面为基准锉一端面，达到基本垂直，表面粗糙度 $Ra \leqslant 3.2$ μm。

（4）以一长面及端面为基准，用錾口锤子样板划出形体加工线（两面同时划出），并按图样尺寸划出 4 × C3.5 mm 倒角加工线。

（5）锉 4 × C3.5 mm 倒角，直至达到要求。方法为先用圆锉粗锉出 R3.5 mm 圆弧，然后分别用粗、细板锉粗锉、细锉倒角，再用圆锉细加工 R3.5 mm 圆弧，最后用推锉法修整，并用砂布打光。

（6）按图划出腰孔加工线及钻孔检查线，并用 ϕ9.7 mm 钻头钻孔。

（7）用圆锉锉通两孔，然后用掏锉按图样要求锉好腰孔。

（8）按划线在 R12 mm 处钻 ϕ5 mm 孔，然后用手锯按加工线锯去多余部分（放锉削余量）。

（9）用半圆锉按线粗锉 R12 mm 内圆弧面，用板锉粗锉斜面与 R8 mm 圆弧面至划线线条。然后用细板锉细锉斜面，用半圆锉细锉 R12 mm 内圆弧面，再用细板锉细锉R8 mm 外圆弧面。最后用细板锉及半圆锉做推锉修整，达到各型面连接圆滑、光洁、纹理齐整。

（10）锉 R2.5 mm 圆头，并保证工件总长 112 mm。

（11）八角端部棱边倒角 C3.5 mm。

（12）用砂布将各加工面全部打光，交件待验。

（13）待工件检验后，再将腰孔各面倒出 1 mm 弧形喇叭口，20 mm 端面锉成略凸弧面，然后将工件两端热处理淬硬。

五、注意事项

（1）用 ϕ9.7 mm 钻头钻孔时，要求钻孔位置正确，钻孔孔径没有明显扩大，以免造成加工余量不足，影响腰孔的正确加工。

（2）锉削腰孔时，应先锉两侧平面，后锉两端圆弧面。在锉平面时要注意控制好锉刀的横向移动，防止锉坏两端孔面。

（3）加工四角 $R3.5$ mm 凹圆弧时，横向锉要锉准、锉光，然后推光就容易，且圆弧尖角处也不易塌角。

（4）在加工 $R12$ mm 与 $R8$ mm 内、外圆弧面时，横向必须平直，并与侧平面垂直，才能使弧面连接正确，外形美观。

六、练习记录及成绩评定（表 1—6—2）

表 1—6—2　　练习记录及成绩评定

<table>
<tr><th>项次</th><th>项目与技术要求</th><th colspan="4">实测记录</th><th>单次配分</th><th>得分</th></tr>
<tr><td>1</td><td>尺寸要求（20 ±0.05）mm（2 处）</td><td colspan="2"></td><td colspan="2"></td><td>4</td><td></td></tr>
<tr><td>2</td><td>平行度 0.05 mm（2 处）</td><td colspan="2"></td><td colspan="2"></td><td>3</td><td></td></tr>
<tr><td>3</td><td>垂直度 0.03 mm（4 处）</td><td></td><td></td><td></td><td></td><td>3</td><td></td></tr>
<tr><td>4</td><td>C3.5 mm 倒角尺寸正确（4 处）</td><td></td><td></td><td></td><td></td><td>3</td><td></td></tr>
<tr><td>5</td><td>R3.5 mm 内圆弧连接圆滑，尖端无塌角（4 处）</td><td></td><td></td><td></td><td></td><td>3</td><td></td></tr>
<tr><td>6</td><td>R12 mm 与 R8 mm 圆弧面连接圆滑</td><td colspan="4"></td><td>14</td><td></td></tr>
<tr><td>7</td><td>舌部斜面平直度 0.03 mm</td><td colspan="4"></td><td>10</td><td></td></tr>
<tr><td>8</td><td>腰孔长度要求（20 ±0.2）mm</td><td colspan="4"></td><td>10</td><td></td></tr>
<tr><td>9</td><td>腰形孔对称度 0.2 mm</td><td colspan="4"></td><td>8</td><td></td></tr>
<tr><td>10</td><td>R2.5 mm 圆弧面圆滑</td><td colspan="4"></td><td>8</td><td></td></tr>
<tr><td>11</td><td>倒角均匀、各棱线清晰</td><td colspan="4"></td><td colspan="2">每一棱线不合要求扣 1 分</td></tr>
<tr><td>12</td><td>表面粗糙度 Ra≤3.2 μm，纹理整齐</td><td colspan="4"></td><td colspan="2">每一面不合要求扣 1 分</td></tr>
<tr><td>13</td><td>文明生产与安全生产</td><td colspan="4"></td><td colspan="2">违者每次扣 2 分</td></tr>
<tr><td rowspan="3">14</td><td rowspan="3">时间定额 16 h</td><td colspan="2">开始时间</td><td colspan="2"></td><td colspan="2" rowspan="3">每超额 1 h 扣 5 分</td></tr>
<tr><td colspan="2">结束时间</td><td colspan="2"></td></tr>
<tr><td colspan="2">实际工时</td><td colspan="2"></td></tr>
</table>

子课题 2　制作刀口直角尺

一、教学要求

（1）掌握直角尺的加工工艺。

（2）熟练掌握推锉技术。

二、零件实训样图（图 1—6—2）

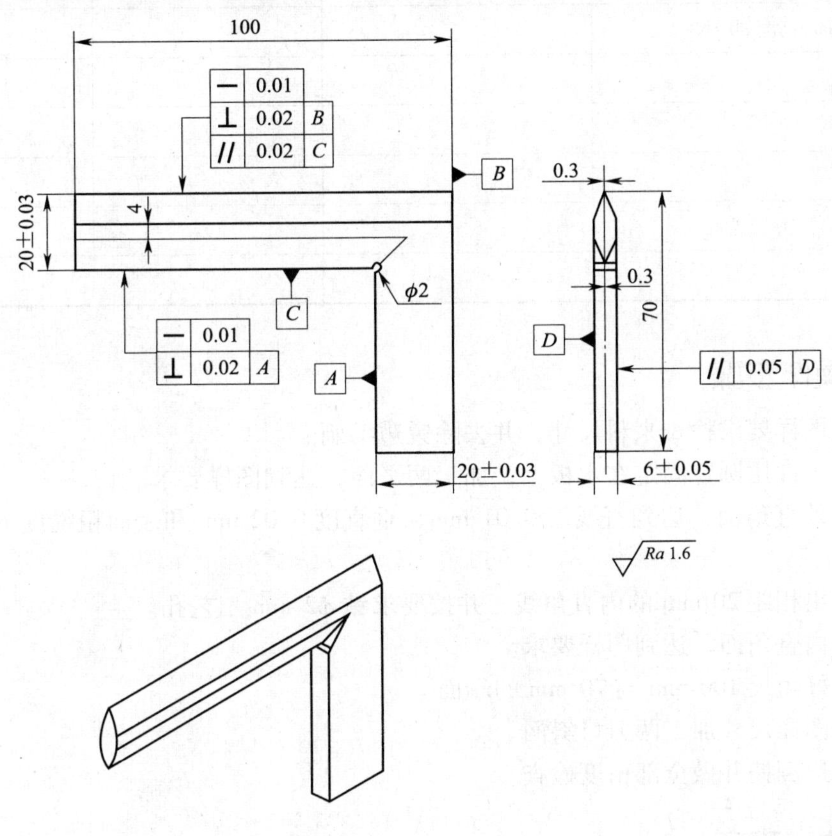

图 1—6—2　刀口直角尺

三、操作准备（表 1—6—3）

表 1—6—3　　操作准备

实习工件（工具、量具）名称	材料（规格）	材料来源	件数	工时（h）
板料 75 mm×110 mm×6 mm	45 钢	备料	1	
手用锯弓			1	
手用锯条（中齿）			若干	
板锉			若干	14
钢丝刷			1	
刀口直角尺			1	
0～150 mm 游标卡尺			1	

续表

实习工件 （工具、量具）名称	材料（规格）	材料来源	件数	工时（h）
300 mm 高度划线尺			1	14

四、操作步骤

（1）按图样要求检查来料尺寸，并去除锐边毛刺。

（2）将工件用圆钉固定在木板上，加工两平面，达到图样要求。

（3）锉外直角面，达到直线度 0.01 mm、垂直度 0.02 mm 和表面粗糙度 $Ra \leqslant 1.6$ μm 的要求。

（4）划出相距 20 mm 的内直角线，并按要求钻 $\phi 2$ mm 工艺孔。

（5）锉内直角面，达到图样要求。

（6）锉好角尺 100 mm 与 70 mm 的端面。

（7）按图样尺寸加工两刀口斜面。

（8）锐边倒棱并做全部精度检查。

五、注意事项

（1）在锉两平面时，锉纹要一致，锉尺座时要特别注意将面锉平。

（2）锉刀口斜面必须在平面加工达到要求后进行，并要注意不能碰坏垂直面，造成角度不准。

（3）直角尺是以短面为基准测量直角的，但在加工时应先加工长直角面，然后以此面为基准来加工短面至达到 90°角，而最后检查垂直度仍应以短直角面为测量基准。

（4）因本角尺各测量面最后还需进行研磨加工，使表面粗糙度达到 $Ra \leqslant 0.1$ μm 的要求，故在加工后，必须保证各测量面不应有可见的锉削纹路。

子课题 3　加工半燕尾块

一、教学要求

（1）初步掌握角度锉配和误差的检查方法，了解影响锉配精度的因素。

（2）掌握具有对称度要求的配合件的划线和工艺保证方法。

（3）掌握角度样板工件的检验方法及误差修正方法。

二、相关工艺知识

用锉加工方法，使两个互配零件达到规定的配合要求，这种加工称为锉配，通常称为镶嵌。

1．锉配方法

（1）锉配时由于外表面比内表面容易加工和测量，易于达到较高精度，故应先加工凸件，然后锉配凹件。

（2）内表面加工时，为了便于控制，一般应选择有关外表面作为测量基准，因此外基准面加工必须达到较高的精度要求，才能保证规定的锉配精度。

（3）锉配角度样板工作时，可锉制一副内、外角度检查样板（图 1—6—3），作加工时测量角度用。

（4）在做配合修锉时，可通过透光法和涂色显示法来确定其修锉部位和余量，逐步达到正确的配合要求。

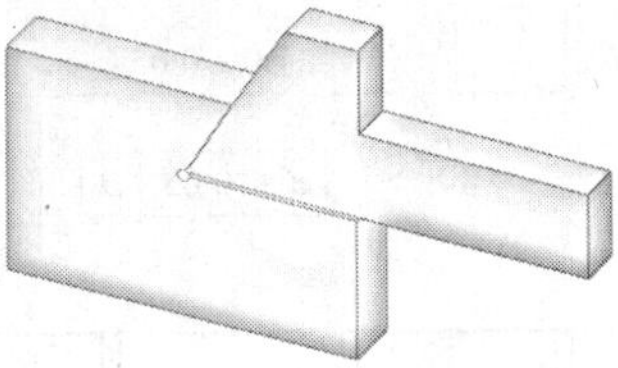

图 1—6—3　内、外角度检查样板

2．角度样板的尺寸测量

角度样板斜面锉削时的尺寸测量一般都采用间接的测量法（图 1—6—4），其测量尺寸 M 与样板尺寸 B、圆柱直径 d 之间有如下关系：

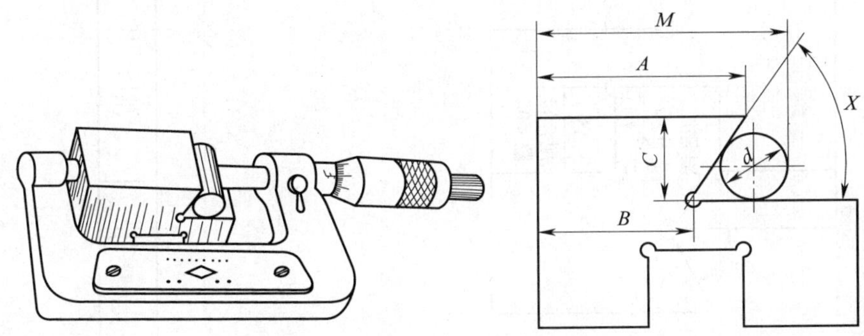

图 1—6—4　角度样板边角尺寸的测量

$$M = B + \frac{d}{2}\cot\frac{\alpha}{2} + \frac{d}{2}$$

式中　M——测量读数值，mm；

B——样板斜面与槽底的交点至侧面的距离，mm；

d——圆柱量棒的直径尺寸，mm；

α—斜面的角度值。

当要求尺寸为 A 时，则可按下式进行换算。

即

$$B = A - \frac{C}{\tan\alpha}$$

式中　A——斜面与槽口平面的交点（边角）至侧面的距离，mm；

C——深度尺寸，mm。

三、零件实训样图（图 1—6—5）

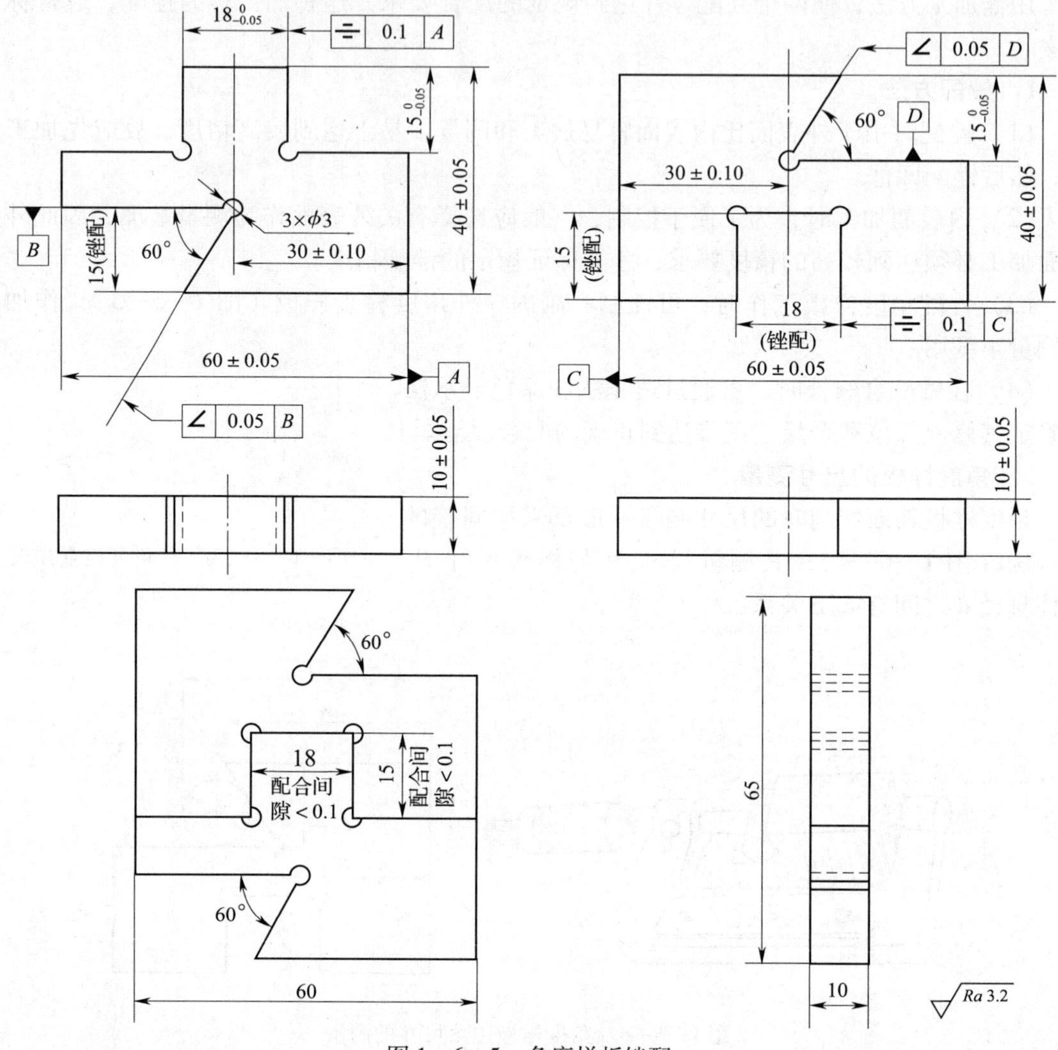

图 1—6—5　角度样板锉配

四、操作准备（表 1—6—4）

表 1—6—4　　操作准备

实习工件（工具、量具）名称	材料（规格）	材料来源	件数	工时（h）
板料 45 mm × 65 mm × 10 mm	35 钢	备料	2	12
手用锯弓			1	
手用锯条（中齿）			若干	
板锉			若干	
钢丝刷			1	

续表

实习工件 （工具、量具）名称	材料（规格）	材料来源	件数	工时（h）
刀口直角尺			1	12
0～150 mm 游标卡尺			1	
300 mm 高度划线尺			1	
ϕ3 mm 麻花钻			若干	

五、操作步骤

（1）按图样划外形加工线，锉件 1 和件 2 至达到尺寸（40 ±0.05）mm、（60 ±0.05）mm 和垂直度要求。

（2）划件 1 和件 2 全部加工线，并钻 3 ×ϕ3 mm 工艺孔。

（3）加工件 1 凸形面，按划线垂直锯去一角余料，粗、精锉两垂直面。根据 40 mm 的实际尺寸，通过控制 25 mm 的尺寸误差值（本处应控制在 40 mm 的实际尺寸减去 $15_{-0.05}^{0}$ mm 的范围内），从而保证 $15_{-0.05}^{0}$ mm 的尺寸要求；通过控制 39 mm 的尺寸误差值（本处应控制在 1/2 × 60 mm 的实际尺寸加 $9_{-0.050}^{+0.025}$ mm 的范围内），从而在取得尺寸 $18_{-0.05}^{0}$ mm 的同时，又能保证其对称度误差在 0.1 mm 内。

按划线锯去另一侧垂直角余料，用上述方法控制尺寸 $15_{-0.05}^{0}$ mm，直接测量 $18_{-0.05}^{0}$ mm 尺寸。

（4）加工件 2。尺寸 18 mm 处达到对称度要求，并用件 1 凸形面锉削，达到配合间隙小于 0.1 mm 及凹凸对称度 0.1 mm 的要求。然后按划线锯去 60°角余料，锉加工并按前述方法控制 25 mm 的尺寸误差，来达到 $15_{-0.05}^{0}$ mm 的尺寸要求。再用 60°角度样板检验 60°角，并用 0.05 mm 塞尺检查不得塞入，达到配合间隙小于 0.05 mm 的要求。最后用圆柱间接测量，按前述公式求出测量的规定读数来控制（30 ±0.1）mm 的尺寸要求。

（5）再加工件 1。按划线锯去 60°角余料，按件 2 锉配，达到角度配合间隙不大于 0.1 mm，同时用圆柱间接测量，来控制（30 ±0.1）mm 的尺寸要求。

（6）全部锐边倒钝，检查精度。

六、注意事项

（1）因采用间接测量来达到尺寸要求，故必须进行正确换算和测量，才能达到所要求的精度。

（2）在整个加工过程中，加工面都较狭窄，但一定要锉平和保证与大平面的垂直，才能达到配合精度。

(3) 凸形面加工时，为了保证对称度精度，只能先去掉一端角料，待加工至规定要求后才能去掉另一端角料。同样只许在凸形面加工结束后才能去掉60°角余料，完成角度锉加工，以便于加工时测量控制。

(4) 在锉配凹形面时，必须先锉一凹形侧面，根据60 mm处的实际尺寸，通过控制21 mm的尺寸误差值（本处为1/2 ×60 mm的实际尺寸减凸形面1/2 ×18 mm的实际尺寸加1/2间隙值），来达到配合后的对称度要求。

(5) 凹凸件锉配时，应按已加工好的凸形面先锉配凹形两侧面，后锉凹形端面。在锉配时一般不再加工凸形面，否则会使其失去精度而无基准，导致锉配难以进行。

七、练习记录及成绩评定（表1—6—5）

表1—6—5　　练习记录及成绩评定

<table>
<tr><th>项次</th><th>项目与技术要求</th><th colspan="2">实测记录</th><th>配分</th><th>得分</th></tr>
<tr><td>1</td><td>(40 ±0.05) mm（2处）</td><td colspan="2"></td><td>4 ×2</td><td></td></tr>
<tr><td>2</td><td>(60 ±0.05) mm（2处）</td><td colspan="2"></td><td>4 ×2</td><td></td></tr>
<tr><td>3</td><td>$15_{-0.05}^{\ 0}$ mm（2处）</td><td colspan="2"></td><td>4 ×2</td><td></td></tr>
<tr><td>4</td><td>$18_{-0.05}^{\ 0}$ mm</td><td colspan="2"></td><td>3</td><td></td></tr>
<tr><td>5</td><td>(30 ±0.1) mm（2处）</td><td colspan="2"></td><td>3 ×2</td><td></td></tr>
<tr><td>6</td><td>凹凸配合间隙 <0.1 mm（5面）</td><td colspan="2"></td><td>5 ×5</td><td></td></tr>
<tr><td>7</td><td>60°角配合间隙 <0.1 mm（2组）</td><td colspan="2"></td><td>5 ×2</td><td></td></tr>
<tr><td>8</td><td>60°角倾斜度0.05 mm（2组）</td><td colspan="2"></td><td>3 ×2</td><td></td></tr>
<tr><td>9</td><td>凹凸配合后对称度0.1 mm</td><td colspan="2"></td><td>10</td><td></td></tr>
<tr><td>10</td><td>表面粗糙度 $Ra \leqslant 3.2$ μm（20面）</td><td colspan="2"></td><td>0.5 ×20</td><td></td></tr>
<tr><td>11</td><td>$\phi 3$ mm工艺孔位置正确（6个）</td><td colspan="2"></td><td>1 ×6</td><td></td></tr>
<tr><td>12</td><td>文明生产与安全生产</td><td colspan="2"></td><td colspan="2">违者每次扣5分</td></tr>
<tr><td rowspan="3">13</td><td rowspan="3">时间定额12 h</td><td>开始时间</td><td></td><td colspan="2" rowspan="3">每超30 min扣5分</td></tr>
<tr><td>结束时间</td><td></td></tr>
<tr><td>实际工时</td><td></td></tr>
</table>

子课题4　锉配凹凸体

一、教学要求

(1) 掌握具有对称度要求的工件划线。

(2) 正确使用和保养千分尺。

(3) 初步掌握具有对称度要求的工件加工和测量方法。

（4）熟练掌握挫、锯、钻的技能，并达到一定的加工精度要求，为挫配打下必要的基础。

二、相关工艺知识

1. 对称度概念

（1）对称度误差是指被测表面的对称平面与基准表面的对称平面间的最大偏移距离 Δ，如图 1—6—6 所示。

（2）对称度公差带是指相对基准中心平面对称配置的两个平行平面之间的区域，两平行面距离即为公差值，如图1—6—7所示。

图 1—6—6　对称度误差　　图 1—6—7　对称度公差带

2. 对称度的测量

（1）千分尺的识读

千分尺（又称分厘卡）以螺杆为运动零件进行长度测量。千分尺螺杆螺距为 0. 5 mm，当活动套管转一周时，螺杆就推进 0. 5 mm。固定套管（主尺）上每格 0. 5 mm，活动套管圆锥周上共刻50 格，因此当活动套管转一格时，轴杆就移动 $0.5 \div 50 = 0.01$ mm。

一般测量平面间的尺寸时，应在工件四角和中间（图 1—6—8）共测五点。读取工件的测量尺寸，要先看清内套筒露出的数值（毫米或半毫米）是多少，然后再看外套管的刻线和内套筒的横刻线所对齐的数值，最后将两个数值相加就是千分尺对工件的测量值。如图 1—6—9 所示读数为 $0.5 + 0.01 = 0.51$ mm 和 $4 + 0.20 = 4.20$ mm。

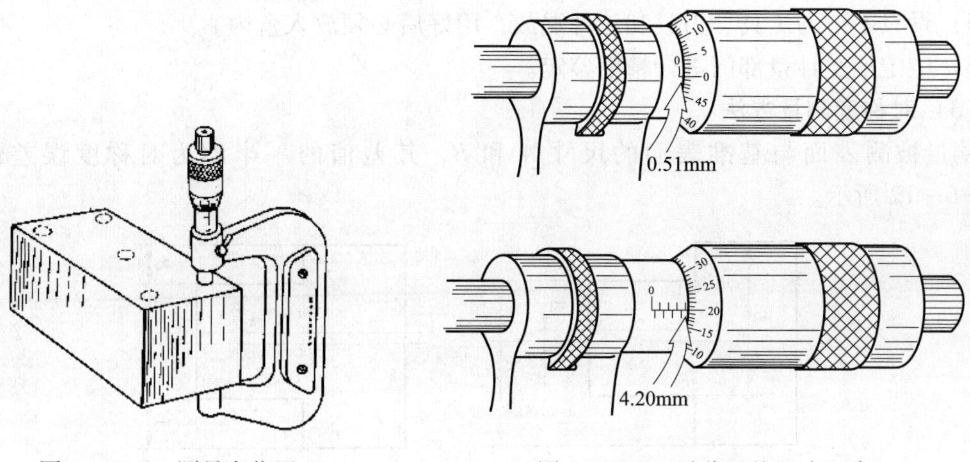

图 1—6—8　测量点位置　　图 1—6—9　千分尺的尺寸识读

(2) 千分尺的使用和保养

1）测量前应检查零位（图 1—6—10）的准确性。

2）测量时，千分尺的测量面和零件的被测表面应擦拭干净，以保证测量准确。

3）可单手或双手握持千分尺对工件进行测量（图 1—6—11），单手握测时旋转力要适当，一般应先转动活动套筒，当测量面刚接触工件表面时再改用棘轮，以控制一定的测量力，这样才能得到正确的读数。

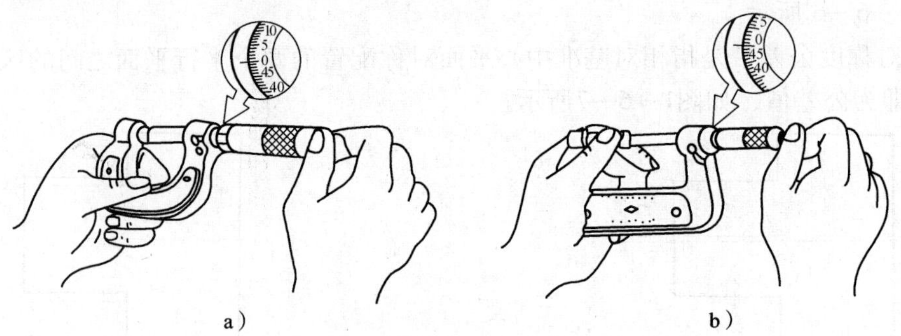

图 1—6—10 千分尺的零位检查

a）0 ~ 25 mm 千分尺的检查 b）25 ~ 50 mm 或更大尺寸千分尺的检查

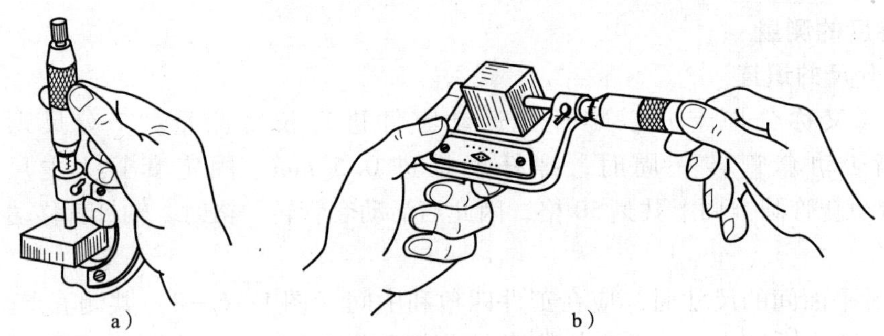

图 1—6—11 千分尺的使用方法

a）单手握持测量 b）双手握持测量

4）千分尺用毕后应揩净，并将测量面涂油防锈。

5）量具不可与工具、刀具和工件混放，用好后必须放入盒内。

6）应定期送计量部门进行精度鉴定。

(3) 对称度测量方法

测量被测表面与基准表面的尺寸 A 和 B，其差值的一半即为对称度误差值，如图 1—6—12 所示。

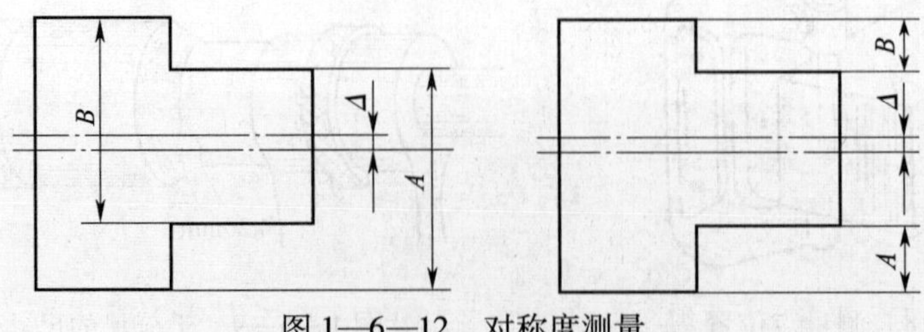

图 1—6—12 对称度测量

(4) 对称形体工件的划线

对于平面对称工件的划线，应在形成对称中心平面的两个基准面精加工后进行。划线基准与这两个基准面重合，划线尺寸则按两个对称基准平面间的实际尺寸及对称要素的要求尺寸计算得出。

(5) 对称度误差对转位互换精度的影响

如图1—6—13所示如下。当凹、凸件的对称度误差都为0.05 mm，且在一个同方向位置配合达到间隙要求后，得到两侧面平齐，而转位180°做配合，就会产生两基准面偏位误差，其总值为0.10 mm。

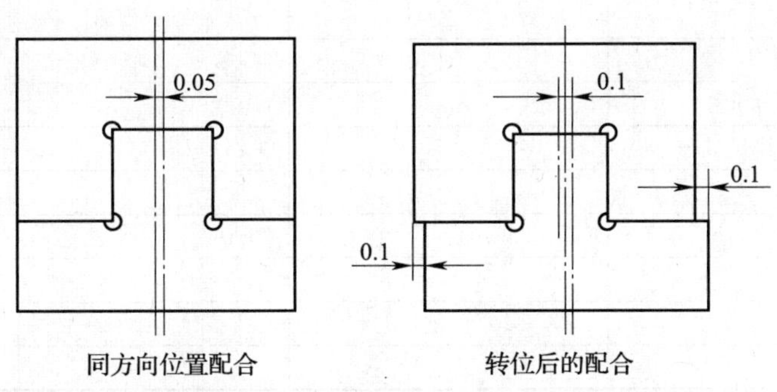

图1—6—13 对称度误差对转位的精度影响

三、零件实训样图（图1—6—14）

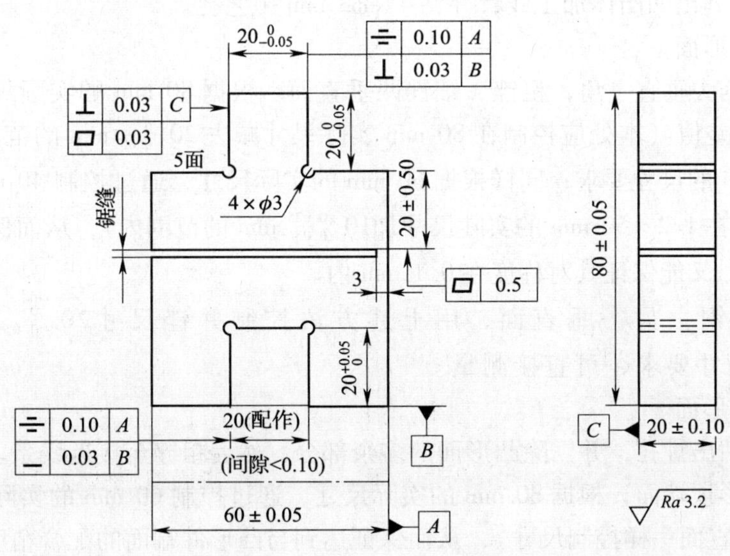

图1—6—14 锉凹、凸件

四、操作准备（表1—6—6）

表1—6—6　　　　操作准备

实习工件（工具、量具）名称	材料（规格）	材料来源	件数	工时（h）
板料65 mm×85 mm×10 mm	HT150	备料	1	
手用锯弓			1	
手用锯条（中齿）			若干	
板锉			若干	
钢丝刷			1	
刀口直角尺			1	
0～150 mm游标卡尺			1	18
300 mm高度划线尺		1		

五、操作步骤

（1）按图样要求锉削好外廓基准面，达到尺寸（60±0.05）mm、（80±0.05）mm及垂直度和平行度要求。

（2）按要求划出凹凸体加工线，并钻4×ϕ3 mm工艺孔。

（3）加工凸形面

1）按划线锯去垂直一角，粗锉、细锉两垂直面。根据80 mm的实际尺寸，通过控制60 mm的尺寸误差值（本处应控制在80 mm实际尺寸减去$20_{-0.05}^{0}$ mm的范围内），从而保证达到$20_{-0.05}^{0}$mm的尺寸要求；同样根据60 mm的实际尺寸，通过控制40 mm的尺寸误差值（本处应控制在1/2×60 mm的实际尺寸加$10_{-0.05}^{+0.025}$ mm的范围内），从而保证在取得尺寸$20_{-0.05}^{0}$ mm的同时又能保证其对称度在0.1 mm内。

2）按划线锯去另一垂直面，用上述方法控制并锉尺寸$20_{-0.05}^{0}$ mm，凸形面$20_{-0.05}^{0}$ mm的尺寸要求，可直接测量。

（4）加工凹形面

1）用钻头钻出排孔，并锯除凸形面的多余部分，然后粗锉至接近线条。

2）细锉凹形顶端面，根据80 mm的实际尺寸，通过控制60 mm的实际误差值（本处与凸形面的两垂直面一样控制尺寸），从而保证达到与凸形件端面的配合精度要求。

3）细锉两侧垂直面，两面同样根据外形60 mm和凸形面20 mm的实际尺寸，通过控制20 mm的尺寸误差值（如凸形面尺寸为19.95 mm，一侧面可用1/2×60 mm尺寸减去$10_{-0.05}^{+0.025}$ mm，而另一侧面必须控制1/2×60 mm尺寸减去$10_{-0.05}^{+0.025}$ mm），从而保证达到与凸形面 20 mm 的配合精度要求，同时也能保证其对称度精度在 0.01 mm 内。

（5）全部锐边倒角，并检查全部尺寸精度。

（6）锯削，要求达到尺寸（20 ±0.5）mm、锯面平面度 0.5 mm，留有 3 mm 不锯，最后修去锯口毛刺。

六、注意事项

（1）为了能对 20 mm 凹、凸形的对称度进行测量控制，60 mm 的实际尺寸必须测量准确，并应取其各点实测值的平均数值。

（2）20 mm 凸形面加工时，只能先去掉一垂直角料，待加工至所要求的尺寸公差后，才能去掉另一垂直角料。由于受测量工具的限制，只能采用间接测量法得到所需要的尺寸公差。

（3）采用间接测量方法来控制尺寸精度，必须控制好有关工艺尺寸。如为保证 20 mm 凸形面的对称度要求，用间接测量法控制有关工艺尺寸，用图解释说明如下。图 1—6—15a 为凸形面的最大与最小控制尺寸；图 1—6—15b 为在最大控制尺寸下，取得尺寸 19.95 mm，这时对称度误差最大左偏差值为 0.05 mm；图 1—6—15c 为在最小控制尺寸下，取得尺寸 20 mm，这时对称度误差最大右偏差值为 0.05 mm。

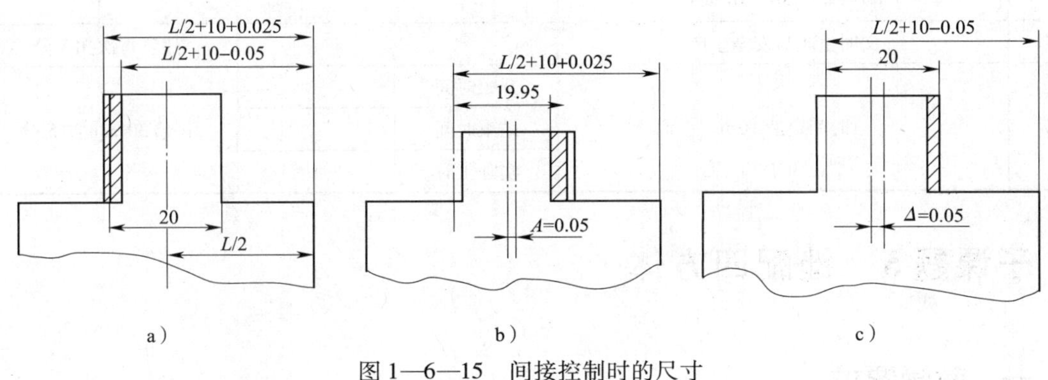

图 1—6—15　间接控制时的尺寸

（4）当实习件不允许直接锉配，而要达到互配件的要求间隙时，就必须控制凹、凸件的尺寸误差。

（5）为达到配合后转位互换精度，在凹、凸面加工时，必须控制垂直度误差（包括与大平面 B 的垂直）在最小的范围内。如图 1—6—16 所示，由于凹、凸形面没有控制好垂直度，互换配合后就出现很大间隙。

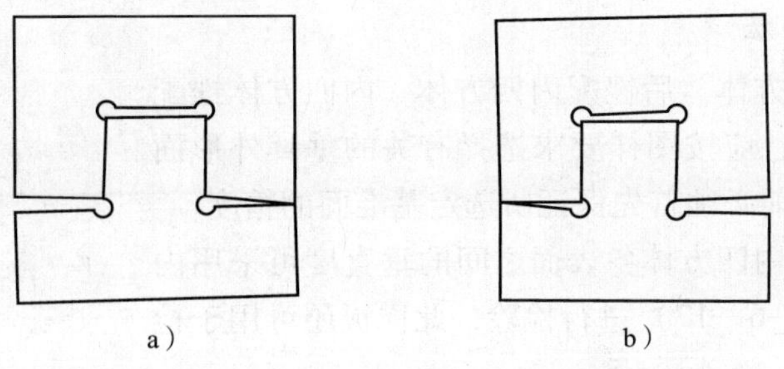

图 1—6—16　垂直度误差对配合间隙的影响

a）凸形面垂直度误差产生的间隙　b）凹形面垂直度误差产生的间隙

（6）在加工垂直面时，要防止锉刀侧面碰坏另一垂直侧面，因此必须将锉刀一侧在砂轮上进行修磨，并使其与锉刀面夹角略小于90°（锉内垂直面时），刃磨后最好用油石磨光。

七、练习记录及成绩评定（表1—6—7）

表1—6—7　　练习记录及成绩评定

<table>
<tr><th>项次</th><th>项目与技术要求</th><th colspan="2">实测记录</th><th>配分</th><th>得分</th></tr>
<tr><td>1</td><td>$20_{-0.05}^{\ 0}$ mm（2处）</td><td colspan="2"></td><td>12×2</td><td></td></tr>
<tr><td>2</td><td>锯削尺寸要求（20±0.5）mm</td><td colspan="2"></td><td>15</td><td></td></tr>
<tr><td>3</td><td>锯削面平面度0.5 mm</td><td colspan="2"></td><td>11</td><td></td></tr>
<tr><td>4</td><td>配合间隙<0.10 mm（5处）</td><td colspan="2"></td><td>5×5</td><td></td></tr>
<tr><td>5</td><td>配合后对称度0.10 mm</td><td colspan="2"></td><td>15</td><td></td></tr>
<tr><td>6</td><td>配合面表面粗糙度
$Ra \leqslant 3.2\ \mu m$（10面）</td><td colspan="2"></td><td>1×10</td><td></td></tr>
<tr><td>7</td><td>文明生产与安全生产</td><td colspan="2"></td><td colspan="2">违者每次扣5分</td></tr>
<tr><td rowspan="3">8</td><td rowspan="3">时间定额10 h</td><td>开始时间</td><td></td><td colspan="2" rowspan="3">每超30 min扣5分</td></tr>
<tr><td>结束时间</td><td></td></tr>
<tr><td>实际工时</td><td></td></tr>
</table>

子课题5　锉配四方体

一、教学要求

（1）掌握四方体锉配的方法。

（2）了解影响锉配精度的因素并掌握锉配误差的检验和修正方法。

（3）掌握锉配工具、刃具的正确使用和修整。

二、相关工艺知识

1. 四方体锉配方法

（1）先锉准外四方体，后锉配内四方体。内四方体锉配时，为便于控制尺寸，应按图样要求选择有关的垂直外形面作为测量基准，锉配前必须首先保证所选定基准面的精度。

（2）加工过程中内四方体各表面之间的垂直度可采用内直角量角样板（图1—6—17）进行检验，此样板还可用于检查内表面直线度。

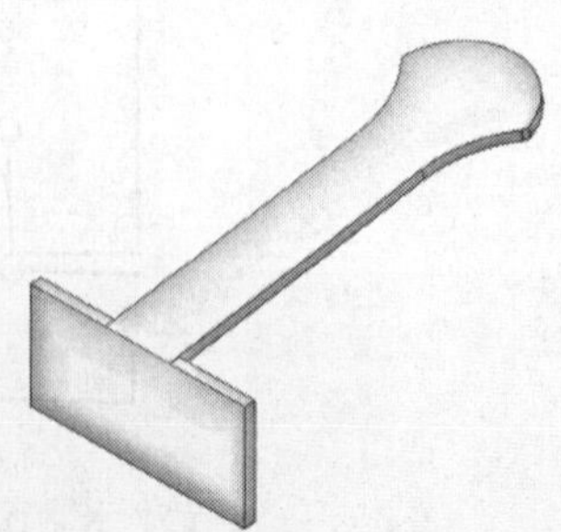

图1—6—17　内直角量角样板

（3）在内四方体锉削中，为获得内棱清角，必须修磨好锉刀边，锉削时应使锉刀略小于90°的一边紧靠内棱角进行直锉。

2. 四方体的形体误差对锉配的影响

（1）当四方体各边尺寸出现误差，如配合面的一处加工为25 mm，另一处加工为24.95 mm，且在一个位置锉配后取得零间隙时，则转位90°做配入修整后，配合面之间将引起间隙扩大，其值为0.05 mm（图1—6—18a）。

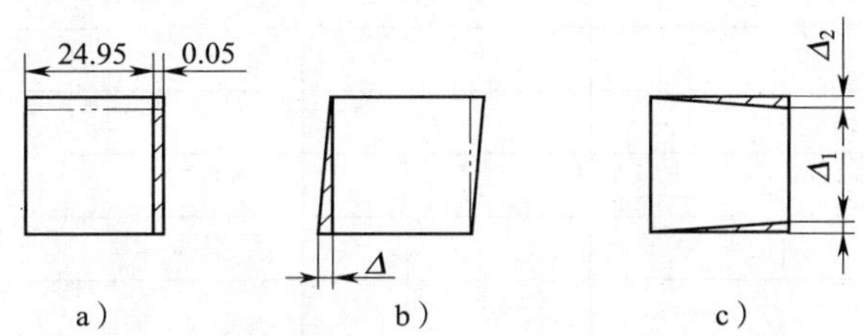

图1—6—18　基准件误差对锉配精度的影响

a）等边尺寸误差转位后的扩大间隙　b）垂直度误差转位后的扩大间隙

c）平行度误差转位后的扩大间隙

（2）当四方体的一面有垂直度误差，且在一个位置锉配后取得零间隙时，在转位180°做配入修整后，则产生了附加间隙Δ，将使四方形成为平行四边形（图1—6—18b）。

（3）当四方体有平行度误差时，在一个位置锉配后取得零间隙，则在转位180°做配入修整后，使四方体小尺寸一处产生配合间隙$Δ_1$和$Δ_2$（图1—6—18c）。

（4）当四方体有平面误差，配合后则产生喇叭口。

三、零件实训样图（图1—6—19）

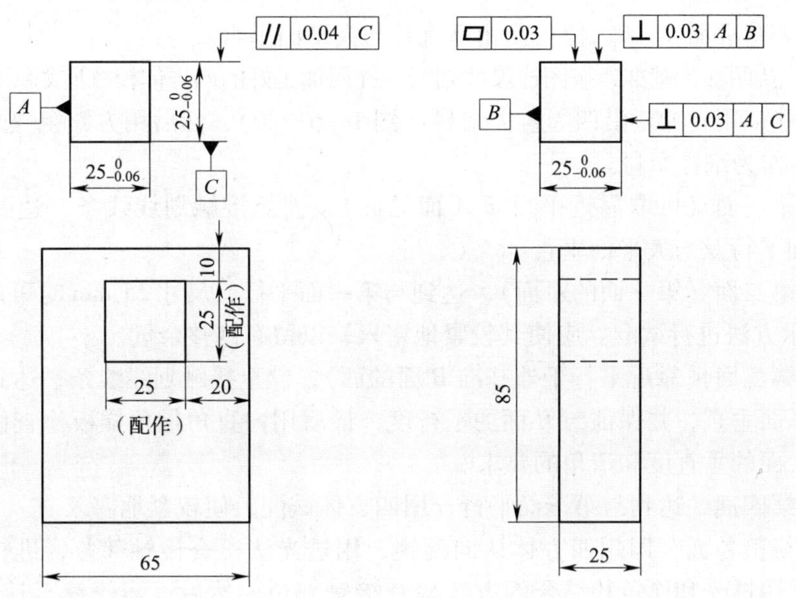

图1—6—19　四方体锉配

四、操作准备（表1—6—8）

表1—6—8　　操作准备

实习工件（工具、量具）名称	材料（规格）	材料来源	件数	工时（h）
板料101 mm×61 mm×10 mm	Q235	备料	1	18
手用锯弓			1	
手用锯条（中齿）			若干	
板锉			若干	
钢丝刷			1	
刀口直角尺			1	
0～150 mm 游标卡尺			1	
0～25 mm、25～50 mm、50～75 mm 千分尺			各1	
300 mm 高度划线尺			1	
ϕ4 mm、ϕ6 mm、ϕ7.8 mm、ϕ12 mm 麻花钻			若干	
ϕ10H8 mm 整体式圆柱铰刀（手用）			若干	
可调式铰杠			若干	
乳化液			适量	

五、操作步骤

（1）按图样要求，加工四方体六个面，加工步骤可参照前面讲过的锉削六面体方法。

（2）锉配内四方体

1）修整外基准面 A、B，使其互相垂直并与大平面垂直。

2）以 A、B 两面为基准，按图样尺寸划线，并用加工好的四方体校核所划线条的正确性。

3）钻排孔，用扁冲錾沿四周錾去余料（图1—6—20），然后用方锉粗锉余量，每边留0.1～0.2 mm 作为细锉余量。

4）细锉第一面（可取靠近平行于 A 面的面），锉至接触划线线条，达到平面纵横平直，并与 A 面平行及与大平面垂直。

5）细锉第二面（第一面的对面），达到与第一面平行、尺寸25 mm 时可用四方体按图1—6—21 所示方法进行试配。应使其较紧地塞入，以留有修整余量。

6）细锉第三面（靠近平行于外基准 B 面的面），锉至接触划线线条，达到平面纵横平直，并与大平面垂直，并保证与 B 面的平行度，最后用内直角量角样板检查修整，达到与第一面、第二面的垂直度和清角的要求。

7）细锉第四面，达到与第三面平行，用四方体试配，使较紧地塞入。

8）精锉修整各面，即用四方体认向配锉，用透光法检查接触部位，进行修整。当四方体塞入后采用透光和涂色相结合的方法检查接触部位，然后逐步修锉至达到配合要求。最后做转位互换的修整，达到转位互换的要求，用手将四方体推出时应无阻滞。

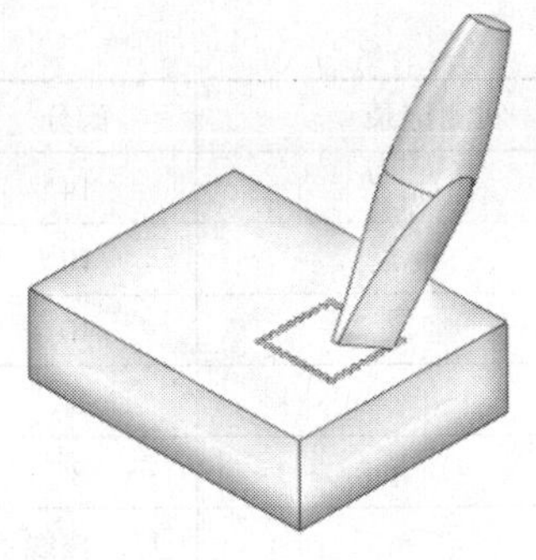

图 1—6—20　用扁冲錾錾去余料

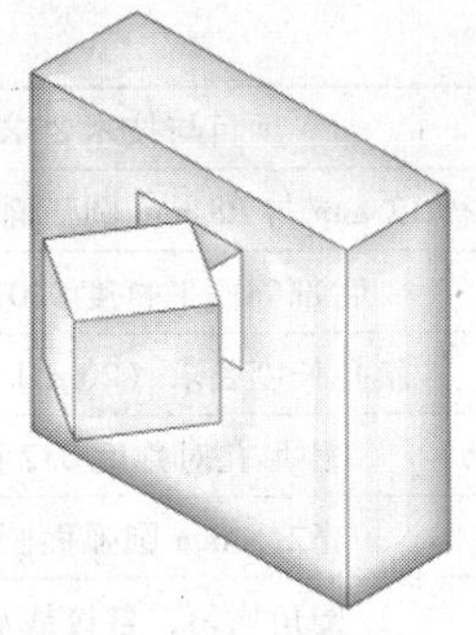

图 1—6—21　试配的方法

（3）各锐边去毛刺，倒棱

检查配合精度，最大间隙处用两片 0.1 mm 塞片塞入相对面检查，其塞入深度不得超过 12 mm，最大喇叭口用两片 0.13 mm 塞片检查，其塞入深度不得超过 4 mm。

六、注意事项

（1）配锉件的划线要准确，线条要细而清晰，两端口必须一次划出。

（2）为得到转位互换的配合精度，基准四方体的三个尺寸误差值尽可能控制在最小范围内（必须控制在配合间隙的 1/2 范围内），其垂直度误差、平行度误差也尽量控制在最小范围内，并且要求将尺寸控制在上限，使锉配时有可能做微量的修正。

（3）配锉件外形基准面 *A*、*B* 的相互垂直度及与大平面的垂直度应控制在较小差值内（<0.02 mm），以保证划线时的准确性和锉配时有较好的测量基准。

（4）锉配时的修锉部位应在透光与涂色检查后再从整体情况考虑，合理确定（特别要注意四角的接触），避免仅根据局部试配情况就进行修锉，造成配合面局部出现过大间隙。

（5）当整体试配时，四方体轴线必须垂直于配锉件的大平面，否则不能反映正确的修整部位。

（6）注意掌握内四方清角的修锉，防止修成圆角或锉坏相邻面。

（7）在试配过程中，不能用榔头敲击，退出时也不能直接用榔头和硬金属敲击，防止将配锉面咬毛或将配锉件敲毛。

七、练习记录及成绩评定（表 1—6—9）

表 1—6—9　　　　**练习记录及成绩评定**

项次	项目与技术要求	实测记录				配分	得分
1	尺寸要求（20 ±0.05）mm（2 处）					4 ×2	
2	平行度 0.05 mm（2 处）					3 ×2	
3	垂直度 0.03 mm（4 处）					3 ×4	
4	*C*3.5 mm 倒角尺寸正确（4 处）					3 ×4	
5	*R*3.5 mm 内圆弧连接圆滑，尖端无塌角（4 处）					3 ×4	

续表

<table>
<tr><th>项次</th><th>项目与技术要求</th><th colspan="2">实测记录</th><th>配分</th><th>得分</th></tr>
<tr><td>6</td><td>R12 mm 与 R8 mm 圆弧面连接圆滑</td><td colspan="2"></td><td>14</td><td></td></tr>
<tr><td>7</td><td>舌部斜面平直度 0. 03 mm</td><td colspan="2"></td><td>10</td><td></td></tr>
<tr><td>8</td><td>腰孔长度要求（20 ±0. 2） mm</td><td colspan="2"></td><td>10</td><td></td></tr>
<tr><td>9</td><td>腰形孔对称度 0. 2 mm</td><td colspan="2"></td><td>8</td><td></td></tr>
<tr><td>10</td><td>R2. 5 mm 圆弧面圆滑</td><td colspan="2"></td><td>8</td><td></td></tr>
<tr><td>11</td><td>倒角均匀，各棱线清晰</td><td colspan="2"></td><td colspan="2">每一棱线不合要求扣 1 分</td></tr>
<tr><td>12</td><td>表面粗糙度 $Ra \leq 3.2$ μm，纹理整齐</td><td colspan="2"></td><td colspan="2">每一面不合要求扣 1 分</td></tr>
<tr><td>13</td><td>文明生产与安全生产</td><td colspan="2"></td><td colspan="2">违者每次扣 2 分</td></tr>
<tr><td rowspan="3">14</td><td rowspan="3">时间定额 16 h</td><td>开始时间</td><td></td><td colspan="2" rowspan="3">每超 1 h 扣 5 分</td></tr>
<tr><td>结束时间</td><td></td></tr>
<tr><td>实际工时</td><td></td></tr>
</table>

模块二 机械设备安装与调试

机械设备在实际的工作环境下，要达到机床的性能要求和精度要求，这就要求把机械设备安装与调试这项工作做好。对于机修钳工来讲，机械设备安装与调试是工作中的必备技能。本模块以《国家职业技能标准·机修钳工（初级）》所提出的技能要求为标准，讲述了台虎钳的拆装与维护、砂轮机的安装、台钻的安装等。通过培训，使学员能熟练使用机修钳工常用的装拆工具，了解设备安装质量检查和设备日常检查的规范及标准，并能对相关设备进行定位、水平调整、固定及试车。

课题1　设备安装

子课题1　台虎钳的拆装和维护

一、机修钳工工作场地

机修钳工工作场地是指机修钳工的固定工作地点。为了工作方便，工作场地布局一定要合理，符合安全文明生产的要求。

（1）合理布局主要设备。钳工工作台应安放在光线适宜、工作方便的地方。面对面使用钳工工作台时，应在两个工作台中间安置安全网。砂轮机、钻床应设置在场地的边缘，尤其是砂轮机一定要安装在安全、可靠的位置。

（2）各类能源要既安全又可靠，电源要有配电箱，其线路部分要有保险罩。气源、水源要求无泄漏。

（3）正确摆放毛坯、工件。毛坯和工件要分别摆放整齐，并尽量放在工件搁架上，以免磕碰。

（4）合理摆放工具、夹具和量具。常用工具、夹具和量具应放在工作位置附近，取用方便，不应任意堆放，以免损坏。工具、夹具、量具用后应及时清理、维护和保养，并且妥善放置。

（5）零部件的摆放要有规则。即大件摆放要平稳、安全；小件摆放要整齐有序；易变形的丝杠、主轴等零部件能吊挂的，最好吊挂起来。

（6）工作场地应保持清洁。训练后应按要求对设备进行清理、润滑，并把工作场地打扫干净。

二、机修钳工常用设备简介

1. 钳工工作台

钳工工作台也称钳工台、钳桌或钳台（图 2—1—1），其主要作用是用来安装台虎钳和存放钳工工具、夹具、量具。

2. 台虎钳

台虎钳（图 2—1—2）是用来夹持工件的通用夹具。它的规格用钳口的宽度来表示，具体规格有 100 mm、125 mm、150 mm、200 mm 等。台虎钳有固定式和回转式两种，两者的基本结构和工作原理大致相同。

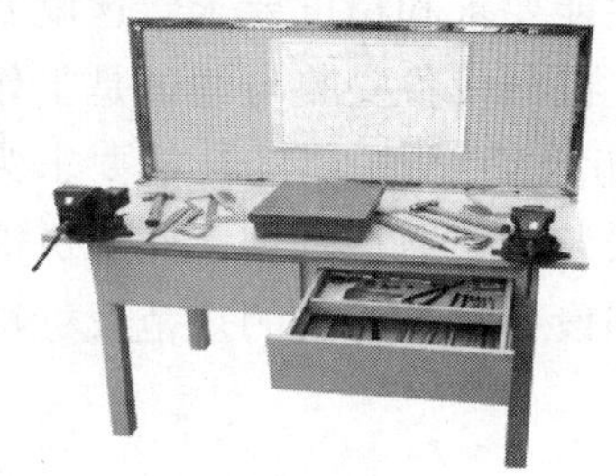

图 2—1—1　钳工工作台

图 2—1—2　台虎钳

3. 砂轮机

砂轮机（图 2—1—3）是用来刃磨各种刀具、工具的常用设备。它由电动机、砂轮机座、托架和防护罩等几部分组成。

4. 钻床

钻床（图 2—1—4）是机修钳工常用的金属切削机床，可用它进行钻孔、扩孔、铰孔、攻螺纹、套螺纹和研磨等多种加工。钻床分为台式钻床、立式钻床和摇臂钻床等。

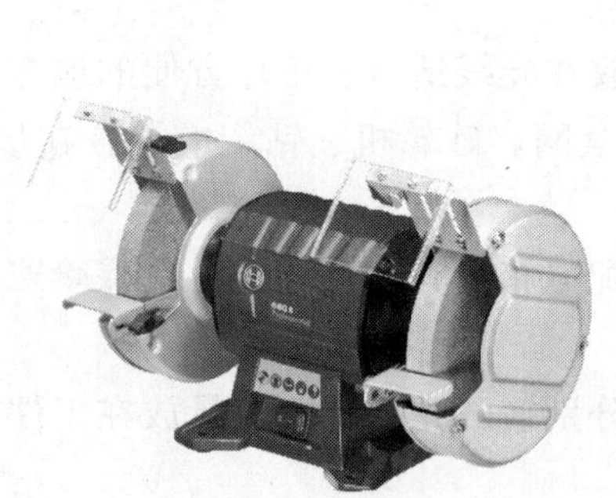

图 2—1—3　砂轮机

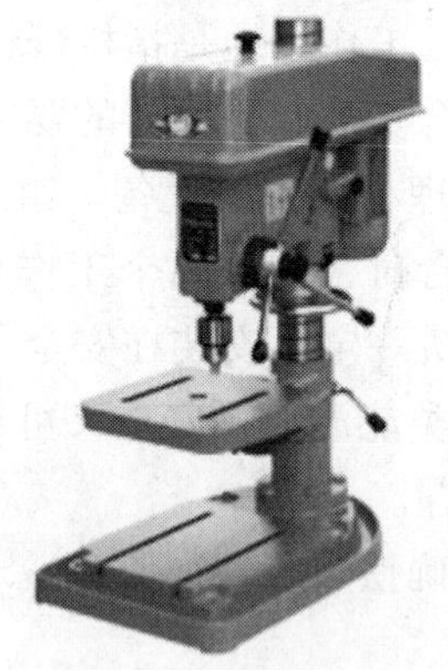

图 2—1—4　钻床

三、机修钳工常用工具简介

1. 螺纹连接工具

（1）螺钉旋具

螺钉旋具用于拧紧或松开头部带沟槽的螺钉。它的工作部分用碳素工具钢制成，并经淬硬。

1）一字槽螺钉旋具（图2—1—5）。它的规格用刀体部分的长度代表，常用的有100 mm、150 mm、200 mm、300 mm及400 mm等几种，可根据螺钉直径和沟槽宽来选用。

2）其他螺钉旋具。十字槽螺钉旋具（图2—1—6）用于拧紧头部带十字槽的螺钉，它在较大的拧紧力下，也不易从槽中滑出；弯头螺钉旋具（图2—1—7）用于螺钉头顶部空间受到限制的场合；快速螺钉旋具（图2—1—8）用于拧紧小螺钉，工作时推压手柄，使螺旋杆通过来复孔转动，从而加快装拆速度。

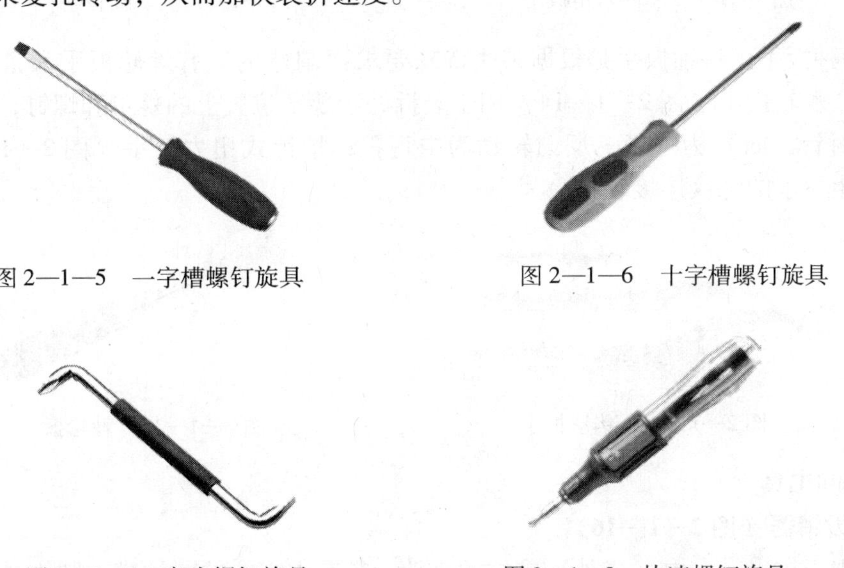

图2—1—5　一字槽螺钉旋具　　图2—1—6　十字槽螺钉旋具

图2—1—7　弯头螺钉旋具　　图2—1—8　快速螺钉旋具

（2）扳手

扳手用来拧紧六角形、正方形螺钉和各种螺母。它用工具钢、合金钢或可锻铸铁制成，其开口要求光洁、坚硬、耐磨。扳手有通用的、专用的和特殊的三类。

1）通用活扳手。它是由扳手体和固定钳口、活动钳口及蜗杆组成的（图2—1—9），其开口的尺寸能在一定范围内调节。使用活动扳手时，应让固定钳口受主要作用力。

2）专用扳手。只能用来扳动一种规格的螺母或螺钉。常用的专用扳手有呆扳手、内六角扳手、套筒扳手、钩形扳手。呆扳手（图2—1—10）用来装拆六角形或四方头的螺母或螺钉；内六角扳手（图2—1—11）用来拧紧内六角头螺钉；套筒扳手（图2—1—12）用于装拆位置狭小或比较隐蔽的螺母和螺钉；钩形扳手（图2—1—13）用于装拆在圆周方向开有直槽或孔的圆螺母。

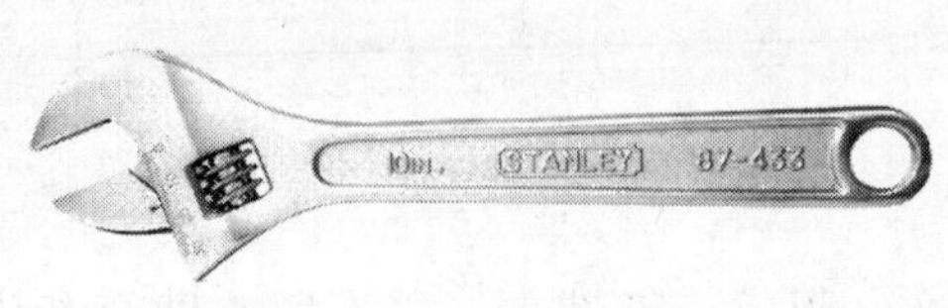

图2—1—9　通用活扳手

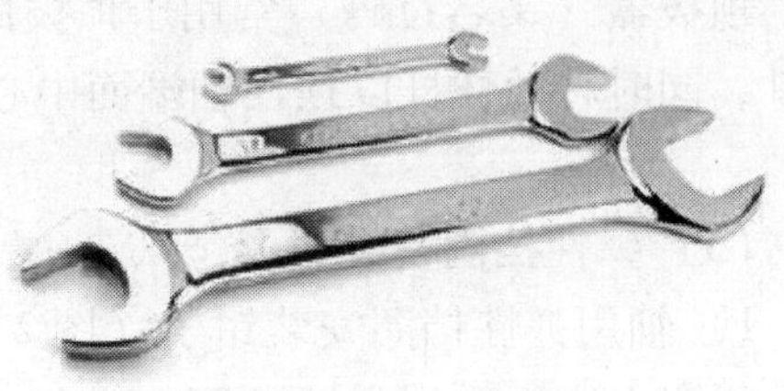

图2—1—10　呆扳手

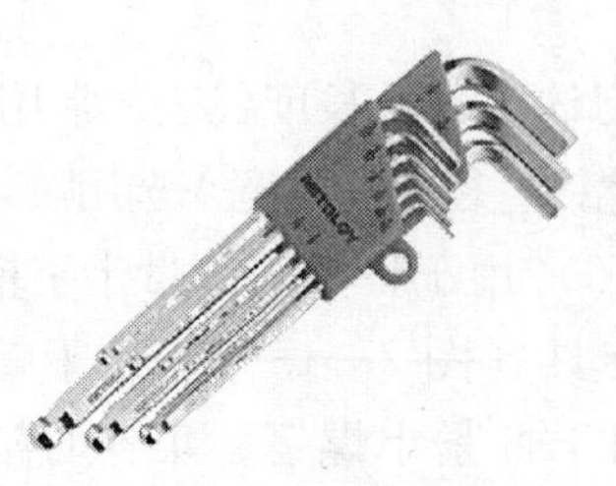
图 2—1—11　内六角扳手

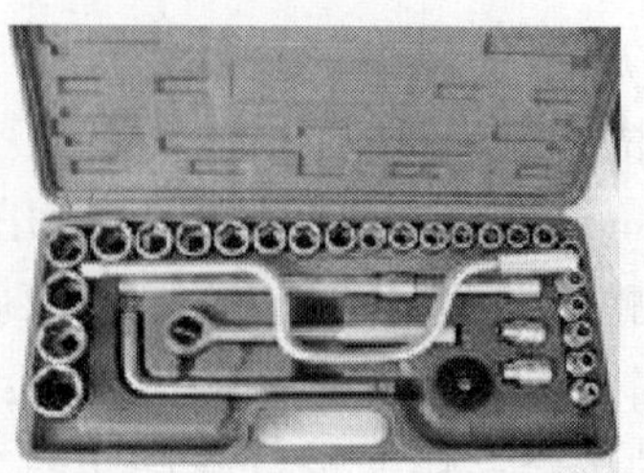
图 2—1—12　套筒扳手

3）特种扳手。特种扳手是根据某些特殊要求而制造的，有棘轮扳手和指针式扭力扳手等多种。棘轮扳手（图 2—1—14）用于装拆处于狭窄位置上的螺母和螺钉，使用时正向转动（顺时针方向）为拧紧，反向转动为空行程；指针式扭力扳手（图 2—1—15）主要用于有力矩要求的螺纹连接装配。

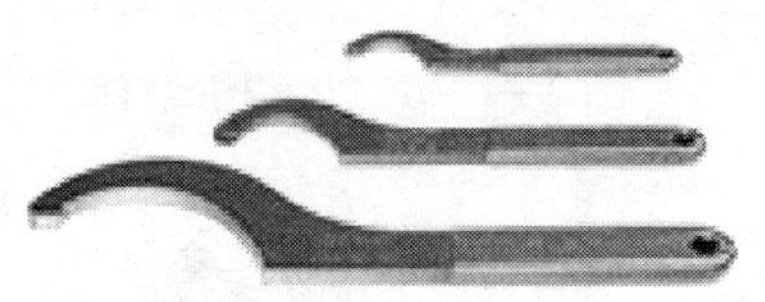
图 2—1—13　钩形扳手

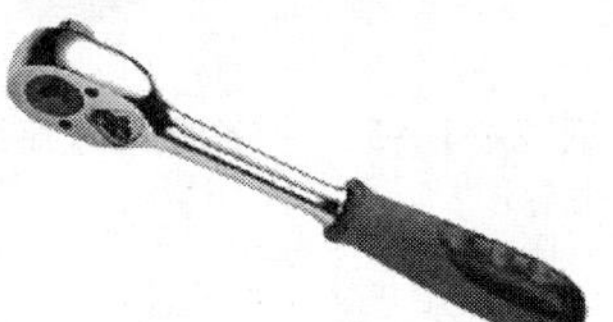
图 2—1—14　棘轮扳手

2．拆卸工具

（1）拔销器（图 2—1—16）

主要用于拔出带有内（或外）螺纹的小轴，带有内螺纹的圆柱销、圆锥销和带有钩头楔形键的零件。

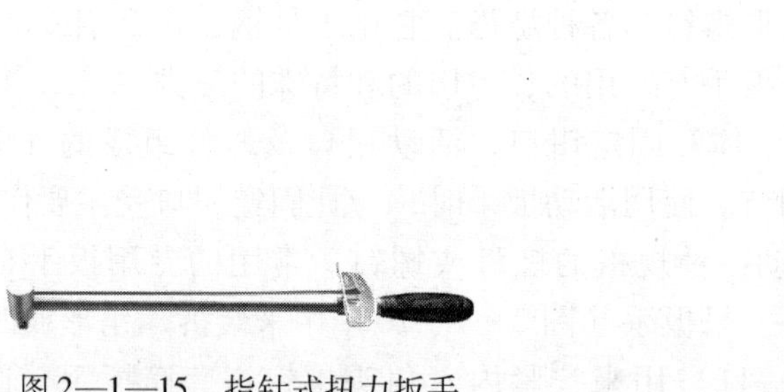
图 2—1—15　指针式扭力扳手

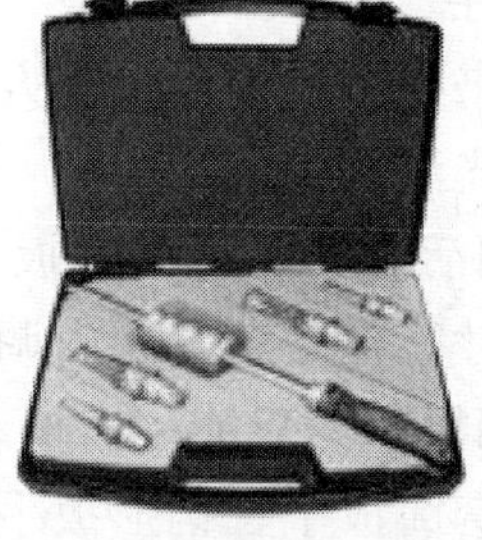
图 2—1—16　拔销器

（2）顶拔器（图 2—1—17）

顶拔器（又名拉码）常用于顶拔机械中的轮、盘或轴承等。顶拔时，用钩头钩住被拔零件，同时转动螺杆以顶住轴端面中心，用力旋转螺杆转动手柄，即可将被拔零件缓慢拉出。

（3）弹性挡圈安装钳子

1）轴用弹性挡圈安装钳子（图 2—1—18）

机床上广泛采用弹性挡圈，它们多由弹簧钢淬火制成，脆性大，稍不留心即会断裂，故采用轴用弹性挡圈安装钳子进行安装。

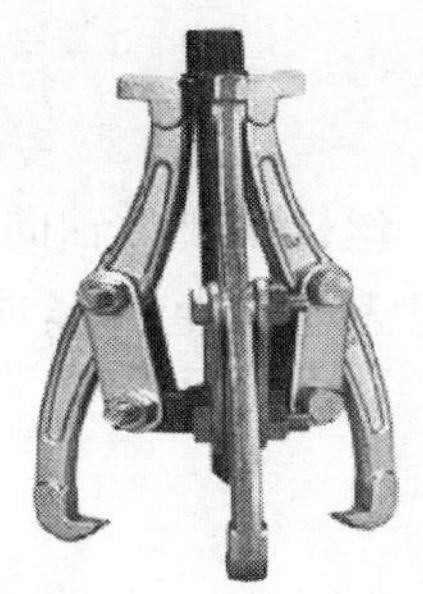

图 2—1—17　顶拔器

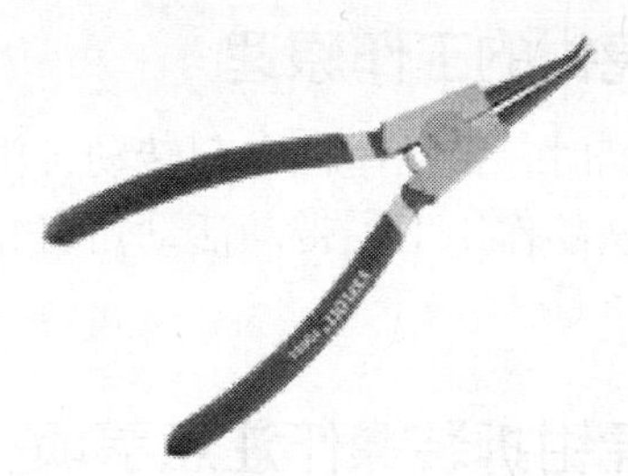

图 2—1—18　轴用弹性挡圈安装钳子

2）孔用弹性挡圈安装钳子（图 2—1—19）

孔用挡圈钳和轴用挡圈钳是不一样的。当用手捏紧钳把时，轴用挡圈钳的钳嘴是张口的，而孔用挡圈钳的钳嘴是收缩的。

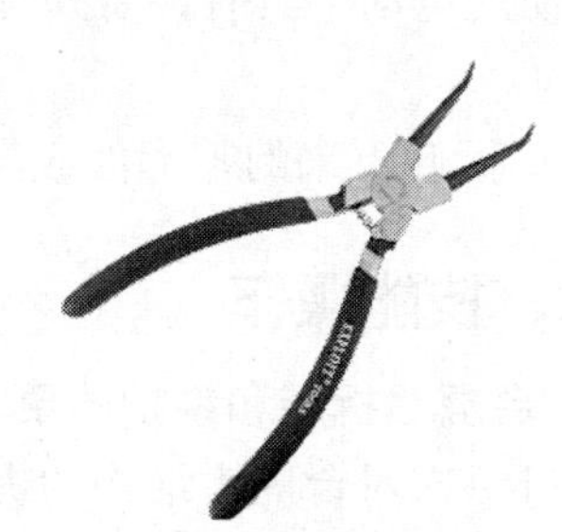

图 2—1—19　孔用弹性挡圈安装钳子

四、台虎钳的构造

回转式台虎钳（图 2—1—20）由于使用较方便，故应用较广。其主要构造如下。

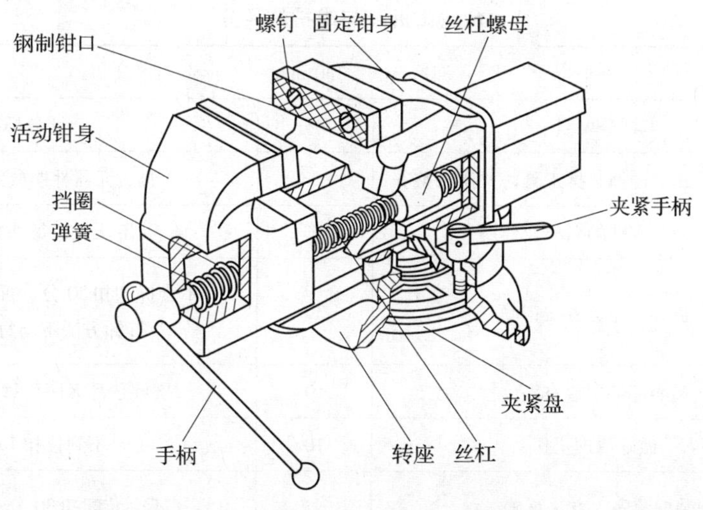

图 2—1—20　回转式台虎钳的结构

活动钳身通过导轨与固定钳身做滑动配合。丝杠装在活动钳身上，可以旋转，但不能轴向移动，并与安装在固定钳身内的丝杠螺母相配合。弹簧借助挡圈和开口销固定在丝杠上，其作用是当放松丝杠时，可使活动钳身及时地退出。在固定钳身和活动钳身上，各装有钢制钳口，并用螺钉固定。钳口的工作面上制有交叉的网纹，使工件夹紧后不易产生滑动。钳口经过热处理淬硬，具有较好的耐磨性。固定钳身装在转座上，并能绕转座轴心线转动，当转到要求的方向时，扳动夹紧手柄使夹紧螺钉旋紧，便可在夹紧盘的作用下把固定钳身固定紧。转座上有三个螺栓孔，用于钳台固定。

五、台虎钳的工作原理

当转动手柄时，带动丝杠一起转动，由于螺母固定不动，丝杠就要做轴向移动，在销、固定挡圈及弹簧的作用下，带动活动钳身相对于固定钳身产生移动，起夹紧或松开工件的作用。

六、台虎钳拆装操作注意事项

（1）操作前，应根据所用工具的需要，穿戴必要的劳保防护用品。同时遵守相关的规定。如使用电动工具时，需要穿戴绝缘手套和胶鞋；使用手持照明灯时，其工作电压应低于36 V。

（2）拆卸下来的零部件应尽量摆放在一起，并按相关规定摆放，不要乱丢乱放。

七、技能操作

1. 台虎钳拆装和维护的要求

通过一次对台虎钳结构的拆装实践，了解台虎钳的基本结构及工作原理，并对台虎钳做好维护保养工作。

2. 台虎钳拆装与维护的评分要素和评分标准（表2—1—1）

表2—1—1　　台虎钳拆装与维护的评分

时限	30 min		
序号	评分要素	配分	评分标准
1	操作准备：正确选择装拆工具，并摆放整齐	5	工具、元器件摆放无序扣1～5分
2	明确各零件的名称及作用	5	不认识，每件扣1～5分
3	拆卸顺序、方法正确	30	不会拆卸扣30分；拆卸无序扣20分，拆卸方法不当每次扣10分
4	零部件摆放有序	10	摆放杂乱无序，每件扣1～10分
5	做好清理工作	10	不到位扣1～10分
6	装配顺序、方法正确，装配达到要求	30	不会装配扣30分；装配无序扣20分，装配方法不当每次扣10分
7	做好台虎钳的维护保养	10	不到位扣1～10分
8	安全文明生产		酌情扣分

3. 台虎钳拆装和维护的准备

台虎钳、一字螺钉旋具、通用活扳手、毛刷、回丝若干、机油。

4. 台虎钳拆装和维护的步骤（表 2—1—2）

表 2—1—2　　台虎钳拆装和维护步骤

步骤	操作内容	示意图
1	拆下活动钳身，逆时针转动手柄，一手托住活动钳身并慢慢取出	
2	拆下固定钳身，松开夹紧手柄，将固定钳身从转盘座上取下	
3	拆下丝杠，用扳手松开紧固螺钉，拆下丝杠螺母	
4	拆下转盘座和夹紧盘，用扳手松开紧固转盘座和钳台的 3 个连接螺栓	
5	清理各零件。用毛刷清理各零件以及钳台表面。一些积留在钳口、转盘座和夹紧盘上的切屑可用钢丝刷清除	
6	涂油。给丝杠、螺母涂润滑油，给其他螺钉涂防锈油	
7	装配。按照与拆卸相反的顺序装配好台虎钳，装配后检查活动钳身转动、丝杠旋转是否灵活	

5. 台虎钳拆装和维护的注意事项

（1）台虎钳安装在钳桌上时，必须使固定钳身的钳口工作面处于钳桌边缘之外，以保证夹持长条形工件时，工件的下端不受钳桌边缘的阻碍。

（2）台虎钳必须牢固地固定在钳桌上。两个夹紧螺钉必须扳紧，使钳身在工作时没有松动现象，否则容易损坏台虎钳和影响工作质量。

（3）夹紧工件时只允许依靠手的力量来扳动手柄，绝不允许用锤子敲击手柄或随意套上长管子来扳手柄，以防丝杠、螺母或钳身因过载而损坏。

（4）在进行强力作业时，应尽量使作用力朝向固定钳身，否则将额外增加丝杠和螺母的载荷，以致造成螺纹的损坏。

（5）不要在活动钳身的光滑平面上进行敲击作业，以免降低它与固定钳身的配合性能。

（6）丝杠、螺母和其他活动表面都要经常加油并保持清洁，以利润滑和防止生锈。

子课题 2　砂轮机的安装

一、机械设备拆卸的一般要求

机械设备在进行拆卸时，一般情况下应先外后里，先上后下，依次拆卸，对于整体零件尽量整体拆卸。

1. 按需拆卸

在保证质量的前提下，应尽量少拆卸零部件，尤其是工作性能良好的部件与机构，一般不要轻易拆卸，因为任何拆卸和随之进行的装配都可能有损于它们的工作状态，如果必须进行分解时，也应尽量缩小拆卸的范围，对于非拆卸不可的，则一定要拆，切不可图省事，致使检修质量得不到保证。

2. 选择合理拆卸步骤

拆卸顺序一般由整体→总成→部件→零件；或由附件→主机、由外部→内部。

3. 加工面保护

对于加工面不应敲打或碰撞，安放时应用木方或其他物件垫好，避免损坏其加工面。

对于精密加工面不宜用砂布打磨，若有毛刺可用细油石研磨，清扫干净后应涂防锈油，用毛毯或其他物体遮盖，以防损伤。

对于精密结合面或螺栓孔通常用汽油、无水乙醇或甲苯仔细清扫。

4. 拆卸时的要求

拆前标记。做好校对工作或做好标记，以便于回装时恢复原位。拆下的螺钉、螺栓等应存放在布包或木箱内，并有记载；拆开的管口法兰应打上木塞或用布包上，防止掉进异物。

分类存放零件。原则是同一总成或同一部件的零件尽量放在一起，根据零件大小数额分别存放，不能互换的零件分组存放，精密零部件单独拆卸与存放，易丢失的零部件应放在专门容器内，螺栓应装上螺母存放。

放置时加工面保护。凡是放置于水磨石地面的部件，均应垫上木板、草垫、橡胶垫、塑料布等，以避免对设备部件造成磕碰和损坏，防止对地面的污染；拆卸时先拔销钉后卸螺栓，同时，应随时对部件进行检查，发现异常现象和设备缺陷时应做详细记录，以便于及时处理和准备备品、备件或者重新加工。

二、机械设备的拆卸与装配方法

拆卸和装配工作与机械设备修理的质量关系极大，如果拆卸或装配不当，不但会造成设备零件的损坏，而且会影响机械设备修理后的精度。所以，修理时必须严格遵守拆卸及装配的操作原则，采取正确的装拆方法和步骤。

1. 拆卸前的准备

拆卸是设备修理工作的一部分。在日常维修中寻找故障源、更换损坏零件及大修中的设备解体，零部件都要拆卸。拆卸工作质量直接影响修理周期和修理质量。拆卸前，应做好以下准备工作。

（1）读懂设备装配图或零部件图样，熟悉零部件的构造及它们的连接与固定方式。

（2）读懂设备的机械传动系统图、轴承的布置图。了解传动元件的用途及其相互关系，了解轴承的型号及结构。

（3）熟悉拆卸的操作规程，并确定典型零部件、关键零部件的正确拆卸方法。

（4）准备必要和专用的工具、设备。

2. 常用的拆卸方法

（1）击卸法

击卸法是用锤击或撞击的力量，使配合的零部件产生位移的方法。击卸法常用的工具有铁锤、铜锤、木锤及击卸大型零件的铁棒、钢、铝、木质的过渡垫块等。击卸法的工具材质要与被击卸零部件的材质相对应，关键是不能击坏被拆卸的零部件。对于配合间隙较小的零部件，拆卸时要特别注意对称、受力均匀。

（2）压卸法和拉卸法

压卸法和拉卸法是采用专用器具或设备进行拆卸的方法。多用于被拆零部件尺寸较大或过盈较大的部位。压卸法的设备有手动压床、油压机等。拉卸法一般采用拔销器、各种专用的拉力器等。压卸法和拉卸法有时必须使用过渡的轴和套。

（3）加热拆卸法

加热拆卸法是利用金属的热膨胀特性来拆卸零件的方法。这种方法使用于不能压卸或拉卸的零件或配合过盈量大于 0.1 mm 的零件。加热拆卸法要注意的关键问题是加热温度不能过高，要根据零件的精度、形状、硬度、结构来确定。有硬度要求的不超过 200℃，有变形要求的不超过 120℃。不应热膨胀的部位要用石棉加以保护。

3. 几种常用机械连接的拆卸

（1）键连接的拆卸

平键的拆卸一般采用錾子冲击键的一端，然后铲出。配合较紧的键可在键上钻、攻螺孔用拉卸法拆卸。对于可以破坏的键，可在键上焊螺钉，然后用拔销器拔出。楔键拆卸的关键是克服楔键两个接触面间的静摩擦力，所以需要撞击，可用锤子和冲子之类的过渡物猛击键的小端。钩头键可直接钩出，若不带钩且配合紧密，可在大端钻、攻螺孔后拔出。

（2）销连接的拆卸

销连接的拆卸可用小于其直径的冲子冲出（锥销应冲小头）。带内螺纹的销可用拔销器或螺钉拔出。带外螺纹的销可与螺母一起打出，或加热后拔出。确实取不出的销可钻掉，但不允许破坏销孔。

（3）螺纹连接的拆卸

对日久失修、生锈、损坏不易拆卸的螺纹进行拆卸的方法主要有如下几种。

1）用煤油浸润或使用化学螺纹松动剂使螺纹松动。

2）用锤击螺钉或螺母的方法震松螺纹。

3）若螺钉过紧或已损坏，或不宜加力旋出，可采取以下方法。

①用錾子提出螺钉。

②在螺钉上加焊螺钉或在螺钉上钻、攻螺孔，以增加附加旋转力。

③实在无法旋出的螺钉可用比螺纹小径小 0.5 ~ 1 mm 的钻头钻除螺钉，再用丝锥取出，或用电火花去除螺钉，再用丝锥取出。

4. 拆卸的注意事项

（1）拆卸时，必须牢记设备的结构和零件的装配关系（必要时必须画草图），以便拆卸修理后再装配时能有把握地进行。

（2）拆卸中，对于螺纹的旋向、零件的松开方向、大、小头和厚、薄端，一定要辨别清楚。

（3）必须采用正确的拆卸方法，如在拆卸锥销时，只能从大端压出。不了解零件结构和固定方法就大力锤击，往往会损坏零件。

（4）用击卸法冲击零件时，必须垫好软衬垫，或者用软材料（如紫铜）做的锤子或冲棒，以免损坏零件表面。特别要保护好主要零件，不使其发生任何损坏。

（5）在拆卸经过平衡的旋转部件时，应尽量不破坏原来的平衡状态。

（6）拆下的导管、润滑或冷却用的管道以及各种液压件等，清洗后均应将进、出口封好，以免灰尘及杂质侵入。

（7）起吊拆卸的零件时，应防止零件变形和发生人身事故。

5. 机械设备装配工作的基本要求

在生产过程中，按照技术要求，将若干个零件结合成部件或将若干个零件和部件结合成产品的过程，称为装配。装配是产品制造或大修过程中的最后一道工序。装配工作的好坏对整个设备的质量起着决定性的作用，装配是一项重要而细致的工作，必须认真做好。

（1）装配前，应对零件的形状和尺寸精度进行认真检查，特别要注意零件上的各种标记，以免装错。

（2）固定连接的零部件不得有间隙；活动连接的零件应能灵活而均匀地按规定方向运动。

（3）各变速机构和方向机构必须位置正确，操作灵活，手柄位置和变速表应与机器的运转要求相符合。

（4）高速运动机构的外面不得有凸出的螺钉头或销钉头等。

（5）各种运动部件的接触表面必须保证有足够的润滑油，并且油路要畅通。

(6) 各种管道和密封部件装配后不得有渗漏现象。

(7) 每一部件装配完后，必须仔细检查和清理干净，特别是在密闭的箱体内，不得遗留任何杂物。

(8) 试车前，应对各部件连接的可靠性和运动的灵活性等进行认真的检查；试车时，要从低速到高速逐步进行，不可一开始就用高转速。并且要根据试车情况，进行必要的调整，使其达到运转的要求。

6. 装配前的准备工作

(1) 熟悉设备的作业计划书、技术任务书和有关技术文件，以了解设备在装配时需要解决的设备缺陷、丧失精度的项目、需要改进的技术问题。

(2) 熟悉说明书、设备的装配图、设备的精度标准及检验项目。了解设备关键、典型部件或部位的结构、用途、工作原理、调整方法、有关技术要求及精度标准。掌握装配工作的各项技术规范。

(3) 确定装配方法和程序。准备必要的工艺装备、专用的检查工具及测量工具，合理地布置装配现场。

(4) 检查所装配零部件的加工质量及在搬运、安放过程中有无变形和碰伤，并根据装配质量的要求进行适当的修整。检查零部件是否齐全，并进行装配前的清洗。

(5) 装配前对必须涂刷防护漆料的内腔、外表面涂刷漆料，待彻底干透后才能进行装配。

7. 基础件的安装及部件的装配

(1) 设备基础件的安装、精平

设备的基础件（如床身、底座、立柱等）是设备装配的基础，总装之前必须在可靠的地基基础上或落地平板上，按其自身的几何精度进行安装、精平。这是因为：

1) 设备的基础件是与其相配的运动副配刮的基准。即使基础件加工（精刨、磨削、刮研）合格，但安装后精度不合格，也会直接影响配刮的运动副的质量。安装后的基础件不但要合格，还要稳定可靠。如较长的龙门刨床的床身，由于温差变化引起的变形、强制性安装内应力的释放、重物和加载后的变形（如安装立柱等），其几何精度都需要一个稳定的阶段。几何精度稳定可靠后，配刮工作台则会准确可靠。

2) 基础件是设备装配、组装的基准。如镗床的床身是立柱、主轴箱、工作台、尾座立柱装配的基准。

3) 基础件是设备几何精度的测量基准。如 T618 镗床的几何精度共 21 项，除了镗杆（主轴）自身精度有 4 项，其他 17 项精度测量的基准都直接或间接地与基础件的安装质量有关。安装质量好，测量数据才会准确。

(2) 部件的装配

部件装配是将两个以上的传动元件或其他零件，按要求用各种不同的连接方式连接起来，使之成为产品的一个组成部分。部件装配的过程如下。

1) 对于组合件要进行试装，以确保零件之间的间隙合理，活动灵活，位置正确。

2) 记录精密主轴、轴承定向装配的测量数据，角接触球轴承装配形式及配垫。

3) 部件装配要达到装配规范和技术要求，还要达到设备修理通过技术标准，如齿轮的轴向啮合位置精度、蜗杆副的啮合间隙、接触区精度、轴向窜动、滚动轴承和滑动轴承装配要求等。

4）部件几何精度验收。

5）部件试验。部件装配完后，有些要进行运转试验或其他试验。如磨床砂轮主轴要单独进行空运转试验，以检验和调整轴承间隙。其他试验有负荷试验、平衡试验、密封性能的压力试验等。合格的部件才能进入总装。

8. 总装及总装后的调整

总装是将部件、组合件、零件装配成机械系统，再装配液压系统、电气系统，使之成为整机的过程。

（1）机械系统的装配

部件、组合件、零件的装配原则是设备要符合技术要求和精度标准。如卧式车床丝杠的装配如图 2—1—21 所示。

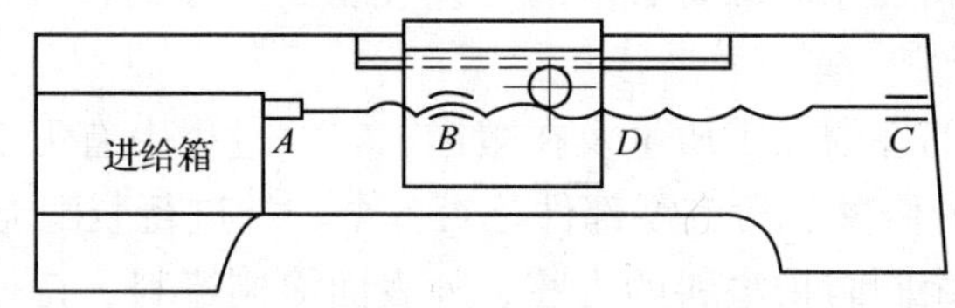

图 2—1—21　卧式车床丝杠的装配

1）装配进给箱。要求 A 点轴线与床身导航的平行度（垂直平面、水平平面）为 0.01 mm/100 mm，径向圆跳动精度为 0.01 mm，轴向窜动（包括端面圆跳动和轴向窜动）精度为 0.01 mm。

2）装入丝杠，支架 A、C 两点与导轨等距找正，要求在垂直平面和水平平面内，平行度在 0.1 mm 以内。

3）合上开合螺母 B，检查 D 点相对 A、C 两点的误差，记录误差值，丝杠反转 180°，再测量一次并记录误差值，求两次的平均值即为调整值。

4）压铅法检查滑板箱齿轮与床身齿条的啮合间隙 Δ。根据误差值的平均值及 Δ 值确定调整方案。

经修复后的床身导轨和床鞍结合面均有下降趋势，即 B 点低于 A、C 两点连线，齿轮与齿条间隙加大。一般的调整方法是提高床鞍，即抬高 B 点，减小齿轮与齿条的间隙。床鞍的粘接一般是在床鞍导轨面上用导轨胶粘接聚四氟乙烯塑料板。齿轮与齿条的间隙 Δ 与齿轮升高量 h 的关系为

$$\Delta = 2h\sin 20^\circ = 0.684h$$

5）在装配调整时，要使用正确的测量方法，合理地使用检具和量具，以求测量准确，提供可靠的数据以便调整。

（2）电气系统、液压系统的装配

电气系统、液压系统在总装前都要经过检验。对电气系统是否按原理走线进行检查，对液压系统单独动作进行调试。

(3) 联合动作调试

对机械系统、电气系统、液压系统总装后的三者联合动作进行调整。要达到动作的协调、准确和可靠，同时达到设备性能和操作的要求。

三、砂轮机的结构和工作原理

砂轮机（图 2—1—22）主要是由基座、砂轮、电动机或其他动力源、托架、防护罩和给水器等所组成的，砂轮设置于基座的顶面，基座内部具有容置动力源的空间，动力源传动一减速器，减速器具有一穿出基座顶面的传动轴供固接砂轮，基座对应砂轮的底部位置具有一凹陷的集水区，集水区向外延伸一流道，给水器设于砂轮一侧上方，给水器内具有一盛装水液的空间，且给水器对应砂轮的一侧具有一出水口。整体传动机构十分精简完善，使研磨的过程更加方便顺畅，且具有提高整体砂轮机的研磨效能的功效。

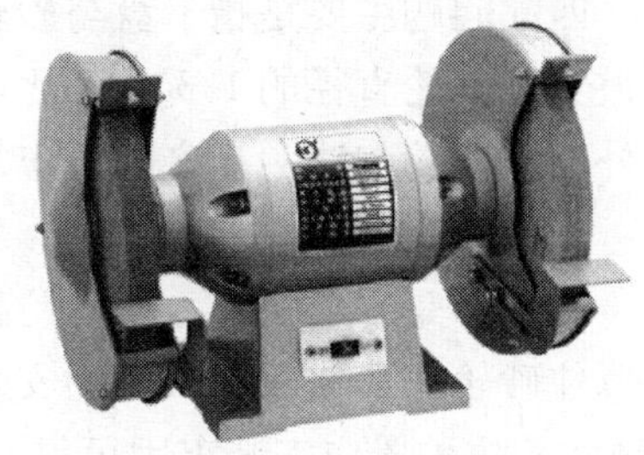

图 2—1—22　砂轮机

砂轮机的主要用途是磨削，打磨工具（錾子、冲头、扁铲等），坡口（焊接厚的钢板），焊接的焊口（如楼梯扶手，焊后磨平），玻璃、木头、宝石、机加工的刀具，抛光，切割，点火等，尽你想象。

砂轮机的工作原理是电动机运转后带动砂轮转动（通常高速）来进行磨削等工作。

四、砂轮机的工作环境与安装要求

1. 工作环境

砂轮机一般应设置专用砂轮机房，且严禁在砂轮机房或砂轮机附近堆放易燃易爆的物品，以免发生火灾或爆炸事故，也不应在砂轮机附近乱放其他零件或物品。

2. 安装要求

(1) 砂轮机的开口方向应尽可能朝向墙，不能正对着人行通道，而且也不能安装在附近有设备及操作人员的地方。

(2) 如果砂轮机已安装在设备附近或通道旁，在距砂轮机开口 1 ~ 1.5 m 处应设置高 1.8 m 的金属网，加以屏蔽隔离。

(3) 砂轮机不得安装在有腐蚀性气体或易燃易爆场所内。

(4) 砂轮机安装场所应保持地面干燥。

(5) 砂轮机使用现场应保证足够的照度。

五、技能操作

1. 砂轮机的定位

砂轮机安装在什么位置是我们安装过程中首先要考虑的问题，只有选定了合理又合适的位置，我们才能进行其他的工作。砂轮机禁止安装在正对着附近有设备及操作人员或经常有人过往的地方，一般较大的车间应设置专用的砂轮机房。如果确因厂房地形的限制不能设置专用的砂轮机房，应在砂轮机正面装设不低于 1.8 m 高度的防护挡板，并且挡板要求牢固有效。

2. 砂轮机的安装水平调整和固定

(1) 砂轮的平衡

砂轮不平衡造成的危害主要表现在两个方面。一方面在砂轮高速旋转时，引起振动；另一方面，不平衡加速了主轴轴承的磨损，严重时会导致砂轮的破裂，造成事故。因此，要求直径大于或等于200 mm的砂轮装上法兰盘后应先进行静平衡调试。砂轮在经过整形修整后或在工作中发现不平衡时，应重复进行静平衡调试。

(2) 砂轮与卡盘的匹配

匹配问题主要是指卡盘与砂轮的安装配套问题。按标准要求，砂轮法兰盘直径不得小于被安装砂轮直径的1/3，且规定砂轮磨损到直径比法兰盘直径大10 mm时应更换新砂轮。此外，在砂轮与法兰盘之间还应加装直径大于卡盘直径2 mm、厚度为1~2 mm的软垫。

(3) 砂轮机的防护罩

防护罩是砂轮机最主要的防护装置，其作用是当砂轮在工作中因故破坏时，能够有效地罩住砂轮碎片，保证人员的安全。砂轮机防护罩的开口角度在主轴水平面以上不允许超过65°。防护罩应安装牢固可靠，不得随意拆卸或丢弃不用。防护罩在主轴水平面以上开口大于或等于30°时必须设挡屑屏板，以避免磨削飞屑伤及操作人员。它安装于防护罩开口正端，宽度应大于砂轮防护罩宽度，并且应牢固地固定在防护罩上。此外，砂轮圆周表面与挡板的间隙应小于6 mm。

子课题3　台钻和锯床的安装

一、台钻的结构和工作原理

台式钻床（图2—1—23）是一种小型钻床，应用较为广泛。电动机通过五级变速带轮，使主轴可变五种转速，头架可在圆立柱上面上下移动，并可绕圆立柱中心转到任意位置进行加工，调整到适当位置后用手柄锁紧。如头架要放低，先把保险环调节到适当位置，用紧定螺钉把它锁紧，然后放松手柄，靠头架自重落到保险环境，再把手柄扳紧。工作台可在圆立柱上面上下移动，并可绕立柱转动到任意位置。当松开锁紧螺钉时，工作台在垂直平面还可左右倾斜45°，工件较小时，可放在工作台上钻孔，工件较大时，可把工作台转开，直接放在钻床底面上钻孔。

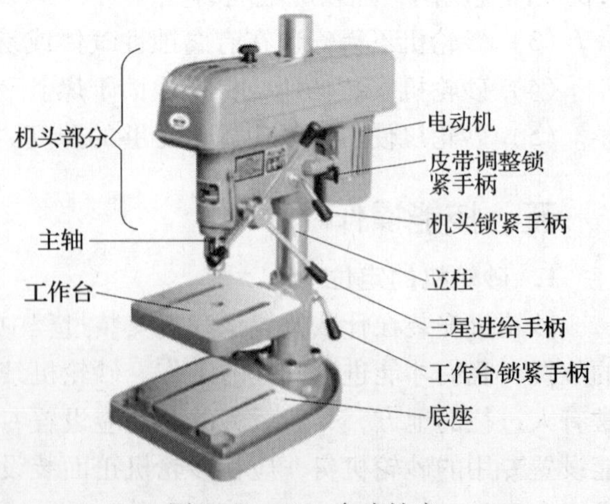

图2—1—23　台式钻床

台钻灵活性较大，转速高，生产效率高，使用方便，因而是零件加工、装配和修理工作中常用的设备之一。但是由于构造简单，变速部分直接用带轮变速，转速较高，一般在400 r/min以上，所以有些特殊材料或工艺需用低速加工的不适用。

台钻的基本工作原理是以电动机作为动

力，通过皮带传动带动变速箱，变速箱由齿轮经过多级变速后将动力传给主轴作为旋转动力，主轴装在套筒内，套筒上有齿条，通过齿轮变速箱的齿轮变速将电动机的旋转转换为齿条的直线运动，提供工作时的进给动力，从而实现钻削加工。

二、台钻的工作环境与安装要求

(1) 安装台钻的四周应留有足够的空间，方便操作人员进行操作和维修人员进行维修。

(2) 台钻四周应较干燥且无腐蚀性气体及液体，防止降低设备的电气绝缘性能。

(3) 台钻应固定牢靠，有可靠接地，并用水平仪进行水平调整，防止运转时产生振动，影响工件的钻削质量。

(4) 台钻采用三相四线制（380 V/三相）的交流电源。若启动后，钻头旋转方向相反，只需将其中二相火线对调即可。

三、锯床的结构和工作原理

1. 锯床的结构

锯床（图 2—1—24）的主要部件有底座、床身、立柱、锯梁和传动机构、导向装置、工件夹紧装置、张紧装置、送料架、液压传动系统、电气控制系统、润滑及冷却系统。

图 2—1—24 锯床

(1) 底座

底座为钢板焊接而成的箱形结构，床身、立柱固定其上，底座内腔有较大空间，前左侧为电气按钮控制箱和电气配电板箱，中间为由钢板焊成的液压油箱，腔内装有液压泵站、液压管路，右侧为切削液箱及水泵。

(2) 床身

床身为铸铁件，固定在底座上，立柱由一大一小两个圆立柱组成，大圆立柱作为锯梁运动的导轨，用以支撑锯梁上升下降运动，并保证精确的导向，小圆立柱起辅助作用，从而保证锯条的正常切削。中间为夹料虎钳和手动送料机构，虎钳前方连接有承接成品件的工作台，左侧的夹紧装置为夹紧丝杠，其穿过液压夹紧油缸杆内孔，转动手轮或按动按钮，使左钳口左右运动。

(3) 锯梁和传动机构

由厚钢板切割成形焊接而成，具有较强的刚度，其右后侧固定有蜗轮箱，箱内的蜗轮与锯梁上面的主动轮固接，二者同步旋转，左侧为被动轮和锯条张紧位置。锯条的回转运动由主电动机、皮带轮、蜗轮副经两级变速传递到主动轮，再由主动轮、锯条驱动被动轮来实现，锯条运转速度共三挡。

(4) 锯条导向装置

安装在锯梁支板的导向装置由左、右导向臂与导向头组成，左、右导向臂都可沿燕尾榫移动（或右导向臂固定在立柱套上），调整两导向臂间距离至比工件尺寸宽40 mm左右。导向装置用于改变锯条的安装角，使锯条与工作台垂直，为保证锯条的切削精度，减少振动，在左、右导向臂上各装有一组导向轮（滚动轴承）和耐磨的导向块，锯条背部也有耐磨合金的导向块。

（5）工件夹紧装置

右虎钳固定在床身上，夹紧丝杠穿过液压夹紧油缸内孔，由丝杠连接左虎钳沿导轨左右移动，当左虎钳距离工件10～30 mm时连接。手按控制面板的钳紧或钳松按钮，使工件夹紧或松开。

（6）张紧装置

张紧装置是由滑板座、滑板、丝杆等组成的，当要将锯条张紧时，用扭力扳手按顺时针方向旋转，可张紧锯条，处于工作状态。如果锯床处于长时间停机状态，扭力扳手向逆时针方向旋转松开锯条。

2. 工作原理

液压传动系统是由泵、阀、油缸、油箱、管路等元辅件组成的液压回路，在电气控制下完成锯梁的升降、工件的夹紧。通过调速阀可实现进给速度的无级调速，达到对不同材质工件的锯切需要。电气控制系统是由电气箱、控制箱、接线盒、行程开关、电磁铁等组成的控制回路，用来控制锯条的回转、锯梁的升降、工件的夹紧等，使之按一定的工作程序来实现正常切削循环。

润滑系统开车前必须按机床润滑部位（钢丝刷轴、蜗轮箱、主动轴承座、蜗杆轴承、升降油缸上下轴、活动虎钳滑动面夹紧丝杆）要求加油。蜗轮箱内的蜗轮、蜗杆采用30号机油油浴润滑，由蜗轮箱上部的油塞孔注入，箱里面备有油标，当锯梁位于最低位置时，油面应位于油标的上、下限之间。试用一个月后应换油，以后每隔3～6个月换油1次，蜗轮箱下部设有放油塞。

锯条传动由安装在蜗轮箱上的电动机通过皮带轮、三角胶带驱动蜗轮箱内的蜗杆和蜗轮，带动主动轮旋转，再驱动绕在主动轮缘或被动轮缘上的锯条进行切削回转运动。锯条进给运动由升降油缸和调速阀组成的液压循环系统控制锯梁下降速度，从而控制锯条的进给（无级调速）运动。锯刷旋转在锯条出屑的地方，随着锯条走锯的方向旋转，并由冷却泵提供冷却液清洗，清除锯齿上的切屑。冷却液在底座的右侧冷却切削液箱里，由水泵直接驱动提供冷却液。

按紧停（停止）按钮，顺时针方向旋转，油泵电动机工作，齿轮泵工作，油液经过滤网进入管路，调节溢流阀使系统工作压力达到要求。反之按钮向内压，所有电动机停止工作。工件夹紧按钳紧按钮，电磁阀工作，液压油进入夹紧油缸左边，右边液压油回油箱，左钳口向右运动，工件夹紧。

锯梁下降按工作按钮，液压油通过电磁阀进入升降油缸有杆腔；无杆腔液压油通过电磁阀、单向调速阀回油箱。锯梁快降按下降按钮，液压油通过电磁阀工作，油进入升降油缸有杆腔，无杆腔油通过电磁阀回油箱。锯梁上升按上升按钮，液压油通过电磁阀进入升降油缸无杆腔；有杆腔油经过电磁阀回油箱。工件松开按钳松按钮，液压油通过电磁阀进入夹紧油缸右边；左边液压油通过电磁阀回油箱，左钳口向左运动，工件松开。

系统的模拟输入、输出模块使锯削过程的监控具有广泛的意义，如锯床只要增加锯条变形的反馈，即可对锯削速度进行自适应调整。增加伺服阀，即可对锯削过程的速度和位置控制进行优化。系统的管理功能使材料和工件的管理更方便。系统的中文界面和实时的图形状态显示，使操作更友好，更直观。

四、锯床的工作环境与安装要求

（1）锯床上的液压油应加足，滑动和转动部位抹上一层机油。

（2）待锯床装上锯带，调节张紧装置（转动锯架左侧手柄），使锯带张紧，达到合适程度，同时调节好行程开关触头，使其刚好碰到挡铁，处于开启状态。

（3）冷却水箱里加足冷却液。

（4）做好以上准备工作后，接上电源，接地必须标准可靠，开启电源开关（在电气控制箱上），开动锯床试车，按照标牌上所注明旋向校正接线，同时听其声音是否正常。运转过程中让锯弓自动下降，使锯带下降到低于工作台 0.5 ~ 1 mm 处，限位开关头碰上撞块自动上升，当达到极限位置高度是否自动停机，连续试验三次。运转过程中调节张紧装置处于松弛状态，让行程开关触头离开撞块断电关机，连续试验三次。

（5）检查升、降油缸装置，检查锯弓抬起和落下是否可靠灵活。

（6）检查夹紧、放松油缸装置，检查夹紧时是否夹紧可靠，放松是否灵活。

（7）调节调速旋钮，调至 1 挡（低速）运转，再调至 2 挡（高速）运转，反复试验三次。

（8）在主电动机电源开关开启后，水泵相应同时启动，冷却系统正常运转。调试阀门，检查冷却液是否流畅。

（9）做好以上准备工作后，装料夹紧锁定，进行试锯削。

五、技能操作

1. 台钻的定位

通过一次对台虎钳常用结构的拆装实践，了解台虎钳的基本结构及工作原理，并对台虎钳做好维护保养工作。

2. 台钻的安装水平调整和固定

正常的机床设备安装都是需要找好水平的，特别是那种把工件放在地面上加工的机床更需要找水平。找水平主要是为了防止机床设备长时间后会变形，从而影响机床本身的精度。像一般的小台钻之类的就不需要找水平，台钻制造过程中的精度问题那是肯定要找的，这一点很重要。台钻主要是找主轴和底盘的垂直度，一般要求的允许误差是前倾不超过 0.10 mm。台钻精度检验时都要求必须是前倾，绝对不能后仰。因为在使用过程中会有向上的力来加以抵消。

3. 锯床的定位与安装水平调整固定

（1）锯床应该安装在由地脚螺钉固定的混凝土结构地基上，调整机床水平时应确保后部略高于前部，以便于冷却液顺利流回冷却液箱中。

（2）应向冷却液箱中加入适当配比的冷却液，一般材料时比例为 1∶30（专用切削液与水比例），难切削的较硬材料按 1∶20 进行配置。

（3）确认电源连接完成后，打开主动轮罩，按机床启动按钮，检查锯轮转向是否正确。

（4）锯切前应根据材料的直径及材质选择合适齿节的锯条，对照面板的参数表调整锯条的线速度及进给速度，并调整钢丝刷轮盒，使钢丝刷轮接触至带锯条 2/3 齿高处。

（5）新锯条首次使用时必须进行磨合切削，需将锯条的线速度及进给速度降至正常切削状态参数的一半，且至少锯切 5 个直径为 200 mm 或相当切削面积的完整切片。

（6）机床发现振动或异常响声时，应立即停机检查，确认无故障后方可重新启动机床。

课题 2　设备调试

子课题 1　砂轮机的砂轮安装及调试

一、设备空运转试验

1．设备空运转试验前的准备

（1）技术准备

设备空运转之前，一定要熟悉有关的技术资料及文件，掌握设备的结构特性、技术规格、安全操作规程、润滑及设备验收标准等。

（2）安全文明生产准备

要检查设备试车周围的清洁卫生情况，清除妨碍机械运转的杂物。设备上除必须放置的工具和量具外，绝不允许放置其他物品。按照工种要求穿戴好防护用品，绝不允许违章操作。

（3）工作准备

设备及附属装置、管路等均应全部施工完毕，并验收合格。润滑、液压、冷却水、气（汽）、电气、仪表控制等附属装置均应按系统检验完毕，并符合运转的要求。

1）检查机械设备各部分的装配零件是否完整无缺，各种仪表都要经过试验，所有螺钉、销钉之类的紧固件都要拧紧并固定好。

2）按要求检查设备的润滑工作及润滑状况。每个应当润滑的润滑点都要按照产品说明书上的规定保质保量地加上润滑油。在设备运转前，应先开动液压泵，将润滑油循环一次，以检查整个润滑系统是否畅通、各润滑点的润滑状况是否良好。

3）检查设备手柄系统、液压系统、冷却系统、风动系统的阀门是否按有关规定放置在正确的位置上。

4）检查设备的供电系统及电气系统。尤其是供电系统，关键设备系统的开合闸必须有专人负责，试运转初期不能离开，以备出现紧急情况时及时断电。

5）检查设备需要的安全设施（如安全罩、栏杆、围绳等）、安全措施（防火、防汽和防水），要求准备妥当。

6）只有确认空运转试验前的准备工作就绪，才能进行试车。

（4）物品工具准备

设备试运转用料、工具、检测用仪器仪表、记录表格和消防安全设施等均应符合试运转的要求。对于大型、复杂和精密的设备，应编制试运转方案或操作规程。

2. 设备空运转实验的要求

（1）设备主运动和进给运动的启动、停止、制动、半制动或自动动作，各种操作阀、操作手柄（手轮）动作均应灵敏可靠。

1）这些动作的操作件（如阀、手柄等）必须与标牌和指示相对应，不得有松动、错位和混乱。

2）这些动作的操作件必须灵活、无阻力、方向正确。

（2）变速、换向、分度、定位及制动进给（或手动进给）动作应准确可靠。

（3）夹紧、快速移动和安全保障装置应动作正常、安全可靠。

（4）主轴在以最高转速运转，其轴承温度稳定时，滑动轴承的温度不超过60℃，温升不超过30℃；滚动轴承的温度不超过70℃，升温不超过40℃；其他机构轴承的温度不超过50℃。

（5）在多级速度运转时，设备不得有明显的振动。空运转的振幅范围如下：

车床、钻床、刨床、插床、拉床——5～10 mm。

镗床、铣床、组合机床——3～7 mm。

磨床、精密机床——1～3 mm。

高精密机床——1 mm。

（6）在各种速度下，设备空运转的噪声规定如下。卧式机床 85 dB；高精密机床 75 dB。

（7）液压（气动）系统工作正常

1）所有液压（气动）部件及连接件不得有漏油（气）现象。

2）在各种速度下无振动、爬行、冲击和停滞现象。

3）液压油温一般不超过60℃，当环境温度大于或等于38℃时，连续工作 4 h 不超过70℃，或符合设备的具体要求。

3. 设备空运转实验的内容

（1）检查设备的装配质量和运行状况

在设备空运转过程中，检查应紧固的零件和连接件。若有噪声和异常状况应立即停止试验，并进行检查、调整或修理，故障排除后才能继续试验。有连续使用要求的设备，空运转试验应从头开始。

（2）设备的速度试验

1）主运动机构的速度实验应从最低到最高速度逐级试验，每级转速不得少于 5 min，最高速度不得少于 30 min。用交换齿轮、带传动变速和无级变速机构可做低、中、高 3 种速度的试验。

2）进给机构应做低、中、高 3 种速度的空运转试验。

3）快速进给机构应做快速移动的反复试验。

4）设备辅助机构的试验（如设备的制动、夹紧、转位及自动循环等）也要做相应的动作试验，并达到要求。

5）液压系统稳定性的试验。

6）机械系统、电气系统、液压系统的联合动作试验，尤其是互锁动作的试验。

4. 设备空运转试验的故障排除

（1）通过调整可以解决的故障

设备空运转时，其传动元件进行磨合，常出现连接件松动、运动副间隙过大、制动不灵等。如斜铁、摩擦片、顶丝、螺母、刹车等通过调整即可解决。

（2）噪声故障

这是设备修理后常见的问题，也是比较难解决的故障。主要方法是寻找产生噪声的故障源。

1）运动副的噪声。如设备工作台往复运动爬行的噪声、工作台换向的冲击声、运动副间隙过小或过大及润滑不好、液压传动设备或油缸内充有空气、活塞杆或油缸与运动方向不平行、液压操纵阀的故障都会产生噪声。

2）机械旋转产生的噪声。噪声主要由振动引起，一般分析时要从噪声有无规律着手。故障的排除有两种方法。

①普通分析。这里指的是借助于技术资料和修理经验分析故障源，如车床主轴箱出现噪声，首先判断它是有规律还是无规律，及正、反转转速级别。然后利用传动系统图，标出有噪声的传动链，找出发出噪声的公用传动元件，检查其轴是否弯曲，齿轮节圆跳动是否超差，齿面是否有毛刺，轴承的质量是否下降。最后判断出故障源，进行修复、调整或更换。

②故障诊断技术。这里指的是排除设备故障的高科技发展方向。它采用设备机械故障综合诊断仪器检测故障源。如上述车床噪声故障通过传感器和故障诊断仪进行测量，将由仪器画出的频谱图与计算的主轴箱主轴、传动轴、齿轮、轴承以及电动机、带轮等频率相对照。其波峰相对的传动元件就是噪声的故障源，这样做既快又直观，同时也很准确。

（3）发热

这里指的是温度上升超出了通用技术标准规定的温度，或不应有的温升。主要是由于运动副不正常运动（间隙过小或过大）、旋转机械运动不正常（间隙过小或过大产生撞击）、零件或部件的刚性变形所引起的。解决方法是通过调整或修复增加其刚度。

二、试运转的一般步骤

试运转的步骤应当是先无负荷，后有负荷；先低速，后高速；先单机，后联动。每台单机要从部件开始，由部件到组件，由组件到单台设备。对于数台设备联成一套的联动机组，要将每台设备分别试好后，才能进行整个机组的联动试运转。并且前一步骤未合格前，不得进行下一步骤的试运转。

设备试运转前，电动机应该单独试验，以判断电力拖动部分是否良好，并确定正确的回转方向；其他如电磁制动器、电磁阀限位开关等各种电气设备，都必须提前做好试验调整工作。

试运转时，能手动的部件先手动后再机动。对于大型设备，可利用盘车器或吊车转动两圈以上。如果没有卡住和异常现象，方可通电运转。

无负荷试运转时，要检查设备各部分的动作和相互间作用的正确性。同时，也使某些摩擦表面初步磨合。

负荷试运转的目的是检验设备能否达到正式生产的要求。此时，设备带上工作负荷，在与生产情况相似的条件下进行。

设备一经启动，应立刻观察和严密监视其工作情况。根据设备的不同特性，按试车规程所规定的各项工作性能参数及其指标进行记录，并随时判别其是否正常，如轴承的进油温度、排油温度和进油压力是否正常，轴承的振动和噪声是否正常，设备的静、动部分是否存在不正常的摩擦或碰撞，有无过热的部分和松动的部分；是否有运动状况不符合要求的部分以及热胀不符合要求的情况，设备其余各部分的振动和噪声是否过大，机器的转速是否准确和稳定，功率是否正常，流体的压力、温度和流量等是否正常，密封处有无泄漏现象等。

三、砂轮机的调试项目与要求

砂轮机是机械工厂最常用的机器设备之一，各个工种都可能用到它。砂轮质脆易碎、转速高、使用频繁、极易伤人。它的安装位置是否合理，是否符合安全要求，它的使用方法是否正确，是否符合安全操纵规程，这些都直接关系到每一位职工的人身安全，因此在实际使用中必须引起我们足够的重视。

1. 定位要求

砂轮机的安装位置是我们首先要考虑的要求，只有选定了合理又合适的位置，我们才能进行其他的工作。砂轮机禁止安装在正对着四周设备及操纵职员或经常有人经过的地方，一般较大的车间应设置专用的砂轮机房。假如因厂房地形的限制不能设置专用的砂轮机房，则应在砂轮机正面装设不低于 1.8 m 高度的防护挡板，并且挡板要求牢固有效。

2. 平衡要求

砂轮的不平衡主要是由砂轮的制造和安装不正确，使砂轮重心与回转轴不重合而引起的。不平衡造成的危害主要表现在两个方面，一方面是在砂轮高速旋转时引起振动，易造成工件表面产生多角形振痕；另一方面，不平衡加速了主轴的振动和轴承的磨损，严重时会造成砂轮的破裂，甚至造成事故。因此，要求直径大于或等于 200 mm 的砂轮装上法兰盘后应先进行静平衡，砂轮在经过整形修整后或在工作中发现不平衡时，应重复进行静平衡。

3. 匹配要求

匹配要求主要是指卡盘与砂轮的安装配套要求。按标准要求，砂轮法兰盘直径不得小于被安装砂轮直径的 1/3，且规定砂轮磨损到直径比法兰盘直径大 10 mm 时应更换新砂轮。这样就存在一个法兰盘和砂轮的匹配要求，否则会出现这样的情况，“大马拉小车”容易造成设备和材料的浪费；“小马拉大车”又不符合安全要求，易造成人身事故。因此，法兰盘与砂轮的合理匹配一方面可以节约材料，另一方面又符合安全操纵要求。此外，在砂轮与法兰盘之间还应加装直径大于卡盘直径 2 mm、厚变为 1 ~ 2 mm 的软垫。

4. 防护要求

防护罩是砂轮机最主要的防护装置，其作用是当砂轮在工作中因故破坏时，能够有效地罩住砂轮碎片，保证职员的安全。砂轮防护罩的外形有圆形和方形两种，其最大开口角度不应超过 90°；防护罩的材料为抗拉强度不低于 415 N/mm^2 的钢材。更换新砂轮时，防护罩的安装要牢固可靠，并且防护罩不得随意拆卸或丢弃不用。

挡屑屏板是砂轮机的主要防护附件之一，防护罩在主轴水平面以上开口大于或等于 30°时必须设此装置。它的主要功能是用来遮挡磨削过程中的飞屑，以免伤及操作人员。它安装于防护罩开口正端，宽度应大于砂轮防护罩宽度，并且应牢固地固定在防护罩上。此外，砂轮圆周表面与挡板的间隙应小于 6 mm。

5. 托架要求

托架是砂轮机常用的附件之一，按规定砂轮直径在 150 mm 以上的砂轮机必须设置可调托架。砂轮与托架之间的间隔应小于被磨工件最小外形尺寸的 1/2，且最大不应超过 3 mm。

6. 接地要求

砂轮机使用动力线，因此设备的外壳必须有良好的接地保护装置。接地不好也是易造成事故的重要因素之一。

四、砂轮机的调试安全操作规程

（1）安装前应检查砂轮片是否有裂纹，若肉眼不易辨别，可用坚固的线把砂轮吊起，再用一根木头轻轻敲击，静听其声（金属声则优，哑声则劣）。

（2）砂轮机必须有牢固、合适的砂轮罩，否则不得使用。

（3）安装砂轮时，螺母上得不能过松、过紧，在使用前应检查螺母是否松动。

（4）砂轮安装好后，一定要空转试验 2 ~ 3 min，看其运转是否平衡，保护装置是否妥善可靠，在测试运转时，应安排两名工作人员，其中一人站在砂轮侧面开动砂轮，如有异常，由另一人在配电柜处立即切断电源。以防发生事故。

（5）使用砂轮机时，必须戴防护眼镜。

（6）开动砂轮时必须经 40 ~ 60 s 转速稳定后进行磨削，磨削刀具时应站在砂轮的侧面，不可正对砂轮，以防砂轮片破碎，飞出伤人。

（7）严禁两人同时使用一片砂轮。

（8）刃磨时，刀具应略高于砂轮中心位置。不得用力过猛，以防滑脱伤手。

（9）砂轮机未经许可，不许乱用。

（10）使用完毕后应随手关闭砂轮机电源。

（11）下班时应将砂轮机清扫干净。

五、技能操作

1. 砂轮的检查

砂轮在安装使用前必须经过严格的检查，有裂纹等缺陷的砂轮绝对不准安装使用。

(1) 砂轮标记检查

砂轮没有标记或标记不清，或无法核对、确认砂轮特性，不管是否有缺陷，都不可使用。

(2) 砂轮缺陷检查

其检查方法是目测和声响检查。

1）目测检查是直接用肉眼或借助其他器具查看砂轮表面是否有裂纹或破损等缺陷。

2）声响检查也称敲击试验，主要针对砂轮的内部缺陷，检查方法是用小木锤敲击砂轮。正常的砂轮声音清脆，如果声音沉闷、嘶哑，说明有问题。

(3) 砂轮的回转强度检验

对同种型号一批砂轮应进行回转强度抽验，未经强度检验的砂轮批次严禁安装使用。

2. 砂轮的安装

(1) 核对砂轮的特性是否符合使用要求，砂轮与主轴尺寸是否相匹配。

(2) 将砂轮自由地装配到砂轮主轴上，不可用力挤压。砂轮内径与主轴和卡盘的配合间隙适当，避免过大或过小。配合面清洁，没有杂物。

(3) 砂轮的卡盘应左右对称，压紧面径向宽度应相等。压紧面平直，与砂轮侧面接触充分，装夹稳固，防止砂轮两侧面因受不平衡力作用而变形，甚至碎裂。

(4) 卡盘与砂轮端面之间应夹垫一定厚度的柔性材料衬垫（如石棉橡胶板、弹性厚纸板或皮革等），使卡盘夹紧力均匀分布。

(5) 紧固砂轮的松紧程度应以压紧到足以带动砂轮不产生滑动为宜，不宜过紧。当用多个螺栓紧固大卡盘时，应按对角线成对顺序逐步均匀旋紧，禁止沿圆周方向顺序紧固螺栓，或一次把某一螺栓拧紧。紧固砂轮卡盘时只能用标准扳手，禁止用接长扳手或敲打办法加大拧紧力。

3. 砂轮机的试车

砂轮机轴承按规定一年更换一次润滑脂。试车前检查砂轮有无裂纹，轻击砂轮有无杂音，确认正常才能安装使用。安装砂轮片时，必须调整平面的摆动，调整后夹紧螺母，装上防护罩。新砂轮片安装后，需电源开关间隔慢速启动 5 min，认为正常再全启动 10 min。安装操作者在新砂轮开机时严禁站立在砂轮的正面，必须站立在砂轮机两边，以防新砂轮运转爆裂，产生人身伤害事故。新砂轮试车前砂轮机正面前方如有人员，必须清场。新砂轮片试车 15 min 后，确认正常后修整砂轮片外径，待修整后砂轮机无跳动时方能使用。

子课题 2　台钻传动带张紧力的调整及试车

一、设备的安装质量检查

1. 安装基础的质量检查

(1) 安装基础的施工

安装基础的施工是由土建工程部门完成的，但生产、安装部门也必须了解基础施工的过程，以便进行必要的技术监督和基础验收工作。基础施工包括如下过程，即挖地坑、装设模板、安装钢筋、安装地脚螺栓和预留孔模板、浇灌混凝土、洒水维护保养以及拆除模板等。

(2) 基础验收的主要标准

基础验收的具体工作是由安装部门根据图样和技术规范对基础工程进行全面审查。基础施工工程质量好坏的主要标准如下。

1) 基础混凝土的强度应符合设计要求，并要经过混凝土试件的试验结果来验证。

2) 基础的几何尺寸应符合设计规定，包括如下内容，即基础纵横中心线及与地脚螺栓孔的连接尺寸、地脚螺栓孔的平面尺寸、基础凸台尺寸、预留孔和通孔尺寸、埋入基础的锚定装置平面中心线、基础平面及标高尺寸、不考虑二次灌浆高度的基础表面标高。

3) 基础形状是否符合设计要求。

4) 基础工程的表面质量。

(3) 安装基础的验收

安装基础施工由土建部门负责，在基础和地脚螺栓做好后，安装地脚螺栓的工作由安装部门负责，双方应密切合作。基础移交时应验收下列技术文件。

1) 附有材料表的基础施工图。

2) 基础标高测量图。

3) 基础定位测量图表。

4) 关于基础质量的合格记录及签署交接书。

2. 垫铁、地脚螺栓的安装质量检查

(1) 垫铁的安装质量检查

为了更好地承受压力，垫铁和基础面要紧密贴合。垫铁应放在地脚螺栓两侧，垫铁组在安放稳定和不影响灌浆的情况下，应尽量靠近地脚螺栓。每组垫铁的总数不得超过 3 块，为了减少机座变形，相邻两垫铁组的距离一般应保持在 700 ~ 1 000 mm。垫铁过高会影响设备的稳定性，过低则会影响灌浆。厚垫铁放在下面，薄垫铁放在上面，最薄的应放在中间位置。应尽量少用或不用薄垫铁，以免产生振动而影响设备的稳定性。

垫铁的放置如有错误或不合理时，将会直接影响设备的安装精度和使用寿命，并导致设备产生局部应力过大或机组振动、变形等问题。故应按下列要求认真进行检查，确保安装质量。

1）每个地脚螺栓旁至少需有一组垫铁。

2）垫铁组在能放稳和不影响灌浆的情况下，应尽量靠近地脚螺栓。

3）相邻两组垫铁的距离一般应保持在 700 ~ 1 000 mm。

4）不承受主要负荷的垫铁组，不应使用成对斜垫铁，可使用平垫铁和一块斜垫铁。

5）每组垫铁内，斜垫铁应放在最上面，单块斜垫铁下面应有平垫铁。

6）承受主要负荷的垫铁组，应使用成对斜垫铁（即把两块斜度相同而斜向相反的斜垫铁沿斜面贴合在一起使用），找平后用电焊焊牢。

7）承受主要负荷并在运行时产生较强烈连续振动的垫铁组，不应采用斜垫铁，只能采用平垫铁。

8）每组垫铁总数不允许超过 3 块，如果垫铁厚度不够而必须超过 3 块，应尽量减少块数和少用薄垫铁，并应将各垫铁焊牢（铸铁垫铁可以不焊）。

9）每组垫铁应放置整齐、平稳，保证接触良好，设备找平后每一组垫铁均应被压紧，并用 0. 25 kg 锤子逐组轻轻敲击，听声音检查。

10）设备找平后，垫铁应露出设备底座外缘，平垫铁应露出 25 ~ 30 mm；斜垫铁应露出 25 ~ 50 mm；平垫铁伸入设备底座面内的长度应超过地脚螺栓的中心。

11）采用调整垫铁时，螺纹部分和调整块滑动面上应涂润滑脂，找平后，调整块仍留有可继续升高的余量。

12）安放垫铁时，可以采用标准垫法（在每一地脚螺栓两侧各放一组垫铁）、十字垫法、井字垫法、单侧垫法、三角垫法和辅助垫法（两组垫铁之间加放一组辅助垫铁）等，垫铁的放置方法如图 2—2—1 所示。

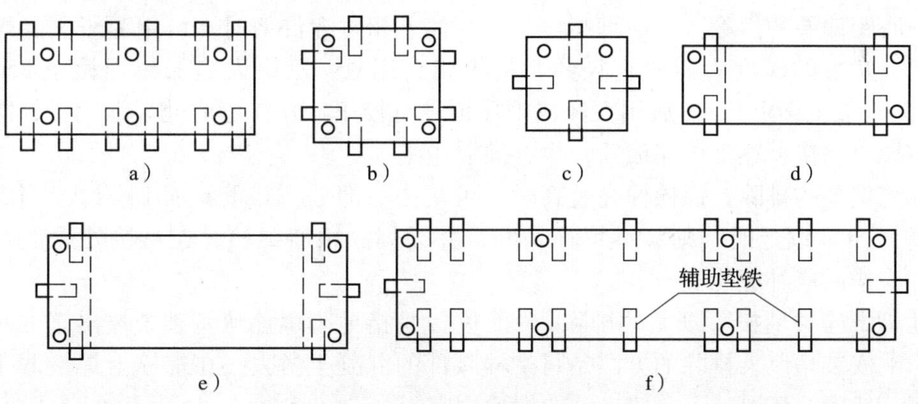

图 2—2—1 垫铁的放置方法

a）标准垫法 b）井字垫法 c）十字垫法 d）单侧垫法 e）三角垫法 f）辅助垫法

13）应将厚垫铁放在下面，薄垫铁放在上面，最薄的垫铁应夹在中间，以免发生翘曲变形。同一组垫铁的几何尺寸要相同。

（2）地脚螺栓的安装质量检查

地脚螺栓应根据标准配置垫片和螺母，振动剧烈的设备应安装双螺母锁紧以防松动。地脚螺栓的长度应符合施工图的规定。当施工图无规定要求时，可按下式确定。

$$L = 15D + S + (5 \sim 10)\ \text{mm}$$

式中 L——地脚螺栓的长度，mm；

D——地脚螺栓的直径，mm；

S——垫铁高度、机座厚度、螺母厚度和预留量（为地脚螺栓距离的 3 ~ 5 倍）的总和，mm。

1）地脚螺栓和基础的连接。可拆连接只适用于长地脚螺栓，不可拆连接是指将地脚螺栓和地基浇灌在一起，它又分为一次灌浆法和二次灌浆法两种。

①一次灌浆法。在浇灌基础时，预先把地脚螺栓埋入地脚螺栓孔内，称为一次灌浆法。一次灌浆法可以增加地脚螺栓的稳定性、坚固性和抗振性，不必采用横板，但是不便于调整。

②二次灌浆法。浇灌基础时，预先在基础内留出地脚螺栓的预留孔，设备安装就位后再穿上地脚螺栓，然后用混凝土或水泥砂浆把地脚螺栓浇灌牢固，称为二次灌浆法。这种方法便于安装时调整，但连接牢固性差。

2）地脚螺栓拧紧力的确定。在拧紧地脚螺栓时，应确保所需要的扭矩大于规定数值（表 2—2—1）。

表 2—2—1　　地脚螺栓直径和拧紧力矩

地脚螺栓直径（mm）	10	12	16	20	24	30	36	42	48
螺栓拧紧力矩（N·m）	12	24	60	100	250	550	950	1 500	2 300

3）地脚螺栓偏差的处理。地脚螺栓常常会出现中心距偏差、标高偏差和“活拨”现象，这些现象会直接影响设备的安装质量，应予以排除。

①中心距偏差的排除。当地脚螺栓中心距偏差超过允许值时，可用錾子去除螺栓四周的混凝土，凿去的深度为螺栓直径的 8 ~ 15 倍，用氧—乙炔火焰加热螺栓至 850℃ 左右（螺栓呈淡樱红色即可），然后用大锤或千斤顶进行校正，并在弯曲处焊上钢板，防止以后螺栓又被拉直。待上述工作完成后，再补灌混凝土。

②标高偏差的排除。螺栓标高过高时，可割去一部分，并重新加工螺纹。当螺栓低于设计标高 15 mm 以上时，则应将螺栓切断，并另焊一根新螺栓，在对接处焊上 4 条加强肋，处理完毕后应补灌混凝土。

③地脚螺栓“活拨”现象的排除。“活拨”是指地脚螺栓从基础中拔出来的现象，它将直接影响安装精度。排除的方法是将螺栓腰部的混凝土凿去，在螺栓上焊接两条交叉的 U 形钢筋，然后补灌混凝土，使松动的螺栓固定。

二、设备日常检查的规范和标准

设备维修保养工作的考核标准是设备完好率。设备完好率是完好设备台数与在用生产设备台数之比。完好设备必须符合完好标准，但设备的工艺、结构特点不同，完好标准也不完全一样。完好的金属切削机床应当达到如下要求。

1. 金属切削机床通用检查规范和标准

（1）精度、性能均能满足生产工艺要求，精密稀有机床主要精度、性能达到出厂标准。

在实际检查时，可按各类机床规定的加工范围，结合产品工艺规程的技术要求，进行加工切削试验。应满足产品质量规定的加工表面粗糙度、几何精度（锥度、圆度、直线度、平行度、垂直度）等，并保证能稳定生产一定数量的合格产品。对满足工艺要求相关的机床主要精度项目，应进行抽查，对各类机床主要精度项目和精度允差，可根据各类机床加工范围结合加工对象，由企业自己定。机床性能、空运转试验可参照各地区金属切削机床通用修理质量验收标准的主要内容进行。

（2）各传动系统运转正常，变速齐全。

1）设备在运行时无异常冲击、振动、爬行、窜动、噪声、超温和超压现象。

2）各变速挡位变速灵活、可靠，各级速度齐全。

3）通用机床改为专用机床使用时，在满足工艺需要的前提下，减少不必要的变速后仍可满足加工要求。

（3）各操作系统动作灵敏可靠。

1）各操作手柄工作时，不得绑压配重附加物。

2）各刻度盘进退刻线准确、可靠。

（4）润滑系统装置齐全，管线完整，性能稳定，运行可靠。

1）油嘴、油眼和油杯需要逐个检查，应齐全和作用良好。凡有 3 处以上缺损或堵塞现象，又不能现场整改的不算完好。

2）应开车检查油泵和油路的畅通情况，凡泵油不良或油路不畅，经过现场整改后符合要求的可列为完好。

3）油线、油毡齐全、清洁，油标醒目，刻线正确。

（5）电气系统装置齐全，电气设备的接地和接零正确，控制元件反应灵敏。

（6）滑动部位运动正常，各滑动部位及零件无严重拉伤、研伤和碰伤。

1）导轨严重拉伤、研伤和碰伤是指如果不及时采取措施，会继续引起拉毛、研伤或影响精度和工艺要求。

2）精密机床不允许有拉毛、拉丝现象出现，其他设备具有以下三项之一的，而又没采取必要措施的为不完好，即导轨研伤深度 0. 3 mm，宽度 1. 5 mm，累计长度超过导轨全长 1/3 的。

3）凡拉伤、研伤和碰伤不影响精度及工艺要求，并在二级保养中能予以修复的，可列为完好。

（7）机床内外清洁，无油垢，无锈蚀，油质符合要求。

1）各传动面、导轨面和接触面无严重锈蚀、油垢及积灰，各壳体表面清洁、无油垢。

2）各贮油箱的油质符合要求，并检查换油记录是否符合规定；水箱内无积屑、杂物和异味。

（8）基本无漏油、漏水和漏气现象。

1）基本无漏油是指设备 80% 以上的结合面无漏油，每一个漏油点 3 min 内不超过一滴，表面擦净后 5 min 内无明显渗油，或每 8 h 漏油不超过油箱容量的 2% 。

2）各冷却循环水路系统无直线状漏水。

3）气动装置阀及接头完好，无泄漏现象。

4）由于主机生产厂设计制造的原因，引起先天性渗漏，确实一时难以整改的，可以酌情处理。但必须采取措施保证润滑油不滴到地面或不流入切削液池中，并设法引回到润滑油池，否则不算完好。

（9）零部件完整，随机附件基本齐全，能够妥善保管。

1）精密稀有设备和进口设备的零部件及附件要求齐全。一般进口设备零部件和附件要求基本齐全。上述设备的零部件及附件应妥善保管，放置合理，维护良好。

2）单一工序或前方生产设备，凡担负零件工艺要求的零件、附件应齐全，并妥善保管。其余零件、附件原则上应齐全，但不进行严格考核。

3）机床上的手球、螺钉、盖板无缺损，标牌完整、清晰，位置正确。

（10）安全、防护装置齐全、可靠。

2. 卧式车床的外观质量检查规范和标准

（1）用手转动各传动件，应运转灵活。变速手柄和换向手柄应定位准确，操纵灵活。手轮和手柄转动时，其转动力用拉力器测量，不应超过 80 N。

（2）移动机构的反向空行程应尽量小，直接传动的丝杠，空行程不得超过回转圆周的 1/30；间接传动的丝杠，不得超过回转圆周的 1/20。

（3）滑板、刀架等滑动导轨在行程范围内移动时，应轻重均匀且平稳。

（4）安全离合器灵活可靠，超负荷或使用定位挡铁时能及时切断传动。

（5）机床应清洗干净，各润滑油窗和油池应保持清洁，油质和油量应符合规定。

（6）各部分的润滑注油孔应有明显的标记，并且清洁、畅通。油线清洁，插入深度与松紧合适。

（7）电气设备的启动、停止应安全可靠。

（8）开合螺母机构开合灵活、准确，无阻滞或过松的感觉。

（9）挂轮架交换齿轮间的侧隙适当，固定装置可靠。

（10）顶尖套筒在尾座孔中做全长伸缩，应滑动灵活而无阻滞，手轮转动轻快，锁紧机构灵活，无卡死现象。

3. 立式钻床的检查规范和标准

（1）机床空运转前，所有的部件和槽都应查看，要清除内部的切屑和污物。

（2）所有紧固螺钉和调整螺钉，必须全部拧紧并调整完毕。

（3）固定连接面应紧密贴合，用 0.03 mm 塞尺检查时不入。滑动导轨的配合表面用 0.04 mm 塞尺在它们的端部插入深度应小于 20 mm。

（4）检查自动装置和挡铁的工作精度和动作准确性。

（5）主轴应能平稳移动，手柄的质量不应大于 5 kg。

（6）检查各部手柄的可靠性和正确性，应能轻便地扳动。用于变换转速和进给量的手柄，所加的外力不应大于 40 N。

4. 牛头刨床的检查规范和标准

（1）机床空运转前，所有的部件、各滑动面和槽等都应观察是否有其他物件、切屑和污物等。

（2）所有紧固螺钉和调整螺钉必须全部拧紧及调整完毕。

（3）固定连接面应紧密贴合，用0.03 mm塞尺检查时不入。滑动导轨的配合表面用0.04 mm塞尺在它们的端部插入深度应小于20 mm。

（4）机床所有的操纵机构应轻便、灵活，动作平稳。作用在手柄上的力，在工作台水平移动时，不应超过80 N；上下移动时，不应超过100 N。

（5）检查机床各部位的油管、油杯、油孔及油槽等润滑部位是否清洁、畅通，然后按机床润滑系统图将所有需要润滑的部位注入清洁的润滑油。并检查各轴承盖、油管接头和各接触面是否渗油。

三、技能操作

1. 台钻传动带张紧力的调整及试车

台式钻床简称台钻，是一种小型钻床，一般用来加工小型工件上直径不大于12 mm的小孔。传动变速应操纵电器转换开关能使电动机正、反转启动或停止。电动机的转动力分别由装在电动机和头架上的五级带轮（塔轮）和V带传给主轴。改变V带在两个塔轮五级轮槽中的不同安装位置，可使主轴获得五级转速。钻孔时必须使主轴做顺时针方向转动（正转）。变速时必须先停车，松开螺钉可推动电动机前后移动，借以调节V带的松紧，调节后应将螺钉拧紧。主轴的进给运动（即钻头向下的直线运动）由手动操纵进给手柄控制。

钻轴头架安装在立柱上，升降调整时先松开手柄，旋转摇把，使头架升降到需要位置，然后再旋转手柄，将其锁紧。

台钻传动带的张紧，通常是用床身左右两个插销孔一旁的紧固螺钉，从侧边来顶住插销进行紧固的，这种装置在使用过程中，传动带易产生松动打滑现象，因此降低了传动效率和工作可靠性，同时调整传动带预紧力也不太方便。

如需要调整调速带，调整好转速。对于需要钻孔的工件，需要钻通孔时要加垫铁木板；升降钻头，对好中心，箱侧面合上刀闸开关，钻床空转2~3 min，发现钻头有明显与指示转向不同、异常噪声等问题时，要及时进行调整；若无异常，则轻微进刀加工孔的中心后，关闭电源，夹紧工件；禁止直接用手拿工件钻孔。

2. 台钻的调试安全操作规程

（1）使用前要检查钻床各部件是否正常。

（2）钻头与工件必须装夹紧固，不能用手握住工件，以免钻头旋转，引起伤人事故以及设备损坏事故。

（3）集中精力操作，摇臂和拖板必须锁紧后才可工作，装卸钻头时不可用手锤或其他工具物件敲打，也不可借助主轴上下往返撞击钻头，应用专用钥匙和扳手来装卸，钻夹头不得夹锥形柄钻头。

（4）钻薄板需加垫木板，钻头快要钻透工件时，要轻施压力，以免折断钻头，损坏设备或发生意外事故。

（5）钻头在运转时，禁止用棉纱和毛巾擦拭钻床及清除铁屑。工作后钻床必须擦拭干净，切断电源，零件堆放及工作场地保持整齐、整洁。

模块三

机械设备维修

机械设备维修是设备维护和修理两项作业的总称。维护是一种保持设备规定技术性能的日常工作，修理是排除临时故障、恢复设备技术性能的工作，两者的目的都是保证设备的正常工作。本模块以《国家职业技能标准·机修钳工（初级）》所提出的技能要求为标准，讲述了砂轮机、台钻的故障诊断，轴承、固定键的维修，铰链四杆机构、摩擦轮传动机构和带传动机构的维修以及砂轮机、台钻的保养等。通过培训，使学员能熟练使用机修钳工常用的维修工具、量具，对常用机械设备、典型零部件和机械传动机构能进行常规的维修，并能对常用的机械设备做好维护和保养工作。

课题 1　机械设备故障诊断

子课题 1　砂轮机常见故障的诊断

一、故障诊断的原理和任务

所谓机械故障诊断，就是对机械系统所处的状态进行监测，判断其是否正常，当出现异常时分析其产生的原因和部位，并预报其发展趋势。

二、故障诊断的分类

1. 按目的分类

(1) 功能诊断

即对新安装或刚维修过的机械系统诊断其功能是否正常，也就是投入运行前的诊断。

(2) 运行诊断

即对服役中的机械系统进行的诊断。

2. 按方式分类

(1) 巡回检测

就是每隔一定的时间对服役中的机械系统进行检查和诊断。

(2) 在线检测

就是连续地对服役中的机械系统进行检测。

3. 按提取信息的方式分类

(1) 直接诊断

诊断对象与诊断信息来源直接对应的一种诊断方法，即一次信息诊断。

(2) 间接诊断

诊断对象与诊断信息来源不直接对应的一种诊断方法。

4. 按诊断时所要求的机械运行工况条件分类

(1) 常规工况诊断

在机械正常运行条件下进行的一种故障诊断方式。

(2) 特殊工况诊断

对某些机械，需为其创造特殊的工作条件才能对其进行诊断。

5. 按功能分类

(1) 简易诊断

对机械系统的状态做出相对粗略的判断。一般利用简易测量仪器对设备进行检测，根据测得的数据，分析设备的工作状态。

(2) 精密诊断

是在简易诊断基础上更为细致的一种诊断过程。利用较完善的分析仪器或诊断装置，对设备进行诊断，这种装置配有较完善的分析、诊断软件。

机械故障诊断还可根据所采用的技术手段不同而分为振动诊断、油样分析、温度监测和无损检测等。

三、故障诊断的过程

一个完整的诊断过程一般由以下几个基本环节组成。

1. 确立运行状态监测的内容

主要包括确立监测参数、监测部位及监测方式等方面的内容。

2. 建立测试系统

根据监测内容的要求选取传感器及其配套设施，组成测试系统，用以收集故障诊断所需的信息。应考虑环境适应性和降噪处理。

3. 测试、分析及信息提取

主要内容是对借助测试系统所获得的数据进行加工，包括滤波、异常数据的剔除以及各种分析算法等（图 3—1—1）。

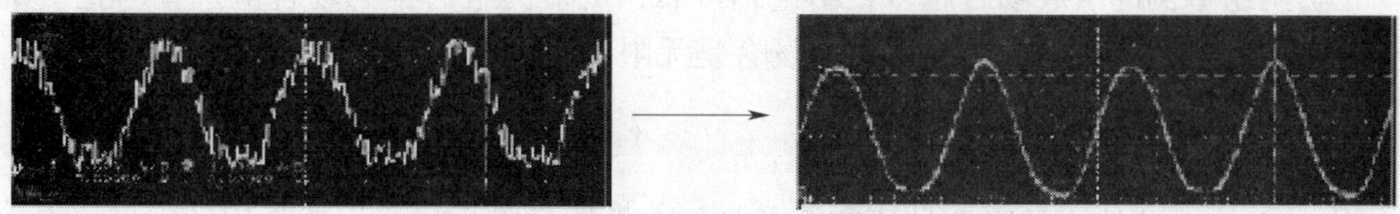

图 3—1—1　对信号进行加工

4. 状态监测、判断及预报

主要是构造或选定判据，确定划分设备状态的各有关参量的槛值等内容，以此判定被判断对象的运行状态，并对其未来发展趋势进行预测。

四、故障诊断的方法

与传统的诊断手段相对应的识别理论只能借助形式逻辑进行一些简单的推理；而与现代诊断技术相对应，则有故障树分析、模式识别以及模糊诊断等多种识别理论。

1. 形式逻辑推理

（1）故障诊断过程可以划分为以下五个步骤

1）调研考察，得出故障现象。

2）假设原因。

3）由假设原因推断出应有的结果。

4）将推断结果与考察所得的现象进行比较。

5）得出假设成立与否的结论，如果原假设不成立，则需另立假设。

（2）几个逻辑的概念

1）原因与结果

引起某种现象产生的因素叫作原因，由这种现象产生的后果叫作结果。

2）因果关系的特性

①因果关系的相对性。

②因果关系的确定性。

③因果关系的普遍性。

首先确定可能的原因或结果，从可能的原因或结果中进行比较，删除虚假成分，找出真正的原因或结果。

3）逻辑推理方法

①契合法（求同法）。

②差异法（求异法）。

在故障分析时，形成上述差异场合的方法有轮流切换法和换件比较法。

A. 轮流切换法。

B. 换件比较法。

分析故障时，如果怀疑某一零件或部件是机器故障的起因，则使用完好件替换，并观察换件前后机器状态的变化，以此判定零件是否是故障原因之所在。

③契合差异并用法（求同求异法）。

正负两组事例的组成场合越多，结论越可靠，负事例组的各个场合应选择与正事例组场合较相似的来比较，因为负事例组的场合是无限多的。

④共变法。

⑤剩余法。

由a、b、c、d构成的复合被研究现象是复合的情况A、B、C、D作用的结果。在应用剩余法进行推断时，有以下两点需注意。

A. 必须确认复杂现象的一部分（a、b、c）是某些情况（A、B、C）引起的，而剩余部分（d）不可能是这些情况（A、B、C）引起的。

B. 复杂现象剩余部分的原因（D）不一定是个单一的情况，还可能是个复杂的情况。实际上多层次、多原因的复杂故障树正是描述这种逻辑关系的。

2. 故障树分析法（FTA）

（1）故障树分析法的概念

故障树分析法（Fault Tree Analysis，FTA），是一种将系统故障形成的原因由总体至局部按树状结构进行逐级细化的分析方法，是一种针对某个特定的不希望发生的事件由结果到原因的演绎推理方法。

故障树分析法的作用是对复杂的动态系统设计、工厂试验或现场发现故障形式进行可靠性分析，其目的是要判明基本故障，确定故障的原因、影响和发生的概率。

故障树分析法的过程是把所研究系统最不希望发生的故障状态作为故障分析的目标，然后找到直接导致这一故障发生的全部因素，再找出造成这些全部因素中的每一个因素发生的全部直接因素，一直追查到那些原始的、其故障机理或概率分布都是已知的、无须再深入研究的因素为止。

描述系统状态、部件状态的变化过程就叫作事件。如果系统或元件按规定要求（规定的条件和时间）完成其功能则称为正常事件。如果系统或元件不能够按规定要求完成指定的功能，或者其功能完成不准确，则称为故障事件。通常引起故障事件的原因有硬件失效、软件错误、环境条件影响以及人为因素等。

把最不希望发生的事件（或系统故障事件）称为顶事件，无须再深究的事件（形成系统故障的基本事件）称为底事件，或称为初始事件，介于顶事件与底事件之间的一切事件都称为中间事件。凡是能产生故障事件的元件、子系统、设备、人和环境条件，在故障树中都定义为部件。

部件的故障按其产生的原因分为三类。

1）由于系统元件的内在原因而产生的直接故障。

2）外部原因、环境恶化等造成的系统元件的间接故障。

3）由于其他不明原因（尚需进一步分析）而产生的故障，也称为受控失效。

（2）故障树分析法的特点

1）优点

①直观、形象。

②灵活、多用途。

③多目标、可计算。

2）缺点

理论性较强，逻辑性较严密，因此要求分析人员对所研究的对象（系统或设备）必须有透彻的了解，还应具有较丰富的设计和运行经验。

（3）故障树分析的内容

1）对所选定的系统（或设备）进行必要的预分析。

2）对系统的故障进行定义。

3）仔细分析形成各种故障的原因。

4）收集各种故障发生概率的数据

5）选定系统可能发生的最不希望发生的故障状态（事件）作为顶事件，作出故障树逻辑图。

6）对故障树结构做定性分析。

7）对故障树结构做定量分析。

(4）故障树的建造

建立故障树的主要步骤：

1）确定顶事件

①要有明确的定义。

②要能进行分解。

③要能度量，以便于定量分析。

2）建立边界条件，简化建树工作，故障树的边界条件应包括：

①初始状态。

②不容许事件。

③不可能事件。

④必然事件。

⑤事件概率。

3）构建故障树。

建立故障树时必须注意：

①故障定义必须明确，避免多义性。

②注意系统中事件的逻辑关系。

③应首先考虑主要的、可能性大的以及关键性的故障事件。

④严格区分小概率事件与小部件故障事件的概念。

⑤建树时切忌避免门与门直接相连。

五、砂轮机的常见故障（表3—1—1）

表3—1—1　　砂轮机的常见故障

常见故障	产生原因	排除方法
电动机不转动 （有电磁声音）	（1）启动电容损坏 （2）三相电源断相 （3）电源开关损坏 （4）轴承卡死 （5）绕组烧坏	（1）更换新电容 （2）查修电路 （3）更换电源开关 （4）更换轴承 （5）修理绕组
电动机不转动 （无电磁声音）	（1）电源开关损坏 （2）停电 （3）绕组烧坏	（1）更换电源开关 （2）等待供电 （3）修理绕组

续表

常见故障	产生原因	排除方法
砂轮易碎或磨损过快	（1）砂轮类型不正确 （2）砂轮过期或质量不好 （3）轴承损坏 （4）安装不正确	（1）更换类型对应的砂轮 （2）更换合格砂轮 （3）更换轴承 （4）正确安装
声音不正常	（1）轴承磨损严重 （2）砂轮安装不正确 （3）缺相运行 （4）绕组故障	（1）更换轴承 （2）正确安装砂轮 （3）查修电源 （4）查修绕组
绕组烧毁	（1）定子、转子扫膛 （2）三相电动机断相运行 （3）单相电动机误接入 380 V 电源	（1）更换轴承 （2）查修电源 （3）查修电源

六、技能操作

1. 砂轮的修整

定期修整可使砂轮保持良好的磨削性能和正确的几何形状，避免出现砂轮的钝化、堵塞和外形失真，常使用的修整工具是金刚石笔。操作时，修整工具位置过高、修整方向不当（如逆砂轮旋转方向、倾斜角过大或过小）或修整量过大都会使砂轮产生强烈振动，或引起金刚石笔啃刀，严重的还会导致砂轮破裂。正确的操作方法是使金刚石笔处于砂轮中心水平线下 1 ~ 2 mm 处，顺砂轮旋转方向，与水平面的倾斜角为 5° ~ 10°。修整时要用力均匀，速度平稳，一次修整量不要过大。操作者应站在砂轮的侧方安全位置，不可站在砂轮正面操作。

修整后的砂轮必须重新经回转试验后，才可使用。

2. 砂轮的平衡试验

造成砂轮不平衡的原因是砂轮的重心与回转轴线不重合。它产生的原因是砂轮制造和安装缺陷，如砂轮的密度不均匀、端面不平行、几何形状或内外孔同心度误差、砂轮安装偏心等。不平衡的砂轮在高速旋转时会产生迫使砂轮偏离轴心的离心力，从而引起砂轮振动。其后果不仅影响磨削质量，还会加速砂轮主轴轴承的磨损；当离心力超过砂轮强度允许范围时，将造成砂轮的碎裂。

新砂轮、经第一次修整的砂轮以及发现运转不平衡的砂轮都应进行平衡试验。调整砂轮的平衡方法有动平衡和静平衡两种方法。

（1）动平衡法

该方法借助安装在机床上的传感器，直接显示出旋转时砂轮装置的不平衡量，通过调整平衡块的位置和距离，将不平衡量控制到最小。

（2）静平衡法

静平衡调整在平衡架上进行，用手工办法找出砂轮重心，加装平衡块，调整平衡块位置，直到砂轮平衡，一般可在八个方位使砂轮保持平衡。

调整平衡后的砂轮需在装好防护罩后进行空运转试验。直径≥400 mm 时，空运转时间大于 5 min；直径 <400 mm 时，空运转时间大于 2 min。

空运转试验期间，操作者应站在砂轮的侧方安全位置，不得站在砂轮前面或切线方向，以防意外。

子课题 2　台钻常见故障的诊断

一、设备故障诊断及修理方案的制定

任何机械修理前都不能急于拆卸。必须先进行拆前静态检查与动态检查以及诊断，为故障分析提供尽可能多的资料。在故障分析的基础上，制定初步的修理项目和修理方案后，才能进行零件拆卸。否则，盲目进行拆卸，只会事倍功半，造成返修，甚至导致设备精度下降，或者损坏零部件，引起新的故障发生。

1. 拆卸前检查

拆卸前检查主要是通过检查机械设备静态与动态下的状态，弄清设备的精度丧失程度和机能损坏程度。

（1）机械设备的精度状态是指设备运动部件主要几何精度的精确程度。对于金属切削机床来说，它反映在设备的加工性能上。对于机械作业性质的设备来说，它反映在机件的磨损程度上。

（2）机械设备的机能状态是指设备能完成各种功能动作的状态，它主要包括五项内容。

1）传动系统是否运转正常，变速齐全。

2）操作系统动作是否灵敏可靠。

3）润滑系统是否装置齐全，管道完整，油路畅通。

4）电气系统是否运转可靠，性能灵敏。

5）滑动部位是否运转正常，有无严重的拉伤、研伤、碰伤及裂纹损坏。

在检查中，应确定机械设备的每项机能是受到严重损坏，还是受到一般损坏；是否具有主要机能；设备机能能否满足生产工艺要求；设备技能能否完全、可靠地达到出厂水平。必须将具体存在的问题及潜在的问题进行整理登记。

2. 诊断运转

诊断运转主要是通过空载运转和负载运转来诊断机械设备使用中存在的重大问题。在诊断中应该结合操作者提供的情况、日常操作记录、检修零件更换表、事故分析和日常维修档案进行故障诊断。

（1）空载运转诊断

主要是由人的感官通过听、视、嗅、触诊断设备故障。其主要内容有：

1）对设备齿轮箱中传动齿轮的异常噪声进行诊断。空载运转中应逐级变速进行判断。如果某一级速度的噪声异常，则可以初步认定与这一级速度有关的零件（如齿轮、轴、轴承、拨叉等）可能有较严重的损坏或磨损。然后再打开齿轮箱盖，做进一步检查。查看齿轮的外观质量是否有失效现象，如断裂、变形、点蚀、磨损等情况。用百分表测量齿轮轴是否有弯曲现象，检查轴承间隙是否过大等。

2）诊断轴承旋转部位或滑动部件间发热的原因。如滑动轴承发热主要是由轴瓦或轴颈磨损严重、表面粗糙度值变大、高速旋转时轴与轴瓦摩擦加大，并伴随冲击现象发生而引起的。也可能是由轴承间隙过小或其他原因而引起的。滚动轴承发热主要是由轴承间隙调节过小、润滑条件恶化而引起的。若轴承体发热产生过高温度，就会出现退火变色现象，诊断中应贯彻先易后难的原则，先看润滑是否充分符合要求，再查轴承间隙是否过小，通过放大间隙进行试探性诊断，最后再进行拆卸后诊断。

3）判断设备产生振动的主要原因。设备的故障性振动往往是由旋转零件不平衡，支承零件有磨损，传动机构松动、不对中或不灵活，移动件接触不良，传动带质量不好等原因引起的。查找振源时，应从弄清故障性振动的频率入手，一般情况下，测量出主要频率的大小，就可以根据传动关系找出产生故障性振动的部位。

4）查找润滑系统、液压系统的漏油情况。主要诊断设备在运转中产生漏油的部位，分析漏油的原因。漏油有的是由油路设备设计不合理、密封件选用不合适而引起的，有的是因为操作使用不当或者维修不合要求而造成的，有的是由设备出现裂纹、砂眼而引起的。其中许多原因只有通过设备空运转，并且反复试验，才能找出根源，彻底治漏。

5）对机械构件产生运动障碍的原因进行判断。如要判断设备产生运动传递中断、动作不能到位、功能错乱或功能不全等故障的原因时，只有通过设备空运转，才能看清运动中断的位置和产生功能性故障的具体零件。

（2）负载运转诊断

1）通过加工工件判断机床的有关零件（如导轨、轴承等）的磨损情况，以及装配不当引起的精度性故障产生的原因。对于车床、铣床来说，一般都选用铝材料作为试验件，检验加工件的几何精度及表面粗糙度的变化情况。根据加工件出现的形状误差及表面波纹产生的情况，进一步分析设备存在问题的症结。

2）使设备处于常用工作状态，检查负载运转中故障的表现形式，尤其是振动、温升、噪声、功能丧失的加剧程度。

（3）实验性运转诊断

诊断运转中，为了从故障产生的许多可能的估计中，准确判断故障产生的位置及主要原因，采用实验方法进行诊断具有简单易行的特点。在实际工作中，常用的实验诊断方法有如下几种。

1）隔离法。首先根据设备的工作原理及结构特点，估计故障产生的几种可能的主要原因，然后把这几个原因发生的部位分别隔离开来进行运转诊断。判断中必须逐个排除非故障原因，找出对故障产生和消失有明显影响的部位。故障部位找准了，就可以进一步查找和分析故障产生的原因。如车床的主轴箱内齿轮发出异常声响，如果直接打开主轴箱，很难一下子就判断出是哪个齿轮产生噪声。这时可以通过变速挂挡，对齿轮进行隔离判断。若有几个挡都发出异常声响，就可以对这几挡传递运动的共用齿轮进行检查。若只有一挡发生异常声响，就可以对只有这一挡才使用的齿轮进行检查。

2）替换法。在推理分析故障的基础上，把可能引起故障的零件进行适当的修理，或者用合格的备件进行替换，然后再观察对原故障现象有无明显影响及其故障变化的趋势，若通过替换零件排除了故障，就可以对原零件和替换零件进行对比，诊断故障产生的原因。如车床滑板爬行现象的原因有三种。其一是滑板磨损严重，出现凹形。其二是压板贴轨面磨损变毛。其三是光杠上的钩头位移键配合工作面磨损变毛。针对这三种原因，可以先用一个新钩头位移键代替旧键，进行试运转。观察爬行现象能否消除或减弱。若没有明显变化，可以再对压板贴轨面进行刮研，用新刮研面代替旧刮研面，并进行运转观察。若还不能解决问题，就应对滑板上的导轨面进行测量和刮研，直到找出故障原因。

3）对比法。通过对比同型号设备的主轴、丝杠在用手转动时产生阻力的大小，能初步判断待修设备被查部位的轴承、丝杠、导轨或其他零部件是否存在问题。对比同型号设备滑动轴承的轴颈和轴瓦之间间隙的大小，就可判断是否因为主轴间隙小，引起轴承发热或抱轴现象；是否因为主轴间隙过大，引起工作表面出现波纹，造成表面粗糙度值变大。

4）试探法。当不能准确判断故障原因时，在模糊估计的基础上，由可能性最大的部位开始，由大到小进行试探性调整。通过改变调整部位的工作条件，主要是间隙大小，观察对故障现象有无明显影响，以判断故障产生的根源。如车床在加工中出现让刀现象，虽然影响因素很多，但是最大可能性是中滑板与小滑板的间隙过大。常见可能性是使中滑板实现横向进给的丝杠、螺母之间的磨损严重或调整不当，引起间隙过大。一般可能性是床鞍与导轨因磨损严重引起配合不良，或者刀架定位机构失效等。这样就应先调整中滑板与小滑板的斜镶条，减小滑板与导轨之间的间隙，后调整横向进给丝杠的双螺母，减小丝杠、螺母之间的间隙。若都不能解决问题，再检查刀架定位机构以及提高床鞍与导轨的配合质量等。

5）测量法。下面以 CA6140 车床为例来说明此种方法。判断故障时，若需要考虑导轨配合间隙的因素，应使用塞尺进行检查。滑动导轨端面塞入 0.04 mm 塞尺片时，插入深度应不超过 20 mm。若超过太多，就可以认为导轨磨损严重，配合质量变劣。滑板上的手轮规定操纵力不应超过 78 N。用弹簧秤测量后，若有超过现象，就可以判断出床身上的齿条与滑板箱上的小齿轮啮合过紧，或者床鞍上的压板螺钉调得过紧。若出现移动滑板中手轮有时重有时轻的现象，可能与导轨磨损不均或齿条磨损不均有关系。主轴发热情况可以用温度计进行测量。按规定使主轴在最高速度运转半小时后，再用温度计测量主轴滚动轴承处的温度升高情况，以不超过 40℃ 为好。若有超过现象就可判断出轴承可能磨损严重或者调整过紧。如果轴承间隙调整合适后，轴承仍然发热过高，就可以认为是轴承磨损严重、精度过低引起轴承发热故障。

6）综合法。对于影响因素比较复杂的故障，诊断中不能只采用一种方法，往往需要同时应用几种方法进行实验诊断。一般来说应该先通过隔离，尽量缩小判断、研究问题的范围，再通过比较、试探确定发生问题的具体部位，最后才能通过测量和替换进行准确判断。这样有利于提高判断问题的准确性，提高工作效率。实际上在上述各种方法的判断实例中，都已经贯穿了综合法的思路。仔细分析起来，可以发现所列举的每一种故障，不是单纯只用一种方法就能诊断清楚，而是以一种方法为主的综合判断的结果。

3. 制定修理方案

（1）根据故障诊断、故障分析及零部件的磨损情况，确定设备需要拆卸的部位及修理范围，以及设备需要更换的主要零部件，尤其是铸件、外协件及外购件。

（2）制定需要进行修理的主要零件修理工艺。要求根据现有的条件或委托修理的实际条件制定切实可行的修理方案，提出需要使用的工具与设备，估计修理后能达到的修复精度。

（3）制定零部件的装配与调整工艺方案及要求。

（4）根据设备的现状与修理条件，确定设备修复的质量标准。

二、台钻的常见故障（表3—1—2）

表3—1—2　　台钻的常见故障

故障现象	检查内容	处理措施
台钻不能启动	检查电源是否正常	启动控制电源
	检查保险是否正常	更换保险
	检查启动按钮是否正常	更换按钮

三、技能操作

1. 台钻的预调检验（表3—1—3）

表3—1—3　　台钻的预调检验

简图	检验项目	允差（mm）	检验工具	检验方法
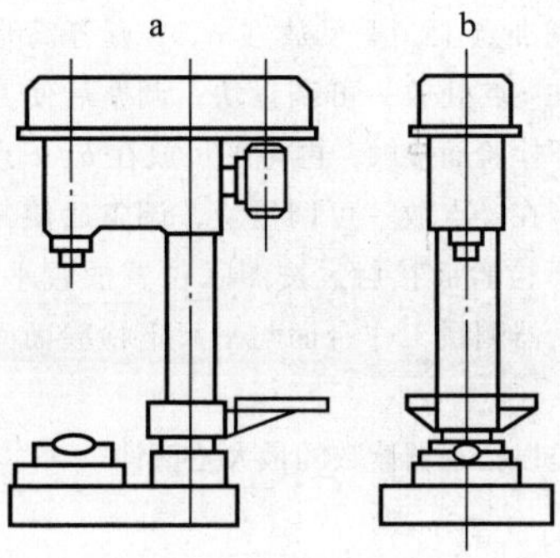 a　b	底座工作面调平	0.10/1 000	水平仪 平尺	将主轴箱置于正前方行程的最高位置，并锁紧。工作台置于正后方行程的下部位置，并锁紧 在底座工作面上放平尺，其上放水平仪。a在横向平面内；b在纵向平面内 在横向和纵向平面内，水平仪读数均不超过规定值

2. 台钻的几何精度检验（表 3—1—4）

表 3—1—4　　台钻的几何精度检验

简图	检验项目	允差（mm）	检验工具	检验方法（参照 JB 2670 的有关条文）
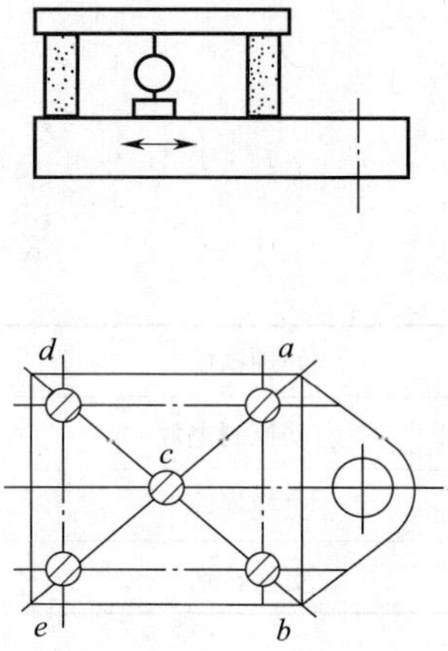	底座工作面的平面度	在 300 mm 测量长度上为 0. 05（平或凹）	指示器 平尺 量块	将主轴箱置于正前方行程的最高位置，并锁紧。工作台置于正后方行程的下部位置，并锁紧 将等高量块分别放在底座工作面的 *a*、*b*、*c* 三个基准点上，平尺放在 *a*、*c* 点等高量块上，在 *c* 点处放一可调量块，调整后使其与平尺下检验面接触，再将平尺放在 *b*、*c* 点量块上，在 *d* 点放一可调量块，调整后使其与平尺下检验面接触。按图示位置放置平尺，用指示器测量底座工作面与平尺下检验面间的距离 误差以指示器读数的最大差值计
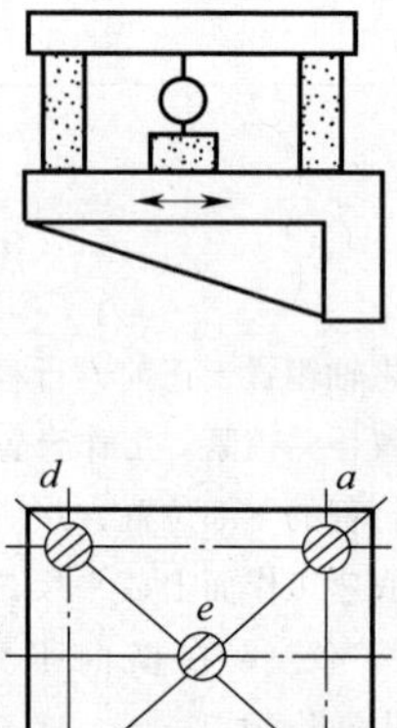	工作台面的平面度	在 300 mm 测量长度上为 0. 05（平或凹）	指示器 平尺 量块	将主轴箱置于正前方行程的最高位置，并锁紧。工作台置于正前方行程的下部位置，并锁紧 将等高量块分别放在工作台面的 *a*、*b*、*c* 三个基准点上，平尺放在 *a*、*c* 点等高量块上，在 *c* 点处放一可调量块，调整后使其与平尺下检验面接触，再将平尺放在 *b*、*c* 点量块上，在 *d* 点放一可调量块，调整后使其与平尺下检验面接触，按图示位置放置平尺，用指示器测量工作台面与平尺下检验面间的距离 误差以指示器读数的最大差值计

续表

简图	检验项目	允差(mm)	检验工具	检验方法(参照 JB 2670 的有关条文)
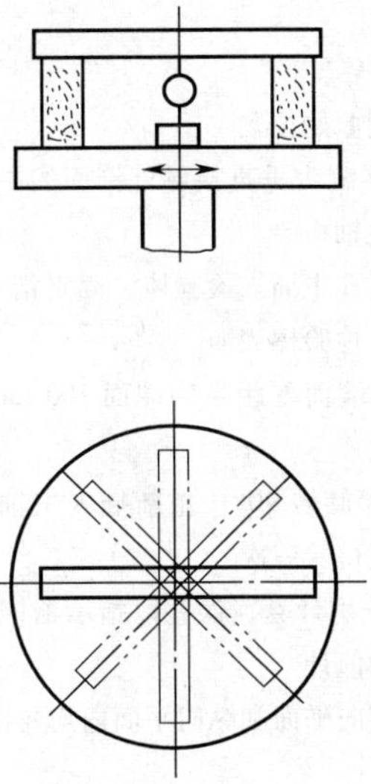	圆工作台面的径向直线度	在 300 mm 测量长度上为 0.05(平或凹)	直尺 量块 指示器	将主轴箱置于正前方行程的最高位置，并锁紧。工作台置于正前方行程的下部位置，并锁紧 在工作台面上，通过工作台中心按图示等分放两个等高的量块，量块上放一平尺，用指示器测量工作台面与平尺下检验面间的距离 分别计算各方向误差，误差以指示器读数的最大差值计
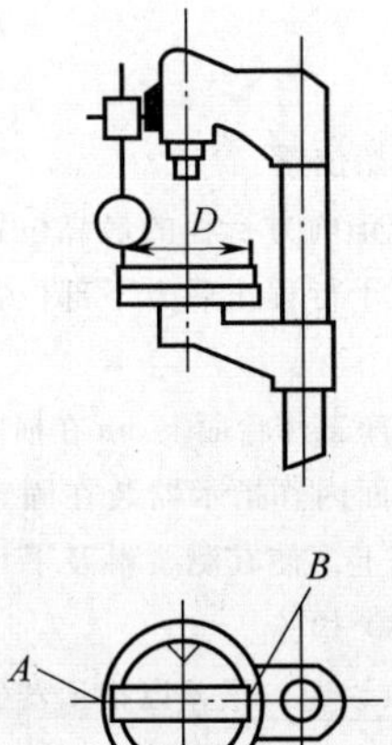 D A B	回转工作台的端面跳动(仅适用于有回转工作台的机床)	$D=300$ mm 时为 0.08	指示器 平尺	将主轴箱置于正前方行程的最高位置，并锁紧。将工作台置于正前方行程的下部位置 按图示位置将平尺放在工作台上，固定指示器，使其测头触及平尺检验面的 *A* 点，锁紧工作台，记下读数，松开工作台，回转 180°锁紧，记下 *B* 点读数，将平尺回转 90°，再同样检验一次 误差以指示器四点读数的最大差值计

续表

简图	检验项目	允差（mm）	检验工具	检验方法（参照 JB 2670 的有关条文）
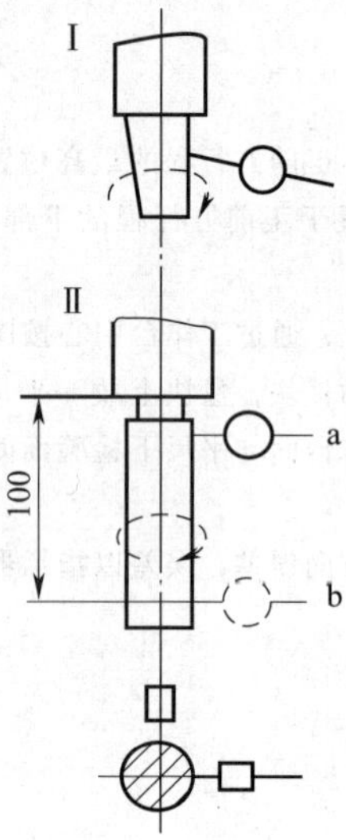 Ⅰ Ⅱ a 100 b	主轴外锥或锥孔轴线的径向跳动：Ⅰ外锥；Ⅱ内锥。a 靠近主轴端面；b 距主轴端面 100 mm 处	Ⅰ 0.015 Ⅱ a　0.020 b　0.035	指示器 检验棒	主轴箱回到原始位置 Ⅰ在指示器测头垂直接触外锥面的中间位置处，旋转主轴检验 Ⅱ在主轴锥孔中插入检验棒，固定指示器，使其测头触及检验棒表面 a 靠近主轴端面 b 距主轴端面 100 mm 处，旋转主轴检验 退出检验棒旋转 90°，重新插入主轴锥孔中，依次重复检验三次 a、b 误差分别计算，误差以指示器四次读数的算术平均值计 在机床的横向平面和纵向平面内均要检验
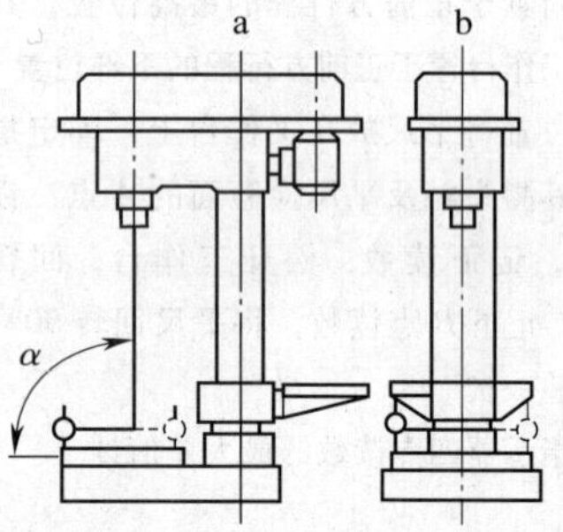 a b α	主轴回转轴线对底座工作面的垂直度：a 在横向平面内；b 在纵向平面内	a　0.10/300 （α <90°） b　0.10/300	指示器 平尺	主轴箱回到原始位置 将主轴箱置于正前方行程的最高位置，并锁紧。工作台置于行程正后方下部位置，并锁紧 将平尺放在底座工作台面上。a 在横向平面内；b 在纵向平面内。指示器装在固定于主轴端的角形表杆上，使其测头触及平尺检验面，旋转主轴 180°检验 分别计算 a、b 误差，误差以指示器的读数差值计

续表

简图	检验项目	允差（mm）	检验工具	检验方法（参照 JB 2670 的有关条文）
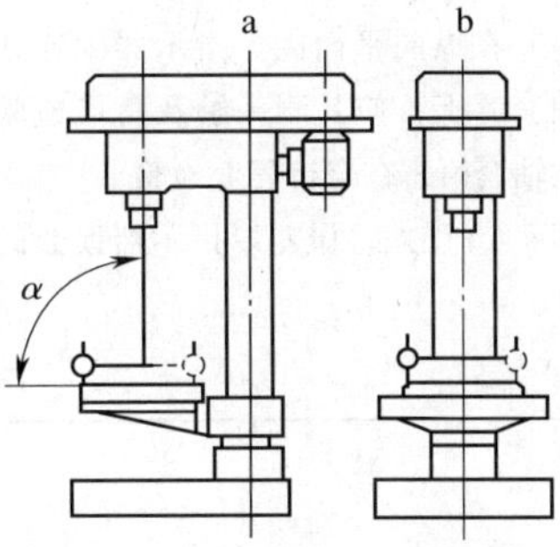 a b α	主轴回转轴线对工作台面的垂直度：a 在横向平面内；b 在纵向平面内	a 0.10/300（α<90°） b 0.10/300	指示器 平尺	主轴箱回到原始位置 将主轴箱置于正前方行程的最高位置，并锁紧。工作台置于正前方下部位置，并锁紧 将平尺放在工作台面上。a 在横向平面内；b 在纵向平面内。指示器装在固定于主轴端的角形表杆上，使其测头触及平尺检验面，旋转主轴 180°检验 分别计算 a、b 误差，误差以指示器的读数差值计
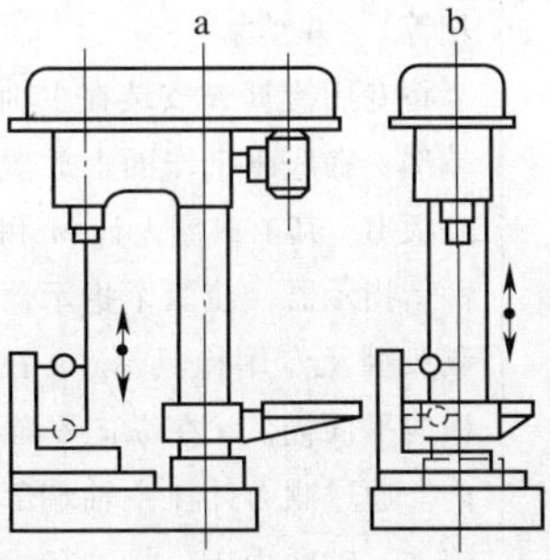 a b	主轴套筒移动对底座工作面的垂直度：a 在横向平面内；b 在纵向平面内	a 0.07/100 b 0.07/100	指示器 角尺 平尺	将主轴箱置于正前方行程的最高位置，并锁紧。工作台置于正后方行程的下部位置，并锁紧 将平尺放在底座工作面上，其上放角尺。a 在横向平面内；b 在纵向平面内。指示器固定在主轴或主轴套筒上，使其测头触及角尺检验面，移动主轴套筒，在全行程上检验 分别计算 a、b 误差，误差以指示器读数的最大差值计。

续表

简图	检验项目	允差（mm）	检验工具	检验方法（参照 JB 2670 的有关条文）
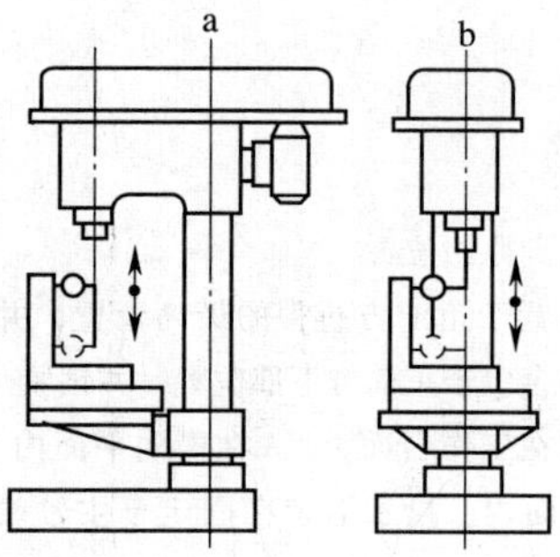 a　b	主轴套筒移动对工作台面的垂直度：a 在横向平面内；b 在纵向平面内	a　0.07/100 b　0.07/100	指示器 角尺 平尺	将主轴箱置于正前方行程的最高位置，并锁紧。工作台置于正前方行程的下部位置，并锁紧 将平尺放在工作台面上，其上放角尺。a 在横向平面内 b 在纵向平面内。指示器固定在主轴或主轴套筒上，使其测头触及角尺检验面。移动主轴套筒，在全行程上检验 分别计算 a、b 误差，误差以指示器读数的最大差值计

3. 台钻的工作精度检验（3—1—5）

表 3—1—5　　台钻的工作精度检验

简图	检验项目	允差（mm）	检验工具	检验方法
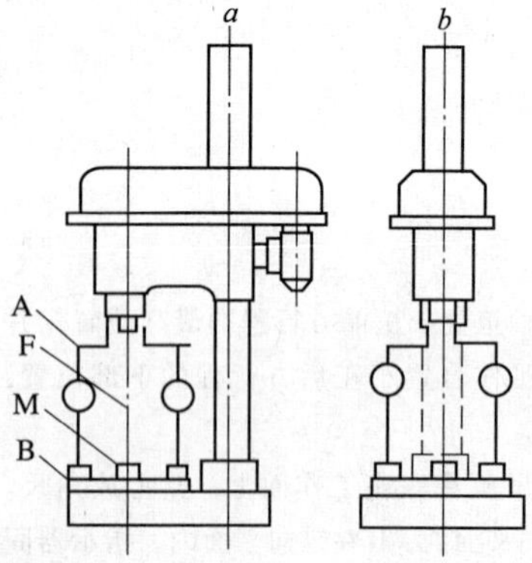 a　b　A　F　M　B 图中： A——直接安装在主轴端部的专用检具 B——放测力计的底板（应具有足够的刚度和面积） M——测力计（应具有校准单） F——直接在主轴端部施加的轴向负荷	主轴受到轴向力作用时，主轴轴线对底座工作面垂直度的变化：a 在横向平面内；b 在纵向平面内	2/1 000	专用检具 指示器 测力计	主轴箱回到原始位置 将主轴箱置于正前方立柱导轨行程的中间位置（有中间工作台的台式钻床，主轴箱位置高度的选取与相同规格无中间工作台的台式钻床相等），并锁紧 将专用检具 A 安装在主轴端部。在底座工作面上放置底板 B，其上放测力计 M 和两个指示器，使两个指示器测头触及专用检具 A。a 在横向平面内。b 在纵向平面内。通过测力计在主轴端部施加一轴向力 F，并进行检验 分别计算 a、b 误差，误差以两指示器读数的代数差值计

课题 2　典型零部件维修

子课题 1　滚动轴承的更换

一、轴承的定义

用于确定轴与其他零件相对运动位置并起支承或导向作用的零件称为轴承。简单地说，轴承是支承轴的零件或部件。按照轴承与轴工作表面间摩擦性质的不同，轴承可分为滑动轴承和滚动轴承两大类。

二、滚动轴承

1．滚动轴承概述

以滚动摩擦为主的轴承称为滚动轴承（图 3—2—1）。滚动轴承主要由外圈 1、内圈 2、滚动体 3 和保持架 4 组成。外圈的内表面和内圈的外表面上制有凹槽，称为滚道。当内圈、外圈作用相对回转时，滚动体在内圈、外圈的滚道间既做自转又做公转。滚动体是轴承中形成滚动摩擦必不可少的零件。保持架的作用是把滚动体均匀地隔开，以避免相邻的两滚动体直接接触而增加磨损。

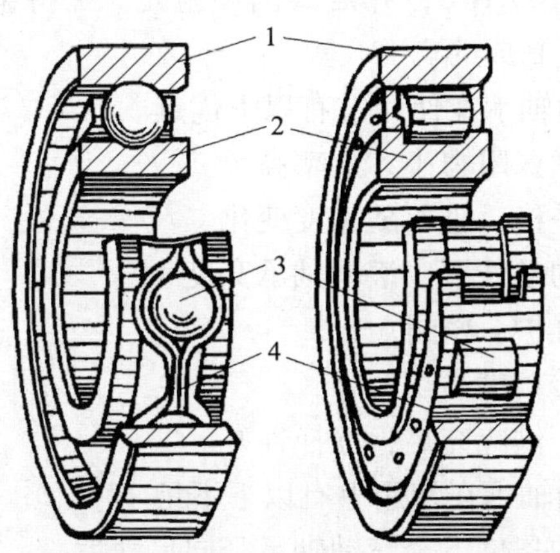

图 3—2—1　滚动轴承的基本结构

1—外圈　2—内圈　3—滚动体　4—保持架

滚动轴承的内圈、外圈分别与轴颈和轴承座装配在一起。通常内圈随轴颈一起回转，外圈固定不动，但也有外圈回转、内圈固定的应用形式。

常用的滚动体形式如图 3—2—2 所示。

按照滚动轴承所受载荷不同，滚动轴承可分为三大类。

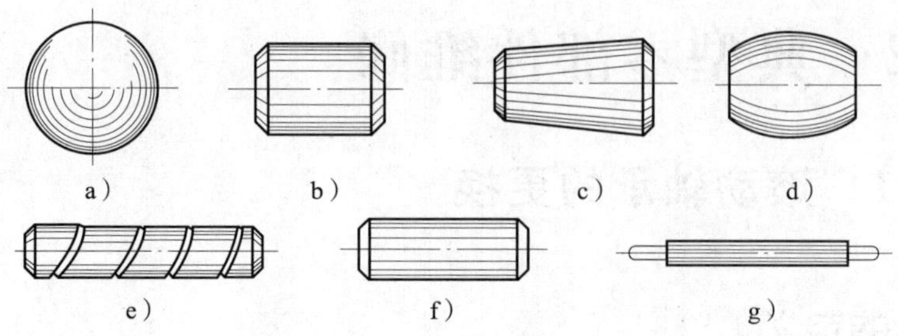

图 3—2—2　滚动体的形式

a）球　b）短圆柱滚子　c）圆锥滚子　d）球面滚子

e）螺旋滚子　f）长圆柱滚子　g）滚针

（1）向心轴承

仅承受径向载荷的滚动轴承，如深沟球轴承。

（2）推力轴承

仅承受轴向载荷的滚动轴承，如推力球轴承。

（3）向心推力轴承

同时承受径向载荷和轴向载荷的滚动轴承，如角接触球轴承。

滚动轴承的滚动体和内圈、外圈因具有较高的硬度、接触疲劳强度、耐磨性和冲击韧性，一般用含铬合金制造，常用材料有 GCr6、GCr9、GCr15、GCr15 SiMn 等。经热处理后，工作表面硬度应达 61～65HRC，并需磨削和抛光。保持架一般用低碳钢板冲压成形，也有用有色金属合金或塑料制成的。

与滑动轴承相比，滚动轴承在使用上有以下优点。

（1）在一定条件下，摩擦阻力小，效率高。

（2）启动灵敏，工作平稳，且不随速度变化。

（3）在轴颈直径相同的条件下，滚动轴承宽度小。

（4）润滑简便，易于维护、密封。

（5）内部间隙小，回转精度高。

（6）标准化专业生产，供应充足，互换性好。

与滑动轴承相比，滚动轴承在使用上有以下不足。

（1）在轴颈直径相同的条件下，滚动轴承径向尺寸大。

（2）抗冲击能力较差。

（3）寿命较短。

（4）安装精度要求高，由于滚动轴承不能剖分，有时安装困难。

（5）高速时噪声大。

2．滚动轴承的类型和代号

（1）滚动轴承的类型及类型代号

滚动轴承共有 12 种基本类型。轴承类型代号用数字或字母表示（表 3—2—1）。

表 3—2—1　　轴承类型代号

类型代号	轴承类型	类型代号	轴承类型
0	双列角接触球轴承	6	深沟球轴承
1	调心球轴承	7	角接触球轴承
2	调心滚子轴承和推力调心滚子轴承	8	推力圆柱滚子轴承
3	圆锥滚子轴承	N	圆柱滚子轴承。双列或多列用字母 NN 表示
4	双列深沟球轴承	U	外球面球轴承
5	推力球轴承	QJ	四点接触球轴承

(2) 滚动轴承的代号

滚动轴承代号是用字母加数字来表示滚动轴承的结构、尺寸、公差等级、技术性能等特征的产品代号。轴承代号由基本代号、前置代号和后置代号构成，其排列如下。

前置代号　基本代号　后置代号

前置代号、后置代号是轴承在结构形状、尺寸、公差、技术要求等有改变时，在其基本代号左右添加的补充代号。前置代号用字母表示，后置代号也用字母表示。前置代号、后置代号的表示、含义及其排列和编制规则可查阅 GB/T 272—1993《滚动轴承　代号方法》。这里只介绍基本代号。

基本代号表示滚动轴承的基本类型、结构和尺寸，是轴承代号的基础。基本代号由轴承类型代号（表 3—2—1）、尺寸系列代号和内径代号构成，排列如下。

类型代号　尺寸系列代号　内径代号

尺寸系列代号由轴承的高度系列代号和直径系列代号组合而成。向心轴承和推力轴承尺寸系列代号见表 3—2—2。

表 3—2—2　　向心轴承和推力轴承尺寸系列代号

直径系列代号	向心轴承								推力轴承			
	宽度系列代号								高度系列代号			
	8	0	1	2	3	4	5	6	7	9	1	2
	尺寸系列代号											
7	—	—	17	—	37	—	—	—	—	—	—	—
8	—	08	18	28	38	48	58	68	—	—	—	—
9	—	09	19	29	39	49	59	69	—	—	—	—
0	—	00	10	20	30	40	50	60	70	90	10	—
1	—	01	11	21	31	41	51	61	71	91	11	—

续表

直径系列代号	向心轴承								推力轴承			
	宽度系列代号								高度系列代号			
	8	0	1	2	3	4	5	6	7	9	1	2
	尺寸系列代号											
2	82	02	12	22	32	42	52	62	72	92	12	22
3	83	03	13	23	33	—	—	—	73	93	13	23
4	—	04	—	24	—	—	—	—	74	94	14	24
5	—	—	—	—	—	—	—	—	—	95	—	—

常用的轴承类型、尺寸系列代号及由轴承类型代号、尺寸系列代号组成的组合代号见表3—2—3。

表3—2—3　　　　轴承类型、尺寸系列代号及组合代号

轴承类型	简　图	类型代号	尺寸系列代号	组合代号	轴承基本代号
双列角接触球轴承		(0) (0)	32 33	32 33	3200 3300
调心球轴承		1 (1) 1 (1)	(0) 2 22 (0) 3 23	12 22 13 23	1200 2200 1300 2300
调心滚子轴承		2 2 2 2 2 2 2 2	13 22 23 30 31 32 40 41	213 222 223 230 231 232 240 241	21300 22200 22300 23000 23100 23200 24000 24100
推力调心滚子轴承		2 2 2	92 93 94	292 293 294	29200 29300 29400

续表

<table>
<tr><th colspan="2">轴承类型</th><th>简　图</th><th>类型代号</th><th>尺寸系列代号</th><th>组合代号</th><th>轴承基本代号</th></tr>
<tr><td colspan="2">圆锥滚子轴承</td><td></td><td>3
3
3
3
3
3
3
3
3
3</td><td>02
03
13
20
22
23
29
30
31
32</td><td>302
303
313
320
322
323
329
330
331
332</td><td>30200
30300
31300
32000
32200
32300
32900
33000
33100
33200</td></tr>
<tr><td colspan="2">双列深沟球轴承</td><td></td><td>4
4</td><td>（2）2
（2）3</td><td>42
43</td><td>4200
4300</td></tr>
<tr><td rowspan="4">推力球轴承</td><td>推力球轴承</td><td></td><td>5
5
5
5</td><td>11
12
13
14</td><td>511
512
513
514</td><td>51100
51200
51300
51400</td></tr>
<tr><td>双向推力球轴承</td><td></td><td>5
5
5</td><td>22
23
24</td><td>522
523
524</td><td>52200
52300
52400</td></tr>
<tr><td>带球面座圈的推力球轴承</td><td></td><td>5
5
5</td><td>32*
33
34</td><td>532
533
534</td><td>53200
53300
53400</td></tr>
<tr><td>带球面座圈的双向推力球轴承</td><td></td><td>5
5
5</td><td>42**
43
44</td><td>542
543
544</td><td>54200
54300
54400</td></tr>
</table>

续表

轴承类型		简图	类型代号	尺寸系列代号	组合代号	轴承基本代号
深沟球轴承		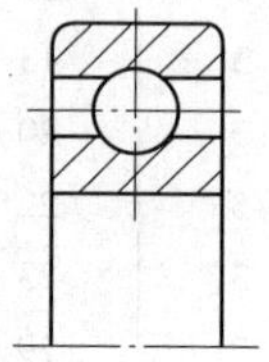	6	17	617	61700
			6	37	637	63700
			6	18	618	61800
			6	19	619	61900
			16	(0) 0	160	16000
			6	(1) 0	60	6000
			6	(0) 2	62	6200
			6	(0) 3	63	6300
			6	(0) 4	64	6400
角接触球轴承		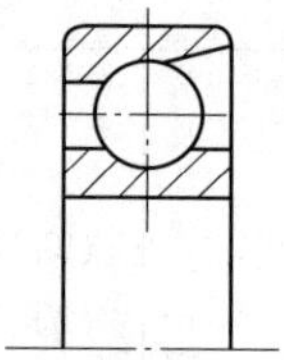	7	19	719	71900
			7	(1) 0	70	7000
			7	(0) 2	72	7200
			7	(0) 3	73	7300
			7	(0) 4	74	7400
	推力圆柱滚子轴承	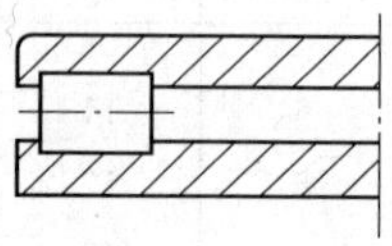	8	11	811	81100
			8	12	812	81200
圆柱滚子轴承	外圈无挡边圆柱滚子轴承	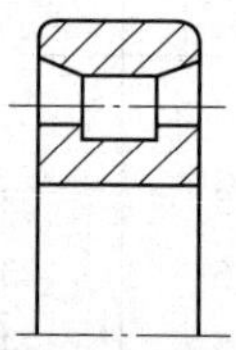	N	10	N10	N1000
			N	(0) 2	N2	N200
			N	22	N22	N2200
			N	(0) 3	N3	N300
			N	23	N23	N2300
			N	(0) 4	N4	N400
	内圈无挡边圆柱滚子轴承	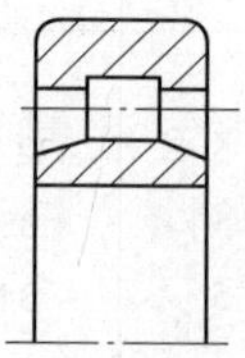	NU	10	NU10	NU1000
			NU	(0) 2	NU2	NU200
			NU	22	NU22	NU2200
			NU	(0) 3	NU3	NU300
			NU	23	NU23	NU2300
			NU	(0) 4	NU4	NU400
	内圈单挡边圆柱滚子轴承	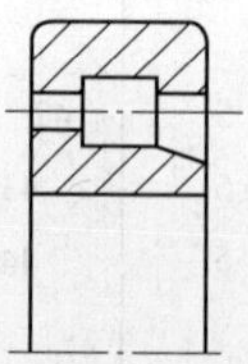	NJ	(0) 2	NJ2	NJ200
			NJ	22	NJ22	NJ2200
			NJ	(0) 3	NJ3	NJ300
			NJ	23	NJ23	NJ2300
			NJ	(0) 4	NJ4	NJ400

续表

轴承类型		简图	类型代号	尺寸系列代号	组合代号	轴承基本代号
圆柱滚子轴承	内圈单挡边并带平挡圈圆柱滚子轴承	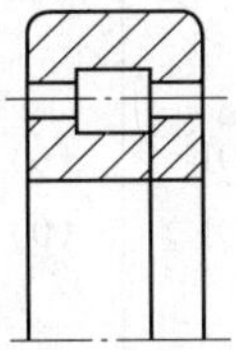	NUP NUP NUP NUP	（0）2 22 （0）3 23	NUP2 NUP22 NUP3 NUP23	NUP200 NUP2200 NUP300 NUP2300
	外圈单挡边圆柱滚子轴承	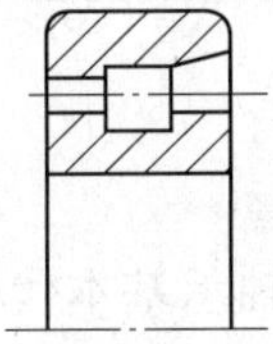	NF NF NF	（0）2 （0）3 23	NF2 NF3 NF23	NF200 NF300 NF2300
	外圈无挡边双列圆柱滚子轴承	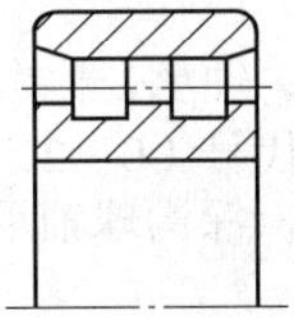	NN	30	NN30	NN3000
	内圈无挡边双列圆柱滚子轴承	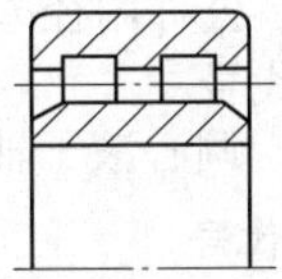	NNU	49	NNU49	NNU4900
外球面球轴承	带顶丝外球面球轴承	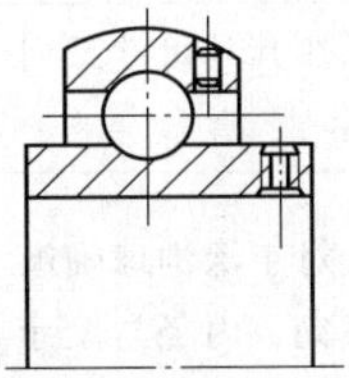	UC UC	2 3	UC2 UC3	UC200 UC300
	带偏心套外球面球轴承	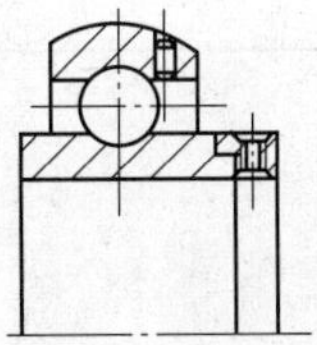	UEL UEL	2 3	UEL2 UEL3	UEL200 UEL300
	圆锥孔外球面球轴承	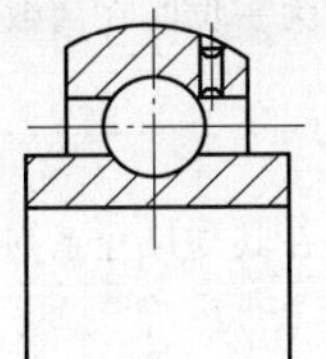	UK UK	2 3	UK2 UK3	UK200 UK300

续表

轴承类型	简　图	类型代号	尺寸系列代号	组合代号	轴承基本代号
四点接触球轴承		QJ QJ	（0）2 （0）3	QJ2 QJ3	QJ200 QJ300

注：1. 表中括号中的数字表示在组合代号、轴承代号中省略。

2. ＊尺寸系列实为 12、13、14，分别用 32、33、34 表示。

3. ＊＊尺寸系列实为 22、23、24，分别用 42、43、44 表示。

表示滚动轴承的内径代号见表 3—2—4。滚动轴承基本代号表示方法举例如下。

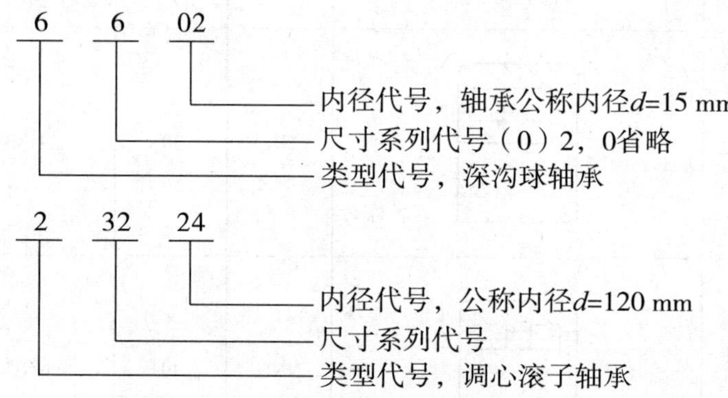

表 3—2—4　　滚动轴承的内径代号

<table>
<tr><th colspan="2">轴承公称内径（mm）</th><th>内径代号</th><th>示　例</th></tr>
<tr><td colspan="2">0.6 到 10
（非整数）</td><td>用公称内径毫米数直接表示，在其与尺寸系列代号之间用“/”分开</td><td>深沟球轴承 618/2.5
d＝2.5 mm</td></tr>
<tr><td colspan="2">1 到 9（整数）</td><td>用公称内径毫米数直接表示，对于深沟球轴承及角接触球轴承 7、8、9 直径系列，内径与尺寸系列代号之间用“/”分开</td><td>深沟球轴承 62/5
d＝5 mm
深沟球轴承 618/5
d＝5 mm</td></tr>
<tr><td rowspan="4">10 到 17</td><td>10</td><td>00</td><td rowspan="4">深沟球轴承 6 200
d＝10 mm</td></tr>
<tr><td>12</td><td>01</td></tr>
<tr><td>15</td><td>02</td></tr>
<tr><td>17</td><td>03</td></tr>
<tr><td colspan="2">20 到 480
（22，28，32 除外）</td><td>公称内径除以 5 的商数，商数为一位时在商数左边加“0”，如 08</td><td>调心滚子轴承 23 208
d＝40 mm</td></tr>
<tr><td colspan="2">等于或大于 500，
以及 22、28、32</td><td>用公称内径毫米数直接表示，在其与尺寸系列代号之间用“/”分开</td><td>调心滚子轴承 230/500
d＝500 mm
深沟球轴承 62/22
d＝22 mm</td></tr>
</table>

三、技能操作

1. 滚动轴承的装配与拆卸

(1) 装配前的准备工作

滚动轴承是一种精密部件，认真做好装配前的准备工作，对保证装配质量和提高装配工作效率是十分重要的。

1）按所要装配的轴承准备好所需工具和量具。

2）按图样要求检查与轴承相配的零件（如轴颈、箱体孔、端盖等）的尺寸是否符合图样要求，是否有凹陷、毛刺、锈蚀和固体微粒等，并用汽油或煤油清洗，仔细擦净，然后涂上薄薄的一层油。

3）检查轴承型号与图样是否一致，并清洗轴承。如果轴承是用防锈油封存的，可用汽油或煤油清洗；如果是用厚油和防锈油脂封存的，可用轻质矿物油加热溶解清洗（油温不超过100℃），冷却后再用汽油或煤油清洗，擦净待用。

对于两面带防尘盖、密封圈或涂有防锈和润滑两用油脂的轴承，则不需要进行清洗。

(2) 滚动轴承的装配方法

滚动轴承的装配方法应根据轴承结构、尺寸大小及轴承部件的配合性质来确定。

1）圆柱孔轴承的装配

①座圈的安装顺序。按轴承的类型不同，轴承内圈、外圈有不同的安装顺序。

不可分离型轴承（如向心球轴承等），应按座圈配合松紧程度决定其安装顺序。当内圈与轴颈配合较紧、外圈与壳体孔配合较松时，应先将轴承装在轴上。压装时，以铜或软钢做的套筒垫在轴承内圈上，如图3—2—3a所示。然后，连同轴一起装入壳体中。当轴承外圈与壳体孔为紧配合、内圈与轴颈为较松配合时，应将轴承先压入壳体中，如图3—2—3b所示。这时，套筒的外径应略小于壳体孔直径。当轴承内圈与轴、外圈与壳体孔都是紧配合时，应把轴承同时压在轴上和壳体孔中，如图3—2—3c所示。这时，套筒的端面应做成能同时压紧轴承内圈外圈端面的圆环。总之，装配时的压力应直接加在待配合的套圈端面上，绝不能通过滚动体传递压力。

分离型轴承（如圆锥滚子轴承），由于外圈可以自由脱开，装配时内圈和滚动体一起装在轴上，外圈装在壳体孔内，然后再调整它们之间的游隙。

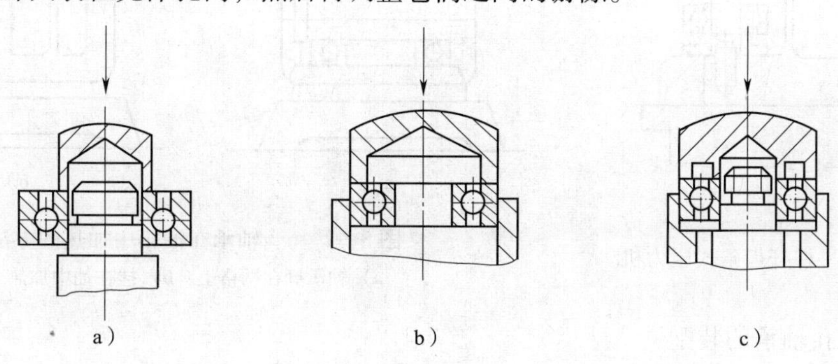

图3—2—3　轴承座圈的安装

a）轴承先装在轴上　b）轴承先压入壳体孔　c）轴承同时装入轴和壳体孔

②座圈压入方法选择。座圈压入方法及所用工具的选择主要由配合过盈量的大小确定。

当配合过盈量较小时，可用如图 3—2—4 所示的方法压入轴承。其中图 3—2—4a 为用套筒压入；图 3—2—4b 是用铜棒对称地在轴承内圈（或外圈）端面均匀敲入。注意严格禁止直接用手锤敲打轴承座圈。

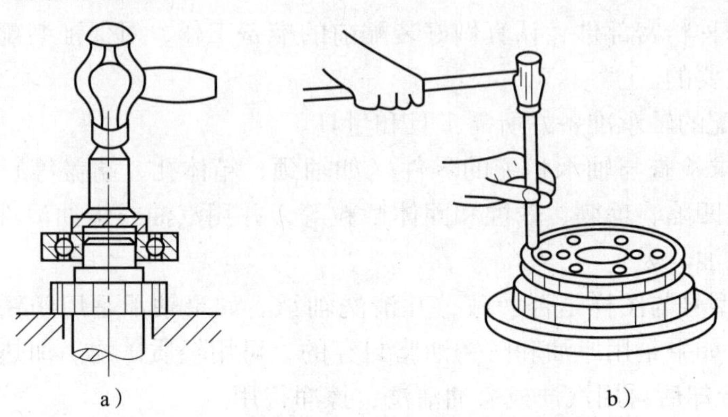

图 3—2—4　用套筒、铜棒压入法
a）用套筒压入　b）用铜棒敲入

当配合过盈量较大时，可用压力机械压入。一般常用杠杆齿条式压力机（图 3—2—5）或螺旋式压力机。若压力不能满足，还可采用油压机装压轴承。

当配合过盈量很大时，可用温差法装配。图 3—2—6 是将轴承加热，待加热至 80 ~ 100℃时与常温轴配合。为避免轴承接触到比油温高得多的箱底，形成局部过热，加热时轴承应搁在油箱内的网格上（图 3—2—6a）；对于小型轴承，可以挂在油中加热（图 3—2—6b）。

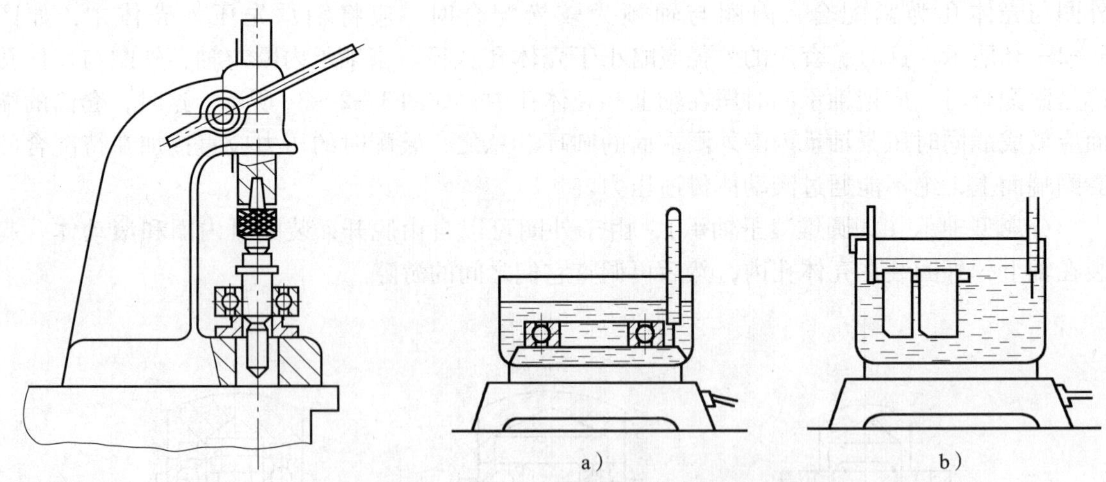

图 3—2—5　杠杆齿条式压力机

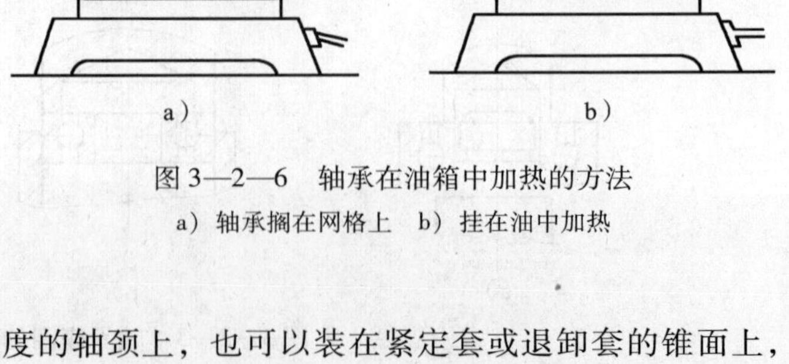

图 3—2—6　轴承在油箱中加热的方法
a）轴承搁在网格上　b）挂在油中加热

2）圆锥孔轴承的装配

①过盈量较小时可直接装在有锥度的轴颈上，也可以装在紧定套或退卸套的锥面上，如图 3—2—7 所示。

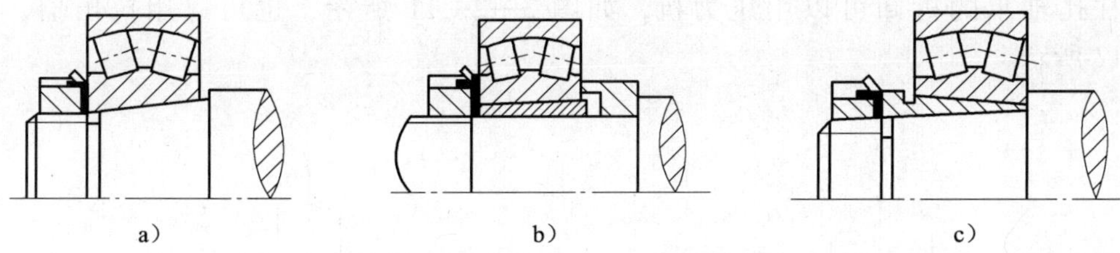

图 3—2—7　圆锥孔轴承的安装

a）直接装在锥轴颈上　b）装在紧定套上　c）装在退卸套上

②对于轴径尺寸较大或配合过盈量较大而又需要经常拆卸的圆锥孔轴承，常采用液压套合法装配，如图 3—2—8 所示。

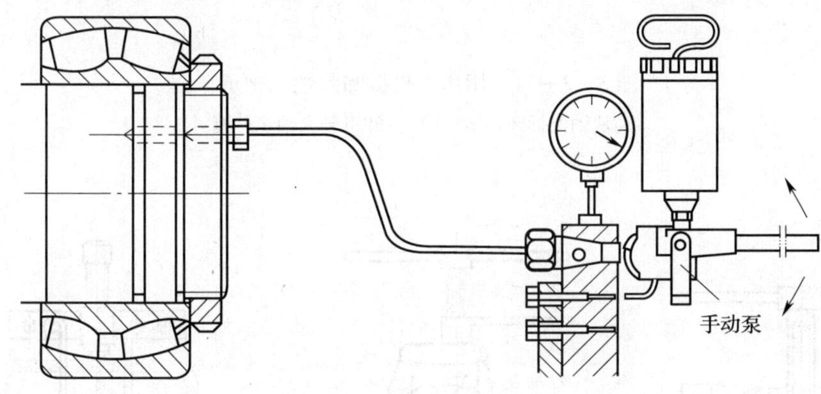

图 3—2—8　液压套合法装配轴承

3）推力球轴承的装配

推力球轴承有松圈和紧圈之分，装配时要注意区分。松圈的内孔比紧圈内孔大，与轴配合有间隙，能与轴相对转动。紧圈与轴取较紧的配合，与轴相对静止。装配时一定要使紧圈靠在转动零件的平面上，松圈靠在静止零件的平面上，如图 3—2—9 所示。否则会使滚动体丧失作用，同时也会加快紧圈与零件接触面的磨损。

（3）滚动轴承的拆卸方法

滚动轴承的拆卸方法与其结构有关。对于拆卸后还要重复使用的轴承，拆卸时不能损坏轴承的配合表面，不能将拆卸的作用力加在滚动体上，如图 3—2—10 所示的方法是不正确的。

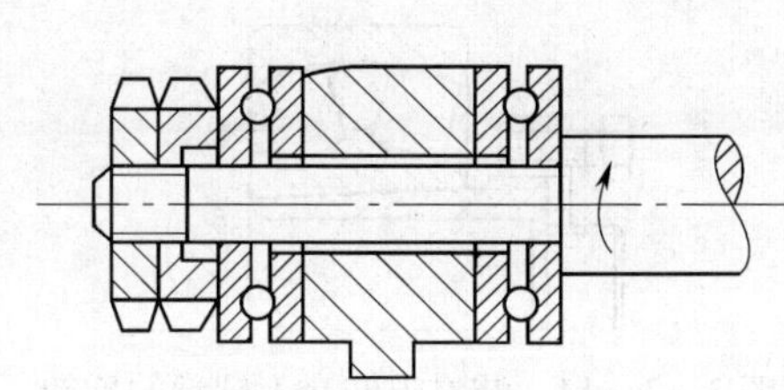

图 3—2—9　推力球轴承松圈与紧圈的位置

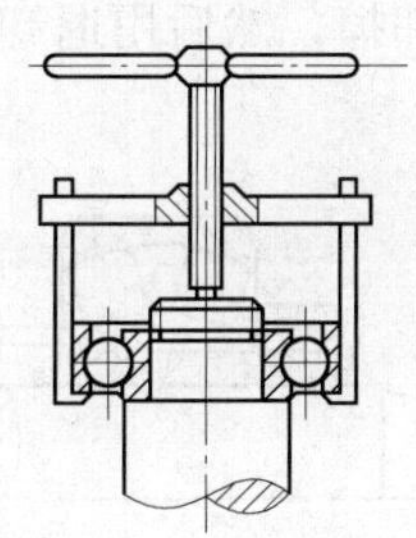

图 3—2—10　不正确的拆卸方法

圆柱孔轴承的拆卸可以用压力机，如图 3—2—11 所示，也可以用拉出器，如图 3—2—12 所示。

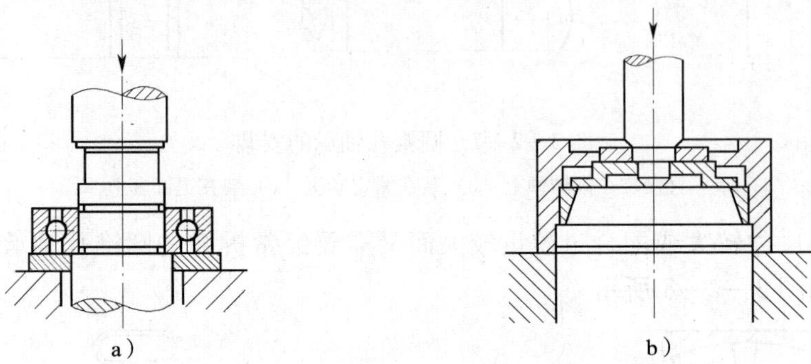

图 3—2—11　用压力机拆卸圆柱孔轴承

a）从轴上拆卸轴承　b）拆卸可分离轴承外圈

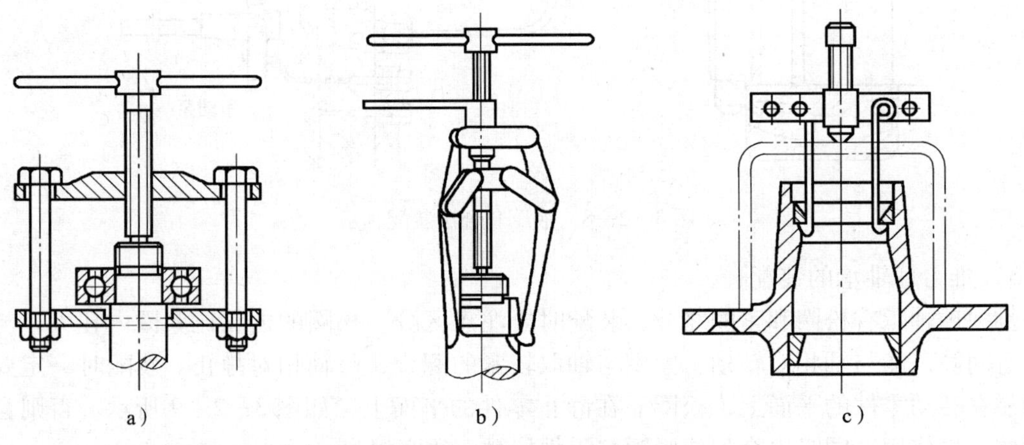

图 3—2—12　滚动轴承拉出器

a）双杆拉出器　b）三杆拉出器　c）拉杆拆卸器

圆锥孔轴承直接装在锥形轴颈上，或装在紧定套上，可拧松锁紧螺母，然后利用软金属棒和手锤向锁紧螺母方向将轴承敲出，如图 3—2—13 所示。装在退卸套上的轴承，先将锁紧螺母卸掉，然后用退卸螺母将退卸套从轴承座圈中拆出，如图 3—2—14 所示。

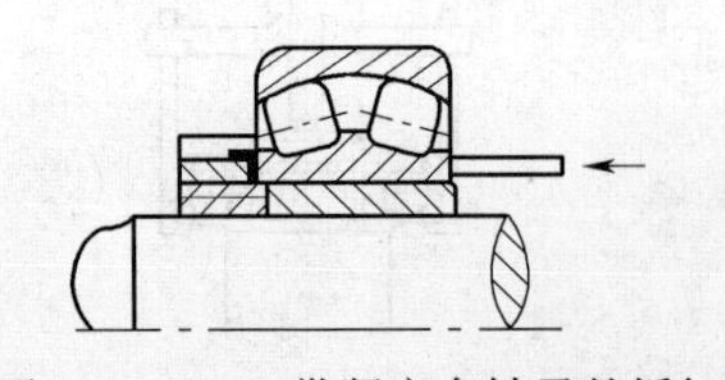

图 3—2—13　带紧定套轴承的拆卸

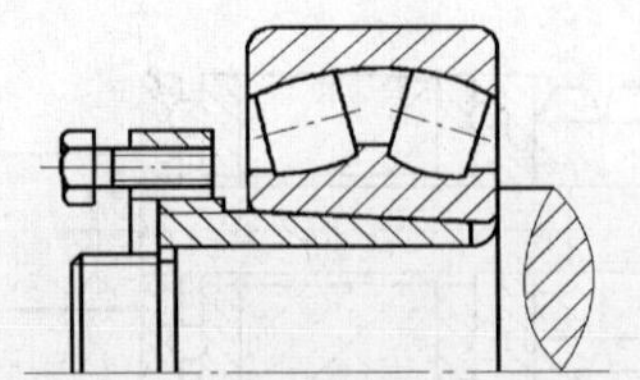

图 3—2—14　装在退卸套上轴承的拆卸

2. 滚动轴承的常见故障（表 3—2—5）

表 3—2—5 滚动轴承的常见故障

名称	故障及原因	修理方法
滚动轴承	滚动轴承损坏后一般不修复，而是调整和更换，但在缺乏和修复效益高等必要情况下可采用以下修复法，即修整法、电镀法（如内圈、外圈等）、焊接、修整保持架 遇到以下故障时，注意检修和维护及采取必要措施	
	温升过高	加油或疏通油路；换油；调整并磨合；控制过载和过速
	内圈、外圈有裂纹	精磨后电镀，再加工；更换
	有剥落金属	调整间隙；防过载；保持干净，加强密封；修复剥落部分（可修复）
	点蚀麻坑	除去麻坑后添加修复层；更换年限高的油或极压齿轮油；防止过载、过速
	咬死或刮伤	清洗并修整，找出发热原因
	轴承磨损	修整后重新装配，并调整间隙；加强润滑；防止过载、过速；更换

子课题 2　固定键连接的修配

一、键连接的定义

通过键将轴与轴上零件（齿轮、带轮、凸轮等）结合在一起，实现周向固定，并传递转矩的连接称为键连接。键连接属于可拆连接，具有结构简单、工作可靠、装拆方便及已经标准化等特点，故得到广泛应用。

常用的键连接类型有平键连接、半圆键连接、楔键连接、切向键连接和花键连接等。

二、键连接的作用和分类

1. 平键连接

平键是矩形截面的连接件，置于轴和轴上零件之间的键槽内，键的两侧面为工作面，用以传递转矩。平键分为普通平键和导向平键两种。

（1）普通平键连接

普通平键连接（图 3—2—15）对中性良好，装拆方便，适用于高速、高精度和承受变载、冲击的场合，但不能实现轴上零件的轴向定位。根据键的头部形状不同，普通平键有圆头（A 型）、方头（B 型）和单圆头（C 型）三种形式（图 3—2—16）。圆头普通平键因在键槽中不会发生轴向移动而应用最广，单圆头普通平键（C 型）则多应用在轴的端部。

普通平键工作时，轴和轴上零件沿轴向没有相对移动。

（2）导向平键连接

轴上安装的零件需要沿轴向移动时，可将普通平键加长，采用如图 3—2—17 所示的导向平键连接。由于导向平键较长，且与键槽配合较松，因此要用螺钉将其固定于轴槽内。为了拆卸方便，在导向平键中部设有起键用螺孔。导向平键有圆头（A 型）和方头（B 型）两种形式。

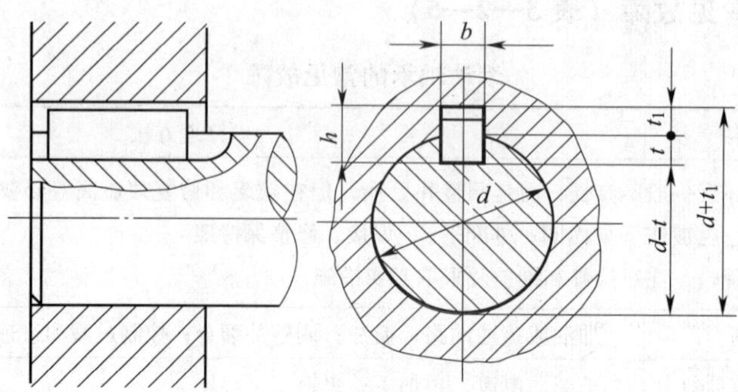

图 3—2—15　普通平键连接

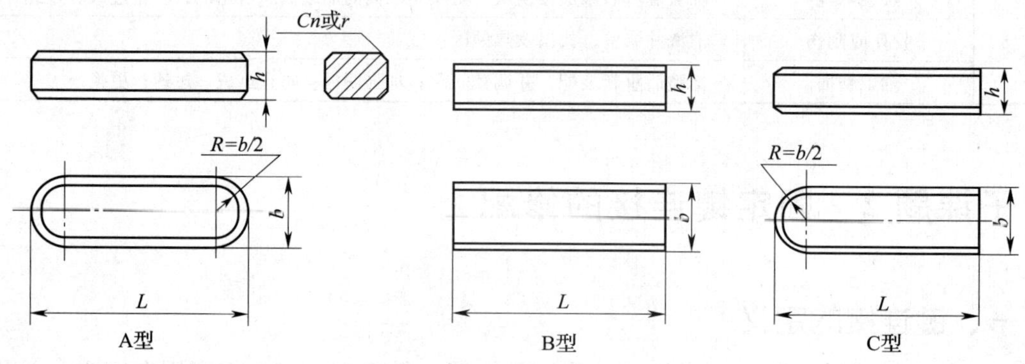

图 3—2—16　普通平键的形式

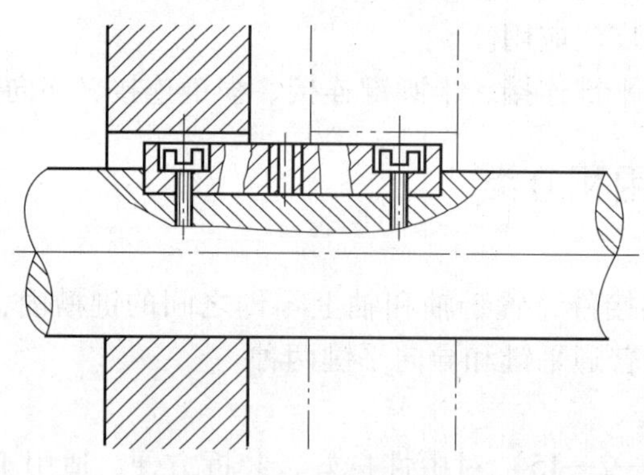

图 3—2—17　导向平键连接

(3) 平键连接的配合种类和应用

平键连接采用基轴制配合，按键宽配合的松紧程度不同分为较松键连接、一般键连接和较紧键连接三种。三种连接的键宽、轴槽宽、轮毂槽宽的公差及其应用范围见表3—2—6。

(4) 平键和键槽尺寸

平键已标准化，平键的选用主要是根据轴的直径，从标准中选定键的剖面尺寸 $b \times h$，键和键槽剖面尺寸及键槽公差可由表查得。键宽 b 的公差只有 h9 一种。键的非配合尺寸公差，键高 h 按 h11 取值；键长 L 按 h14 取值；轴槽长度公差选用 H14。轮毂槽为通槽，轮毂的长度一般为（1.5～2）d，d 为轴的直径。键的长度 L 应略小于（或等于）轮毂的长度，并符合标准系列（查阅有关国家标准）。

表 3—2—6　　平键连接配合种类及其应用范围

平键连接配合种类	尺寸 b 的公差			应用范围
	键	轴槽	轮毂槽	
较松键连接	h9	H9	D10	主要用于导向平键
一般键连接	h9	N9	Js9	用于传递载荷不大的场合，在一般机械制造中应用广泛
较紧键连接	h9	P9	P9	用于传递重载荷、冲击载荷及双向传递转矩的场合

表面粗糙度对键连接的稳定性和使用寿命有很大影响。键工作表面粗糙度 Ra 值应小于 1.6 μm，与其相配合的轴槽和轮毂槽侧面的表面粗糙度 Ra 值为 1.6～3.2 μm，非工作表面（键的顶面、底面和键槽底面）的表面粗糙度 Ra 值为 6.3 μm。

轴槽及轮毂槽对轴及轮毂轴线的对称度公差根据不同的要求，按 GB/T 1184—1996《形状和位置公差未注公差值》选取，以便于装配，并保证连接的质量。

平键的标记示例如下：

普通平键（A 型），$b=16$ mm，$h=10$ mm，$L=100$ mm：

GB/T 1096 键 16×10×100

普通平键（B 型），$b=16$ mm，$h=10$ mm，$L=100$ mm：

GB/T 1096 键 B16×10×100

普通平键（C 型），$b=16$ mm，$h=10$ mm，$L=100$ mm：

GB/T 1096 键 C16×10×100

导向平键（A 型），$b=16$ mm，$h=10$ mm，$L=100$ mm：

GB/T 1097 键 16×100

导向平键（B 型），$b=16$ mm，$h=10$ mm，$L=100$ mm：

GB/T 1097 键 B16×100

2. 半圆键连接

半圆键连接（图 3—2—18）也是用侧面实现周向固定和传递转矩。其特点是制造容易，装拆方便，键在轴槽中能绕自身几何中心沿槽底圆弧摆动，以适应轮毂上键槽的斜度。由于键槽较深，削弱了轴的强度，因此只能传递较小的转矩，一般用轻载或辅助性连接，特别适用于锥形轴轮毂的连接。

3. 楔键连接

楔键分普通楔键和钩头楔键两种。普通楔键有圆头（A 型）、方头（B 型）和单圆头（C 型）三种形式（图 3—2—19）；钩头楔键只有一种形式（图 3—2—20）。

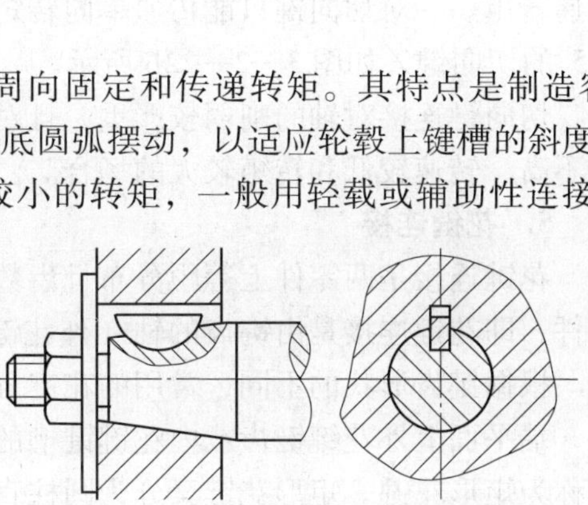

图 3—2—18　半圆键连接

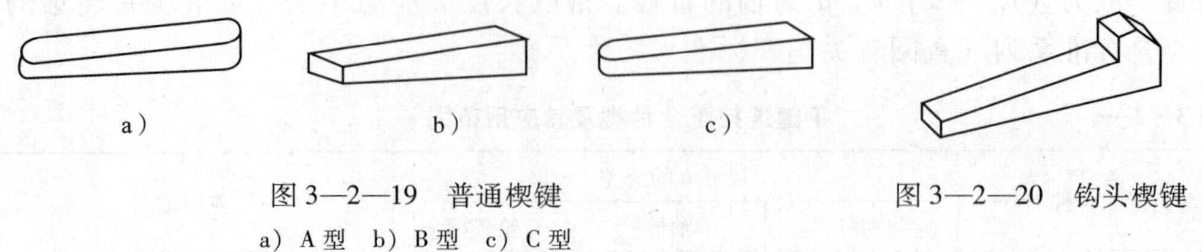

图 3—2—19　普通楔键

a) A 型　b) B 型　c) C 型

图 3—2—20　钩头楔键

楔键的上、下表面为工作面，上表面相对下表面有 1∶100 的斜度，轮毂槽底面相应也有 1∶100 的斜度。装备时，将楔键打入轴与轴上零件之间的键槽内，使之连接成一整体，从而实现转矩传递（图 3—2—21）。楔键与键槽的两个侧面不接触，为非工作面。楔键连接能使轴上零件轴向固定，并能使零件承受单方向的轴向力。由于键侧面为非工作面，因此楔键连接的对中性差，在冲击和变载荷的作用下容易发生松脱。

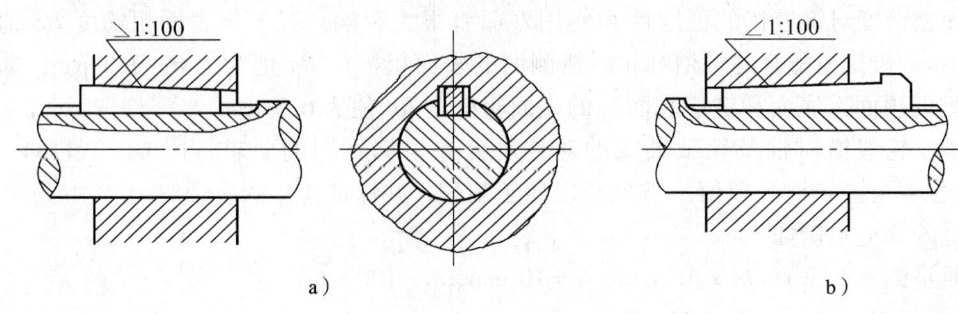

图 3—2—21　楔键连接

a) 普通楔键连接　b) 钩头楔键连接

楔键连接常用于精度不高、转速较低、承受单向轴向载荷的场合。钩头楔键用于不能从另一端将键打出的场合，钩头供拆卸用，应注意加以保护。

4. 切向键连接

图 3—2—22 为切向键连接。切向键由一对具有 1∶100 斜度楔键沿斜面拼合而成，其上、下的两工作面互相平行，轴和轮毂上的键槽底面没有斜度。装配时，一对键分别自轮毂两边打入，使两工作面分别与轴和轮毂上键槽底面压紧。工作时，靠工作面的压紧作用传递转矩。一对切向键只能传递单向转矩，需要传递双向转矩时，可安装两对互成 120°～135°的切向键，如图 3—2—22b 所示。

切向键连接对轴的削弱较严重，且对中性差，常用于轴径较大（$d>60$ mm）、精度要求不高、转速较低和转矩较大的场合。

5. 花键连接

花键连接是两零件上等距分布且齿数相同的键齿相互连接，并传递转矩或运动的同轴偶件，即花键连接是由键齿的轴（外花键）和轮毂（内花键）所组成的。

根据键齿形状的不同，常用的花键分为矩形花键和渐开线花键两类（图 3—2—23）。

端平面上外花键键齿或内花键键槽的两侧齿形为相互平行的直线且对称于轴平面的花键称为矩形花键。矩形花键又分为圆柱直齿矩形花键（简称矩形花键）和圆柱斜齿矩形花键。

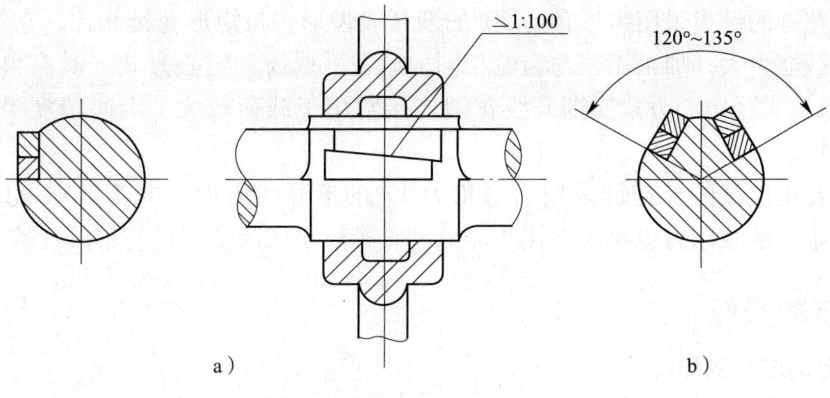

图 3—2—22　切向键连接

a）一对切向键连接　b）两对切向键连接

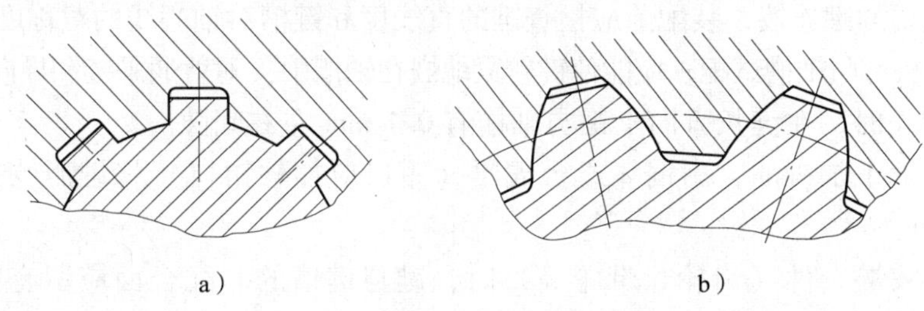

图 3—2—23　花键连接

a）矩形花键连接　b）渐开线花键连接

键齿在圆柱（或圆锥）面上且齿形为渐开线的花键称为渐开线花键。渐开线花键又分为圆柱直齿渐开线花键、圆锥直齿渐开线花键和圆柱斜齿渐开线花键。在渐开线花键连接中，外花键齿形为渐开线、内花键齿形为直线的连接又称为三角形花键连接。

花键连接与平键、半圆键、楔键等单键连接相比，具有空心精度高、导向性好、承载能力强、能传递较大的转矩及连接可靠等优点，但花键制造较困难。

在花键中，矩形花键由于加工容易，所以得到广泛的应用。矩形花键连接的定心（即花键副工作轴线位置的限定）方式有三种，分别为小径 d 定心、大径 D 定心和齿侧（即键宽 B）定心（图 3—2—24）。其中因内花键的小径可用内圆磨床加工，外花键的小径可由专用花键磨床加工，因而定心精度高。

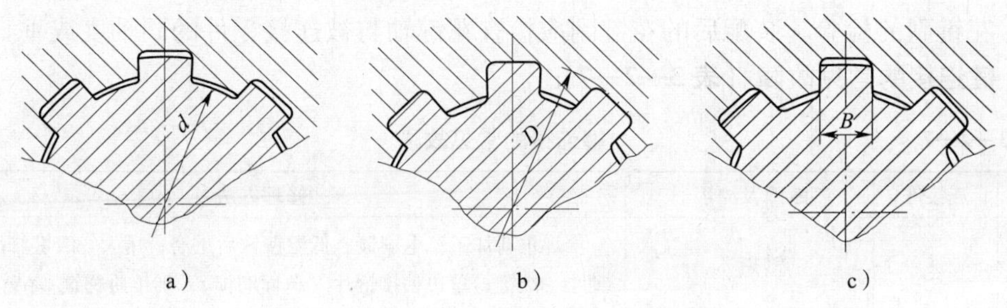

图 3—2—24　矩形花键连接的定心方式

a）小径定心　b）大径定心　c）齿侧定心

渐开线花键的键齿采用齿形角为30°的渐开线齿形，与矩形花键相比，它的齿根较厚，强度高，承载能力大，加工工艺与齿轮相同，通常采取齿侧定心方式（具有自动定心的特点），也可采取大径定心方式。渐开线花键连接常用于载荷较大、定心精度要求较高、尺寸较大的连接。

三角形花键连接的外花键采用齿形角为45°的渐开线齿形，内花键则采用直线齿形，因此键齿细小，承载能力也小，常用于轻载和直径较小或薄壁零件与轴的连接。

三、技能操作

1. 固定键连接的修配

（1）松键连接修配要点

1）清理键及键槽上的毛刺，以防配合后产生过大的过盈量而破坏配合的正确性。

2）对于重要的键连接，装配前应检查键的直线度和键槽对轴心线的对称度及平行度等。

3）用键的头部与轴槽试配，应能使键较紧地嵌在轴槽中（对普通平键和导向平键而言）。

4）锉配键长时，在键长方向上键与轴槽有0.1 mm左右间隙。

5）在配合面上加机油，用铜棒或台虎钳（钳口应加软钳口）将键压装在轴槽中，并与槽底接触良好。

6）试配并安装套件（齿轮、带轮等）时，键与键槽的非配合面应留有间隙，以求轴与套件达到同轴度要求；装配后的套件在轴上不能左右摆动，否则，容易引起冲击和振动。

（2）楔键连接修配要点

装配楔键时，要用涂色法检查楔键上、下表面与轴槽或轮毂槽的接触情况，若发现接触不良，可用锉刀、刮刀修整键槽。合格后，轻敲入内，至套件周向、轴向紧固可靠。

（3）花键连接的修配要点

1）静连接花键修配。套件应在花键轴上固定，故有少量过盈，装配时可用铜棒轻轻打入，但不得过紧，以防拉伤配合表面。如果过盈较大，则应将套件加热（80～120℃）后进行装配。

2）动连接花键装配。套件在花键轴上可以自由滑动，没有阻滞现象，但也不能过松，用手摆动套件时，不应感觉有明显的周向间隙。

3）花键的修整。拉削后热处理的内花键，可用花键推刀修整，以消除因热处理产生的微量缩小变形；也可以用涂色法修整，以达技术要求。

4）花键副的检验。装配后的花键副应检查花键轴与被连接零件的同轴度或垂直度。

2. 键连接的常见故障（表3—2—7）

表3—2—7　　键连接的常见故障

名称	连接件	故障及原因	修理方法
键连接	键	键损坏	堆焊重新加工；电刷镀；低温镀铁后重磨；用大一级键修配；修正到小一级键；单边粘接钢片（单面磨损）；加工阶梯键
	键槽	键槽损坏	堆焊后加工；补焊后转位加工新键槽；键槽加宽重新镀；镶加粘接后重新在原位置加工新槽；细锉或磨石修整

课题 3　传动机构的维修

子课题 1　铰链四杆机构的维修

一、铰链四杆机构的组成

平面连杆机构是由一些刚性构件用转动副和移动副相互连接而组成的在同一平面或相互平行平面内运动的机构。平面连杆机构中的运动副都是低副，因此平面连杆机构是低副机构。平面连杆机构能够实现某些较为复杂的平面运动，在生产中广泛用于动力的传递或改变运动形式。平面连杆机构构件多种多样，不一定为杆状，但从运动原理来看，均可用等效的杆状构件来替代。最常用的平面连杆机构是具有四个构件（包括机架）的低副机构，称为四杆机构。

构件间用四个转动副相连的平面四杆机构称为平面铰链四杆机构，简称铰链四杆机构。铰链四杆机构是四杆机构的基本形式，也是其他多杆机构的基础。

如图 3—3—1a 所示为一铰链四杆机构，由四根杆状的构件分别用铰链连接而成。图 3—3—1b 为铰链四杆机构的简图表示。

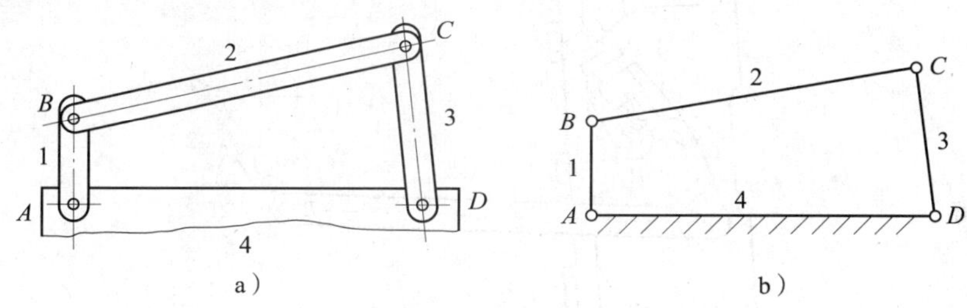

图 3—3—1　铰链四杆机构

a）铰链四杆机构　b）简图

1、3—连架杆　2—连杆　4—机架

铰链四杆机构中，固定不动的构件称为机架（又称静件、固定件）。机构中不与机架相连的构件称为连杆。机构中与机架用低副相连的构件称为连架杆。图 3—3—1 中，构件 4 为机架，构件 2 为连杆，构件 1 和 3 为连架杆。连架杆按其运动特征可分为曲柄和摇杆两种。

曲柄——与机架用转动副相连且能绕该转动副轴线整圈旋转的构件。

摇杆——与机架用转动副相连但只能绕该转动副轴线摆动的构件。

二、铰链四杆机构的基本类型

铰链四杆机构一般分为三种基本类型，即曲柄摇杆机构、双曲柄机构和双摇杆机构。

1. 曲柄摇杆机构

具有一个曲柄和一个摇杆的铰链四杆机构称为曲柄摇杆机构（图3—3—2）。

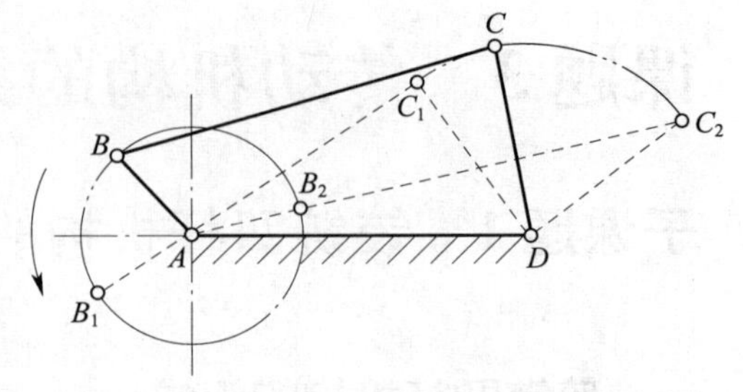

图3—3—2 曲柄摇杆机构

在如图3—3—2所示曲柄摇杆机构中，取曲柄 AB 为主动件，并做逆时针等速转动。当曲柄 AB 的 B 端从 B 点回转到 B_1 点时，从动件摇杆 CD 上的 C 端从 C 点摆动到 C_1 点，而当 B 端从 B_1 点回转到 B_2 点时，C 端从 C_1 点顺时针摆动到 C_2 点。当 B 端继续从 B_2 点回转到 B_1 点时，C 端将从 C_2 点逆时针摆回到 C_1 点。这样，在曲柄 AB 连续做等速回转时，摇杆 CD 将在 C_1C_2 范围内做变速往复摆动。即曲柄摇杆机构能将主动件（曲柄）整周的回转运动转换为从动件（摇杆）的往复摆动。

如图3—3—3所示为牛头刨床横向进给机构，其传动采用了曲柄摇杆机构。该机构工作时，齿轮1带动齿轮2及与齿轮2同轴的销盘3（相当于曲柄）一起转动，连杆4使带有棘爪的摇杆5绕 D 点摆动，与此同时，棘爪推动棘轮6上的轮齿，使与棘轮同轴的丝杠7转动，从而完成工作台的横向进给运动。

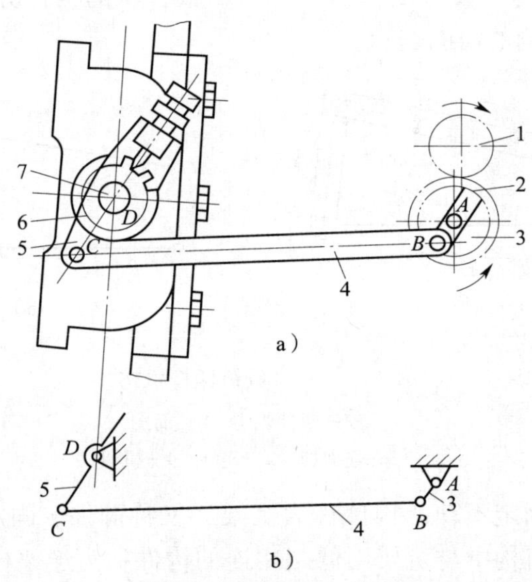

图3—3—3 牛头刨床横向进给机构

a）进给机构 b）运动简图

1、2—齿轮 3—销盘（曲柄） 4—连杆 5—摇杆 6—棘轮 7—丝杠

曲柄摇杆机构在生产中应用很广，如图3—3—4所示为一些应用实例。图3—3—4a为剪板机，图3—3—4b为颚式破碎机，图3—3—4c为搅拌机，图3—3—4d为雷达俯仰角度的摆动装置。它们在曲柄 AB 连续回转的同时，摇杆 CD 可以往复摆动，完成剪切、矿石破碎、搅拌、雷达天线的俯仰摆动等动作。

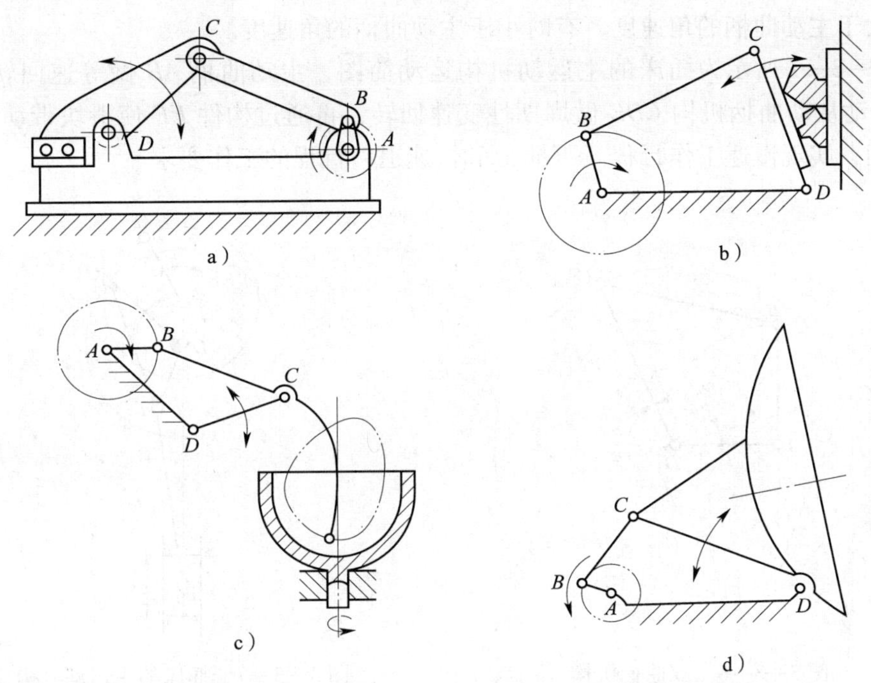

图 3—3—4　曲柄摇杆机构的应用实例

a）剪板机　b）颚式破碎机　c）搅拌机　d）雷达俯仰角度的摆动装置

在曲柄摇杆机构中，当取摇杆为主动件时，可以使摇杆的往复摆动转换成从动件曲柄的整周回转运动。在如图 3—3—5 所示缝纫机踏板机构中，踏板（相当于摇杆 *CD*）做往复摆动时，连杆 *BC* 驱动曲柄（相当于曲柄 *AB*）和带轮连续回转。

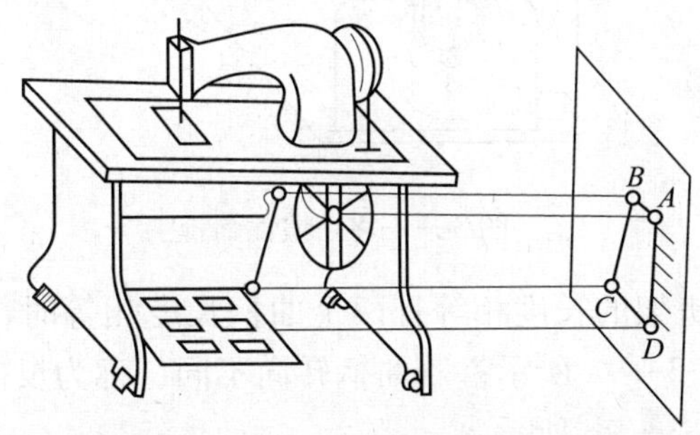

图 3—3—5　缝纫机踏板机构

2. 双曲柄机构

具有两个曲柄的铰链四杆机构称为双曲柄机构（图 3—3—6）。

在双曲柄机构中，两个连架杆为曲柄，均可做整圈旋转。两个曲柄可以分别为主动件。在如图 3—3—6 所示双曲柄机构中，取曲柄 *AB* 为主动件，当主动曲柄 *AB* 顺时针回转 180°到 AB_1 位置时，从动曲柄 *CD* 顺时针回转到 C_1D，转过角度 φ_1；主动曲柄 *AB* 继续回转 180°，从动曲柄 *CD* 转过角度 φ_2，显然 $\varphi_1 > \varphi_2$，$\varphi_1 + \varphi_2 = 360°$。所以双曲柄机构的运动特点是主动曲柄匀速回转一周，从动曲柄随之变速回转一周，即从动曲柄每回转一周，其角速度有时大于主动曲柄的角速度，有时小于主动曲柄的角速度。

如图3—3—7所示为插床的主运动机构运动简图，主动曲柄*AB*做等速回转运动时，连杆*BC*带动从动曲柄机构*CDE*做周期性变速回转，再通过构件*EF*使滑块带动插刀做上下往复运动，实现慢速工作行程（下插）和快速退刀行程的工作要求。

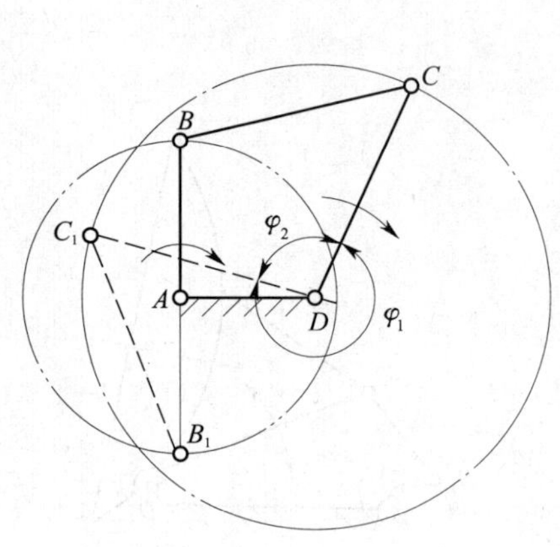

图3—3—6　双曲柄机构

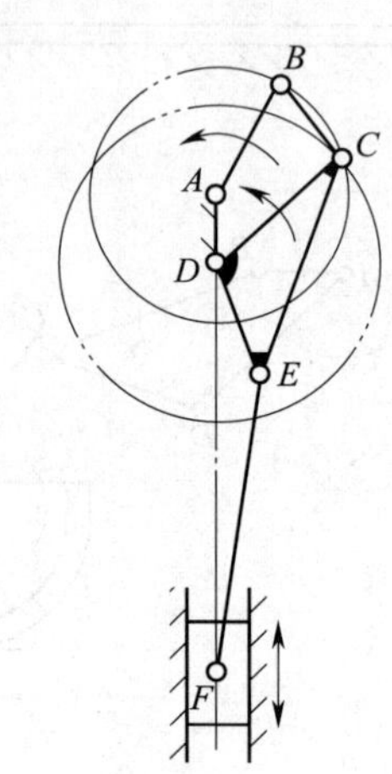

图3—3—7　插床的主运动机构

如图3—3—8所示为双曲柄机构在惯性筛中的应用，工作时，等速转动的主动曲柄*AB*通过连杆*BC*带动从动曲柄*CD*做周期性变速转动，并通过构件*CE*的连接，使筛子变速往复移动。

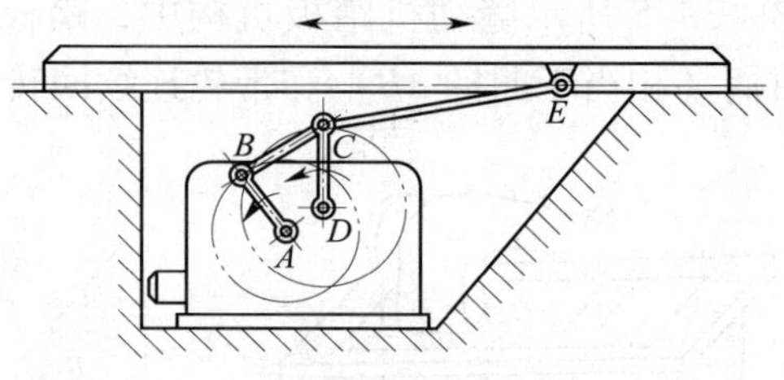

图3—3—8　惯性筛

双曲柄机构当连杆与机架的长度相等且两个曲柄长度相等时，若曲柄转向相同，称为平行四边形机构，如图3—3—9a所示；若曲柄转向不同，称为反向平行双曲柄机构，简称反向双曲柄机构，如图3—3—9b所示。

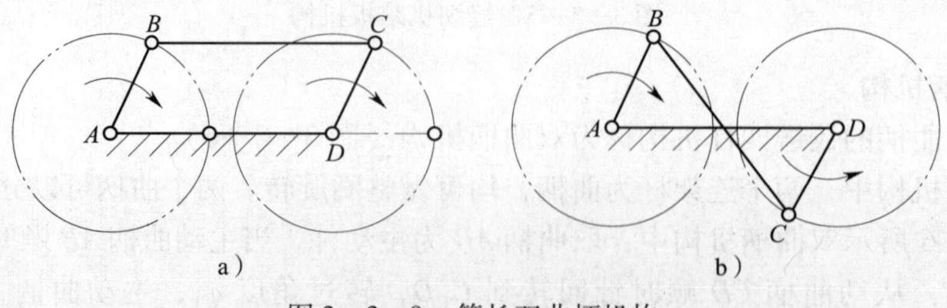

图3—3—9　等长双曲柄机构

a）平行四边形机构　b）反向平行双曲柄机构

平行四边形机构的运动特点是两曲柄的回转方向相同，角速度相等。反向平行双曲柄机构的运动特点是两曲柄的回转方向相反，角速度不等。

平行四边形机构在运动过程中，主动曲柄 *AB*（图 3—3—9a）每回转一周，两曲柄与连杆 *BC* 出现两次共线，此时会产生从动曲柄 *CD* 运动的不确定现象，即主动曲柄 *AB* 的回转方向不变，而从动曲柄 *CD* 可能顺时针方向回转，也可能逆时针方向回转，而使机构变成反向平行双曲柄机构，导致不能正常传动。为避免这一现象，常采用的方法有三种。一是利用从动曲柄本身的质量或附加一转动惯量较大的飞轮，依靠其惯性作用来导向；二是增设辅助构件；三是采取多组机构错列。

如图 3—3—10 所示为机车车轮联动装置，它利用了平行四边形机构两曲柄回转方向相同、角速度相等的特点，使从动车轮与主动车轮具有完全相同的运动，为了防止这种机构在运动过程中变为反向平行双曲柄机构，在机构中增设了一个辅助构件（曲柄 *EF*）。

如图 3—3—11 所示为左右两组车轮采用错列结构，使左右两组车轮的曲柄相错 90°，从而保证了车轮的正常回转。

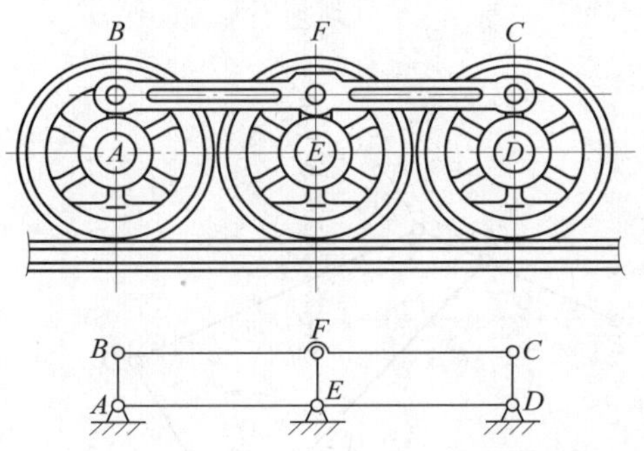

图 3—3—10　机车车轮联动装置

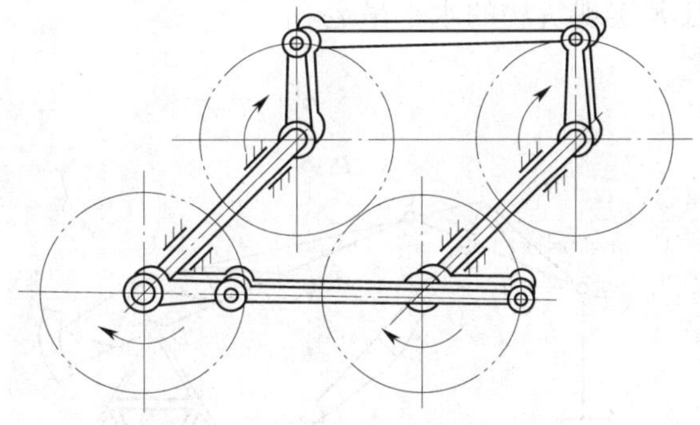
图 3—3—11　机车车轮的错列装置

如图 3—3—12 所示为车门启闭机构，采用反向平行双曲柄机构。当主动曲柄 *AB* 转动时，通过连杆 *BC* 使从动曲柄 *CD* 反向转动，从而保证了两扇车门的同时开启和关闭至各自的预定位置。

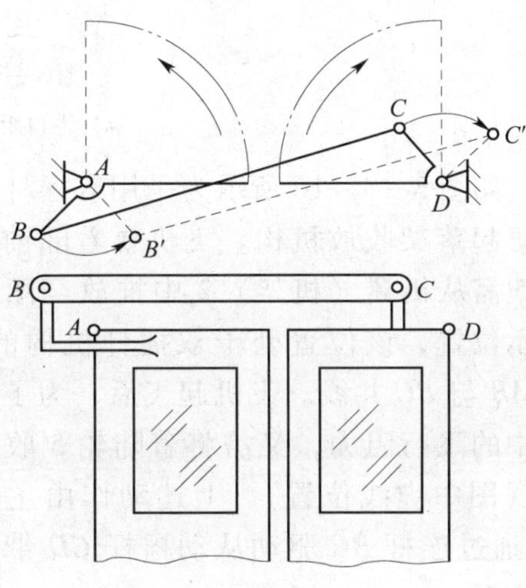

图 3—3—12　车门启闭机构

3. 双摇杆机构

具有两个摇杆的铰链四杆机构称为双摇杆机构（图 3—3—13）。在双摇杆机构中，两摇杆可以分别为主动件，当连杆与摇杆共线时（图 3—3—13 中 B_1C_1D 与 C_2B_2A），机构处于死点位置。图 3—3—13 中的 φ_1 与 φ_2 分别为两摇杆的最大摆角。

如图 3—3—14 所示为利用双摇杆机构的自卸翻斗装置。杆 *AD* 为机架，当油缸活塞向右伸出时，可带动双摇杆 *AB* 与 *CD* 向右摆动，使翻斗中的货物自动卸下；当油缸活塞杆向左缩回时，则带动双摇杆向左摆动，使翻斗回到原来的位置。

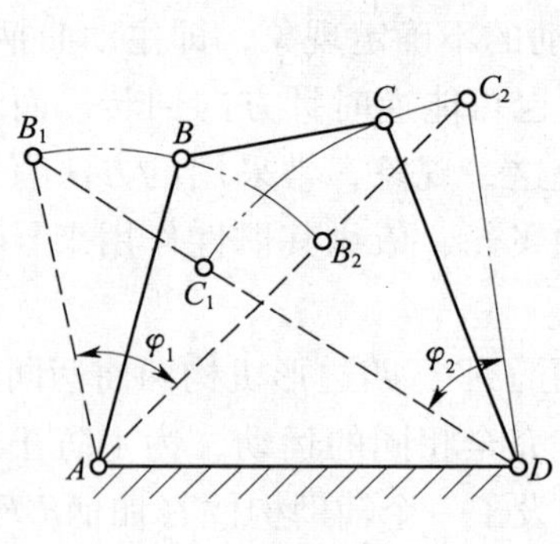

图 3—3—13　双摇杆机构

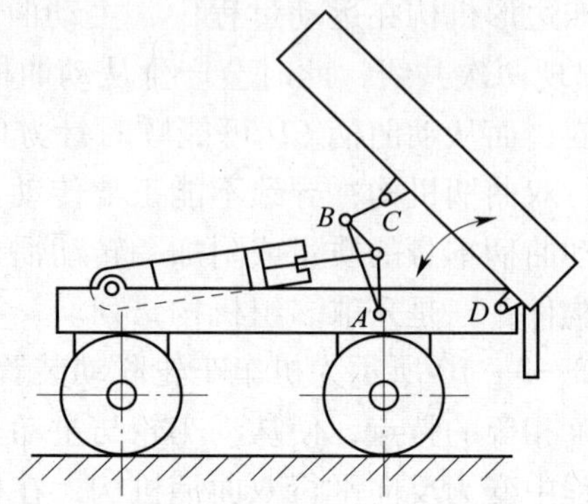

图 3—3—14　自卸翻斗装置

如图 3—3—15 所示为港口用起重机，也采用了双摇杆机构，该机构利用连杆上的特殊点 E 实现货物的水平吊运。

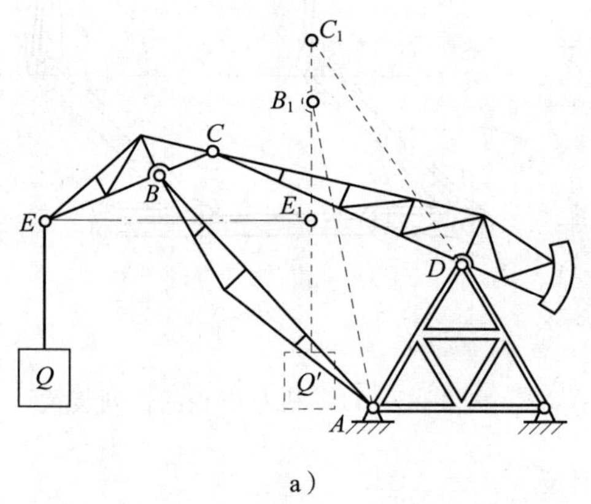

a）

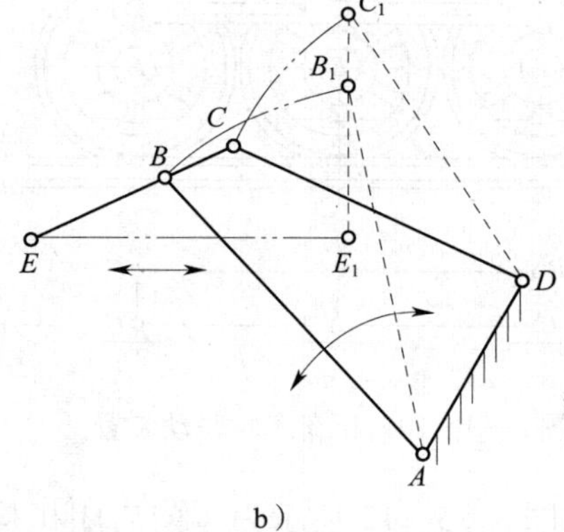

b）

图 3—3—15　港口用起重机

a）港口用起重机　b）机构运动简图

如图 3—3—16 所示为采用双摇杆机构的飞机起落架收放机构。飞机要着陆前，着陆轮 5 需从机翼（机架）2 中推放至图中实线所示位置，该位置处于双摇杆机构的死点，即 AB 与 BC 共线。飞机起飞后，为了减小空气中的飞行阻力，又需将着陆轮 5 收入机翼中（图中虚线位置）。上述动作由主动摇杆 AB 通过连杆 BC 驱动从动摇杆 CD 带动着陆轮实现。

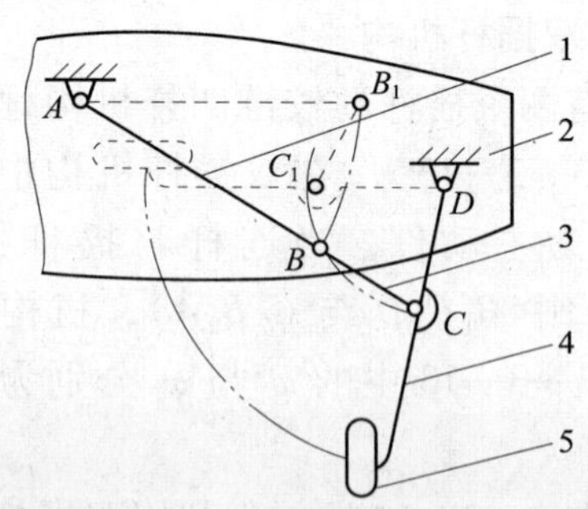

图 3—3—16　飞机起落架收放机构

1—主动摇杆　2—机架　3—连杆

4—从动摇杆　5—着陆轮

三、铰链四杆机构的基本性质

1. 曲柄存在的条件

曲柄是能做整圈旋转的连架杆，只有这种能做整圈旋转的构件才能用电动机等连续转动的装置来带动，所以，能做整圈旋转的构件在机构中具有重要地位，即曲柄是机构中的关键构件。铰链四杆机构中是否有能做整圈旋转的构件，取决于各构件长度之间的关系，这就是所谓的曲柄存在条件。

在如图 3—3—17 所示曲柄摇杆机构中，设曲柄 AB、连杆 BC、摇杆 CD 和机架 AD 的杆长度分别为 a，b，c，d，当曲柄 AB 回转一周，B 点的轨迹是以 A 为圆心、半径等于 a 的圆。B 点通过 B_1 和 B_2 点时，曲柄 AB 与连杆 BC 形成两次共线，AB 能否顺利通过这个位置是 AB 能成为曲柄的关键。下面就这两个位置时各构件的几何关系来分析曲柄存在的条件。

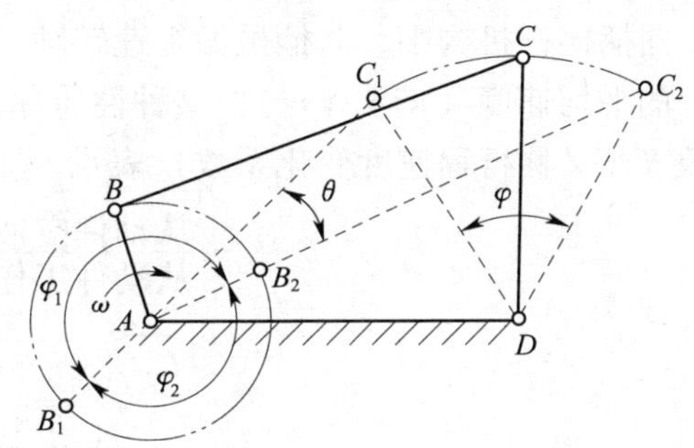

图 3—3—17　曲柄摇杆机构

当构件 AB 与 BC 在 B_1 点共线时，由 $\triangle AC_1D$ 可得：$b-a+c\geqslant d$；$b-a+d\geqslant c$（AB，BC，CD 在极限情况下重合成一直线时为等于）。

当构件 AB 与 CD 在 B_2 点共线时，由 $\triangle AC_2D$ 可得：$a+b\leqslant c+d$。

综合两种情况有

$$\begin{cases}a+b\leqslant b+c\\a+c\leqslant b+d\\a+b\leqslant c+d\end{cases}\qquad(3—3—1)$$

将式（3—3—1）中的三个不等式两两相加，经化简后可得：

$$a\leqslant b;\ a\leqslant c;\ a\leqslant d\qquad(3—3—2)$$

由式（3—3—1）与式（3—3—2）可得铰链四杆机构中的曲柄存在的条件：

（1）连杆架与机架中必有一个最短杆。

（2）最短杆与最长杆长度之和必小于或等于其余两杆长度之和。

上述两个条件必须同时满足，否则铰链四杆机构中无曲柄存在。

根据曲柄存在的条件，可以推论出铰链四杆机构三种基本类型的判别方法：

（1）若铰链四杆机构中最短杆与最长杆长度之和小于或等于其余两杆长度之和，则：

1）取最短杆为连架杆时，构成曲柄摇杆机构。

2）取最短杆为机架时，构成双曲柄机构。

3）取最短杆为连杆时，构成双摇杆机构。

（2）若铰链四杆机构中最短杆与最长杆长度之和大于其余两杆长度之和，则无曲柄存在，只能构成双摇杆机构。

2. 急回特性

在如图 3—3—17 所示的曲柄摇杆机构中，曲柄 AB 以等角速度 ω 顺时针回转，自 AB_1

回转到 AB_2 即转过角度 φ_1 时，摇杆 CD 自 C_1D（左端极限位置）摆动到 C_2D（右端极限位置），摆动角度为 φ 时，设 C 点的平均线速度为 v_1，所需时间 t_1；当曲柄 AB 摆动角度为 φ 时，设 C 点的平均线速度为 v_2，所需时间为 t_2。由图不难看出，$\varphi_1 > \varphi_2$，所以 $t_1 > t_2$，即 $v_2 > v_1$。即曲柄 AB 在做等速转动时，摇杆 CD 在 C_1D 与 C_2D 的极限位置空间做摆角为 φ 的往复摆动，且往复两次摆动所用时间不等，平均速度也不相同。通常摇杆由 C_1D 摆动到 C_2D 的过程被用作机构中从动件的工作行程，摇杆由 C_2D 摆动到 C_1D 的过程作为从动件的空回行程，有利于提高生产率。

曲柄摇杆机构中，曲柄虽做等速转动，而摇杆摆动时空回行程的平均速度却大于工作行程的平均速度（即 $v_2 > v_1$），这种性质称为机构的急回特性。机构的急回特性用急回特性系数 K（又称行程速度变化系数）表示。

$$K = \frac{\text{从动件空回行程平均速度}}{\text{从动件工作行程平均速度}} = \frac{v_2}{v_1}$$

$$= \frac{\dfrac{\overset{\frown}{C_2C_1}}{t_2}}{\dfrac{\overset{\frown}{C_1C_2}}{t_1}} = \frac{t_1}{t_2} = \frac{\varphi_1}{\varphi_2} = \frac{180^\circ + \theta}{180^\circ - \theta} \tag{3—3—3}$$

式中 K——急回特性系数；

θ——极位夹角，摇杆位于两极限位置时，曲柄所夹的锐角。

由式（3—3—3）可得：

$$\theta = 180^\circ \frac{K-1}{K+1} \tag{3—3—4}$$

机构有无急回特性取决于急回特性系数 K。K 值越大，急回特性越显著，也就是从动件回程越快；$K = 1$ 时，机构无急回特性。

急回特性系数 K 与极位夹角 θ 有关，$\theta = 0^\circ$，$K = 1$，机构无急回特性；$\theta > 0^\circ$，机构有急回特性。且 θ 越大，急回特性越明显。

3. 死点位置

在铰链四杆机构中，当连杆与从动件处于共线位置时，如果不计各运动副中的摩擦和各杆件的质量，则主动件通过连杆传给从动件的驱动力通过从动件铰链的中心，也就是说驱动力对从动件的回转力矩等于零。此时，无论施加多大的驱动力，均不能使从动件转动，且转向不能确定。我们把机构中的这种位置成为死点位置。

在取摇杆为主动件、曲柄为从动件的曲柄摇杆机构中（图 3—3—18），当摇杆 CD 处于 C_1D，C_2D 两极限位置时，连杆 BC 与从动件曲柄 AB 出现两次共线，这两个位置就是死点位置。

实际应用中，在死点位置常使机构从动件无法运动或出现运动的不确定现象。如图 3—3—5 所示的缝纫机踏板机构，踏板 CD（即摇杆，为主动件）做往复摆动时，连杆 BC 与曲轴 AB（即曲柄）在两处出现共线，即出现死点位置，致使曲轴 AB 不转或出现倒转现象。

对于传动机构来说，机构有死点位置是不利的，应采取措施使机构顺利通过死点位置。对于连续回转的机器，通常可利用从动件的惯性（必要时附加飞轮以增大惯性）来通过死点位置，如缝纫机就是借助于带轮的惯性通过死点位置的。

在工程上，有时也利用死点位置的特性来实现某些工作要求。如图 3—3—19 所示为一种钻床连杆式快速夹具。当通过手柄 2（即连杆 *BC*）施加外力 *F*，使连杆 *BC* 与连架杆 *CD* 成一直线时，构件连架杆 *AB* 的左端加紧工件 1，撤去手柄上的外力后，工件对连架杆 *AB* 的弹力 *T* 因机构处于死点位置而不能使其转动，从而保证工件的可靠夹紧。当需要松开工件时，则需要向上扳动手柄，使机构脱出死点位置。

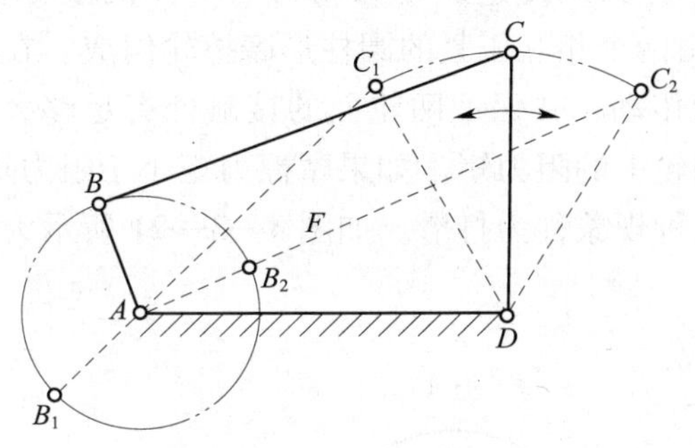

图 3—3—18　曲柄摇杆机构的死点位置

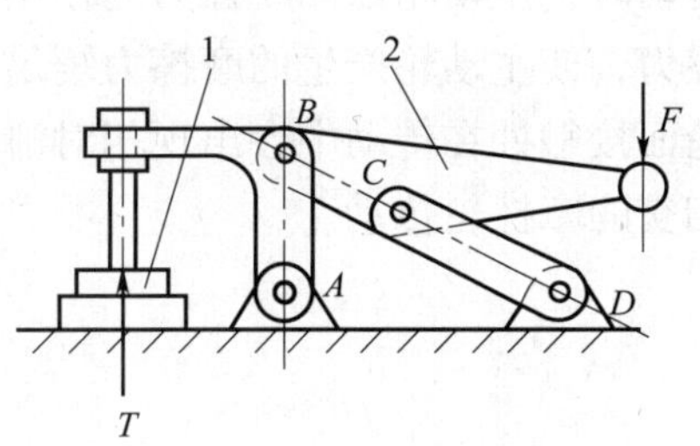

图 3—3—19　钻床连杆式快速夹具
1—工件　2—手柄

四、技能操作——铰链四杆机构的常见故障及维修（表 3—3—1）

表 3—3—1　　**铰链四杆机构的常见故障及维修**

名称	失效部位及原因	修理方法
销钉	销钉松动	直接取出更换
	销钉损坏	取出更换；用较大一级修配
销钉孔	销钉孔损坏	原孔修正；变位重钻；铰大一级；补焊后重钻；镶加重钻
铆钉	铆钉折断	锉去头后用刚杆顶出更换；在铆钉上钻孔取出更换；直接取出更换
	铆钉松动	拆除更换
铆钉孔	铆钉孔损坏	原孔修正；补焊后重钻；变位重钻；铰大一级；粘接后重钻；镶加重钻
外螺纹	弯曲	将螺钉拧到弯曲部位，再夹在虎钳上校正
	端部被墩粗	修锉后重新套螺纹，锯去损坏部分，修锉后重新套螺纹
	滑丝	更换螺钉或螺母
	外六角变圆	锉扁后取出更换，錾后取出更换，镶加取出更换
	平头、半圆头损坏	用凿或锯加深槽后取出更换，凿边缘取出更换
	拆断	断面钻孔后攻反螺纹或嵌入钢杆取出更换（直径大于 8 mm）；换位加工；补焊加工
	锈蚀	浸油一段时间后振松、凿边缘、加热等取出更换
内螺纹	内螺纹损坏	扩孔攻大一级螺纹；镶加塞块后重新打孔攻螺纹；变位重新打孔攻螺纹；拧双面螺纹塞；补焊后重新加工；粘接塞块重新打孔攻螺纹；丝锥校正

子课题 2 摩擦轮传动机构的维修

一、摩擦轮传动的工作原理和传动比

1. 摩擦轮传动工作原理

摩擦轮传动是利用两轮直接接触所产生的摩擦力来传递运动和动力的一种机械传动。如图 3—3—20 所示为两轴平行的摩擦轮传动，由两个相互压紧的圆柱形摩擦轮组成。在正常传动时，主动轮依靠摩擦力的作用带动从动轮传动，并保证两轮面的接触处有足够大的摩擦力，使主动轮产生的摩擦力矩足以克服从动轮上的阻力矩。如果摩擦力矩小于阻力矩，两轮面接触处在传动中会出现相对滑移现象，这种现象称为打滑。如图 3—3—21 所示为两轴相交的摩擦轮传动。

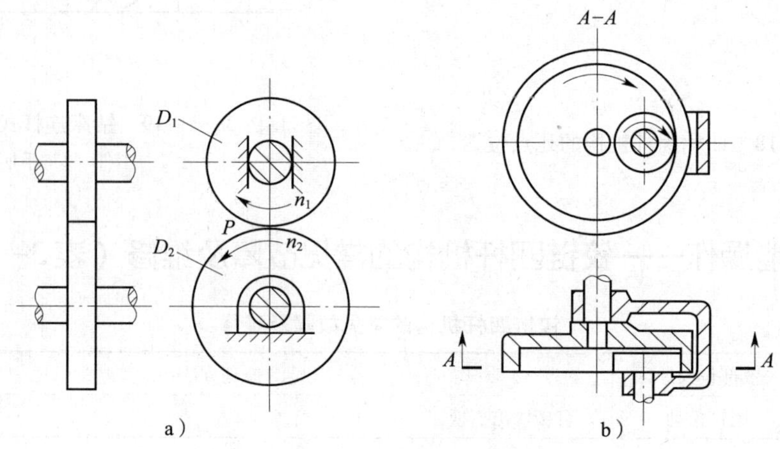

图 3—3—20 两轴平行的摩擦轮传动

a）外接圆柱式 b）内接圆柱式

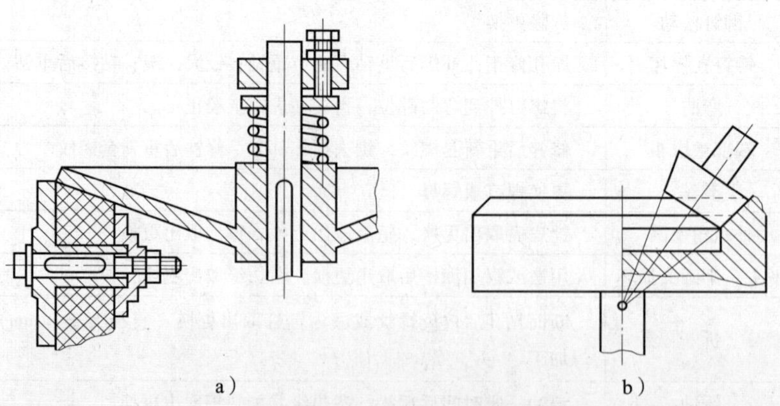

图 3—3—21 两轴相交的摩擦轮传动

a）外接圆锥式 b）内接圆锥式

增大摩擦力的途径一是增大正压力，二是增大摩擦因数。增大正压力可以在摩擦轮上安装弹簧或其他的施力装置（图3—3—21）。但这样会增加作用在轴与轴承上的载荷，导致传动件的尺寸增大，使机构笨重。因此，正压力只能适当增加。增大摩擦因数的方法通常是将其中一个摩擦轮用钢或铸铁材料制造，在另一个摩擦轮的工作表面上粘上一层石棉、皮革、橡胶布、塑料或纤维材料等。轮面较软的摩擦轮宜作主动轮，这样可以避免传动中产生打滑，致使从动轮的轮面遭受局部磨损而影响传动质量。

2. 传动比

机构中瞬时输入速度与输出速度的比值称为机构的传动比。对于摩擦轮传动，其传动比就是主动轮转速与从动轮转速的比值。传动比用符号 i 表示，表达式为：

$$i = \frac{n_1}{n_2} \tag{3—3—5}$$

式中 n_1——主动轮转速，r/min；

n_2——从动轮转速，r/min。

如图3—3—20a 所示，传动时如果两摩擦轮在接触处 P 点没有相对滑移，则两轮在 P 点处的线速度相等，即 $v_1 = v_2$。

因为

$$v_1 = \frac{\pi D_1 n_1}{1\ 000 \times 60}\ (\mathrm{m/s})$$

$$v_2 = \frac{\pi D_2 n_2}{1\ 000 \times 60}\ (\mathrm{m/s})$$

所以

$$n_1 D_1 = n_2 D_2$$

或

$$\frac{n_1}{n_2} = \frac{D_2}{D_1}$$

由此可知：两摩擦轮的转速之比等于它们直径的反比。与式（3—3—5）比较，得：

$$i = \frac{n_1}{n_2} = \frac{D_2}{D_1} \tag{3—3—6}$$

式中 D_1——主动轮直径，mm；

D_2——从动轮直径，mm。

二、摩擦轮传动的特点

与其他传动相比，摩擦轮传动具有下列特点。

（1）结构简单，使用维修方便，适用于轴心距较近的传动。

（2）传动时噪声小，并可在运转中变速、变向。

（3）过载时，两轮接触处会产生打滑，因而可防止薄弱零件的损坏，起到安全保护作用。

（4）在两轮接触处有产生打滑的可能，所以不能保持准确的传动比。

（5）传动效率较低，不宜传递较大的转矩，主要适用于高速、小功率传动的场合。

三、摩擦轮传动的类型和应用场合

按两轮轴线相对位置摩擦轮传动可分为两轴平行传动和两轴相交传动两类。

1．两轴平行的摩擦轮传动

两轮平行的摩擦轮传动有外接圆柱式摩擦轮传动（图3—3—20a）和内接圆柱式摩擦轮传动（图3—3—20b）两种。前者两轴转动方向相反，后者两轴转动方向相同。

2．两轴相交的摩擦轮传动

两轴相交的摩擦轮传动，其摩擦轮多为圆锥形，并有外接圆锥式（图3—3—21a）和内接圆锥式（图3—3—21b）两种。此外，还有圆柱圆盘式结构，如图3—3—22所示。圆锥形摩擦轮安装时，应使两轮的锥顶重合，以保证两轮锥面上各接触点处的线速度相等。

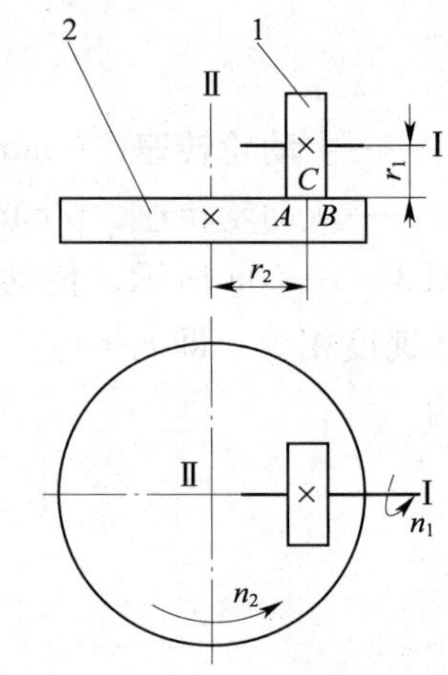

图3—3—22　滚子平盘式机械无级变速机构示意图

1—滚子　2—平盘

如图3—3—22所示为滚子平盘式机械无级变速机构的示意图。当动力源带动轴Ⅰ上的滚子1以恒定的转速 n_1 回转时，因滚子紧压在平盘2上，靠摩擦力的作用，使平盘转动并带动从动轴Ⅱ以转速 n_2 回转，假定滚子与平盘接触线 AB 的中点C处无相对滑移，为纯滚动，则滚子与平盘在点 C 处的线速度相等，可得

$$v_1c = v_2c$$

即 $2\pi r_1 n_1 = 2\pi r_2 n_2$

$$r_1 n_1 = r_2 n_2$$

所以从动轴Ⅱ的转速为

$$n_2 = \frac{r_1}{r_2} n_1$$

传动比为：

$$i = \frac{n_1}{n_2} = \frac{r_2}{r_1}$$

式中　r_1——滚子半径，mm；

r_2——滚子素线中点到从动轴轴线的距离，mm。

若将滚子1沿平盘2表面做径向移动，改变 r_2，从动轴Ⅱ的转速 n_2 随之改变。由于 r_2 可在一定范围内任意改变，所以轴Ⅱ可以获得无级变速。

直接接触的摩擦轮传动一般应用于摩擦压力机、摩擦离合器、制动器、机械无级变速器及仪器的传动机构等场合。

四、技能操作——摩擦轮传动机构的常见故障及维修（表3—3—2）

表3—3—2　　摩擦轮传动机构的常见故障及维修

失效部位及原因	维　修
弯曲变形	变形较小，冷校并低温稳化处理
断裂	补焊；先焊接，机械加工后再粘接，再机械加工；机械修理的镶加法，镶加套、轴（暗销、嵌入）等
装滑动轴承的轴颈或外圆柱面磨损	镀铬、铁或喷涂金属，加工基本尺寸，车或磨削精加工，保证表面粗糙度和加工精度；气相沉积后加工
装滚动轴承的轴颈或静配合面	镀铬、铁；堆焊；镶加套；滚压（如滚花等）；真空熔结；激光熔覆；化学镀铜（0.05 mm以下）；喷涂金属（静配合力较小）
轴上键槽	堆焊后加工；补焊后转位加工新键槽；键槽加宽后重新配键；镶加粘接后重新在原位置加工新槽
花键	堆焊重新加工；电刷镀；低温镀铁后重磨；用大一级键修配
轴上螺纹	堆焊后重车；加工成小一级螺纹；粘接镶加螺纹部分
外圆锥面	磨至较小尺寸
圆锥孔	磨至较大尺寸
轴上销孔	铰大一级；换位重新加工
扁头、方头、球面	对焊后重新加工；机械加工后镶加
表面划伤	电刷镀（划痕较浅）；补焊后修磨（划痕较深）
孔径磨损	镶加套；堆焊后机械加工；电镀后机械加工；粘补后机械加工；墩粗后机械加工；挤压外径后加工；扩张后镶套；滚压薄环；镶加半环（单面磨损）
孔内键槽磨损	堆焊后加工；补焊后转位加工新键槽；键槽加宽后重新配键；镶加粘接后重新在原位置加工新槽
圆锥孔磨损	镗孔后镶套，再磨削或刮研修整；加工大一级的锥孔；扩大锥孔孔径；电刷镀后加工
小槽、导槽磨损	变位重开；加工掉重镀；补焊后再加工；镶加后再加工；粘补后再加工
凹坑、球面窝磨损	铣掉重镶；扩大尺寸

子课题3 带传动机构的维修

一、带传动的工作原理和传动比

带传动是由带和带轮组成传递运动和（或）动力的传动，分摩擦传动和啮合传动两类。

属于摩擦传动类的带传动有平带传动（图3—3—23a）、V带传动（图3—3—23b）和圆带传动（图3—3—23c）；属于啮合传动类的带传动有同步带传动（图3—3—23d）。

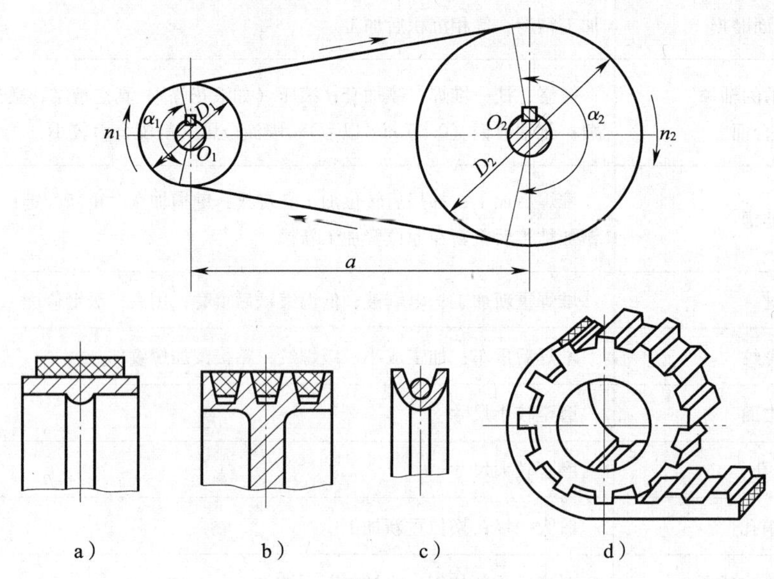

a） b） c） d）

图3—3—23 带传动

a）平带 b）V带 c）圆带 d）同步带

带传动是一种常见的机械传动，广泛应用在金属切削机床、输送机械、农业机械、纺织机械、通风机械等场合。常用的带传动有V带传动和平带传动。

1. 带传动的工作原理

带传动是利用带作为中间绕性件，依靠带与带轮之间的摩擦轮或啮合来传递运动和（或）动力的。如图3—3—23所示，把一根或几根闭合成环形的带张紧在主动轮 D_1 和从动轮 D_2 上，使带与两带轮之间的接触面产生正压力（或使用同步带与两同步带轮上的齿相啮合），当主动轴 O_1 带动主动轮 D_1 回转时，依靠带与两带轮接触面之间的摩擦力（或齿的啮合）使从带轮 D_2 带动从动轴 O_2 回转，实现两轴间运动和（或）动力的传递。

2. 带传动的传动比

带传动的传动比 i 就是带轮角速度之比，或带轮的转速之比，用公式表示为：

$$i = \frac{\omega_1}{\omega_2} = \frac{n_1}{n_2} \qquad (3—3—7)$$

式中 ω_1——主动轮的角速度，rad/s；

ω_2——从动轮的角速度，rad/s。

二、平带传动

平带传动是由平带和带轮组成的摩擦传动，带的工作面与带轮的轮缘表面接触。

1. 平带传动的形式

(1) 开口传动

开口传动是带轮两轴线平行、两轮宽的对称平面重合、转向相同的带传动（图3—3—24）。这种形式在平带传动中应用最为广泛。

(2) 交叉传动

交叉传动是带轮两轴线平行、两轮宽的对称平面重合、转向相反的带传动（图3—3—25）。这种形式在平带传动中应用也较广泛。

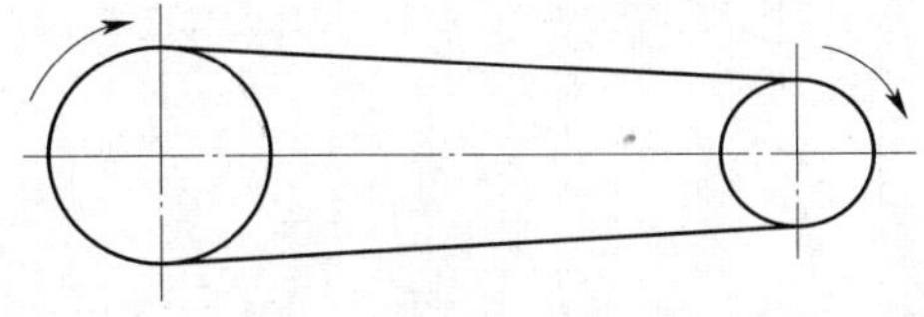

图3—3—24　开口传动

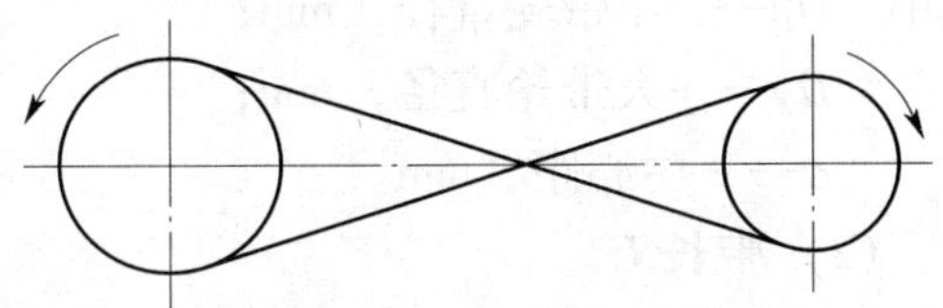

图3—3—25　交叉传动

(3) 半交叉传动

半交叉传动是带轮两轴线在空间交错的带传动，交错角度通常为90°（图3—3—26）。

(4) 角度传动

角度传动是带轮两轴线相交的带传动（图3—3—27）。

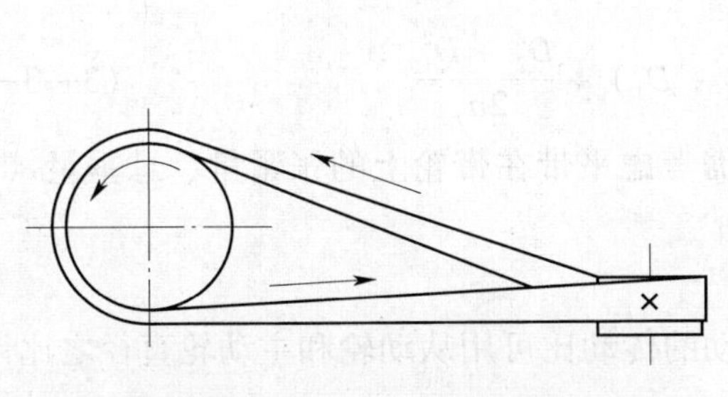

图3—3—26　半交叉传动

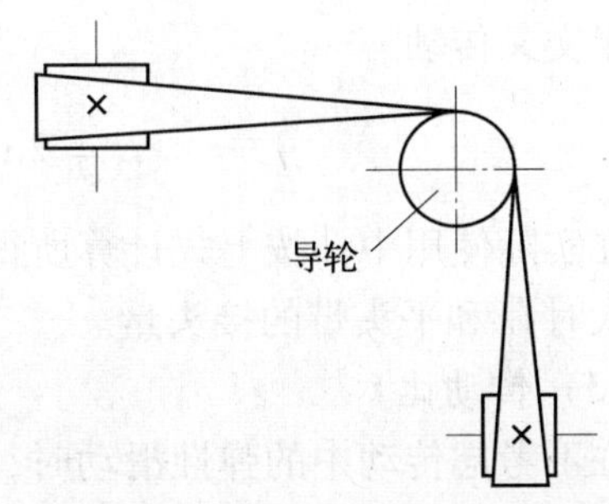

图3—3—27　角度传动

2. 平带传动的主要参数

(1) 包角 α

包角 α 是指带与带轮接触弧所对的圆心角，如图3—3—23所示。包角的大小反映带与带轮轮缘表面间接触弧的长短。包角越小，接触弧长越短，接触面间所产生的摩擦力总和也就越小。为了提高平带传动的承载能力，包角就不能太小，一般要求包角 $\alpha \geqslant 150°$。由于大带轮上的包角总是比小带轮上的包角大，因此只需验算小带轮上的包角是否满足要求即可，小带轮包角 α_1 的计算方法如下：

开口传动

$$\alpha_1 \approx 180° - \frac{D_2 - D_1}{a} \times 60° \qquad (3—3—8)$$

交叉传动

$$\alpha_1 \approx 180° + \frac{D_2 + D_1}{a} \times 60° \qquad (3—3—9)$$

半交叉传动

$$\alpha_1 \approx 180° + \frac{D_1}{a} \times 60° \qquad (3—3—10)$$

式中　D_1——小带轮直径，mm；

D_2——大带轮直径，mm；

α——中心距，mm。

（2）带长 L

平带的带长是指带的内周长度，其计算方法如下。

开口传动

$$L = 2a + \frac{\pi}{2}(D_2 + D_1) + \frac{(D_2 - D_1)^2}{4a} \qquad (3—3—11)$$

交叉传动

$$L = 2a + \frac{\pi}{2}(D_2 + D_1) + \frac{(D_2 + D_1)^2}{4a} \qquad (3—3—12)$$

半交叉传动

$$L = 2a + \frac{\pi}{2}(D_2 + D_1) + \frac{D_2^2 + D_1^2}{2a} \qquad (3—3—13)$$

在实际使用中，按上式计算所得带长还需考虑平带在带轮上的张紧量、悬垂量（中心距较大时）和平头带的接头量。

（3）传动比 i

在不考虑传动中的弹性滑动时，平带传动的传动比可用从动轮和主动轮直径之比计算，即

$$i = \frac{n_1}{n_2} = \frac{D_2}{D_1} \qquad (3—3—14)$$

受小带轮的包角和带传动外廓尺寸的限制，平带传动的传动比 $i \leqslant 5$。

（4）平带传动主要参数计算

例　在平带开口传动中，已知主动轮直径 $D_1 = 200$ mm，从动轮直径 $D_2 = 600$ mm，两传动轴中心距 $a = 1\ 200$ mm。试计算其传动比，验算包角并求出带长。

解:

1）传动比

$$i = \frac{D_2}{D_1} = \frac{600}{200} = 3$$

2）小带轮包角

$$\alpha_1 \approx 180° - \frac{D_2 - D_1}{a} \times 60° = 180° - \frac{600 - 200}{1\ 200} \times 60° = 160°$$

3）带长

$$L = 2a + \frac{\pi}{2}(D_2 + D_1) + \frac{(D_2 - D_1)^2}{4a}$$

$$= 2 \times 1\ 200 + \frac{3.14}{2}(600 + 200) + \frac{(600 - 200)^2}{4 \times 1\ 200} = 3\ 689.3\ \text{mm}$$

3. 平带的类型和接头方式

(1) 平带的主要材料

平带的主要材料有皮革平带、帆布芯平带、编织平带和复合平带等。其中以帆布平带（以帆布为抗拉体的平带）使用得最为广泛。

(2) 平带的接头方式

平带的接头方式有胶合、缝合、铰链带扣等（图3—3—28）。经胶合或缝合的接头，传动时冲击小，传动速度可以高一些。铰链带扣式接头传递的功率较大，但传动速度不能太高，以免引起强烈的冲击和振动。当传递速度较高时，可采用轻而薄的高速平带；传递功率较小时可用编织平带（编织平带是由纤维线编织而成的无接头平带）；传递功率较大时可采用由锦纶片或涤纶绳作承载层、工作面贴洛鞣革或挂胶帆布的无接头复合平带。

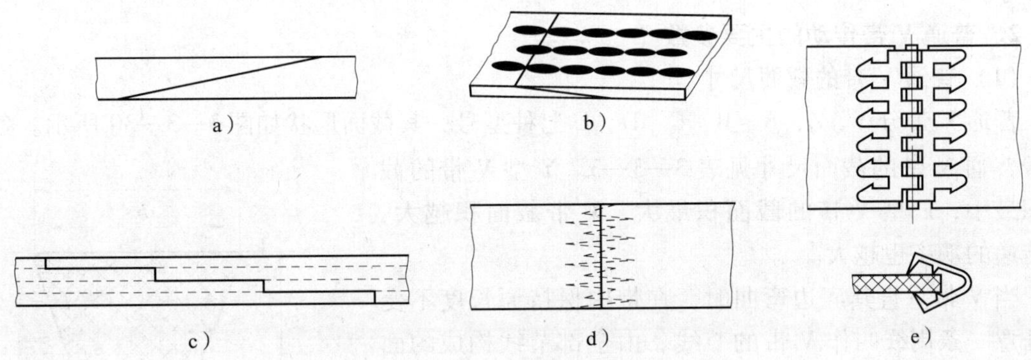

图3—3—28 平带常用的接头方式

a）皮革平带的胶合 b）帆布芯平带的胶合 c）用皮条缝合 d）用肠弦缝合 e）铰链带扣

三、V 带传动

V 带传动是由一条或数条 V 带和 V 带轮组成的摩擦运动。V 带安装在相应的轮槽内，仅与轮槽的两侧接触，而不与槽底接触。

1. V 带的结构和类型

V 带的横截面为等腰梯形或近似为等腰梯形，其工作面为两侧面。

V 带的结构分为帘布结构和线绳结构两种（图 3—3—29），两种结构均由伸张层、强力层、压缩层和包布层组成。伸张层和压缩层在 V 带与带轮接触工作时因弯曲而分别被伸张和压缩，这两层材料一般为胶料。强力层是 V 带的主要承力层，两种结构分别使用胶帘布和胶线绳，常用 V 带主要采用帘布结构；线绳结构比较柔软，抗弯曲疲劳性能也较好，但拉伸强度低，仅适用于载荷不大、小直径带轮和转速较高的场合。包布层用胶帆布制成，对 V 带起保护作用。

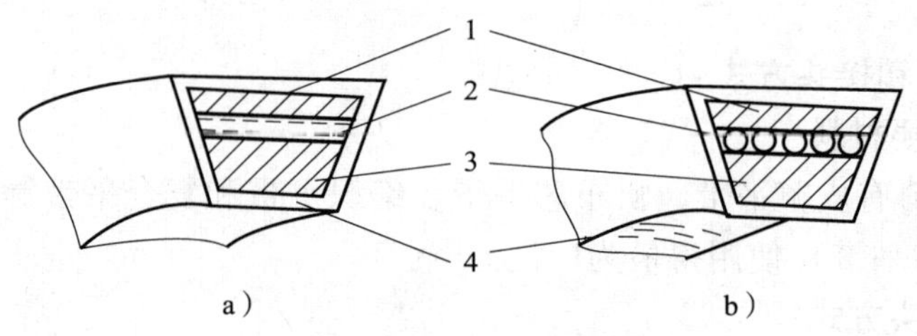

图 3—3—29　V 带的结构
a）帘布结构　b）线绳结构
1—伸张层　2—强力层　3—压缩层　4—包布层

常用 V 带的主要类型有普通 V 带、窄 V 带、宽 V 带、半宽 V 带等，它们的楔角（V 带两侧变动夹角 α）均为 40°。其他还有楔角为 60°的大楔角 V 带、专用于汽车和拖拉机内燃机的 V 带、均布横向齿形 V 带、由几条相同的普通 V 带或窄 V 带在顶面连成一体的联动 V 带等。

2. 普通 V 带传动的主要参数

（1）普通 V 带的截面尺寸

普通 V 带分 Y、Z、A、B、C、D、E 七种型号，其截面形状如图 3—3—30 所示。各种型号普通 V 带的截面尺寸见表 3—3—3。Y 型 V 带的截面积最小，E 型 V 带的截面积最大。V 带截面积越大，其传递的功率也越大。

当 V 带垂直其底边弯曲时，在带中保持原长度不变的任意一条周线叫作 V 带的节线。由全部节线构成的面叫作节面。节宽 b_p 就是带的节面宽度。当带垂直其底边弯曲时，该宽度保持不变。V 带横截面中梯形轮廓的最大宽度叫作顶宽 b，梯形轮廓的高度叫作带的高度 h。带的高度与其节宽之比叫作带的相对高度 h/b_p。对于普通

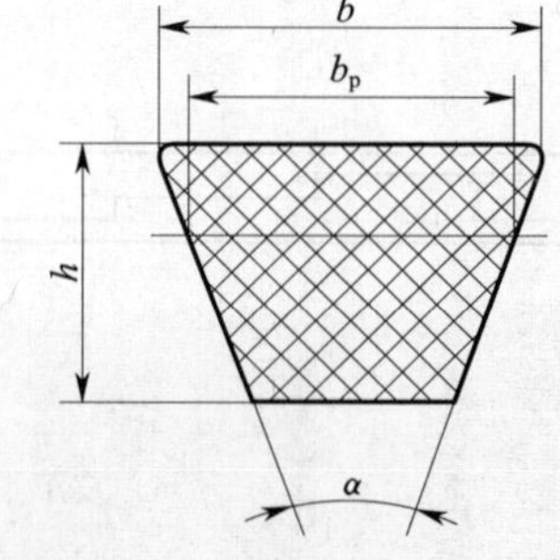

图 3—3—30　普通 V 带的截面形状

V 带，其相对高度约为 0.7，窄 V 带、半宽 V 带、宽 V 带的相对高度分别约为 0.9、0.5、0.3。

表 3—3—3　　普通 V 带的截面尺寸

型　号	节宽 b_p（mm）	顶宽 b（mm）	高度 h（mm）	楔角 α
Y	5.3	6.0	4.0	40°
Z	8.5	10.0	6.0	
A	11.0	13.0	8.0	
B	14.0	17.0	11.0	
C	19.0	22.0	14.0	
D	27.0	32.0	19.0	
E	32.0	38.0	25.0	

（2）V 带轮的轮槽截面

V 带轮的轮槽截面如图 3—3—31 所示，其主要参数如下。

1）基准宽度 b_d。通常基准宽度和所配用 V 带的节面处于同一位置，也就是基准宽度等于节宽，$b_d=b_p$。

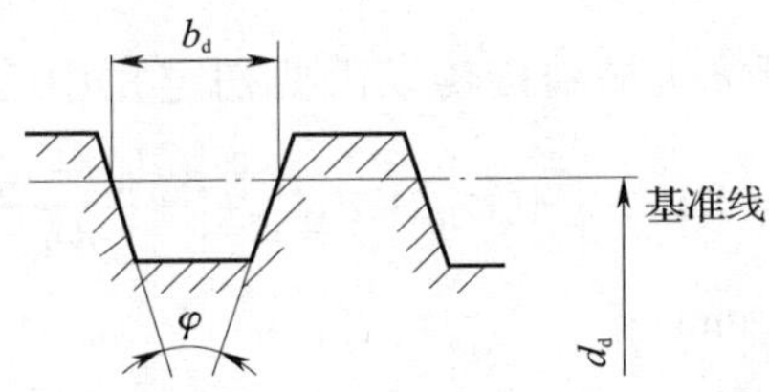

图 3—3—31　V 带轮的轮槽截面

2）基准直径 d_d。指轮槽基准宽度处带轮的直径。带轮的基准直径不能太小，基准直径越小，传动时带在带轮上的弯曲变形越严重，弯曲应力越大。因此，对各型号的普通 V 带轮都规定有最小基准直径 d_{dmin}。

普通 V 带传动带轮的基准宽度 b_d 和最小基准直径 d_{dmin} 见表 3—3—4。

表 3—3—4　　普通 V 带传动带轮的基准宽度 b_d 和最小基准直径 d_{dmin}　　mm

普通 V 带型号	Y	Z	A	B	C	D	E
带轮基准宽度 b_d	5.3	8.5	11	14	19	27	32
带轮最小基准直径 d_{dmin}	20	50	75	125	200	355	500

3）槽角 φ。槽角 φ 是指轮槽横截面两侧边的夹角。由于 V 带与带轮接触时处于弯曲状态，除节线的周长和节宽 b_p 保持不变外，V 带节面与顶面间的伸张层在弯曲时周线被拉长，横截面内宽度变窄；V 带节面与底面间的压缩层在弯曲时周线被压短，横截面内宽度

变宽。因此，处于弯曲状态的 V 带横截面内两侧边的夹角（楔角）α 会变小。带轮直径越小，V 带弯曲越严重，楔角 α 越小。为了保证变形后的 V 带两侧工作面与轮槽工作面紧密贴合，轮槽的槽角 φ 应比 V 带的楔角 α 略小，对于 $\alpha = 40°$ 的 V 带传动，槽角 φ 常取 38°、36°、34°。小带轮上的 V 带变形严重，φ 取小一些，大带轮则 φ 取较大值。

（3）传动比

$$i = \frac{n_1}{n_2} = \frac{d_{p2}}{d_{p1}} \tag{3—3—15}$$

式中 d_{p1}——小带轮的节圆直径，mm；

d_{p2}——大带轮的节圆直径，mm。

轮槽上与配用 V 带的节宽 b_p 尺寸相同的宽度叫作轮槽节宽 l_p。轮槽节宽处的带轮直径叫作节径（节圆直径）d_p。轮槽的节宽与基准宽度的位置不一定重合，因此节径不一定等于基准直径。只有在 V 带的节面与带轮的基本宽度重合时，基准宽度才等于节宽。

通常，带轮的节圆直径可视为基准直径 d。V 带传动的传动比 $i \leqslant 7$。

1）带的基准长度 L_d。

带的基准长度是 V 带在规定的张紧力下，位于测量带轮基准直径上的周线长度。

GB/T 13575. 1—1992《带传动—普通 V 带传动》对普通 V 带的基准长度 L_d 系列做了具体规定。

带的基准长度按设计（或按机械结构传动需要初定）中心距 a_0 进行计算：

$$L_{d0} = 2a_0 + \frac{\pi}{2}(d_{d1} + d_{d2}) + \frac{(d_{d2} - d_{d1})^2}{4a_0} \tag{3—3—16}$$

式中 L_{d0}——计算基准长度，mm；

a_0——设计或初定中心距，mm；

d_{d1}——小带轮基准直径，mm；

d_{d2}——大带轮基准直径，mm。

计算基准长度 L_{d0} 确定后，按表规定系列确定普通 V 带的基准长度 L_d。

2）传动实际中心距 a：

$$a = A + \sqrt{A^2 - B} \tag{3—3—17}$$

式中

$$A = \frac{L_d}{4} - \frac{\pi(d_{d1} + d_{d2})}{8}$$

$$B = \frac{(d_{d2} - d_{d1})^2}{8}$$

3）小带轮包角 α：

$$\alpha = 180° - 57.3° \times \frac{d_{d2} - d_{d1}}{a} \tag{3—3—18}$$

对于 V 带传动，小带轮的包角一般要求 $\alpha \geqslant 120°$。

3. 普通 V 带传动的选用要点

与平带传动相比，普通 V 带传动平稳，不易振动，摩擦力大，传递功率较大。在相同条件下，普通 V 带的传动能力为平带的三倍。所以，普通 V 带传动应用最为广泛。

选用普通 V 带传动时，首先根据所需传递的功率和主动轮的转速选择普通 V 带的型号和 V 带的根数，其次选用带轮基准直径 d_d，并保证 $d_d \geqslant d_{dmin}$（表 3—3—2），然后确定带的基准长度 L_d，并进行各项验算。选用时应注意以下问题。

（1）两带轮直径要选用适当，如果小带轮直径太小，则 V 带在带轮上弯曲严重，传动时弯曲应力大，影响 V 带的使用寿命。

（2）普通 V 带轮的线速度应验算并限制在 $5m/s \leqslant v \leqslant 25m/s$ 范围内。V 带的线速度越大，V 带做圆周运动时，所产生的离心惯性力也越大，这使 V 带拉长，V 带与带轮之间的压力减小，导致摩擦力减小，降低传动时的有效圆周力。但 V 带的线速度也不宜过小，因为速度过小，在传递功率一定时，所需有效圆周力便过大，会引起打滑。

（3）V 带传动的中心距应适当，中心距越大，传动结构也越大，传动时还会引起 V 带颤动；中心距太小，小带轮上的包角也越小，使摩擦力减小而影响传递的有效拉力，此外，由于单位时间内带在带轮上挠曲次数增多，使 V 带容易疲劳，影响 V 带的寿命。

4. 普通 V 带传动的正确使用

正确的安装、调整、使用和维护是保证 V 带传动正常工作和延长寿命的有效措施。因此必须注意下列几点。

（1）选用普通 V 带时，要注意带的型号和基准长度不要搞错，以保证 V 带在轮槽中的正确位置。V 带顶面和带轮轮槽顶面取齐，如图 3—3—32a 所示（新安装时 V 带顶面可略高出）。这样 V 带和轮槽的工作面之间可充分接触。如果高出轮槽顶面太多（图 3—3—32b），则工作面的实际接触面积减小，使传动能力降低；如果低于轮槽顶面过多（图 3—3—32c），会使 V 带底面与轮槽底面接触，从而导致 V 带传动因两侧工作接触不良而使摩擦力锐减甚至丧失。

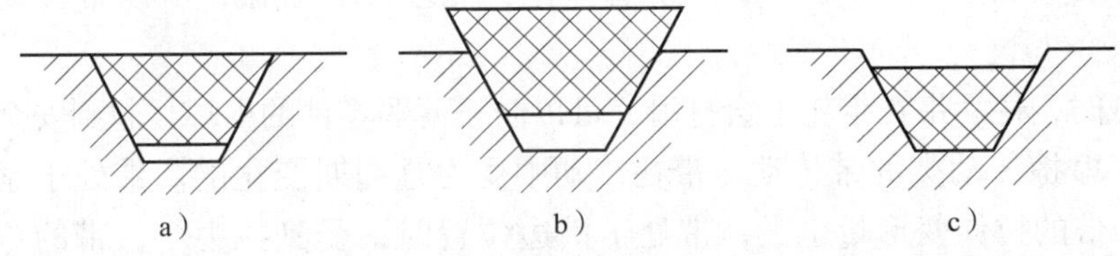

图 3—3—32　V 带在轮槽中的位置

（2）安装带轮时，各带轮轴线应相互平行，各带轮相对应 V 形槽的对称平面应重合，误差不得超过 20′（图 3—3—33）。带轮安装在轴上，不得摇晃、摆动，轴和轴端不应有过大的变形，以免传动时 V 带扭曲和工作侧面过早磨损。

（3）V 带的张紧程度要适当，不宜过松或过紧。过松，不能保证足够的张紧力，传动时容易打滑，传动能力不能充分发挥；过紧，带的张紧力过大，传动中磨损加剧，使带的使用寿命缩短。实践经验表明在中等中心距情况下，V 带安装后，用拇指能将带按下 15 mm左右，则张紧程度合适（图 3—3—34）。

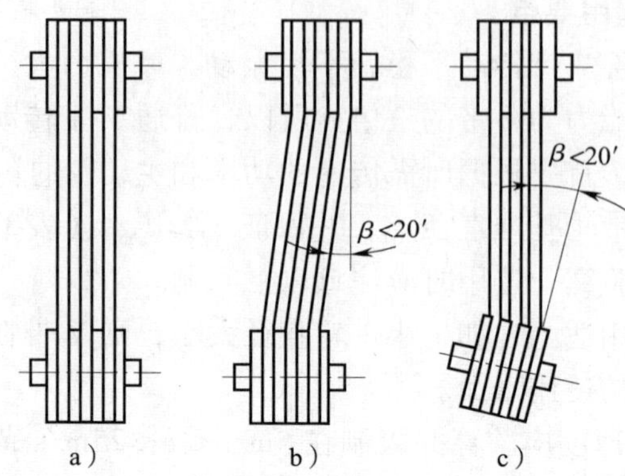

图 3—3—33　V 带和带轮的安装

a）两带轮理想正确位置　b）、c）带轮安装实际位置的允许误差

（4）对 V 带传动应定期检查并及时调整。如果发现有不宜继续使用的 V 带，应及时更换。更换时应一组同时更换，而且使一组 V 带中各带的实际长度尽量接近相等，以使各根 V 带在传动时受力均匀。

（5）V 带传动必须安装防护罩，这样既可防止伤人事件，又可防止润滑油、切削液及其他杂物等飞溅到 V 带上而影响传动，还可避免 V 带在露天作业时受烈日暴晒而过早老化变质。

图 3—3—34　V 带的张紧程度

四、平带传动和 V 带传动的特点

（1）结构简单，使用维护方便，适用于两轴中心距较大的传动场合。平带传动比 V 带传动允许有更大的中心距。

（2）由于传动带（平带或 V 带）富有弹性，能缓冲、吸振，所以带传动平稳，噪声低。

（3）过载时，传动带在带轮上会打滑，可以防止薄弱零件的损坏，起到安全保护作用。

（4）属于摩擦传动类的带传动，带在传动中受力是周期变化的。带处于紧边位置时受到的拉力大，带的拉伸变形量也大；带处于松边位置时，受到拉力小，带的拉伸变形量也小。因此带在传动中存在伸长和缩短的弹性变形，在带与带轮接触时会因弹性变形而引起带相对带轮的弹性滑动。所以属于摩擦传动类的带传动不能保持准确的传动比，不适用于要求传动准确的场合。

（5）外廓尺寸大，传动效率较低。

五、带传动的张紧装置

带传动中，带由于长期受到拉力的作用，会产生永久变形而伸长，带由张紧变为松弛，张紧力逐渐减小，导致传动能力降低，甚至无法传动，因此，必须将带重新张紧。常用的张紧方法有两种，即调整中心距和使用张紧轮。

1. 调整中心距

调整中心距的张紧装置有带的定期张紧装置和带的自动张紧装置两种。带的定期张紧装置一般利用调整螺钉来调整两带轮轴线间的距离。如图 3—3—35a 所示，将装有带轮的电动机固定在滑座上，旋转调整螺钉使滑座移动，将电动机推到所需位置，使带达到预期的张紧程度，然后固定。这种张紧方式适用于水平传动或接近水平的传动。如图3—3—35b 所示为垂直或接近垂直传动时采用的定期张紧方式。装有带轮的电动机安装在可以摆动的托架上，旋转调节螺母使托架绕固定轴摆动，达到调整中心距使带张紧的要求。

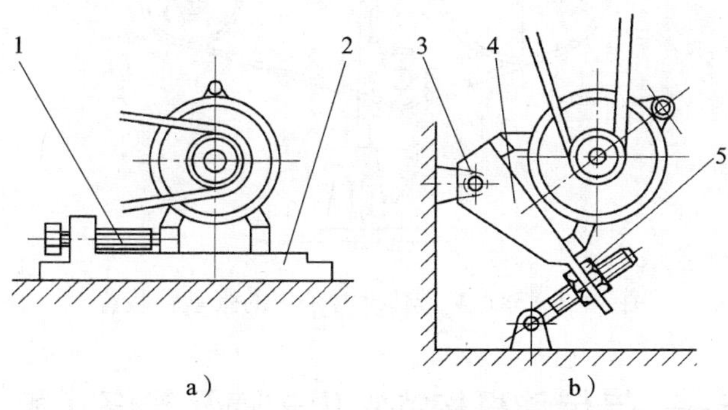

图 3—3—35　带的定期张紧装置

a）水平传动　b）垂直传动

1—调整螺钉　2—滑槽　3—固定轴　4—托架　5—调节螺母

如图 3—3—36 所示，将装有带轮的电动机固定在浮动的摆架上，利用电动机及摆架的自重，使带轮随电动机绕固定轴摆动，自动保持张紧力。这种方式多用在小功率的传动中。

2. 使用张紧轮

张紧轮是为改变带轮的包角或控制带的张紧力而压在带上的随动轮。当两带轮中心距不能调整时，可使用张紧轮张紧装置。

如图 3—3—37 所示为平带传动时采用的张紧轮装置，它是利用平衡重锤使张紧轮张紧平带的。平带传动时，张紧轮应安放在平带松边的外侧，并要靠近小带轮，这样可以增大、小带轮上的包角，提高平带传动的传动能力。

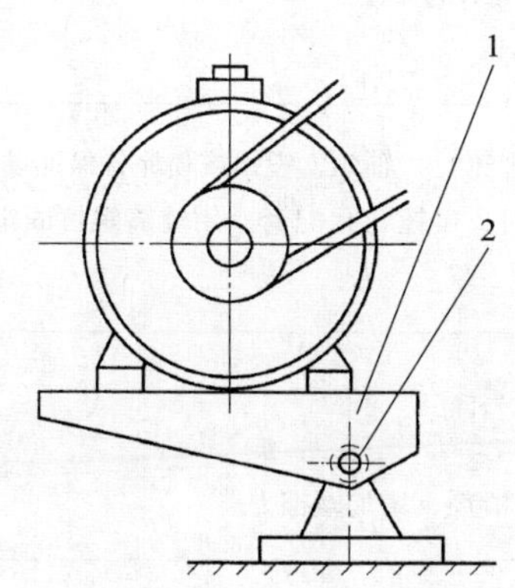

图 3—3—36　带的重力自动张紧装置

1—摆架　2—固定轴

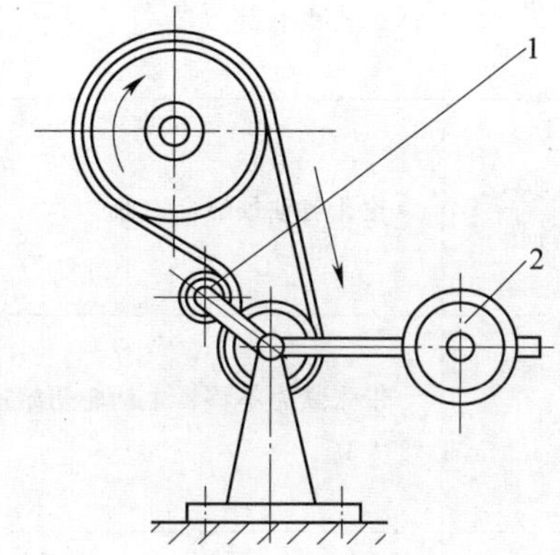

图 3—3—37　平带传动时采用的张紧轮装置

1—张紧轮　2—平衡重锤

如图 3—3—38 所示为 V 带传动时采用的张紧轮装置。V 带传动中使用的张紧轮应安放在 V 带松边的内侧。张紧轮放在带外侧，带在传动时受双向弯曲而缩短使用寿命；放在带的内侧，传动时带只受到单方向的弯曲，但会引起小带轮包角的减小，影响带的传动能力，因此，应使张紧轮尽量靠近大带轮，这样可使小带轮上的包角不致减小太多。

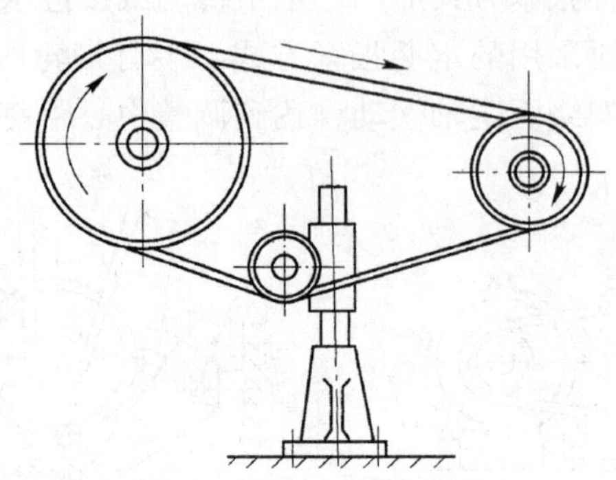

图 3—3—38　V 带传动时采用的张紧轮装置

六、技能操作——带传动机构的常见故障及维修（表 3—3—5）

表 3—3—5　带传动机构的常见故障及维修

故障名称	原　因	维　修
带轮变形	带轮变形	校正后检测动平衡
带轮崩裂	带轮崩裂 轮孔与轴颈配合过紧胀裂，或过松受冲击	镶加后加工；镶加坯料再加工；直接镶加带轮圈；堆焊后机械加工；粘接；缝合并加工；粘接并用软金属板加固；焊、镶或更换带轮
带轮变形	带轮变形	更换新带；带面打防滑剂；粘接橡胶皮
轴颈弯曲	带轮的动平衡不好，轴向强度低，装卸不当	1. 带轮应做动平衡检验 2. 细长轴、小轴用冷矫直 3. 轴适当加粗
带轮孔或轴颈磨损	轮孔与轴颈配合太松	磨损不大时，镗轮孔、轴颈，镀铬或喷涂，保证设计要求；当轮孔严重磨损时，可镗轮孔配套，用骑缝螺钉固定套，套内键槽重新加工
带打滑	带张紧力不够，主动轮初始速度太高	1. 调节张紧装置 2. 更换旧带 3. 带面加防打滑剂，增加摩擦力
掉带	带局部磨损或损坏，主动轮轮缘中心线歪斜	1. 更换新带 2. 找正两轮缘中心线

课题 4　机械设备的保养

子课题 1　砂轮机的保养

一、设备的润滑作业

设备润滑是设备维修保养工作的重要环节。搞好设备润滑工作对减少故障、保证设备正常运转、减少机件磨损、延长设备使用寿命都有着重要的意义。

1. 机床常用的润滑方式

（1）动压润滑

通过轴承副轴颈的旋转，将润滑油带入摩擦表面，由于润滑油的黏性和油在轴承副中的楔形间隙形成流体动力作用而产生油压，即形成承载油膜，称为流体动压润滑。动压润滑多用于有一定速度的主轴滑动轴承（多片轴瓦）上。

（2）静压润滑

将一定压力的润滑油强行压到运动摩擦副的摩擦表面间隙中，强制形成油膜，称为液体静压润滑。静压润滑多用于静压轴承、静压导轨上。

（3）动、静压润滑

当轴承在启动或制动过程中时，采用静压液体润滑使轴颈浮起。当轴承副进入全速稳定运转时，则采用动压润滑。所以，这种润滑方式具备动压、静压两者的优点，大大延长了轴承的工作寿命，是近年来正在推广的一种新技术。

（4）边界润滑

边界润滑是从摩擦面润滑剂分子间内摩擦（即液体润滑）过渡到摩擦面直接接触的临界状态。边界润滑剂中加入了各种极性物质，多用于重负荷齿轮传动、凸轮机构中凸轮与顶杆间以及普通滑动轴承的润滑。

（5）极压润滑

属于边界润滑的一种特殊情况，也就是在重载、高速、高温条件下，润滑油中的极压添加剂与金属摩擦表面发生反应，生成一层化学反应膜，将两摩擦表面分隔开，达到润滑的作用。极压润滑多用于汽车齿轮和轧钢设备的齿轮、丝杠副、联轴器等。

（6）固体润滑

这是在摩擦面间放入固体润滑剂的润滑形式。多用于不能采用液体润滑油的机械设备。

（7）自润滑

将具有润滑性能的固体润滑剂粉末与其他固体材料混合并经压制、烧结成材，或是在多孔性材料中浸入固体润滑剂，或是用固体润滑剂直接压制成材，作为摩擦表面。在整个润滑过程中，不需要再加入其他润滑剂，如用聚四氟乙烯制品做成的空气压缩机的活塞环、轴瓦、轴套等。

2. 润滑剂的作用

(1) 降低润滑因素

润滑剂形成润滑油膜减摩层，能够降低摩擦因素，减小摩擦阻力，减少动能消耗。

(2) 降低温度

由于摩擦因素降低，必然减少了摩擦热的产生。此外，循环润滑系统还能够带走摩擦所产生的热量，对设备起到降温冷却的作用。

(3) 减少磨损

用润滑剂将两摩擦表面隔离，能够减少硬粒、表面锈蚀、表面咬焊和撕裂等造成的磨损。

(4) 防止腐蚀，保护金属表面

对金属没有腐蚀作用的润滑剂能够隔绝潮湿空气中的水分和有害物质对金属表面的侵蚀。

(5) 清洁冲洗作用

摩擦副在运动时产生的磨损微粒或外来物质都会加速摩擦表面的磨损，液体润滑剂的冲洗作用可以冲走摩擦面间的磨粒，从而减少了磨粒磨损。

(6) 密封作用

液压装置油缸与活塞之间的液压油有增强密封的作用，使其在运行中高压腔（进油腔）和低压腔（回油腔）不易沟通，提高系统的工作效率。

3. 常见的润滑方法

(1) 手工加油润滑

润滑油、润滑脂通过人工使用油枪、油壶，经分散的油杯注入摩擦表面，或者直接将油加到摩擦表面的方法称为手工加油润滑法。这种方法常使用在轻负荷、低速度的摩擦部位，如开式齿轮、链条、钢丝绳等处，也用于一些普通车床、铣床、牛头刨床、卧式镗床等设备的导轨润滑。它具有方法简单的优点，但存在加油不及时，容易造成设备零件磨损，润滑油、润滑脂利用率较低，油的供给不均匀等弊病。这种润滑方法的关键是要及时加油。

(2) 滴油润滑

滴油润滑是通过针阀滴油油杯控制滴油量，使注入其中的润滑油能一点一滴地向摩擦表面滴入。这种方法常使用在数量不多而又容易靠近的摩擦部位，如滑动轴承、滚动轴承、链条、导轨等处。使用滴油润滑必须保持容器内的油位不低于最高油位的1/9高度，定期清洗油杯，采用经过过滤的润滑油，防止针阀阻塞。

(3) 飞溅润滑

这种润滑方法通常是依靠旋转的机械零件或附加在轴上的甩油盘、甩油片，把油池中的油通过飞溅的形式推到容器壁上，靠集油孔、集油槽来润滑摩擦部位。它具有封闭润滑、防止玷污、循环润滑、省油防漏、作用可靠、维护简单等优点，常用于齿轮箱、蜗轮蜗杆机构、链条传动等处。使用这种方法进行润滑必须保证油池中规定的油位，并要定期换油。

(4) 油环、油链及油轮润滑

这种润滑方法是把油环或油链套在轴上自由旋转，或者将油轮固定在轴上随轴旋转，油环、油链、油轮部分浸泡在油池之中。当轴旋转时，它们就会将油带入摩擦表面，形成自动润滑。与飞溅润滑方法相类似，它具有循环润滑、作用可靠、维护简单等特点。当主轴密封圈保持紧密和弹性时不会产生漏油或油受玷污的现象。使用中要注意必须保证油池中的油位，并进行定期换油。显然此种方法只适用于对处于水平方向上的主轴轴承进行润滑。

（5）油绳、油垫润滑

这种润滑方法是当将油绳、毡垫或泡沫塑料等物的一部分浸在油内，其自身就会产生毛细管作用，出现虹吸现象，连续不断地向摩擦表面供油。这种润滑方法供油均匀，具有过滤作用，常用在低速、轻负荷的轴套和一般机械上。使用这种润滑方法时油绳、油垫一般不和摩擦表面接触，以防被卷入摩擦副内。要定期清洗或更换油绳、油垫，以免变脏被堵，丧失毛细管作用。要经常保持油位处于正常的高度，更换的油绳不能打结。

（6）强制送油润滑

这种润滑方法是利用装在设备内油池上的小型柱塞泵，通过机械传动装置的带动进行工作，把润滑油从油池送入摩擦部位。它具有维护简单、供油随设备的起闭而起闭、自动均匀等特点，常用在金属切削和锻压等设备上。对于这种润滑方法，要保持装置内的清洁，要按规定油位加油，润滑油应经过过滤，防止泵吸入油池中的沉淀物，堵塞油路。

（7）压力循环润滑

压力循环润滑通常是利用油泵，将循环系统的润滑油加压到一定的工作压力，然后输送到各润滑部位。使用过的油经回油管送到油箱过滤后，又继续循环使用。该系统一般由电动机、油泵、油箱、滤油器、分油器、分油槽、油管及控制器件等组成。系统装置虽然比较复杂，但能均匀连续供油，油量充足，经久耐用，适用于重负荷的主要摩擦表面的润滑。使用这种润滑方法，要求管道畅通，无泄漏，油箱要保持规定油位。

（8）集中润滑

集中润滑是用位于中心的油箱和油泵及一些分配阀、分送管道，每隔一定的时间输送定量油、脂到各润滑点。它可以通过手工进行操作，也可以通过专用装置在调整好的时间内自动配送油、脂。这种方法供油均匀，有周期性，可靠安全，但系统比较复杂，要求油路系统畅通，润滑油、润滑脂清洁，保持规定油位。

此外，还有利用压缩空气通过喷嘴把润滑油喷出雾化、对摩擦副进行润滑的油雾润滑和选用自身具有润滑作用的材料制作摩擦副零件的内在润滑等润滑方法，在普通设备上很少使用。

4. 普通机床对润滑油的一般要求

（1）润滑油应具有一定的黏度，以保证在相对运动的零件上具有持久的油膜，保证润滑能力。

（2）润滑油不得腐蚀机械零件，不得含有水分和机械杂质。温度变化时，其黏度改变的幅度要小。

（3）润滑油在使用中不得形成大量的积碳和沥青层。

（4）润滑油必须经过化验，确定符合规定要求后方可使用。

（5）加入机床内的润滑油必须经过过滤，并且所加油量必须达到规定的油标位置。

（6）凡需两种油料混合使用时，应先按比例配合好，然后使用。

（7）液压系统的油液必须特别注意清洁，不得使用再生油液。

二、润滑材料的选用

润滑是利用油、脂或者其他流体材料，使运动物体之间的接触表面能分隔开来，以求降低摩擦、减少磨损的一种重要措施。在设备的维修保养中起着控制摩擦、减少磨损、降低温度、防止锈蚀、阻尼振动的重要作用。

1. 润滑剂的形式

（1）气体润滑剂

采用空气、蒸汽或氮气、氦气等惰性气体作为润滑剂，将摩擦表面用高压气体分隔开，如重型机器的轴承、高速内圆磨头的轴承都采用了气体润滑。

（2）液体润滑剂

采用矿物润滑油、合成润滑油、乳化油、水等液体作为润滑剂，这是一种应用最广的润滑形式。

（3）半固体润滑剂

半固体润滑剂是一种介于流体和固体之间的塑形状态或膏脂状态的半固体物质，它包括矿物润滑脂、合成润滑脂、动植物润滑脂等，广泛应用于轴承和垂直面的润滑。

（4）固体润滑剂

利用石墨、二硫化钼、二硫化钨等润滑性良好的固体润滑剂隔离摩擦接触面，形成固体润滑膜。

以上润滑剂中液体润滑剂在普通机床的润滑中应用最广泛，液体润滑根据提供油形式的不同可分为分散润滑和集中润滑两类。

2. 选择润滑剂的一般原则

（1）根据工作条件进行选择

摩擦表面之间相对运动速度越高，形成油楔块作用的能力就越强。因此，在高速运动的摩擦副内介入的润滑剂黏度应该较低，润滑脂的工作锥入度应该较大。摩擦表面单位面积的负荷较大时，应选用黏度较大、油性较好的润滑油，使处于液体润滑状态的油膜具有较高的承载能力；使处于边界润滑状态的边界油膜具有良好的润滑性能。有冲击振动负荷及往复、间歇运动的摩擦副应选用黏度较大的润滑油，或选用锥入度较小的润滑脂。

（2）考虑使用润滑剂的周围环境

环境温度较高时，应采用黏度较大、闪点较高、油性较好、稳定性较强的润滑油或滴点较高的润滑脂。环境温度较低时，应选用黏度较小、凝点较低的润滑油或工作锥入度较大的润滑脂。若环境潮湿，应选用抗乳化性能、油性、防锈蚀性能较好的润滑油或抗水性较好的钙基、锂基等润滑脂。在灰尘较多的环境中应尽量用脂润滑。

（3）选择润滑材料不能忽视摩擦表面的具体特点

如摩擦表面之间的间隙越小，用油黏度应越低；表面越粗糙，用油黏度应越大，用脂工作锥入度应越小。对于润滑油容易流失的部位，应采用黏度较大的润滑油，或用润滑脂。

（4）针对实际使用的润滑方法进行合理选择

如用油绳、油垫润滑时，为了使油具有良好的流动性，应使用黏度较小的润滑油。用手工加油润滑时，为避免油过快流失，应使用黏度较大的润滑油。在压力循环润滑中，油温较高，应使用黏度较大的润滑油。

3. 常用润滑油、润滑脂的主要性质和用途

（1）润滑油的应用

常用润滑油的主要性质见表3—4—1。

表3—4—1　　　　常用润滑油的主要性质

名称	代号	运动黏度（40℃）（mm^2/s）	闪点（开口）（℃）	倾点（不高于）（℃）	主要用途
L－AN全损耗系统用油（GB 443—1989）	L－AN5	4.14～5.06	80	－5	适用于对润滑油无特殊要求的全损耗润滑系统，不适用于循环润滑系统。常用于对润滑油无特殊要求的锭子、轴承、齿轮和其他低负荷机件等部件的润滑
	L－AN7	6.12～7.48	110		
	L－AN10	9.00～11.00	130		
	L－AN15	13.5～16.5	150		
	L－AN22	19.8～24.2			
	L－AN32	28.8～35.2			
	L－AN46	41.4～50.6	160		
	L－AN68	61.2～74.8			
	L－AN100	90～110	180		
	L－AN150	135～165			
L－HL液压油（GB 11118.1—2011）	L－HL15	13.5～16.5	140	－12	适用于机床和其他设备的低压齿轮泵，也可用于其他抗氧防锈型润滑油的机械设备，如轴承、齿轮等
	L－HL22	19.8～24.2	165	－9	
	L－HL32	28.8～35.2	175	－6	
	L－HL46	41.4～50.6	185		
	L－HL68	61.2～74.8	195		
	L－HL100	90～110	205		
L－HM液压油（GB 11119—1989）	L－HM22	19.8～24.2	165	－15	适用于钢—钢摩擦副的液压油泵，如用于重负荷、中压、高压的叶片泵、柱塞泵和齿轮泵的液压系统
	L－HM32	28.8～35.2	175		
	L－HM46	41.4～50.6	185	－9	
	L－HM68	61.2～74.8	195		
中负荷工业齿轮油（GB 5903—1995）	N68	61.2～74.8	180	－8	适用于煤炭、水泥和冶金等工业部门大型封闭式齿轮传动装置的润滑
	N100	90～100			
	N150	135～165	200		
	N220	198～242			
	N320	288～352			
	N460	414～506			
	N680	612～748	220	－5	

续表

名称	代号	运动黏度（40℃）（mm^2/s）	闪点（开口）（℃）	倾点（不高于）（℃）	主要用途
普通开式齿轮油（SH/T 0363—1992）	68	60～75	200		适用于开式齿轮、链条和钢丝绳的润滑
	100	90～110			
	150	135～165			
	220	200～245	210		
	320	290～350			

1）全损耗系统用油（机械油）的一般用途

①L－AN5、L－AN7、L－AN10 黏度等级的机械油属于轻质润滑油，主要应用于高速轻负荷机械摩擦件的润滑。如 L－AN5 黏度等级的机械油可用于转速达 12 000 r/min 以上的高速轻负荷机械设备的轴承、主轴处。L－AN7 黏度等级的机械油可用于转速达到 8 000～12 000 r/min 的高速轻负荷机械设备的轴承、主轴处。L－AN10 黏度等级的机械油可用于转速在 5 000～8 000 r/min 范围之内的高速轻负荷机械设备的轴承、主轴处。L－AN5、L－AN7、L－AN10 黏度等级的机械油还可作为调配其他油品的基础油。

②L－AN15 黏度等级的机械油，主要适用于转速在 1 500～5 000 r/min 范围之内、较轻负荷机械设备的轴承及主轴处的润滑。可作为系统压力较低的中、小型普通机械设备的液压系统冬季用油。

③L－AN22 黏度等级的机械油，主要适用于转速在 1 200～1 500 r/min 范围之内、较轻负荷机械设备的轴承及主轴处的润滑。可作为系统压力较低的普通机械设备的液压系统用油。

④L－AN32 黏度等级的机械油，主要适用于转速在 1 000～1 200 r/min 范围之内，轻中负荷机械设备的轴承、主轴、齿轮等处的润滑。广泛作为普通机械设备的液压系统用油。例如，可作为小型车床、立钻、台钻、风动工具的齿轮箱及小型磨床、液压牛头刨床的液压箱用油。

⑤L－AN46 黏度等级的机械油，主要适用于转速在 1 000 r/min 以下、中等速度、中等负荷机械设备的轴承、主轴、齿轮及其他摩擦件的润滑。其应用非常广泛，如 C620 卧式车床、X62W 万能铣床、Z35 摇臂钻床等机械设备的各齿轮箱及各油孔注油处，都是使用的 L－AN46 黏度等级的机械油。

⑥L－AN68 黏度等级的机械油，主要适用于转速较低、负荷较重的机械设备的润滑。如立式车床、大型铣床、龙门刨床的传动装置的润滑以及小型吨位的锻压设备、桥式吊车减速器、木工机械设备的润滑都应使用 L－AN68 黏度等级的机械油。

⑦L－AN100、L－AN150 黏度等级的机械油，主要适用于速度低、负荷重的重型机械设备的传动部位及注油容易流失的摩擦件的润滑。

2）全损耗系统用油在普通机械设备上的应用。普通机械设备在常温环境下工作，不与水蒸气、腐蚀性气体接触，选用润滑油的主要技术指标是黏度。常用普通机床主要部件用油黏度等级选用见表 3—4—2。

表 3—4—2　　普通机床主要部件用油黏度等级

设备类型 / 部件名称	C616 卧式车床	C620 卧式车床	C630 卧式车床	X51 立式铣床	X62W 万能铣床	B650 牛头刨床	B690 液压刨床	M7120 平面磨床	M120W 万能磨床	Z35 摇臂钻床	G72 弓型锯床
主轴箱	L－AN46	L－AN46	L－AN46	L－AN46	L－AN46				L－AN32	L－AN46	
进给箱	L－AN46	L－AN46	L－AN46	L－AN46	L－AN46		L－AN46			L－AN46	
溜板箱	L－AN46	L－AN46	L－AN46								
变速箱	L－AN46					L－AN46					
尾　座	LAN—46	L－AN46	L－AN46						L－AN46		
导　轨	L－AN46	L－AN46	L－AN46	L－AN46	L－AN46	L－AN46	L－AN46	L－AN32	L－AN46	L－AN46	L－AN46
托　架	L－AN46	L－AN46	L－AN46								
刀杆支架					L－AN46						
丝　杠	L－AN46	L－AN46	L－AN46	L－AN46	L－AN46	L－AN46	L－AN46	L－AN32	L－AN46	L－AN46	
磨头主轴								10% 的 N15 混	L－AN7		
摇杆机构						L－AN46					
液压系统							LAN32	LAN32	LAN32		L－AN32
一般润滑	L－AN46	L－AN46	L－AN46	L－AN46	L－AN46	L－AN46	L－AN46	L－AN46	L－AN46	L－AN46	L－AN46

（2）润滑脂的主要应用

1）常用润滑脂的应用特点

①钙基润滑脂是以动植物脂肪钙皂稠化矿物油、以水作为稳定剂而获得的润滑脂。主要特点是耐水性较强，耐温性较差。高温和低温都会使其润滑性能丧失。它适用于在使用温度范围在－10～60℃、潮湿或有水的环境下，转速在 1 500 r/min 以下、中等负荷的机械设备上使用。按工作锥入度的大小，钙基润滑脂共分为 1 号、2 号、3 号、4 号四个品种。

②复合钙基润滑脂是以乙酸钙复合的脂肪酸钙皂稠化矿物油而制成的润滑脂。这种润滑脂具有较好的机械安定性和胶体安定性，适用于较高温度及潮湿条件下工作的机械设备摩擦件的润滑。如在水泵、农机、汽车、锻压设备上应用比较广泛。按工作锥入度的大小，复合钙基润滑脂共分为 1 号、2 号、3 号、4 号四个品种。1 号润滑脂可在 150℃条件下工作，2 号润滑脂可在 170℃条件下工作，3 号润滑脂可在 190℃条件下工作，4 号润滑脂可在 210℃条件下工作。

③钠基润滑脂是以动植物脂肪钠皂稠化矿物油而制成的润滑脂。主要特点是能耐较高温度，机械安定性良好，但是不耐水，遇水就会乳化，胶体安定性较差。这种润滑脂广泛使用在高、中负荷，低、中转速，较高温度，环境干燥的机械设备上。按工作锥入度的大小，钠基润滑脂共分为 2 号、3 号、4 号三个品种。2 号润滑脂、3 号润滑脂可在 110℃条件下工作，4 号润滑脂可在 120℃条件下工作。

④钙钠基润滑脂是用钙、钠皂稠化矿物油而制成的润滑脂。其特点是耐水性能比钠基润滑脂强，但不如钙基润滑脂，耐温性能比钙基润滑脂强，但不如钠基润滑脂。

它适用于在工作温度 80～100℃、中等负荷、中等转速、比较潮湿、但不与水直接接触的环境中工作的机械设备的润滑。按工作锥入度的大小，钙钠基润滑脂分为 1 号、2 号两个品种。

⑤铝基润滑脂。有较好的耐水性及金属表面的防腐蚀性，能用于潮湿的工作环境。

⑥锂基润滑脂。呈白色，性能优良，耐水，适用于－20～150℃温度范围，可代替钙基润滑脂、钠基润滑脂，但成本要高些。分为 0 号、00 号、000 号 3 个牌号。锂基润滑脂内加有抗氧剂、防锈剂等，适用于矿山、建筑、重型机械等大型设备的润滑。

⑦二硫化铝润滑脂。是在润滑脂中掺入 3%～10% 的二硫化铝粉末制成的，摩擦因数低，而且耐 200℃以下的高温，适用于重载的滚动轴承。

2）滚动轴承用润滑脂润滑的特点。滚动轴承用润滑脂润滑，虽然效果不如用润滑油润滑好，但是具有维护保养简单、便于密封的特点，适用于中等负荷、中低转速、环境恶劣的情况。因此，在普通机械设备中应用比较广泛。轴承用润滑脂润滑时，主要应考虑转速的快慢、工作温度的高低、工作环境的情况如何等因素。只有根据润滑脂的特点合理使用，才能保证轴承工作正常。

润滑脂用量的多少与轴承旋转速度有着直接关系。转速在 1 500 r/min 以下时，润滑脂用量可为 2/3 轴承腔。转速为 1 500～3 000 r/min 时，润滑脂用量可为 1/2 轴承腔。转速在 3 000 r/min 以上时，润滑脂用量不能超过 1/3 轴承腔。如果润滑脂用量过大，轴承运动阻力就会明显增大，造成轴承温度过高，影响轴承的工作能力。

滚动轴承更换润滑脂的周期一般和设备二级保养的周期相同。也允许根据轴承的实际运转情况决定，只要定期进行补充，直到拆修时进行更换。补充新润滑脂的周期与轴承的类型、大小、转速、工作条件有关，设备的使用说明书上都会有具体要求。

4. 润滑油的主要质量指标

(1) 黏度

黏度是指油品分子间受外力作用而发生相对运动时所产生的内摩擦阻力。黏度主要有以下两种表示方法。

1）动力黏度。液体中有两层面积各为 1 cm^2 且相距 1 cm 的油液，相对移动速度为 1 cm/s 时所产生的阻力，叫作动力黏度。其单位为帕·秒（Pa·s）。

2）运动黏度。在规定的温度（40℃、50℃、100℃）下，将一定量的实验用油通过毛细管黏度计的毛细管所需的时间（s）乘以毛细管黏度计的校正系数，所得值就是此试验用油的运动黏度，其单位为 mm^2/s。我国的润滑油大多采用运动黏度表示。

(2) 酸值

酸值是指中和 1 g 润滑油中所含的有机酸所需氢氧化钾（KOH）的质量（mg），用 mgKOH/g 来表示。

(3) 水分

水分表示油品中含水量的多少。以水的质量占油的质量的百分数来表示。

(4) 机械杂质

机械杂质是悬浮或沉淀在润滑油中的不溶物质，如尘土、泥沙、金属粉末、砂轮粉末等。一般用溶剂稀释实验对油测定其含量，用质量百分数来表示。

(5) 凝固点

在规定的条件下，将润滑油冷却到失去流动性（将油面倾斜 45°，1 min 内保持不流动）的最高温度，称为油品凝固点。

(6) 闪点

在规定的条件下，将润滑油加热，蒸发出的油蒸气在油面上与空气混合，在与火焰接触时产生短暂闪火的最低温度，称为油品的闪点（一般轻质油为开口闪点，重质油为闭口闪点）。

(7) 抗氧化安定性

抗氧化安定性表示润滑油抵抗空气中氧气氧化作用的能力，它用油品中生成的沉淀物及酸值来表示。

(8) 抗乳化度

在规定的条件下，使油液和水混合乳化，在一定的温度下静置，油、水完全分离所需要的时间，叫作抗乳化度。

5. 对润滑脂的要求

(1) 润滑脂在任何负荷下均需保持良好的润滑性能，并具有适当的流动性。

(2) 当温度变化时，润滑脂只允许稍稍改变其稠度，但在使用和保管期内决不允许变质。

6. 常用润滑工具

润滑油的贮存、分发和使用过程中，要用到油桶、液压泵、油壶和油枪等润滑工具。

(1) 油桶

润滑油一般用 200 L 的大桶盛装，它一般由 1.25 mm 厚的薄钢板卷焊而成。标准油桶都做成圆筒形，两端压入封头。桶的一个端面开有小口，油从这个小口装入。小口有盖，盖上带有螺纹，可以紧固。使用油桶时应注意：

1) 最好采用卧式存放，且将小口置于下方。这样既避免端面处积存脏物，又防止小口吸入空气而使油发生氧化。

2) 开启轻油，特别是汽油桶盖时，必须使用铜扳手，以免因摩擦产生火星，引燃油料而造成火灾。

3) 当需使用旧油桶重新贮油时，新装入的润滑油与原来装入的润滑油必须是同一个牌号。如果确需使用旧油桶贮存不同牌号的油，或虽同一牌号，但油桶已长期弃用时，必须将旧桶洗净、擦干后才能使用。

(2) 液压泵

润滑油一般采用液压泵进行分发，切忌直接从油桶中向外倒油。分发用的液压泵有机动液压泵和手动液压泵两大类，机动泵是一个由电动机带动的齿轮泵；手动泵又可分为手摇式齿轮泵和手提式油塞抽油泵两种。使用液压泵时应注意：

1) 使用前应检查液压泵是否洁净，否则要洗净液压泵后才能使用。

2) 使用后要将液压泵内的残留润滑油尽量排出，罩上防尘罩后存放。

3) 不同的油品要使用不同的液压泵进行分发，如果确需使用同一液压泵分发不同的油品，必须先将液压泵洗净、擦干。

(3) 油壶

油壶是一种传统的对润滑点进行加油的工具，一般用薄镀锡板或镀锌铁板做成，带有一个细而长的壶嘴，以便顺利地伸入到机器内人手够不到的润滑部位进行加油，使用油壶时应注意：

1）使用时要保持油壶清洁。

2）不同品牌的油应该使用不同的油壶加油。

3）油壶使用完毕后，应将壶内的残留油液充分倒净，下次使用时再重新注入新油。如果不倒净残留油液，就会造成残留渣长期沉积，一旦在加油时残渣流入加油点，后果将十分严重。

(4) 油枪

油枪的主要用途是压注润滑油或润滑脂到润滑部位，根据油枪的结构不同，分为压杆式（带一个杠杆）油枪和手推式（油枪筒身可压入）油枪两种。油枪的注油嘴有两种形式，三爪式用于压注润滑脂；尖嘴式用于压注润滑油。使用油枪的注意事项与使用油壶的注意事项基本相同。

三、润滑系统的密封

密封的功能是阻止流体的泄漏，流体泄漏会引起机械设备运转异常，故障增多，效率下降，寿命缩短，能源浪费，环境污染，有碍文明生产，影响劳动者健康。因此，防漏治漏是机修作业的一项重要工作，而应用密封技术防漏治漏则是最常用的方法。

1．常用的密封材料

(1) 橡胶类密封材料

橡胶类密封材料具有高弹性、耐液体介质腐蚀、耐高温及耐低温、易用于压膜成形等优点，是最主要的密封材料。橡胶分为天然橡胶和合成橡胶，合成橡胶中应用最广泛的是丁腈橡胶、氯丁橡胶和氟橡胶。

(2) 密封胶

将密封胶涂覆在接合面上，将两接合面胶接，堵塞缝隙的泄漏，这种治漏方法称为胶密封。在采用胶密封时，应根据不同的材料和工作环境等要求选用不同的密封胶。常用的密封胶有液态密封胶、硅酮型液态密封胶、厌氧胶、热融型密封胶和带胶垫片等。

所有密封胶在使用时应按下列程序施工。

1）表面处理。去除灰尘、锈迹、油污，再用汽油、酒精、丙酮或三氯乙烯等有机溶剂清洗并晾干。

2）涂胶。涂胶厚度视间隙大小而定，螺纹连接密封时只在外螺纹上涂胶。

3）干燥。各种密封胶晾干放置的时间按密封胶说明书的要求确定。厌氧胶、带胶垫片等不需要晾干放置。

4）紧固密封。一般紧固力越大，接合面的间隙越小，密封效果越好。

5）清理。及时清除接合面挤出来的多余胶液，因为密封胶干固后清理十分困难。

6）固化。密封胶的固化时间一般为 8 ~ 24 h，待固化后才能承受压力或试运行。

（3）塑料类密封材料

塑料类密封材料应用较多的是聚四氟乙烯，它是一种化学稳定性好的耐磨材料，故常用于防腐蚀、耐高温、减少摩擦和防止爬行的密封装置中。

（4）石墨

石墨具有耐热、耐腐蚀、耐辐射、自润滑、摩擦因数小、导热性好等优点。浸渍石墨可制成端面密封的软环或石墨密封带，作为阀门密封使用。

2．常用的密封方式。

（1）往复运动的密封

1）软填料密封。软填料密封俗称盘根，是用软填料塞环形缝隙后压紧的密封形式，软填料靠压盖的轴向压力产生径向变形，贴紧轴表面的填料盒内壁来实现密封。常用的填料有氟纤维、碳纤维、浸渍油脂和石墨的石棉编织品等。

2）O 形密封圈密封。O 形密封圈是一种横截面形状为圆形的耐油橡胶环，如图 3—4—1 所示。拆卸或装配 O 形密封圈时要仔细，防止 O 形密封圈被划伤、切断。装配时应注意：

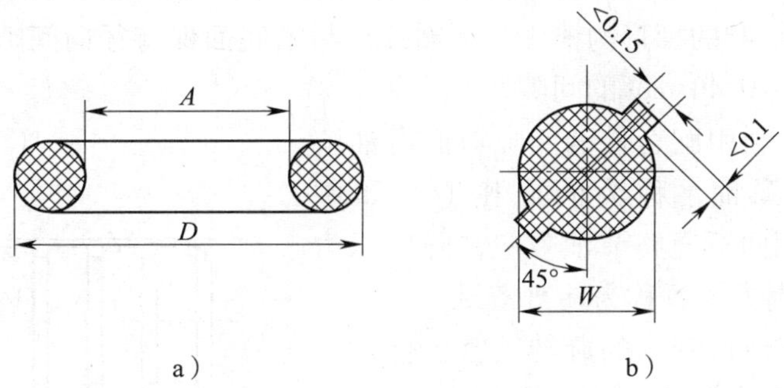

图 3—4—1　O 形密封圈

a）截面形状　b）分模面位置及尺寸

①零件抽头、抬肩处应有倒角，O 形密封圈安装时途径之处的棱角和毛刺要用锉刀修整。

②通过螺纹、键槽时，应设置用纸或塑料纸卷成的保护套，外径和内孔中涂润滑油。

3）唇形密封圈密封。唇形密封圈按断面形状不同，分为 Y 形密封圈、V 形密封圈、U 形密封圈、L 形密封圈和 J 形密封圈，如图 3—4—2 所示。使用唇形密封圈时应注意：

①安装部位各锐棱应倒钝，圆角半径应大于 0. 1 ~ 0. 3 mm。

②按载荷方向安装密封圈，切勿反装，否则将载荷加到密封圈的背面，使密封圈失去密封作用。

③安装前对密封圈要通过的表面涂润滑油，对用于气动装置的密封圈则涂润滑脂。

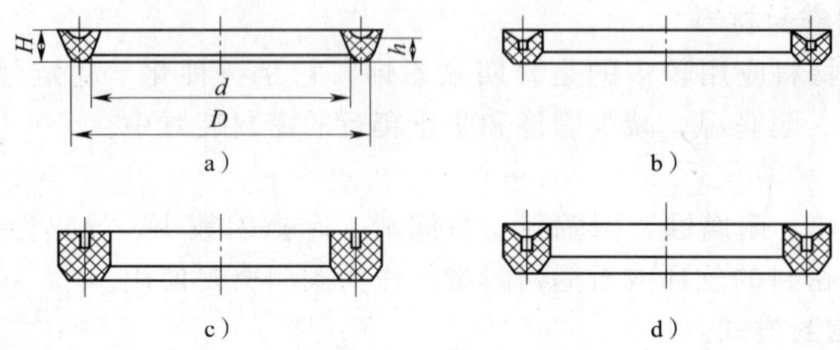

图 3—4—2 唇形密封圈密封

a）Y 形密封圈 b）V 形密封圈的密封环 c）V 形密封圈的支承环 d）V 形密封圈的压环

（2）回转运动的密封

1）毡圈密封。毡圈密封结构简单，同时具有密封、贮油、防尘、抛光作用。使用时应注意：

①毡圈需用细羊毛毡冲裁成圈，不能用毡条装入槽中代替毡圈。

②毡圈不能紧压在轴上，装配时毡圈既要与轴接触，又不能压得过紧。

③毡圈装在斜度 4°的梯形沟槽中，毡圈外径与槽底面保持径向间隙 0. 4 ~0. 8 mm，轴和壳体间应有 0. 25 ~0. 40 mm 的间隙。

2）间隙密封。利用配合件的间隙对润滑油流动的阻力来阻止漏油，称为间隙密封，如图 3—4—3 所示。利用曲折通路节油效应，降低压力差来减少泄漏的密封方式，称为迷宫密封。

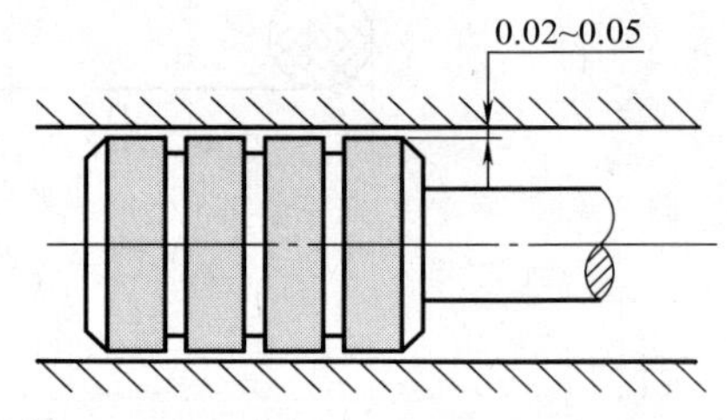

图 3—4—3 间隙密封

3）油封。带有纯口密封的旋转轴密封件称为油封，油封由耐油橡胶制成，用金属骨架加强，并用环形弹簧加压。

油封安装前要在唇口和轴的表面上涂润滑油或润滑脂，安装时要注意方向，弹簧一侧朝里，操作时要防止弹簧脱落，唇口翻转。当油封通过轴上键槽、孔或花键时，要保护油封唇口。油封装入座孔时应保持垂直压入，切勿歪斜。

（3）静密封

静密封就是两固体定接合面间的密封。

1）垫片密封。要根据工作压力、工作温度和密封介质等因素合理选择密封垫片材料。常用密封垫片的材料有纸垫、橡胶垫片、夹布橡胶垫片、聚氯乙烯垫片、橡胶石棉垫片、缠绕垫片和金属垫片等。

2）螺纹的密封。常用的密封方法有：

①直接封严螺纹部分。其方法有在外螺纹上缠麻丝并涂铅油、在外螺纹上缠聚四氟乙烯密封带、在螺纹上涂密封胶等。

②在螺纹退刀槽处装 O 形密封圈。

③在螺钉头与被连接面间加垫片。

④在螺纹盲孔端部加垫片。

3. 防漏知识

通常将漏油划分为渗油、滴油和流油三种形态。一般规定，静接合面每半个小时滴一滴油为渗油；动接合面部位每 6 min 滴一滴油为渗油。无论是动接合面还是静接合面，每 2 ~ 3 min 滴一滴油时，就认为是在滴油；每分钟滴五滴及以上时，就认为是在流油。

在排除设备漏油故障时，使设备达到治漏目的的一般要求是设备外部静接合面处不得有渗油现象，动接合面处允许有轻微渗油，但不允许流到地面上；设备内部允许有些渗油，但不得渗入电气箱和传动带上，不得滴落到地面上，并能引回到润滑油箱内。

（1）设备漏油的常见原因

1）由设计不合理引起的漏油

①没有合理的回油通路，使回油不畅，造成设备漏油。如轴承处回油不畅，就容易在轴承盖处出现积油，或形成一定压力，使轴承盖处出现漏油现象，有的设备回油孔位置不对，容易发生被污物堵塞，回油不畅，出现漏油现象，有的设备回油槽容量过小，容易造成润滑油从回油槽溢出的现象，有的设备在工作台回转时，容易将油甩出，而如果没有设计适用的回收装置，就会造成润滑油漏到地面的现象。

②密封件与使用条件不相适应，造成设备漏油现象。在机械设备中最常用的密封件是 O 形橡胶密封圈，选用时必须根据设备的使用条件和工作状态进行选择。在用油润滑的条件下，当密封压力小于 2.9 MPa 时，可选用低硬度耐油橡胶 O 形密封圈。当密封压力达到 2.9 ~ 4.9 MPa 时，应选用中硬度耐油橡胶 O 形密封圈。当密封压力达到 4.9 ~ 7.8 MPa 时，应选用高硬度耐油橡胶 O 形密封圈。若用油润滑时选择了普通橡胶 O 形密封圈，或选用了耐油橡胶 O 形密封圈，但应用压力范围低于设备密封压力，就会造成设备漏油故障。

③该密封的没有设计密封，或者密封尺寸设计不当，与密封件相配的机构不合理，造成设备出现漏油现象。如箱体上的螺钉孔设计成通孔，没有密封措施；箱体盖处没有设计密封垫；转轴与箱体孔的配合间隙过大；密封圈与轴配合的过盈不合要求；密封槽设计不合理等情况都可能使设备中的润滑油从没有实现密封的环节中漏出。

2）由缺陷和损坏引起的漏油

①铸造箱体时，质量不符合要求，出现砂眼、气孔、裂纹、组织疏松等缺陷，而又未及时发现，在设备使用过程中，这些缺陷往往就是设备漏油产生的根源。

②油管选用塑料管，管接头选用塑料接头时，经过长期使用以后，材料会老化，造成油管和管接头破裂，引起漏油故障。

③密封圈长期使用后，摩擦和磨损会使其丧失密封性能，或者橡胶等材料老化使密封圈完全损坏，以及转轴与套之间完全磨损，使孔、轴间间隙扩大，从而产生漏油现象。

④由于箱体和箱盖的接合面加工时，平面度严重超差、表面粗糙度值太大或残余内应力过大引起的变形使接合面贴合不严密，或者紧固件产生损坏松动，往往都会引起漏油现象。

3）由维修不当引起的漏油

①相关件转配不合适引起漏油的情况比较常见。如箱体和箱盖之间接合面处有油漆、毛刺或碰伤，使接合面出现贴合不严的现象；未加盖密封纸垫或改版的密封纸垫被损坏；密封圈在拆卸安装中受到划伤损坏或装配不当；螺钉、螺母拧得过松等原因都会使装配不合适的部位产生漏油现象。

②换油不合格，往往也会引起设备漏油。换油中出现的问题主要表现为三个方面。其一是对于采用高黏度润滑油进行润滑的零部件，换油时随意改用低黏度润滑油，就会使设备中相应箱体的密封性受到一定影响。其二是换油时不清洗油箱，油箱中的污物就有可能进入润滑系统，堵塞油路，造成漏油。其三是换油时加油过多，在旋转零件的搅动下，容易产生溢油现象，造成漏油。

③对润滑系统选用和调节不合适而引起漏油。如维修选用油泵时选用了压力过高或者输油量过大的油泵，或者调节润滑系统时油压过高，油量过大，与回油系统以及密封系统不能相互适应，就会产生漏油现象。

（2）漏油检查的一般方法

1）机械系统的漏油检查

①按部件进行普查。一般设备都包括主轴箱、进给箱、床身部件、工作台部件等几大部分。检查设备的漏油情况时，应检查完一个部件后，再检查另一个部件。先将要检查的部件外表用面纱擦干净，再进行观察，看从什么部位出现润滑油渗漏现象，并测定其渗漏程度。检查时要注意那些动密封部位，如转轴的孔轴配合处，由于间隙的存在很容易出现漏油现象，旋转工作台若回油不畅容易使油甩出、溢出，通过观察都能很容易地发现问题。静密封处应检查的主要部分是箱体盖缝、游标、油管、管接头等处。

②对重点部件要进行细查。由于箱体大多贮存大量的润滑油，又有旋转零件的作用及受负荷后的变形，从而使箱体成为最容易贮油的部件，因此，治漏时要作为重点进行细查。

当箱体底部漏油时，可将白纸塞入怀疑部位，5 min 后抽出，观察纸片上的滴油情况，进行判断。若能进行拆卸检查，可以将箱体内部擦干净，然后对怀疑是由于裂纹、疏松引起漏油的部位涂上煤油。过一段时间再将煤油擦净，并敷上白粉，用小锤连续敲击，从而渗过金属裂缝中的煤油，就会透过白粉显示出裂纹、疏松的轮廓。缺陷位置找到后，就可以对症修理。

③重视设备使用过程中的日常观察工作。在日常维护中，设备操作者要重视设备表面及润滑系统各部位的清洁工作。通过这项工作可以观察设备各部位的渗漏情况，弄清渗漏部位，以便为治漏中查清楚原因提供依据。由于有些设备的箱体漏油原因隐蔽，漏油部位一时很难查清，就需要采用试堵漏后再观察的方法反复进行检查，才能逐步弄清漏油的真正原因。

2）转轴部位漏油治理实例

①用增加回油槽的方法实现治漏，如图 3—4—4 所示。其中图 3—4—4a 为治理前的结构形式，采用了毡垫结构进行密封防漏。但是当轴承润滑比较充分时，往往会有润滑油沿转轴渗出，因此适当增加回油槽，有利于将沿转轴渗出的润滑油甩进回油槽，使油流进回油箱，起到治漏作用。

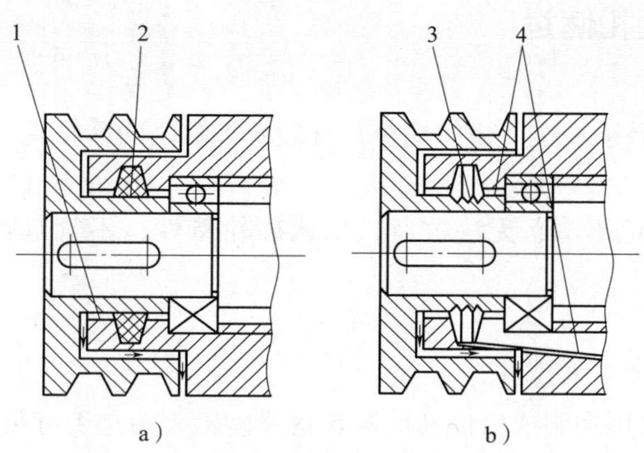

图 3—4—4　用增加回油槽的方法治漏

a）治理前　b）治理后

1—漏油处　2—毡垫　3—锯齿状结构　4—回油槽

②用增加密封圈的方法治漏，如图 3—4—5 所示。其中图 3—4—5a 为治理前的结构形式，由于手柄轴与套之间存在较大的间隙，从而造成了润滑油沿轴渗出的现象。图 3—4—5b 为改进后的结构形式，在手柄转轴上分别切出两个环形槽，并加上 O 形密封圈，以防止润滑油渗出。

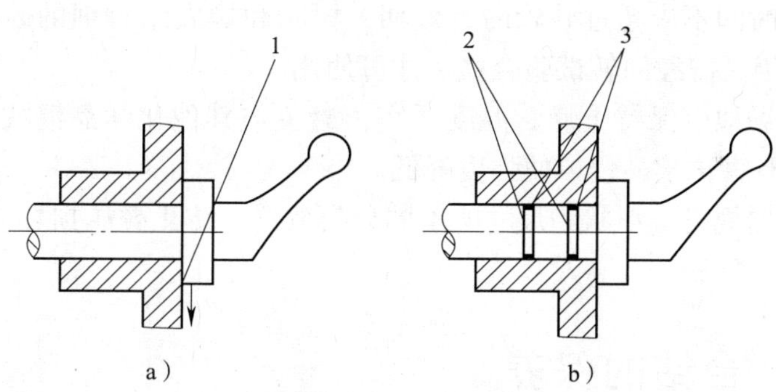

图 3—4—5　用增加密封圈的方法治漏

a）治理前　b）治理后

1—漏油处　2—环形槽　3—O 形密封圈

3）箱体治漏

①铸造箱体的铸造缺陷会造成泄漏，如砂眼、气孔、缩孔、裂纹等。微孔可用浸渍密封胶；大的气孔则采用机械加工挖去缺陷部位后加堵头密封；有裂纹时，先在裂纹两端稍前方钻孔，防止裂纹进一步延伸，然后用胶黏剂修补；焊接箱体的焊缝缺陷是造成泄漏的主要原因，一般采用补焊的方法治漏。

②固定接合面，如观察孔、操作孔等，可用环形密封圈、密封垫或密封胶密封。

③密封式箱体，由于温度升高，内部压力加大而发生泄漏，应在箱盖上的适当位置加一通气孔，排出多余气体，减小内部压力，以实现治漏的目的。

四、砂轮的检查和储运

1. 砂轮的检查

砂轮在安装使用前必须经过严格的检查，有裂纹等缺陷的砂轮绝对不准安装使用。

(1) 砂轮标记检查

砂轮没有标记或标记不清，无法核对、确认砂轮特性，不管是否有缺陷，都不可使用。

(2) 砂轮缺陷检查

其检查方法是目测和声响检查。

1) 目测检查是直接用肉眼或借助其他器具察看砂轮表面是否有裂纹或破损等缺陷。

2) 声响检查也称敲击试验，主要针对砂轮的内部缺陷，检查方法是用小木锤敲击砂轮。正常的砂轮声音清脆，声音沉闷、嘶哑则说明有问题。

(3) 砂轮的回转强度检验

对同种型号一批砂轮应进行回转强度抽验，未经强度检验的砂轮批次严禁安装使用。

2. 砂轮的储运

(1) 砂轮在搬运、储存过程中，不可受到强烈振动和冲击，搬运时不准滚动砂轮，以免造成裂纹、表面损伤。

(2) 印有砂轮特性和安全速度的标志不得随意涂抹或损毁，以免造成使用混乱。

(3) 砂轮存放时间不应超过砂轮的有效期，树脂和橡胶结合剂的砂轮自出厂之日起，若存储时间超过一年，需经回转试验合格后才可使用。

(4) 砂轮存放场地应保持干燥，温度适宜，避免与其他化学品混放。防止砂轮受潮、低温、过热以及受有害化学品侵蚀使强度降低。

(5) 砂轮应根据规格、形状和尺寸的不同分类放置，防止叠压损坏或由于存储不当导致砂轮变形。

子课题 2　台钻的保养

一、机械零部件的清理和清洗

清洁度是设备的一项重要质量指标。设备清洁度降低往往造成其使用性能下降，如导轨咬合，配合副、摩擦副出现严重磨损，气缸拉毛，轴承抱轴，加工精度降低等。因此，搞好清洗工作，提高零部件表面的清洁度，对提高设备精度、改善使用性能、延长其工作寿命有很重要的意义。

机修钳工所要进行的清洗工作主要是设备拆卸前后和修理过程中清洗以及装配前后与装配过程中的清洗。各机件间配合不适当、制造上的缺陷、存放过程中所造成的变形和损坏，都要在清洗过程中发现并及时处理。清洗时要选用合适的清洗液和正确方法，保护机件不受损伤，并使清洗后的机件十分清洁，以保证机械设备正常运转，达到规定装配精度。

1. 常用清洗方法

机械设备的清洗方法有擦洗、浸洗、电解清洗、喷洗、气相清洗、高压喷射清洗、超声波清洗和多步清洗等。各种清洗方法的特点和应用见表3—4—3。

表3—4—3　　清洗方法的特点和应用

清洗方法	配用清洗液	主要特点	用途
擦洗	煤油、柴油、汽油、二甲苯、酒精、丙酮、常温水基清洗液等	手工操作简易，装备简单 配置合适的清洗设备也可实现高效率清洗	小批生产中的中、小工件 大型工件的局部清洗 严重污垢工件的头道清洗
浸洗	常见的各种清洗液	设备简易 清洗作用主要依靠清洗液，清洗时间较长	轻度油脂污垢的工件 批量大、形状复杂的工件
电解清洗	碱液、水基清洗液	清洗质量优于浸洗 清洗液要有一定的导电性，必须配置电源装置	大批和中批生产的小型工件 清洗质量要求较高的工件
喷洗	除多泡沫的水基清洗液外，其余常用的清洗液	工件与喷嘴应有相对运动，设备较复杂，生产率高 必须配置传送装置和起重装置	大批和中批生产、形状不复杂的工件 半固态污垢与一般的固态污垢均能清除清洗方法
气相清洗	三氯乙烯、三氯乙烷、三氯三氟乙烷等	清洗效果好，工件表面清洁度高 设备复杂，必须配置加热装置、冷凝装置 劳动安全和管理要求严格	清洁度要求高的工件 成批生产中的中、小工件
高压喷射清洗	清水、碱液、水基清洗液	能去除严重污垢，包括固态污垢 工作压力一般在7 MPa以上，可达20～30 MPa，手工操作或机动作业	油垢严重的大型工件 中、小型生产中油垢较严重的中型工件
超声波清洗	常用的多种清洗液均可配用	工件清洗效果好，工件表面清洁度高 设备复杂，维护管理要求高 工件一般在必须先用其他方法清洗，再用超声波清洗	清洁度要求高的中、小工件 成批生产中清洁度要求高的微型工件
多步清洗	多步清洗所配清洗液根据工艺需要和清洗方法配置	一般将浸洗、喷洗、气相清洗和超声波清洗互相组合，以得到清洗质量高、生产率高的工件	大批和中批生产的中、小工件 成批生产中清洁度要求高的中、小型和微型工件

在少量情况下，机械零件的清洗可在清洗槽内用棉纱、棉布擦洗或冲洗；大批量时，可根据具体情况，采用适当方法在各种清洗设备上进行清洗。固定式喷嘴喷洗装置如图3—4—6所示。

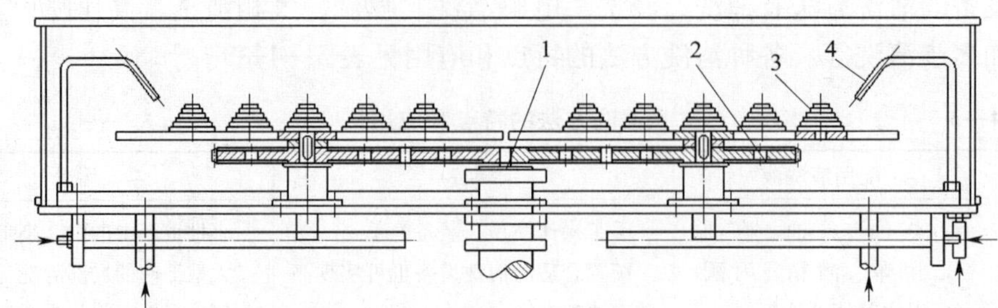

图 3—4—6　固定式喷嘴喷洗装置

1—传动轴　2—转盘　3—零件　4—喷嘴

超声波清洗装置如图 3—4—7 所示。它利用高频率的超声波振动清洗液，从而出现大量空穴气泡，并逐渐长大，然后突然闭合。闭合时产生自中心向外的微激波，促使零件上所黏附的油垢剥落。同时，空穴气泡的强烈振荡也加强和加速了清洗液对油垢的乳化和增溶作用，因而提高了清洗的能力。

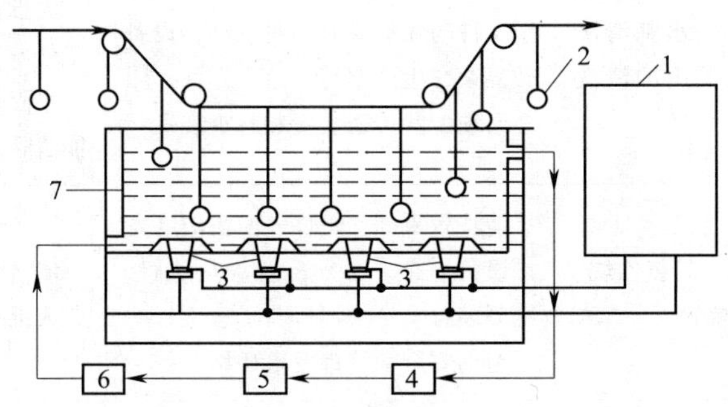

图 3—4—7　超声波清洗装置

1—超声波发生器　2—零件　3—换能器　4—过滤器　5—泵　6—加热器　7—清洗器

超声波清洗主要用于经过精密加工、几何形状较复杂的零件，如液压件钟表零件、精密轴承、精密传动零件等。超声波清洗对零件上的小孔、盲孔、凹槽等也具有很好的清洗效果。

2. 清洗步骤

为了去除旧油、锈层和漆皮，使零件表面达到要求的清洁度，清洗工作常按以下步骤进行。

（1）初步清洗

初步清洗包括去除零件表面的旧油、铁锈和油漆等工作。清洗时，可用专门的油桶把清理下来的旧油保存起来以做他用。

1）去旧油。一般可用竹片或软金属从零件上刮下旧油，也可使用脱脂剂（表 3—4—4）去除。

2）脱脂方法。将小零件浸在脱脂剂内 5 ~ 15 min；较大零件的表面用清洁的棉布或棉纱浸蘸脱脂剂进行擦洗；一般容器或管子的内表面用喷头喷淋脱脂剂冲洗。

表 3—4—4　脱脂剂及其适用范围

脱脂剂名称	适用范围	附注
二氯乙烷	金属制件	有剧毒，易燃易爆，对黑色金属有腐蚀性
三氯乙烷	金属制件	有毒，对金属无腐蚀性
四氯乙烷	金属制件和非金属制件	有毒，对有色金属有腐蚀性
95% 乙醇	脱脂要求不高的设备和管路等	易燃易爆，脱脂性能较差
98% 浓硫酸	浓硫酸装置的部分管件和瓷环等	有腐蚀性
碱性清洗液	脱脂要求不高的部件和管路等	清洗液应加热至 60 ~ 90℃

3）除锈。除锈时，轻微的锈斑也要彻底除净，直至呈现出金属光泽；中等的锈斑应除至表面光滑为止，应尽量保持接合面和滑动面的表面质量和配合精度。除锈后，应用煤油或汽油清洗干净，并涂以适当的润滑油脂。常用的除锈方法见表 3—4—5。

表 3—4—5　常用的除锈方法

项次	表面粗糙度值 Ra（μm）	除锈方法
1	>6.3	用砂轮、钢丝刷、刮具、砂布、喷砂或酸性除锈
2	5.0 ~ 6.3	用非金属刮具、油石或粒度为 150 号的砂布蘸机械油擦除或进行酸洗除锈
3	1.6 ~ 3.2	用细油石、粒度为 150 号或 180 号的砂布蘸机械油擦除或进行酸洗除锈
4	0.2 ~ 0.8	先用粒度为 180 号或 240 号的砂布蘸机械油进行擦拭，然后再用干净的棉布（或布轮）蘸机械油和研磨膏的混合剂进行磨光
5	<0.1	先用粒度为 280 号的砂布蘸机械油进行擦拭，然后用干净的绒布蘸机械油和细研磨膏的混合剂进行磨光

对于大批量的生锈零件，可采用化学除锈。化学除锈是指利用化学药品将锈溶解掉，可采用除锈液和除锈膏进行。

①除锈液除锈。采用除锈液对黑色金属、双金属零件和有色金属进行除锈的情况，分别见表 3—4—6、表 3—4—7 和表 3—4—8。

表 3—4—6　应用除锈液对黑色金属除锈

配方	处理温度	处理时间	说明
铬酐：15% 磷酸：8.5% 水：76.5%	85 ~ 95℃	2 min 以上	只能除轻锈，对金属不腐蚀。适用于精密零件、轴承等的除锈
铬酐：110 g（±5%） 磷酸：15 g（+10%） 水：1 L	80 ~ 90℃	轻锈数分钟即可去除，重锈需数小时	适用于精密零件、仪表零件等的除锈，对金属腐蚀很小，对表面光泽影响不大

续表

配方	处理温度	处理时间	说明
硫酸（相对密度1.71）：480 mL 丁酮或丙酮：500 mL 对苯二酚：20 g 水：2～2.5 L	室　温	数十秒到数分钟	除锈速度快，对金属腐蚀不大。处理超过5 min时，金属受腐蚀变暗、变黑
硫酸（相对密度1.71）：550 mL 丁醇：50 mL 乙醇：50 mL 对苯二酚：10 g 水：240 mL	室　温	10s～30 min	除锈速度快，对金属腐蚀不大，超过30 min金属就变黑。用棉花蘸取进行局部除锈
硫酸（工业）：18%～20% 食盐：4%～5% 硫酸：0.3%～0.5% 水：余量	65～80℃	25～40 min	适用于对尺寸要求不严的大型零件，如铸铁件氧化皮的清除等，处理后要用冷水冲洗→中和（碳酸钠2%，水98%，浸洗5～10 mn）→冷水冲洗

表3—4—7　　应用除锈液对双金属零件除锈

配　方	说　明
硝酸：5% 磷酸：5% 三氧化铬：10% 重铬酸钠：3% 水：77%	先用汽油除去油膜，然后放到酸溶液中于室温下浸泡1～1.5 min，取出后用水冲洗，用2%的碳酸钠水溶液中和2 min，再用水冲洗干净，擦干

表3—4—8　　应用除锈液对有色金属除锈

配　方	处理温度	处理时间	说　明
铜合金（铝青铜及铅青铜除外）			
硫酸（相对密度1.84）：100 mL 水：900 mL	室温	数分钟到30 min	对金属腐蚀不大，能除轻锈和重锈，但常留有痕迹
草酸：10% 水：90%	室温	8～9 min	适用于铍青铜
硫酸（相对密度1.84）：3 mL 铬酐：90 g 碳酸钠：1 g 水：1 L	室温	1～1.5 min	有除锈和钝化作用。处理时间过长对金属有溶解作用
铝合金			
铬酐：80 g 磷酸（相对密度1.71）：200 mL 水：1 L	室温	数分钟到10 min	对金属腐蚀极微，但不能除掉重锈

续表

配 方	处理温度	处理时间	说 明
铝合金			
硝酸：5%	室温	数分钟到 10 min	加 1% 重铬酸钾，可减少对金属的腐蚀
苛性钠：40 ~ 60 g 水：1 L	50 ~ 60℃	1 ~ 2 s	对金属腐蚀较大。适用于尺寸要求不严的零件。除锈后要进行钝化处理
镁合金			
铬酐：20% 水：80%	室温	8 ~ 10 min	升高温度可以缩短时间，对金属腐蚀极小
铬酐：2% 水：98%	60 ~ 70℃	8 ~ 10 min	

②除锈膏除锈。用除锈膏除锈速度快，一般用于大部件的局部除锈或精度要求不高的黑色金属的除锈。

除锈方法为先除去表面油污，再涂上一层厚度为 1 ~ 5 mm 的除锈膏。除锈期间以除去锈为标准，一般需要 20 ~ 60 min。重锈如果一次除不尽，可以再涂一次。温度最好高于 30℃，要防止日晒、雨淋。

化学除锈的工艺过程一般为除油→热水洗→除锈→中和（用 3% ~ 5% 的碳酸钠水溶液）→流动水冲洗（或洗涤剂洗）→钝化→干燥→防锈处理（涂防锈油或油漆等）。

4）去油漆。去油漆的常用方法有以下几种。

①一般粗加工面都采用铲刮的方法。

②精细加工面可采用布条蘸汽油或香蕉水用力摩擦去除。

③加工面高低不平（如齿轮加工面）时，可采用钢丝刷或用钢丝绳头刷。

（2）用清洗液或热油清洗

零件经过去油、除锈、去漆之后，应用清洗液将加工表面的渣子洗净。原有干油的零件经初步清洗后，如果仍存在大量干油，可用热油烫洗，但油温不得超过 120℃。

用清洗液清洗时，常用的清洗液有碱性清洗液、水剂清洗液、石油溶剂清洗液和氯化物清洗液。

（3）净洗

零件表面的旧油、锈层、漆皮洗去之后，先用压缩空气吹（以节省汽油），再用煤油或汽油清洗干净。

3. 几种常用零部件的清洗方法

（1）油孔的清洗

油孔是机械设备润滑的孔道。清洗时，先用铁丝绑上沾有汽油的布条，塞到油孔中往复捅几次，把里面的铁屑、污油擦干净，再用清洁布条（干净白布）捅一下，然后用压缩空气吹一遍。清洗干净后，用油枪打进油，外面用沾有油的木塞堵住，以免灰尘侵入。

（2）滚动轴承的清洗

滚动轴承是精密机件，清洗时要特别仔细。在未清洗到一定程度之前，最好不要转动，以防杂质划伤滚道或滚动体。清洗时要用汽油，严禁用棉纱擦洗。在轴上清洗时，用喷枪打入热油，冲下旧干油。然后再喷一次汽油，将内部余油完全除净。清洗前要检查轴承是否有锈蚀、斑痕，如果有，可用研磨粉擦掉。擦时要从多方向交叉进行，以免产生擦痕。

滚动轴承清洗完毕后，如果不立即装配，应涂油包装。

（3）齿轮箱（如主轴箱、变速箱等）的清洗

清洗前应先将箱内的存油放出（如果是干油也应去掉），再注入煤油，手动使齿轮回转，并用毛刷、棉布清洗，然后放出脏油，待清洗洁净完毕后再用棉布擦干。应注意箱内不得有铁屑、灰砂等杂物。

箱内齿轮所涂的防锈干油过厚，不易清洗时，可用机油加热至 70～80℃，或用煤油加热至 30～40℃，倒入箱中冲洗。

（4）冷却器的清洗

1）冷却管子内孔污垢一般采用旋转动力头（如电钻、风钻等）带动与管子内径相等的圆柱形钢丝刷子做往复运动进行刷洗，但刷子的钢丝不能太粗、太硬，否则会在管子内孔里留下划痕，缩短管子的使用寿命。

2）冷却腔的清洗。冷却器腔内一般采用化学清洗法，其配方为（按质量计）氢氧化钠 3%，碳酸钠 3%，磷酸三钠 2%，水玻璃 1.5%，水 90.5%。

将按上述配方配好的溶液放入冷却器腔内，加热到 85～90℃，停留约 2 h（在停留期间，不断将浮在溶液上的污油及时清除）后，将溶液放掉，用 60℃的温水冲洗，直到没有碱性为止。

4. 清洗作业的安全技术措施

清洗作业容易造成对周围环境的污染，甚至发生爆炸、火灾等事故，特别是汽油、柴油、三氯乙烯等化学物品都是有毒物，对人体健康危害很大，因此，必须采取妥善的安全措施。

（1）采取有机溶剂做清洗作业的场所属乙类火灾危险区域，必须有良好的通风设施，并且严禁引入火种和抽烟，应配置火灾自动报警设备和自动灭火系统。同时，还应设置可燃气体检测仪，定期进行检测，在作业场所周围 15 m 范围内，严禁堆积易燃、易爆物品。

（2）清洗液配置间应与周围的相邻部分分隔开，并且要设置全面机械通风。

（3）严格控制清洗作业场所的噪音，使其对工作区的影响不超过 85 dB（A）。

（4）超声波清洗用的清洗槽由于长期受化学物品腐蚀，必须定期检查，以防发生槽底破裂事故。为了降低噪声，必须提高超声波工作的频率，并且要对清洗槽及槽底换能器采取隔音措施。

（5）清洗作业场所的地面要平整、光滑，易于清扫，并应配置地面和墙壁的冲洗设施。经常有酸碱液流散或聚积的地面，应采用耐腐蚀材料铺设，并呈 1%～2% 坡度，坡向车间的排污系统。

（6）清洗作业人员要戴防护手套，如耐碱的橡皮手套，耐苯的防护手套等。并且要对操作工人进行安全教育和防护用品合理使用的职业教育。

(7) 当三氯乙烯溅入眼睛时，应立即用大量清水冲洗。当小滴溅入眼睛，在用水冲洗前，先掀开眼皮，用干净空气吹一下眼球，待三氯乙烯初步蒸发后再用水冲洗。然后立即送医院就诊。

5. 清洗时的注意事项

(1) 修理设备装配之前，首先应进行表面清洗（如工作台面、滑动面及其他外表面等）。

(2) 滑动表面未清洗前，不得移动它上面的任何部件。

(3) 清洗时，应根据不同的零件，选用合适的擦洗用具和材料。设备加工表面的防锈油层只能用干净的棉纱、棉布、木刮刀或牛角刮具清除，不能用纱布或金属刮具清除；如果有干油，可用煤油清洗；如果为防锈漆，可用香蕉水、酒精、松节或丙酮擦洗。

(4) 滚动轴承不能使用棉纱清洗，以防棉纱屑进入轴承内，影响轴承的装配质量。

(5) 对于橡胶制品（如密封圈等零件）严禁用汽油清洗，以防发胀变形，而应使用酒精或清洗液进行清洗。

(6) 加工表面如果有锈蚀，用油无法除去时，可用棉纱蘸醋酸擦掉，但除锈后要用石灰水擦拭使其中和，并用清洁棉纱或棉布擦干。

(7) 使用汽油或其他挥发性高的油类清洗时，不要使油液滴在床身的油漆面上。

(8) 清洗后的零件应等零件上的油滴干后再进行装配，以防污油影响装配质量。同时，清洗后的零件放置时间不应过长（应妥善保管暂不装配的零件），以防污物和灰尘弄脏零件。

(9) 凡需组合装配的部件，必须先将接合面清洗干净，涂上润滑油，然后才能进行装配。

二、机床设备润滑装置的清洗

机床设备的润滑装置一般包括油箱、油泵、润滑油流量和压力调节系统、润滑管路、单体润滑装置、多润滑点供油装置、过滤装置和润滑检查保护装置等。

1. 机床设备润滑装置的清洗

机床设备润滑装置中许多部位需要定期进行清洗，其具体清洗方法如下。

(1) 油绳、油毡的清洗方法

油绳、油毡都是用纯羊皮做成的，在润滑装置中起着吸油、过滤和防尘作用。当使用到一定期限后，由于残留的脏物堵塞在羊毛纤维的毛细管，使其润滑性能下降，必须进行清洗，以恢复原有的功能。清洗的步骤如下。

1) 将油绳、油毡从装置上仔细拆下，特别是羊毛毡做成的油封，拆卸时极易损坏，必须小心操作。

2) 用手挤干残留油液。

3) 将油绳、油毡置于盛有清洗液的容器内浸泡 24 h。常用的清洗液有航空洗涤煤油、工业酒精等。

4) 将浸泡后的油绳、油毡捞出后用手挤干；再浸入清洗液中，使之吸满清洗液；在捞出挤干，如此反复多次，直至挤不出脏物为止。

5) 将挤干的油绳、油毡放在与润滑时品牌及标号相同的润滑油中浸泡。

6）将已充分吸收润滑油的油绳、油毡重新安装在装置上。

（2）油杯的清洗方法

机械设备中常用的油杯有压注油杯、旋盖式油杯、旋套式注油杯、针阀式注油油杯等。油杯在使用过程中脏物逐渐增多，特别是长期残留在油杯中的润滑油与空气接触，极易变质。一旦这些残留物进入到设备润滑部位，就会破坏正常的润滑功能。所以，要对油杯定期清洗，清洗的步骤是：

1）从设备上将油杯仔细拧下。因为油杯螺纹部分处于颈部，易折断，故操作时应小心谨慎。

2）清除油杯中的残渣。

3）用清洗剂反复清洗，清洗剂可为油剂，也可为水剂。

4）仔细擦净清洗剂，特别是水剂清洗剂。因为残留的清洗剂会使新加入的润滑剂变质。

5）将洗净的油杯重新安装到设备上。

6）安装好的油杯应立即注入所需品牌标号的润滑剂，以免清洗后遗漏润滑点。

（3）过滤装置的清洗方法

设备润滑系统的过滤装置有网式滤油器、线隙式滤油器，纸心式滤油器、烧结式滤油器等。过滤装置对润滑剂起着过滤作用。长期使用后，由于被过滤截流的各种杂质积存过多，堵塞过滤装置，使设备的润滑性能下降。因此，必须定期对过滤装置进行清洗或更换。

1）网式滤油器。清洗网式滤油器一般采用航空洗涤煤油，滤油器洗净后要用压缩空气吹干，清洗时勿将滤网弄破，否则必须更换新滤网才能保证过滤精度。

2）线隙式滤油器。其过滤材料是用铜丝或铝丝烧制而成的，因此，强度较低，杂质堵塞后很难清洗，一般要更换新的滤网。如果没有滤网备品，则可将滤油器拆下，反向通入清洗剂进行冲洗。

3）纸心式滤油器。发现纸心式滤油器堵塞，只能更换过滤纸心，同时将滤油器的其他部分用清洗剂清洗干净。

4）烧结式滤油器。滤心一旦堵塞，清洗十分困难，一般要更换新滤心。也可反向通入清洗剂进行冲洗，但效果不明显。

（4）油箱的清洗方法

在对润滑系统更换新油箱前，必须将油箱清洗干净，其一般步骤为先将油箱中的陈油放出，并用其他工具将放油后油箱中的残留物全部清理干净；再用水剂清洗剂清洗油箱，要避免在清洗中留有死角，将清洗后的油箱擦拭干净并注入新油。

2．设备润滑装置易损件、密封件的更换

经过多次堵塞和清洗，油绳、油毡的毛细管作用明显下降，此时必须更换新的油绳、油毡。更换时必须使用全羊毛制品，不能用合成纤维或混纺织品代替。

润滑系统中的油封皮碗大多是橡胶制品，长期与润滑油接触后易变质老化，所以，在进行润滑系统维护时最好予以更换，以免在使用中因损坏后更换造成停机时间过长，影响生产。

润滑系统的部件连接面有的采用纸垫密封，每次拆卸维护后最好更换新纸垫，这是因为纸垫质地较脆，装拆过程中极易破损；原有纸垫使用过程中，长期在油中浸泡，已疏松变质，重新装配不可能达到原有的密封性能。制作纸垫时应按要求形状画线后用剪刀剪成，切勿将纸垫直接压在密封件上用锤子敲击，这样会损伤密封面，影响密封性能。

3. 卧式车床润滑装置的清洗和保养

(1) 先清洗主轴箱，其清洗步骤一般如下：

1) 将容器置于主轴箱的放油孔处，拧开油塞，放净主轴箱内的润滑油。

2) 重新拧紧油塞后，倒入清洗油。

3) 用长柄毛刷伸入主轴箱内仔细清洗，要特别注意死角部位。

4) 用勺子取清洗油反复冲淋主轴箱内齿轮、轴、轴承等处，将传动装置上黏附的脏物尽量冲净。

5) 拧开油塞，放净主轴箱内的清洗油。

6) 用擦料将主轴箱仔细擦干净。

7) 拧紧油塞，注入新润滑油至油面要求高度。

(2) 清洗柱塞泵润滑系统，清洗方法有：

1) 将净油箱连同滤网从油泵上拆下，用煤油清洗过滤网，如果发现滤网有破损，必须更换新滤网。

2) 将柱塞泵的柱塞从泵体中拔出，在煤油中清洗，用棉布擦净后重新装入。

3) 更换橡胶油封。

4) 用四氯化碳擦净观察油窗孔。

(3) 取下进给箱上的进给标牌盖板，清洗油盘及油绳，更换新油绳。

(4) 拆下床鞍两侧的油毡和丝杠，在托架上油池内进行清洗，或者更换新油毡。

(5) 清洗油杯时按下润滑脂用旋盖式油杯，刮去残油，在清洗剂内洗净并擦拭干后重新装上。

(6) 清洗完毕后，按润滑图要求的油品对车床各润滑点重新加油。

三、锯床、钻床通用操作规程

1. 锯床的通用操作规程

(1) 操作前要穿紧身防护服，袖口扣紧，上衣下摆不能敞开，严禁戴手套，不得在开动的机床旁穿、脱、换衣服，或围布于身上，防止机器绞伤。必须戴好安全帽，辫子应放入帽内，不得穿裙子、拖鞋。

(2) 机器开动前做好一切准备工作，虎钳安装使锯料中心位于料锯行程中间。原料在虎钳上放成水平，与锯条成直角；若要锯斜角度料，则先把虎钳调整成所需角度，锯料尺寸不得大于该机床最大锯料尺寸。

(3) 锯条必须拉紧，锯前试车空转 3 ~ 5 min，以打出液压筒，中和液压传动装置上各油沟中的空气，并检查锯床有无故障、润滑油路是否正常。

(4) 锯割管材或薄板型材时，齿距不应小于材料的厚度。在锯割时应将手柄退到慢的位置，并减少进刀量。

(5) 锯床在运转中，不准中途变速，锯料要放正，卡紧，卡牢，按材质硬度和锯条质量决定进刀量。

（6）必须使用专用液压油和润滑油，液压传动及润滑装置中，冷却液必须清洁，并按周期替换或过滤。

（7）在材料即将锯断时，要加强观察，注意安全操作。

（8）工作完毕，切断电源，把各操纵手柄放回空位上，并做好打扫工作。

（9）机床运转时如果发现故障，应立即停车，报告建设与保障部派机修工修理。

2. 钻床的通用操作规程

（1）工作前必须穿好工作服，扎好袖口，不准围围巾，严禁戴手套，女生发辫应挽在帽子内。

（2）要检查设备上的防护装置、保险装置、信号装置。机械传动部分、电气部分要有可靠的防护装置。检查工具、卡具是否完好，否则不准开动。

（3）钻床的平台要紧固，工件要夹紧。钻小件时，应用专用工具夹持，防止被加工件带起旋转，不准用手拿着或按着钻孔。

（4）手动进刀一般按逐渐增压或减压的原则进行，以免用力过猛，造成事故。

（5）调整钻床速度、行程、装夹工具和工件以及擦拭钻床时要停车进行。

（6）钻床开动后，不准接触运动着的工件、刀具和传动部分。禁止隔着机床转动部分传递或拿取工具等物品。

（7）钻头上绕长屑时，要停车清除，禁止用口吹、手拉，应使用刷子或铁钩清除。

（8）凡两人或两人以上在同一台机床工作时，必须有一人负责安全，统一指挥，防止发生事故。

（9）发现异常情况应立即停车，请有关人员进行检查。

（10）钻床运转时，不准离开工作岗位，因故要离开时必须停车并切断电源。

（11）工作完后，关闭机床总闸，擦净机床，清扫工作地点。

（12）使用前要检查钻床各部件是否正常。

（13）钻头与工件必须装夹紧固，不能用手握住工件，以免钻头旋转引起伤人事故以及设备损坏事故。

（14）集中精力操作，摇臂和拖板必须锁紧后才可工作，装卸钻头时不可用手锤和其他工具、物件敲打，也不可借助主轴上下往返撞击钻头，应用专用钥匙和扳手来装卸，钻夹头不得夹锥形柄钻头。

（15）钻薄板时需加垫木板，钻头快要钻透工件时，要轻施压力，以免折断钻头，损坏设备或发生意外事故。

（16）钻头在运转时，禁止用棉纱和毛巾擦拭钻床及清除铁屑。工作后钻床必须擦拭干净，切断电源，零件堆放及工作场地保持整齐、整洁，认真做好交接班工作。

四、锯床、钻床的日常保养

1. 锯床的日常保养

（1）锯床保养操作机器前的检查工作

1）检查清屑刷的位置，保持齿沟及铁屑的清除，必要时，调整或更换清屑刷。检查清屑钢刷的高度，使钢刷正好接触到锯齿的底部。不能高于锯齿的底部，这样会造成锯带或钢刷的过度磨损。

2）检查齿轮箱和液压箱油表位置，是否需要添加齿轮油 150 号、液压油 32 号。

3）检查冷却水高度表，是否需要添加。

4）检查确认锯带在主动轮、被动轮及钨钢导片的位置是否正确。

5）检查锯带张力调整阀，选择适当的锯切压力；高速钢锯带的最大张力为 55 $klbs/in^2$。

6）检查钨钢油压表压力是否为（30 +2）kg/cm^2。

7）检查齿轮箱张力皮带。

8）安装新的锯带前，将主动轮、被动轮凸缘的铁屑清除干净（铁屑可能堆积）。

（2）部件更换

1）钢刷的更换。钢刷可以将锯带上的铁屑清除，并且可以避免铁屑被带入锯轮甚至锯带导轨中，这样一来就会造成相当重大的磨损，对锯带来说是相当重大的。错误安装钢刷会造成锯带或钢刷的过度磨损，也将造成锯切时的不稳定。

2）冷却液的更换。在正常的使用下要更换冷却液时，每三个月就必须将冷却液贮存槽中的铁屑清理干净。

3）液压油的更换液压油应该每六个月更换一次。

4）齿轮油的更换齿轮油在使用了每六个月或 1 200 个小时之后就必须更换。

2. 钻床的日常保养

（1）日常保养

1）班前保养

①对重要部位进行检查。

②擦净外露导轨面并按规定润滑各部位。

③空运转并查看润滑系统是否正常，加注各部位。

2）班后保养

①做好床身及部件的清洁工作，清扫铁屑及周边环境卫生。

②擦拭机床。

③清洁工具、夹具、量具，各部件归位。

（2）定期保养

1）床身及外表

①擦拭工作台、床身导轨面、各丝杠、机床各表面及死角、各操作手柄及手轮。

②导轨面去毛刺。

③清洁，无油污。

④拆洗清洁油毛毡，清除铁片杂质。

⑤除去各部锈蚀，保护喷漆面，勿碰撞。

⑥停用、备用设备导轨面、滑动面及各部手轮手柄及其他暴露在外易生锈的各种部位应涂油覆盖。

2）主轴箱

①清洁，润滑良好。

②传动轴无轴向窜动。

③更换磨损件。

④调整压板松紧至适合。

3）工作台及升降台

①清洁，润滑良好。

②调整夹条间隙。

③检查并紧固工作台压板螺栓及各操作手柄螺钉、螺母。

④调整螺母间隙。

⑤清除导轨面毛刺。

⑥对磨损件进行修理或更换。

⑦清洗、调整工作台、丝杠手柄及柱上镶条。

4）刀具

每日检查刀具是否复原。

模块四

职业技能鉴定机修钳工初级考核模拟试卷

理论知识考核模拟试卷一

一、判断题（对的打√，错的打×，每题1分，共20分）

1. 游标卡尺可直接量出工件的外径、孔径、长度等尺寸，它属于专用量具。（ ）
2. 使用外径千分尺时，不得强行转动微分筒，要尽量使用测微螺杆。（ ）
3. 手拉葫芦的起重链条要垂直悬挂，不得有错扭的链环，以免影响正常工作。（ ）
4. Z5125 型钻床的主运动和进给运动由同一个电动机带动。（ ）
5. 钳子只有弹簧挡圈安装钳和钢丝钳两种。（ ）
6. 设备安装用材料有金属材料和非金属材料。（ ）
7. 正垂线在 H 面上的投影是一个点。（ ）
8. 形位公差标注时，当被测要素为中心要素时，箭头必须和有关的尺寸线对齐。（ ）
9. 攻螺纹前的底孔直径应大于螺纹标准中规定的螺纹内径。（ ）
10. 手工加油润滑具有方法简单、加油及时的优点。（ ）
11. 螺钉旋具的主要作用是用来拆装内六角螺栓。（ ）
12. 设备的复杂系数是表示设备修理复杂程度的一个量，用“H”表示。（ ）
13. 机床正转启动控制线路只能控制电动机的正转。（ ）
14. 设备修理前必须在切断的电源开关处悬挂“不准合闸”的警告牌。（ ）
15. 机修作业夹具有镶条刮削夹具、翻转夹具等。（ ）
16. 錾子的制造材料是合金工具钢。（ ）
17. 平面刮削的方法有手刮法和铲刮法两种。（ ）
18. 高精度机床可不做最大负荷试验，而按相关规定的技术要求进行试验。（ ）
19. 圆锥销装配时，两连接件的销孔可以分别钻、铰。（ ）
20. 分度头的规格是以主轴顶尖中心线到底面的高度表示的。（ ）

二、选择题（将正确答案的序号填入括号内，每题1分，共80分）

1. 道德认识修养主要是指（ ）的获得和道德观念的形成。

A. 道德情操　B. 道德知识　C. 道德行为　D. 道德要求

2. 强化职业责任是（ ）职业道德规范的具体要求。

A. 团结协作　B. 诚实守信　C. 勤劳节俭　D. 爱岗敬业

3. （　　）指从业者在一定的职业道德知识、情感、意志、信念支配下所采取的自觉活动。

A. 职业道德人格　B. 职业道德品质　C. 职业道德行为　D. 职业道德意志

4. 劳动争议调解委员会建立在（　　），由职工代表、用人单位代表和用人单位工会代表三方组成，由工会代表负责。

A. 劳动部门　B. 用人单位　C. 所在的区、县　D. 所在街道

5. 下列叙述不属于劳动合同变更的条件是（　　）。

A. 当事人双方同意，并且不损害国家利益

B. 订立劳动化合同依据的法律法规已经修改

C. 依据劳动者身体健康状况

D. 当事人同意

6. 在剖视图或剖面图中，内、外螺纹的牙底线用（　　）绘制。

A. 细实线　B. 粗实线　C. 虚线　D. 细点画线

7. 需要装订的图样，一般用 A4 幅面竖装或（　　）幅面横装。

A. A0　B. A1　C. A2　D. A3

8. 以下碳素钢中韧性最差的是（　　）。

A. T8　B. T9　C. T10　D. T12

9. 尺寸公差带图的零线表示（　　）尺寸。

A. 基本　B. 实际　C. 最大极限　D. 最小极限

10. 形位公差在图样上标注时，尽量采用（　　）标注。

A. 代号　B. 符号　C. 数字　D. 字母

11. 金属材料在加工中的流动性反映了金属材料的（　　）性能。

A. 锻造　B. 铸造　C. 焊接　D. 切削加工

12. （　　）硬质合金刀具适合加工耐热钢、高锰钢、不锈钢等难加工材料。

A. 钨钴类　B. 钨钛类　C. 钨钛钽钴类　D. 钨钛钴类

13. 有一铸造件，为了降低硬度，便于切削加工，应进行（　　）处理。

A. 淬火　B. 退火　C. 高温回火　D. 正火

14. 钢的表面热处理是为了（　　）。

A. 表面好看　B. 消除内应力　C. 提高表面硬度　D. 改善切削性能

15. 在刀具几何角度中，能起控制排屑方向的几何角度是（　　）。

A. 刃倾角　B. 前角　C. 后角　D. 主偏角

16. 刀具是由（　　）和刀杆组成的。

A. 刀头　B. 刀架　C. 刀身　D. 刀刃

17. 精度为 0.02 mm 的游标卡尺，其读数为 30.42 时，游标上第（　　）格与主尺刻线对齐。

A. 30　B. 21　C. 42　D. 49

18. 千分尺的活动套筒转动一格，测微螺杆移动（　　）mm。

A. 1　B. 0.1　C. 0.001　D. 0.01

19. 百分表表盘沿圆周有（　　）个刻度。

A. 90　　B. 50　　C. 80　　D. 100

20. 为防止触电，安全用电过程正确的做法是（　　）。

A. 带电操作　　B. 用手试电

C. 验电工具试电　　D. 随便合闸

21. 使用油压千斤顶时，主活塞行程不得超过（　　）标志。

A. 千斤顶极限高度　　B. 千斤顶额定载荷

C. 物体的起升高度　　D. 物体的载荷

22. 单臂起重吊架一般用来起吊（　　）kg 以下的物体，空车时可以在车间内自由移动。吊重后严禁移动，以防翻倒。

A. 300　　B. 400　　C. 500　　D. 600

23. 摇臂钻床的切削工作由主轴的主体运动和（　　）运动来完成。

A. 主轴的进给　　B. 摇臂的升降

C. 主轴箱在摇臂上的移动　　D. 工作台的升降

24. 用手电钻钻孔，当孔快钻穿时，应（　　）压力。

A. 加大　　B. 减轻　　C. 加大或减轻　　D. 猛加

25. 机械防松装置中，有（　　）防松装置。

A. 止动垫圈　　B. 弹簧垫圈　　C. 锁紧螺母　　D. 双螺母

26. 键连接装配，键的顶面与轮槽之间有（　　）。

A. 一定过盈　　B. 一定间隙

C. 很大过盈　　D. 一定间隙或过盈

27. 在不通孔内装配圆柱销时，圆柱销的表面上应磨有（　　）。

A. 排屑槽　　B. 注油槽　　C. 通气槽　　D. 开口槽

28.（　　）黏度等级的机械油主要适用于转速在 1 000 ~ 1 200 r/min 范围之内，轻、中负荷机械设备的轴承、主轴、齿轮等处的润滑。

A. L – AN22　　B. L – AN32　　C. L – AN46　　D. L – AN68

29. 普通机械设备在常温环境下工作，不与水蒸气、腐蚀性气体接触，选用润滑油的主要技术指标是（　　）。

A. 黏度　　B. 水分　　C. 凝固点　　D. 闪点

30.（　　）不属于设备安装时所需的非金属材料。

A. 橡胶管　　B. 玻璃　　C. 木材　　D. 石棉橡胶板

31. 在机修常用的量具、量仪中校正装配基准件安装水平，测量导轨直线度使用的是（　　）。

A. 框式水平仪　　B. 平尺　　C. 千分尺　　D. 杠杆百分表

32. 量具选用原则中根据两导轨面之间的跨距选用（　　）。

A. 桥板　　B. 平尺　　C. 平板　　D. 角尺

33.（　　）多用于有变载和振动处。

A. 开口销与带槽螺母　　B. 止动垫圈

C. 锁紧螺母　　　　　　　　D. 串联钢丝

34. 用定位销连接经常拆的地方宜选用（　　）。

A. 圆柱销　　B. 圆锥销　　C. 槽销　　D. 开口销

35. 稠化剂为钙皂的石油润滑油使用温度为（　　）。

A. 50℃　　B. 60℃　　C. 70℃　　D. 80℃

36. 润滑油一般采用（　　）进行分发，切忌直接从油桶中向外倒油。

A. 油壶　　B. 油枪　　C. 小油桶　　D. 液压泵

37. 对于某些形状特殊、不易捆绑的零部件，为适应反复翻转操作，需专门制作（　　）。

A. 镶条刮削夹具　　B. 轴瓦刮削夹具　　C. 钻孔夹具　　D. 翻转夹具

38. CA6140 车床主轴径向跳动和轴向窜动应（　　）mm。

A. 都不大于 0.01　　　　　　B. 都不大于 0.02

C. 都不大于 0.02 ~ 0.03　　　D. 都不大于 0.04

39. 显示剂中的普鲁士蓝油多用于（　　）的显示。

A. 铸铁　　B. 钢　　C. 有色金属　　D. 铸钢

40. 毛坯工件通过找正划线后，可使加工表面与不加工表面之间保持（　　）均匀。

A. 形状　　B. 尺寸　　C. 形状和尺寸　　D. 外形

41. 用扩孔钻扩孔时，扩孔前孔直径为（　　）倍扩孔直径。

A. 0.6　　B. 0.7　　C. 0.8　　D. 0.9

42. 当加工的孔需要依次进行钻、扩、铰多种工步时，这时需要采用（　　）。

A. 固定钻套　　B. 可换钻套　　C. 快换钻套　　D. 特殊钻套

43. 套螺纹常用的工具是（　　）。

A. 圆板牙　　B. 扳手　　C. 旋具　　D. 六角扳手

44. 原始平板在放置时，三点定面的支撑比较可靠，但长期放置也要在单点一边加（　　）。

A. 定位支撑　　B. 辅助支撑　　C. 靠铁　　D. V 形块

45. （　　）主要用于圆柱孔的研磨。

A. 研磨棒　　　　　　B. 研磨环

C. 有槽研磨平板　　　D. 光滑研磨平板

46. 采用（　　）制作研具已得到广泛应用，尤其用于精密工件的研磨。

A. 铜　　B. 灰铸铁　　C. 球墨铸铁　　D. 软钢

47. 采用成品的研磨膏或固体研磨剂，使用时根据需要选择适当规格加（　　）稀释即可。

A. 柴油　　B. 机油　　C. 煤油　　D. 汽油

48. （　　）主要用于经过精密加工、几何形状较复杂的零件。

A. 浸洗　　B. 超声波清洗　　C. 电解清洗　　D. 气相清洗

49. 板牙的中间一段是校准部分，也是套螺纹时的（　　）。

A. 切削部分　　B. 排削部分　　C. 夹持部分　　D. 导向部分

50. 在研磨加工中，研具是保证研磨工件（　　）正确的主要因素。

A. 几何形状　　B. 尺寸精度　　C. 位置精度　　D. 表面粗糙度

51. 研磨余量一般在（　　）mm 范围内比较适宜。

A. 0.5 ~ 1　　B. 0.05 ~ 0.3

C. 0.005 ~ 0.03　　D. 0.008 ~ 0.05

52. 研磨剂是由（　　）和研磨液调和而成的混合剂。

A. 磨料　　B. 汽油　　C. 机油　　D. 甘油

53.（　　）常用于设备以支座形式安装在金属结构或地平面上，并且支承面积较小的状况。

A. 开口垫铁　　B. 平垫铁　　C. 斜垫铁　　D. 宽垫铁

54. 铣床悬梁与床身结合面在分部件组装中用（　　）mm 塞尺检验时不应插入。

A. 0.01　　B. 0.02　　C. 0.03　　D. 0.04

55. 在各系统组装调试中液压系统的吸油管应尽量（　　）。

A. 长　　B. 短　　C. 粗　　D. 细

56. 设备负荷试验要按试验内容相关规定准备材料、刀具，并按（　　）调整机床。

A. 切削规范　　B. 实际情况　　C. 精度要求　　D. 切削深度

57. 清洗后的零件应等零件上的油（　　）后再进行装配，不要使油滴在机身的油漆面上。

A. 甩干　　B. 滴干　　C. 烘干　　D. 自行蒸发

58.（　　）易挥发，易燃烧，去除油脂能力强，是最常用的清洗液。

A. 汽油　　B. 煤油　　C. 酒精　　D. 机油

59. 恒温条件使用检验量具应先在安装现场，一般经过不少于（　　）min 再使用。

A. 10　　B. 20　　C. 30　　D. 40

60. 在系统组装调试中液压系统弯管的弯曲半径应（　　）3 倍管子外径。

A. 大于　　B. 小于　　C. 等于　　D. 任意

61. 机床无负荷试运转中错误的做法是（　　）。

A. 先低速后高速　　B. 先主机后辅机

C. 先生产线后单机　　D. 先手动后自动

62. 立式钻床就位后，将垫铁垫在底座下面，用（　　）在纵、横两个方向上进行找平。

A. 角尺　　B. 水平仪　　C. 百分表　　D. 拉绳

63. 用起重机试吊时，重物离地面（　　）m 后，应经过检查确认稳定可靠后，方可起吊。

A. 5　　B. 3　　C. 1　　D. 0.5

64. 静压轴承、静压导轨所选用的润滑方式是（　　）。

A. 动压润滑　　B. 静压润滑　　C. 边界润滑　　D. 固体润滑

65. 卧式车床润滑装置的清洗一般采用（　　）进行清洗。

A. 汽油　　B. 机油　　C. 煤油　　D. 柴油

66. 设备（　　）是设备操作人员操作设备时必须遵守的。

A. 工艺规程　　B. 操作规程　　C. 加工工艺　　D. 操作方法

67. 设备日常维护保养是（　　）每天必须对设备进行保养工作。

A. 机修人员　　B. 操作人员　　C. 部门领导　　D. 其他人员

68. 红丹粉颗粒很细，用时以少量（　　）调和均匀。

A. 汽油　　B. 煤油　　C. 柴油　　D. 机油

69. （　　）不是机械设备拆卸前准备工作中的内容。

A. 读装配图　　B. 准备工具　　C. 拆卸方法确定　　D. 清洗设备

70. 对大型轴承的修复方法是（　　）。

A. 金属涂镀法　　B. 螺母调整法　　C. 重新刮研法　　D. 调整垫片法

71. （　　）适用于焊接强度要求不高或需要密封的部位。

A. 电弧焊　　B. 气焊　　C. 锡焊　　D. 氩弧焊

72. 减速器结构轴承中全靠调整间隙保证传动精度的是（　　）。

A. 深沟球轴承　　B. 圆锥滚子轴承　　C. 调心球轴承　　D. 角接触球轴承

73. 带传动中，带的最大应力发生在（　　）。

A. 松边离开小轮处　　B. 松边进入大轮处

C. 紧边离开大轮处　　D. 紧边进入小轮处

74. 车床主轴本身的精度既直接影响主轴部件工作时的径向圆跳动，又直接影响主轴部件的轴向窜动，因此，修理时必须先对主轴进行（　　）。

A. 检测　　B. 调整　　C. 修理　　D. 修复

75. 静态检查是车床进行性能试验之前的检查，检查内容不包括（　　）。

A. 变速手柄和换向手柄操纵灵活

B. 润滑系统正常、畅通

C. 开合螺母机构开合准确可靠

D. 挂轮架交换齿轮间的侧隙适当

76. 车床负荷试验中，精车端面后试件平面度应为（　　）mm。

A. 0.01　　B. 0.02　　C. 0.03　　D. 0.04

77. （　　）通常用来检查短导轨在垂直面内和水平面内的直线度。

A. 研点法　　B. 平尺拉表比较法

C. 垫塞法　　D. 拉钢丝检验法

78. 装在机床外部的电气设备和其他附件的未加工表面涂与机床颜色（　　）的油漆。

A. 相反　　B. 相似　　C. 相同　　D. 相近

79. 摇臂钻床主轴轴线对底座工作面垂直度的检查，在摇臂钻床底座工作面上放一把（　　）mm 的平行平尺。

A. 200　　B. 300　　C. 400　　D. 500

80. 设备空运转试验中，要求液压油油温一般不超过（　　）。

A. 50℃　　B. 60℃　　C. 70℃　　D. 80℃

理论知识考核模拟试卷二

一、判断题（对的打√，错的打×，每题1分，共20分）

1. 90°角尺是用来测量工件上直角或在装配中检查零件间相互垂直情况的量具。（　　）
2. CA6140型卧式车床刀架的纵、横向进给运动，可由光杠或丝杠传动传递。（　　）
3. 滚动轴承在装配前一定要用毛刷、棉纱进行清洗，只有这样才能清洗干净。（　　）
4. 机修钳工常用的拆卸工具有起子、扳手、拆卸弹簧挡圈钳子等。（　　）
5. 狭窄平面要研磨成半径为 R 的圆角，可采用直线运动轨迹研磨。（　　）
6. 施工监测中恒温的精密机床必须在规定的恒温条件下进行监测。（　　）
7. 游标卡尺读数时，视线要垂直于尺面，否则测量值不准确。（　　）
8. 千分尺在使用过程中，可用除锈剂对千分尺进行清洁。（　　）
9. 卧式车床日常保养是擦拭机床导轨面，并按机床润滑图要求给润滑点加油。（　　）
10. 拆卸前检查主要是检查设备静态和动态下的状态。（　　）
11. 进给箱的功用是将主轴箱经挂轮传来的运动进行各种速比的变换。（　　）
12. 设备的各种标牌应保持清晰，名牌应固定在明显位置。（　　）
13. 油槽錾常用来錾切平面或曲面上的油槽。（　　）
14. 平面刮削的方法有手刮法和平刮法两种。（　　）
15. 机床的日常保养是由机修人员完成的。（　　）
16. 润滑油不得腐蚀机械零件，不得含水分和机械杂质。（　　）
17. 在机械设备修理中，常用的电镀方法有镀铬（或镍）、低温镀铁等几种。（　　）
18. 渐开线圆柱齿轮减速器的代号中，“ZD”代表两级。（　　）
19. 机床大修后横向导轨的平行度使用框式水平仪检测。（　　）
20. 金属切削机床通用检查规范和标准中各操作系统动作灵敏可靠。（　　）

二、选择题（将正确答案的序号填入括号内，每题1分，共80分）

1. 锯割薄板时，必须选用（　　）锯条。

A. 细齿　　B. 中齿　　C. 粗齿　　D. 斜齿

2. 锉刀的粗细分1、2、3、4、5号，其中（　　）号最细。

A. 1　　B. 2　　C. 4　　D. 5

3. 千斤顶适用于升降高度低于（　　）mm的重物。

A. 250　　B. 300　　C. 350　　D. 400

4. 如果在整个平面上研点分布均匀，则表明被检平面（　　）已达到了相应的精度。

A. 直线度　　B. 平面度　　C. 垂直度　　D. 表面粗糙度

5. 手用铰刀的刀齿在圆周上（　　）分布。

A. 均匀　B. 随意　C. 不均匀　D. 均匀或不均匀

6. 划线平板放置时应使平板表面处于（　）状态。

A. 任意　B. 垂直　C. 倾斜　D. 水平

7. 被研磨工件的硬度比研具的硬度（　）。

A. 低　B. 低或高都行　C. 高　D. 一致

8. 台虎钳的规格用（　）来表示。

A. 固定钳身的长度　B. 活动钳身的长度

C. 丝杠的长度　D. 钳口宽度

9. 下列不是特殊形状零件刮削夹具的是（　）。

A. 镶条刮削夹具　B. 轴瓦刮削夹具　C. 钻孔夹具　D. 翻转夹具

10. 机修作业所用长条状量具应（　）。

A. 水平安放　B. 垂直吊挂　C. 竖立安放　D. 任意安放

11. 毛坯件划线一般用（　）涂料。

A. 蓝油　B. 石灰水　C. 硫酸铜　D. 蓝墨水

12. 大型工件划线时，为保证工件安置平稳、安全可靠，选择的安置基面必须是（　）。

A. 大而平直的面　B. 加工余量大的面

C. 精度要求较高的面　D. 小而平直的面

13. 万能分度头主要由底座、转动体、（　）、主轴等组成。

A. 划线盘　B. 分度盘　C. 刻度盘　D. 读数盘

14. 錾子一般用（　）锻成，并经淬火处理。

A. 高速钢　B. 硬质合金　C. 碳素工具钢　D. 轴承合金钢

15. 锯条锯齿的切削角度为前角（　）、后角 40°、楔角 50°。

A. 0°　B. 10°　C. 15°　D. 20°

16. 钳工锉刀的种类较多，其中（　）属于异形锉。

A. 三角锉　B. 圆锉　C. 椭圆锉　D. 什锦锉

17. 润滑剂的形式包括气体润滑剂、液体润滑剂、（　）。

A. 半固体润滑剂和固体润滑剂　B. 半固体润滑剂

C. 固体润滑剂　D. 石墨润滑剂

18. 润滑油中，（　）添加剂具有增加润滑油黏度及改善润滑油黏性的作用。

A. 增黏　B. 抗凝　C. 抗腐　D. 抗磨

19. 润滑脂在摩擦面上保持良好，可以充满间隙，因此有（　）作用。

A. 润滑　B. 冷却　C. 洗涤　D. 密封

20. 选择钢丝绳一定要考虑的参数是（　）。

A. 股数　B. 根数　C. 表面粗糙度　D. 安全系数

21. 有一铸造件，为了降低硬度，便于切削加工，应进行（　）处理。

A. 淬火　B. 退火　C. 高温回火　D. 正火

22. 对轴承座进行立体划线，需要翻转 90°角，安放（　）。

A. 一次位置　B. 两次位置　C. 三次位置　D. 四次位置

23. 找正基准的原则中，当工件上有对称平面时，以（　）为基准可使加工余量均匀合理。

A. 一条中心线　B. 对称中心线　C. 一个平面　D. 对称平面

24. 毛坯工件通过找正后划线，可使加工表面与不加工表面之间保持（　）均匀。

A. 尺寸　B. 形状　C. 位置　D. 尺寸和形状

25. 锪孔时存在的主要问题是锪钻的振动使锪的表面出现（　）。

A. 偏磨　B. 麻坑　C. 裂纹　D. 振纹

26. （　）主要用来铰削非标准直径系列的孔。

A. 整体圆柱铰刀　B. 可调节铰刀　C. 锥铰刀　D. 螺旋槽铰刀

27. 套螺纹时应保持板牙端面与圆杆轴线（　）。

A. 平行　B. 垂直　C. 对称　D. 重合

28. 原始平板刮削时，研点采用的方法是（　）和对角研。

A. "8"字形研　B. 直研

C. 仿"8"字形研　D. 螺旋形研

29. （　）的目的是使刮削面美观，并使滑动件之间形成良好的润滑。

A. 刮花　B. 粗刮　C. 细刮　D. 精刮

30. 常用研具材料有球墨铸铁、低碳钢和铜，另外还可选择（　）。

A. 铸铁　B. 白口铸铁　C. 可锻铸铁　D. 灰口铸铁

31. （　）一般只用于硬质合金、宝石、玛瑙和陶瓷等高硬度材料的精研磨加工。

A. 金刚石磨料　B. 氧化物磨料　C. 碳化物磨料　D. 白刚玉磨料

32. 对于大批量的生锈零件，可采用（　）除锈。

A. 加热　B. 物理　C. 化学　D. 电解

33. 标注形位公差代号时，形位公差项目符号应写入形位公差框格（　）内。

A. 第一格　B. 第二格　C. 第三格　D. 第四格

34. 万能角度尺游标刻线上的30格对应扇形板上的29格，此时游标1格与尺身1格相差（　）。

A. 1′　B. 1°　C. 2′　D. 2°

35. 铸铁是指含碳量大于（　）的铁碳合金。

A. 2.11%　B. 4.3%　C. 6.69%　D. 0.77%

36. （　）主要用于制造各种刀具、模具和量具等。

A. 碳素结构钢　B. 碳素工具钢

C. 优质碳素结构钢　D. 铸造碳钢

37. 冷作硬化现象是在（　）时产生的。

A. 热矫正　B. 冷矫正　C. 火焰矫正　D. 高频矫正

38. 淬火的目的是获得（　）组织，从而提高钢的强度、硬度和耐磨性。

A. 珠光体　B. 莱氏体　C. 马氏体　D. 渗碳体

39. 轴承合金是用来制造滑动轴承的材料，其中（　）常用于重要的轴承。

A. 铅基轴承合金　　B. 铝基轴承合金
C. 锡基轴承合金　　D. 钙基轴承合金

40. 制造麻花钻头应选用（　　）材料。

A. T10　　B. W18Cr4V
C. 5CrMnMo　　D. 4Cr9Si2

41. 万能角度尺适用于机械加工中的内、外角度测量，可测 0°~320° 外角及（　　）内角。

A. 40°~100°　　B. 40°~130°　　C. 60°~130°　　D. 60°~180°

42. 接触器自锁控制线路中的自锁功能由接触器的（　　）完成。

A. 主触头　　B. 辅助常闭触头　　C. 辅助常开触头　　D. 线圈

43. 文明生产要求中的形态文明是指衣着整齐，作风、言语、（　　）要文明礼貌。

A. 举止和动作　　B. 待人接物
C. 待人接物和动作　　D. 举止和待人接物

44. 下列不属于单相手电钻规格的是（　　）。

A. 6 mm　　B. 10 mm　　C. 13 mm　　D. 26 mm

45. 拆卸精度要求较高的零件采用（　　）。

A. 破坏法　　B. 拉拔法　　C. 气割法　　D. 击卸法

46. 下列不属于检验棒结构形状的是（　　）。

A. 圆柱形　　B. 圆锥形　　C. 锥度锥柄　　D. 螺纹形

47. 零级平板接触精度要求在 25 mm^2 范围内不少于（　　）点。

A. 10　　B. 15　　C. 20　　D. 5

48. 专用修理工艺经过两三次（　　）的检验，经过修改、完善也可成为典型修理工艺。

A. 中修　　B. 大修　　C. 项修　　D. 小修

49. 下列不是单梁起重机组成零件的是（　　）。

A. 吊架　　B. 手轮　　C. 滑轮　　D. 防护罩

50. 手动压床在操作时压头与零件应该（　　）。

A. 平行　　B. 垂直　　C. 对称　　D. 倾斜

51. 台虎钳是通过（　　）来传递夹紧力的。

A. 固定钳身和活动钳身　　B. 丝杠和螺母
C. 固定钳口　　D. 活动钳口

52. 下列不是钢丝钳常用规格的是（　　）mm。

A. 100　　B. 150　　C. 200　　D. 250

53. 不属于设备作业计划书内容的是（　　）。

A. 作业内容　　B. 作业程序
C. 托修单位、项目分工　　D. 零件加工

54. 使用检验棒测量轴线与轴线之间的（　　）。

A. 平面度　　B. 同轴度　　C. 直线度　　D. 对称度

55. （　　）是大型企业的设备修理方式，是下属单位自行组织的设备修理生产。

A. 集中式　　B. 混合式　　C. 自由式　　D. 分散式

56. 双头螺栓装配时，其轴心线必须与机体表面（　　）。

A. 同轴　　B. 平行　　C. 垂直　　D. 倾斜

57. 刀具是由（　　）和刀杆组成的。

A. 刀头　　B. 刀架　　C. 刀身　　D. 刀刃

58. 乳化液是将乳化油加水稀释而成，主要起（　　）作用。

A. 清洗　　B. 润滑　　C. 防锈　　D. 冷却

59. 游标卡尺是一种（　　）的量具。

A. 较低精度　　B. 较高精度　　C. 中等精度　　D. 精密

60. 百分表盘面有长、短两个指针，短指针一格表示（　　）mm。

A. 1　　B. 0.1　　C. 0.01　　D. 10

61. 用万能角度尺测量工件，当测量角度大于90°、小于180°时，应加上（　　）。

A. 140°　　B. 50°　　C. 90°　　D. 180°

62. 继电器主电路不通，可能的原因是（　　）。

A. 负载侧短路电流过大　　B. 热元件烧断

C. 整定值偏大　　D. 操作频率过高

63. 当发现有人触电时，应保持冷静，迅速（　　），这对减少触电伤亡是行之有效的方法。

A. 报警　　B. 急救　　C. 找医生　　D. 向领导汇报

64. 机械设备上用以表示安全标志的部位一般应涂（　　）色油漆。

A. 红　　B. 蓝　　C. 黄　　D. 绿

65. 环境是指影响人类生存和发展的各种天然的和经过人工改造的自然因素。以下因素不属于环境因素的是（　　）。

A. 大气　　B. 水　　C. 矿藏　　D. 道德

66. 开始工作前，必须按规定穿戴好防护用品是安全生产的（　　）。

A. 重要规定　　B. 一般知识　　C. 规章　　D. 制度

67. 在安装和维修工作中，手动葫芦常与（　　）配合使用，组成简单的起重机械。

A. 桅杆　　B. 千斤顶

C. 三脚起重架或单轨行车　　D. 卷扬机

68. 台钻的（　　）较高，不适用于锪孔和铰孔，更不能用丝锥进行机攻内螺纹。

A. 进给量　　B. 进给速度　　C. 转速　　D. 工作台面

69. 手动压床在操作时压头与零件应该摆放（　　）。

A. 平行　　B. 垂直　　C. 对称　　D. 倾斜

70. 台虎钳的规格是以钳口的（　　）表示的。

A. 长度　　B. 宽度　　C. 高度　　D. 夹持尺寸

71. 常用的扳手类工具较多，在成批生产和流水线装配上广泛采用（　　）。

A. 呆扳手　　B. 电动扳手　　C. 梅花扳手　　D. 活络扳手

72. 金属切削机床中代表铣床的代号字母是（　）。

A. M　　B. Z　　C. T　　D. X

73. CA6140 车床主轴径向跳动和轴向窜动应（　）mm。

A. 都不大于 0.01　　B. 都不大于 0.02

C. 都不大于 0.02 ~ 0.03　　D. 都不大于 0.04

74. 对轴承座进行立体划线，需要翻转 90°角，安放（　）。

A. 一次位置　　B. 两次位置　　C. 三次位置　　D. 四次位置

75. 划线时当发现毛坯误差不大，但用找正方法不能补救时，可用（　）方法来予以补救，使加工后的零件仍能符合要求。

A. 找正　　B. 借料　　C. 变换基准　　D. 改图样尺寸

76. 錾削硬钢或铸铁等硬材料时，錾子的楔角取（　）。

A. 30° ~ 50°　　B. 50° ~ 60°　　C. 60° ~ 70°　　D. 70° ~ 80°

77. 钳工常用的是（　）mm 长度的锯条。

A. 250　　B. 300　　C. 350　　D. 400

78.（　）主要用于修整工件上的细小部分。

A. 三角锉　　B. 方锉　　C. 整形锉　　D. 异形锉

79.（　）用于锉削钢、铸铁以及加工余量小、精度要求高和表面粗糙度值小的工件。

A. 粗齿锉刀　　B. 细齿锉刀　　C. 中齿锉刀　　D. 油光锉

80. 锪孔时的进给量为钻孔时进给量的（　）倍。

A. 1 ~ 2　　B. 2 ~ 3　　C. 3 ~ 4　　D. 4 ~ 5

理论知识考核模拟试卷三

一、判断题（对的打√，错的打×，每题1分，共20分）

1. 设备日常检查的目的是及时发现不正常现象并排除。（ ）
2. 设备空运转时，车床噪声故障可通过传感器和故障诊断仪进行测量。（ ）
3. 当零件磨损降低了设备的性能时，就应该更换。（ ）
4. 主轴箱是用来安装主轴，实现主轴旋转和变速的部件。（ ）
5. 卧式车床润滑系统床脚内油箱的润滑油在30~40天更换一次。（ ）
6. 机床大修后横向导轨的平行度使用精密水平仪检测。（ ）
7. 回转式密封中，毡圈用细羊毛毡冲裁成圈，不能用毡条装入槽中代替毡圈。（ ）
8. 抛甩的治漏方法就是使介质在易泄漏的部位流通畅通，不积存，如加回油通道。（ ）
9. 常用的零件清洗材料有煤油、机油、汽油。（ ）
10. 典型设备的安装材料准备包括安装工具和检验工具。（ ）
11. 滚动轴承支架损坏要进行更换。（ ）
12. 当主要件和次要件配合运转时，磨损后一般修复主要件，更换次要件。（ ）
13. 高精密机床空运转的振幅范围是1 μm。（ ）
14. M131W万能磨床新砂轮装好后空运转不少于3 min。（ ）
15. 主轴轴线对工作台面的平行度或垂直度精度的检查都是采用芯棒和百分表配合测量的。（ ）
16. 卧式车床负载强度测试时一般选用45°右偏刀作为测试刀具。（ ）
17. 磨床空运转的振幅范围是1~3 μm。（ ）
18. 在M131W万能磨床常见故障中，最多的是液压系统所引起的故障。（ ）
19. M131W万能磨床操作，当砂轮架退到最后位置时，不能与头架或尾座对正，要错开位置。（ ）
20. Y54插齿机操作规程中，按工件内孔选择同径心轴。（ ）

二、选择题（将正确答案的序号填入括号内，每题1分，共80分）

1. 滚动轴承清洗完毕后，如果不立即装配，应（ ）。

A. 归类放置　B. 悬挂放置　C. 涂油包装　D. 用纸包装

2. 钻孔一般属于粗加工，同时又是在半封闭状态下切削，摩擦严重，散热困难，加工时应加入以（ ）作用为主的切削液。

A. 润滑　B. 冷却　C. 清洗　D. 密封

3. 在工艺路线已经确定、单台机床基础已经设计的情况下，应仔细考虑机床安装的（ ）。

A. 相互位置　B. 辅助设备配置　C. 厂房高度　D. 环境条件

4. 整体安装的或小型的机床，各级速度运转时间不应少于 2 min，最高速运转不应少于（　　）min。

A. 10　　B. 20　　C. 30　　D. 40

5. 机床负荷试验一般以（　　）为主。

A. 使用单位　　B. 安装单位　　C. 调试单位　　D. 操作人员

6. 车床的一级保养应由（　　）。

A. 维修工完成　　B. 车工自己完成

C. 维修工和车工共同完成　　D. 机械员和车工共同完成

7. 应用密封技术来堵住泄露通道的密封方法称为（　　）。

A. 阻尼　　B. 均压　　C. 疏导　　D. 封堵

8. 密封试验的压力通常为设备工作压力的（　　）倍。

A. 0.75～1　　B. 1.25～1.5　　C. 1.75～2　　D. 2～2.25

9. 以下是往复运动密封方法的是（　　）。

A. O 形密封圈密封　　B. 填料密封　　C. 毡圈密封　　D. 间隙密封

10. 转轴的孔轴配合处，可采用增加（　　）方法实现治漏。

A. 毛毡　　B. 油垫　　C. 橡胶圈　　D. 密封圈

11. 设备在工作中润滑油变质会造成（　　）。

A. 设备静态精度下降　　B. 设备的功能丧失

C. 设备的利用价值下降　　D. 设备的某些零件磨损

12. 车床一级保养中尾座套筒轴线，对床鞍移动的平行度在竖直平面内超差，可修刮（　　）。

A. 床身与主轴箱的连接面　　B. 床身与主轴箱的定位侧面

C. 尾座底板与床身导轨的滑动面　　D. 尾座体与尾座底板的连接面

13. 为防止刮削平板在使用过程中变形，必须对原始平板进行（　　）。

A. 化学处理　　B. 冷却处理　　C. 时效处理　　D. 防锈处理

14. 设备负荷试验要按试验内容准备材料、刀具，并按（　　）调整机床。

A. 切削规范　　B. 实际情况　　C. 精度要求　　D. 切削深度

15. 牛头刨床在检查中，要求固定连接面紧密贴合，用（　　）mm 塞尺检查时不入。

A. 0.01　　B. 0.02　　C. 0.03　　D. 0.04

16. 在装配时，用改变产品中可调整零件的相对位置或选用合适的调整件装配，以达到装配精度的方法称为（　　）装配法。

A. 互换　　B. 分组　　C. 修配　　D. 调整

17. 主轴滑动轴承所选用的润滑方式是（　　）。

A. 动压润滑　　B. 静压润滑　　C. 边界润滑　　D. 固体润滑

18.（　　）是一种横截面形状为圆形的耐油橡胶环。

A. 盘根　　B. O 形圈　　C. 唇型圈　　D. 油封

19. 常用的密封方式有往复运动的密封、回转运动的密封和（　　）。

A. 静密封　　B. O 形圈密封　　C. 间隙密封　　D. 垫片密封

20. 下列不属于设备漏油的原因的是（　　）。

A. 设计不合理　B. 缺陷和损坏　C. 维修不当　D. 机床振动

21. 卧式车床润滑装置的清洗一般采用（　　）进行清洗。

A. 汽油　B. 机油　C. 煤油　D. 柴油

22. 机床操作规程（　　）检查是指专业人员在操作工的参与下对设备进行检查。

A. 日常　B. 定期　C. 机能　D. 精度

23. 设备日常维护保养的检查是（　　）每天必须对设备进行保养工作。

A. 机修人员　B. 操作人员　C. 部门领导　D. 其他人员

24. 刮削导轨时调和显示剂应调得（　　）。

A. 干些　B. 稀些　C. 湿些　D. 不干不湿

25. 金属切削机床通用检查中，导轨研伤深度为（　　）mm 时为不完好。

A. 0.1　B. 0.2　C. 0.3　D. 0.4

26. Z525 立式钻床中主轴能获得（　　）种变速。

A. 36　B. 18　C. 12　D. 9

27. 立式车床立柱导轨对工作台垂直度的检查中，距离平尺全长 2/9 处，放置（　　）个等高垫铁。

A. 一　B. 两　C. 三　D. 四

28. 横梁移动方向相对滑枕移动方向（　　）检查，将 90°角尺固定在此连接面上，使 90°角尺检验面和滑枕移动方向平行。

A. 平面度　B. 平行度　C. 垂直度　D. 直线度

29. 检查牛头刨床滑板移动相对滑枕方向垂直度中所使用的量具、量表是（　　）。

A. 角尺 水平仪　B. 角尺 百分表　C. 角尺 指示器　D. 直尺 百分表

30. 液压系统空运转试验时，滚动轴承油温一般不超过（　　）。

A. 60℃　B. 70℃　C. 80℃　D. 100℃

31. Y54 插齿机检查心轴圆跳动误差为（　　）。

A. 0.01 mm/200 mm　B. 0.02 mm/200 mm

C. 0.03 mm/200 mm　D. 0.04 mm/200 mm

32. 下列不属于 M131W 万能磨床操作规程的内容是（　　）。

A. 检查砂轮　B. 检查液压油　C. 检查护罩　D. 检查导轨精度

33. 研具材料比被研磨的工件的材料要（　　）。

A. 软　B. 硬　C. 软硬均可　D. 超硬

34. 采用成品的研磨膏或固体研磨剂，使用时根据需要选择适当规格加（　　）稀释即可。

A. 柴油　B. 机油　C. 煤油　D. 汽油

35. 研磨圆形孔时出现喇叭口是因为（　　）。

A. 研磨棒变形　B. 研磨剂涂得薄　C. 研磨剂涂得厚　D. 研磨棒短

36. 超声波清洗装置是用（　　）频率来实现清洗。

A. 低　B. 中　C. 高　D. 超高

37. 清洗橡胶制品时不可用（ ）清洗。
A. 水 B. 汽油 C. 酒精 D. 清洗液
38. 在设备安装时，高精度测量使用（ ）。
A. 平直度检查仪 B. 合像水平仪 C. 经纬仪 D. 水准仪
39. 无垫铁安装法二次灌浆层的高度，原则上不低于（ ）mm。
A. 50 B. 100 C. 150 D. 200
40. 润滑系统的每一个润滑点应有规定（ ）的润滑油脂。
A. 温度 B. 油量 C. 流量 D. 压力
41. 检查齿轮侧隙时，所用铅丝直径不宜超过齿轮侧隙最小间隙的（ ）倍。
A. 2 B. 4 C. 5 D. 6
42. 焊接法是修复零件广泛采用的一种方法，其优点不包括（ ）。
A. 焊层厚度可以控制 B. 操作简便
C. 节约原材料 D. 焊接零件不易变形
43. 齿轮加工机床的分度蜗轮副修理时，常采用（ ）的方法。
A. 更换蜗杆、修复蜗轮 B. 更换蜗轮、修复蜗杆
C. 更换蜗杆、蜗轮 D. 修复蜗杆、蜗轮
44. 下列不是离心泵工作性能主要参数的是（ ）。
A. 流量 B. 压力 C. 速度 D. 功率
45. 卧式车床床脚内油箱在两班制的车间约（ ）天更换一次。
A. 20 ~30 B. 30 ~40 C. 40 ~ 50 D. 50 ~ 60
46. 车床在静态检查时，移动机构的反向空行程应（ ）。
A. 尽量大 B. 尽量小 C. 大一点 D. 小一点
47. 下列不属于设备大修前准备的是（ ）。
A. 技术资料的准备 B. 完工资料准备
C. 备件、材料准备 D. 工具、检具的准备
48. 平尺拉表比较法通常用来检查短导轨在垂直面内和水平面内的（ ）。
A. 平面度 B. 垂直度 C. 平行度 D. 直线度
49. 平键一般采用（ ）冲击键的一端，然后拔出。
A. 样冲 B. 錾子 C. 十字旋具 D. 锉刀
50. 装配是产品制造或（ ）过程中的最后一道工序。
A. 小修 B. 中修 C. 项修 D. 大修
51. 大修的零件修复后要能维持（ ）个大修周期。
A. 一 B. 两 C. 三 D. 四
52. 下列不属于机械设备修理电镀方法的是（ ）。
A. 镀铬 B. 镀铜 C. 镀镍 D. 低温镀铁
53. 下列不属于常用减速器的是（ ）。
A. 圆柱齿轮减速器 B. 摆线针轮减速器
C. 蜗轮蜗杆减速器 D. 斜齿减速器

54. 车床主轴箱是用于安装主轴、实现主轴旋转及（　　）的部件。

A. 变速　　B. 实现纵向进给传动

C. 改变进给量　　D. 实现横向进给传动

55. 车床主轴箱中 I 轴的轴端是（　　）。

A. 平键　　B. 半圆键　　C. 方头键　　D. 花键

56.（　）是车床进行性能试验之前的检查。

A. 超负荷试验　　B. 空运转试验　　C. 静态检查　　D. 负荷试验

57. 不属于设备安装中型材的是（　　）。

A. 工字钢　　B. 槽钢　　C. 角钢　　D. 螺纹钢

58. 不是零部件清洗材料的是（　　）。

A. 棉纱　　B. 布条　　C. 塑料布　　D. 纱布

59. 修理卧式车床时，如果主轴锥孔中心线与尾座顶尖锥孔中心线等高度不合要求，可采用（　　）使之达到要求。

A. 选配法　　B. 调整法　　C. 修配法　　D. 互换法

60. 硫酸铜涂料用于（　）表面，可使线条清晰。

A. 毛坯件　　B. 粗加工件　　C. 精加工件　　D. 任何加工件

61. 划线时，在零件的每一个方向都需要选择（　　）个基准。

A. 一　　B. 两　　C. 三　　D. 四

62. 分度头分度的计算公式为 $n=40/Z$，其中，Z 指的是（　　）。

A. 分度头手柄转数　　B. 工件等分数　　C. 蜗轮齿数　　D. 蜗杆头数

63. 锯弓材料多为（　　）。

A. 低碳钢　　B. 中碳钢　　C. 高碳钢　　D. 铸铁

64. 细齿锯条适于锯削下列哪种材料（　　）。

A. 铜　　B. 铝　　C. 钢　　D. 木材

65. 异形锉是用来锉削工件（　　）形状表面用的。

A. 较小　　B. 较大　　C. 特殊　　D. 一般

66. 双齿纹锉刀适用于锉削（　　）材料。

A. 硬　　B. 软　　C. 最硬　　D. 最软

67. 钻孔时，在允许范围内，尽量先选较大的（　　）。

A. 切削速度　　B. 进给量　　C. 切削深度　　D. 转速

68. 攻螺纹时，丝锥位置达到垂直后，铰杠每扳转（　　）圈，就应将丝锥倒转 1/4 圈，断屑。

A. 1/2～1　　B. 1～2　　C. 2～3　　D. 3～4

69. 原始平板的刮削必须采用对角刮研，以消除平面的（　　）误差。

A. 翘曲　　B. 扭曲　　C. 平面度　　D. 垂直度

70. 研磨环主要用来研磨外圆柱表面，其内径应比工件的外径大（　　）mm。

A. 0～0.01　　B. 0～0.02　　C. 0.01～0.02　　D. 0.025～0.05

71. 研磨加工后的工件表面粗糙度值最小可达 Ra（　　）μm。

A. 6.3　B. 1.6　C. 0.8　D. 0.012

72. 下列不属于零件清洗内容的是（　）。

A. 去旧油　B. 脱脂　C. 除锈　D. 涂油

73.（　）属于位置公差。

A. 对称度　B. 直线度　C. 圆柱度　D. 平面度

74. 轮廓算术平均偏差 *Ra* 是指在取样长度内，被测表面轮廓上各点到轮廓中心线距离的绝对值的（　）。

A. 几何平均值　B. 算术平均值　C. 平方平均值　D. 均方根平均值

75. 金属材料受拉力作用，在断裂前产生永久变形的能力称为（　）。

A. 疲劳强度　B. 强度　C. 冲击韧性　D. 塑性

76. $Fe-Fe_3C$ 相图中，当金属液冷却到 1 148℃时，将发生共晶转变，从金属液中结晶出（　）。

A. 奥氏体　B. 渗碳体　C. 珠光体　D. 莱氏体

77. 灰口铸铁 HT250 中 250 表示的是（　）。

A. 最小抗拉强度 250 MPa　B. 最大抗拉强度 250 MPa

C. 最大抗压强度 250 MPa　D. 最大抗压强度 250 MPa

78. 下列材料中属于合金结构钢的是（　）。

A. W18G4V　B. 20Cr　C. T10　D. GCr15

79. 20 钢为改善切削性能，常采用（　）。

A. 完全退火　B. 球化退火　C. 渗碳处理　D. 正火

80. 一般情况下，刀具材料的（　）越高，耐磨性越好。

A. 塑性　B. 冲击韧性　C. 强度　D. 硬度

技能操作考核模拟试卷一

L 型制作

1. 内容及要求

L 型制作示意图如图 4—1—1 所示，按图样划线、加工达到要求。

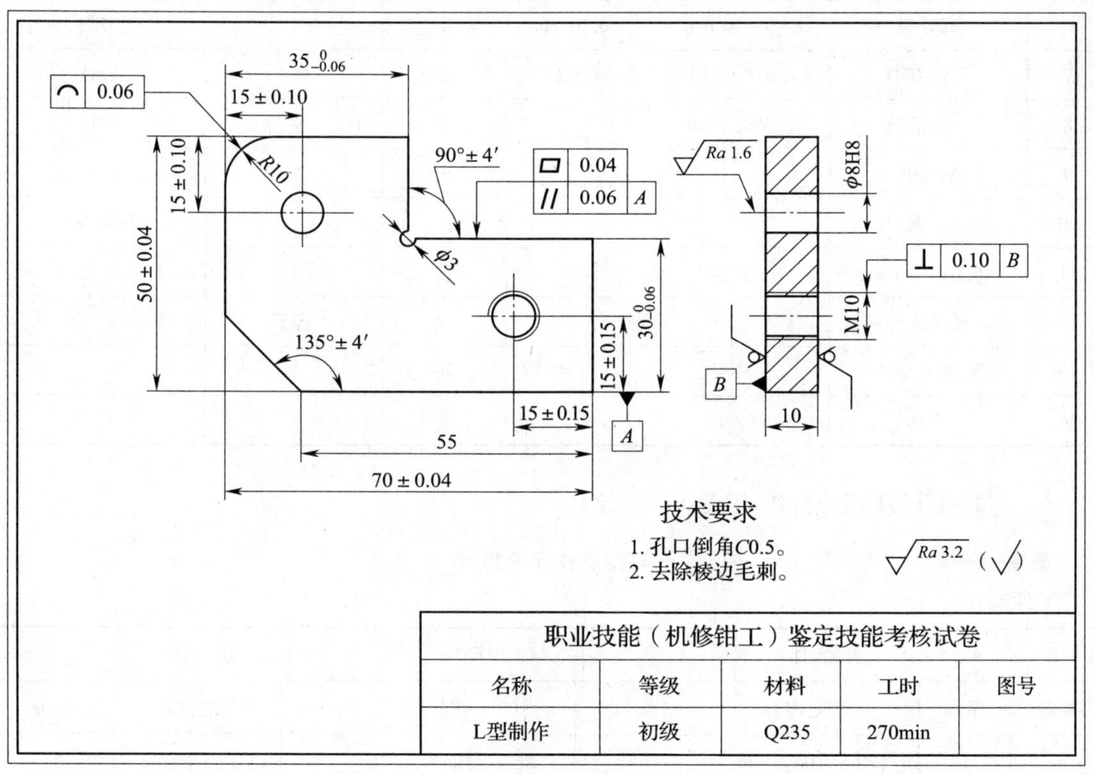

图 4—1—1 L 型制作

2. 准备工作

（1）材料准备。准备加工过的 Q235 光坯 1 件，70 mm × 50 mm × 10 mm。

（2）设备准备。准备划线平台、平口钳、台虎钳、台钻、砂轮机等钳工常用设备。

（3）工具、量具、刃具准备（表 4—1—1）。

3. 时间定额：270 min

表 4—1—1　　机修钳工初级考生工具、量具、刃具准备清单

序号	名称	规格	精度	单位	数量	备注
1	游标高度尺	0 ~ 300 mm	0.02 mm	把	1	
2	游标卡尺	0 ~ 125 mm	0.02 mm	把	1	

续表

序号	名称	规格	精度	单位	数量	备注
3	千分尺	0～25 mm、 25～50 mm、 50～75 mm、 75～100 mm	0 级	把	各 1	
4	刀口直角尺	100 mm / 63 mm	0 级	把	1	
5	万能角度尺	0°～320°	1 级	把	1	
6	百分表	0～10 mm	0.01 mm	块	1	表架
7	铰刀	ϕ8H8、ϕ10H8	H8	支	各 1	铰杠
8	丝锥	M8、M10		套	各 1	铰杠
9	麻花钻	自选		支	各 1	ϕ3 工艺孔
10	手锯			把	1	锯条若干
11	钳工划线工具	自选		套	1	手锤
12	钳工锉刀	自选		把	若干	
13	标准 V 形块	中号	1 级	块	1	
14	文具			套	1	

4. 考核项目及评分标准（表 4—1—2）

表 4—1—2　　　　L 型制作评分标准

工件编号：________　　　　得分：________

时限	4.5 h	开始时间		结束时间		实考时间	
要素	序号	鉴定内容	配分	评分标准		检测记录	得分
锉削 56%	1	（70 ±0.04）mm	5	超差全扣			
	2	（50 ±0.04）mm	5	超差全扣			
	3	$35_{-0.06}^{0}$ mm	6	超差全扣			
	4	$30_{-0.06}^{0}$ mm	6	超差全扣			
	5	135° ±4′	6	超差全扣			
	6	90° ±4′	6	超差全扣			
	7	⏥ 0.04	1 ×7	超差全扣			
	8	// 0.06 A	4	超差全扣			
	9	⌒ 0.06	4	超差全扣			
	10	Ra3.2 μm	1 ×7	不合格不得分			

续表

要素	序号	鉴定内容	配分	评分标准	检测记录	得分
钻孔 攻螺纹 30%	11	(15 ±0.15) mm	4 ×2	超差全扣		
	12	(15 ±0.10) mm	4 ×2	超差全扣		
	13	ϕ8H8	4	超差全扣		
	14	*Ra*1.6 μm	2	不合格不得分		
	15	M10	4	超差全扣		
	16	⊥ 0.10 *B*	3	超差全扣		
	17	ϕ3 mm	1	超差全扣		
其他 4%	18	毛刺、缺陷	4	每处扣 1 ~2 分		
	19	安全文明生产	扣分	违者酌扣 1 ~10 分		
工艺 分析 10%	20	工艺编写内容	10	视内容酌情扣分		

评分人：　　　年　月　日　　　　　　　　　　核分人：　　　年　月　日

技能操作考核模拟试卷二

燕尾制作

1. 内容及要求

燕尾制作示意图如图 4—2—1 所示，按图样划线、加工达到要求。

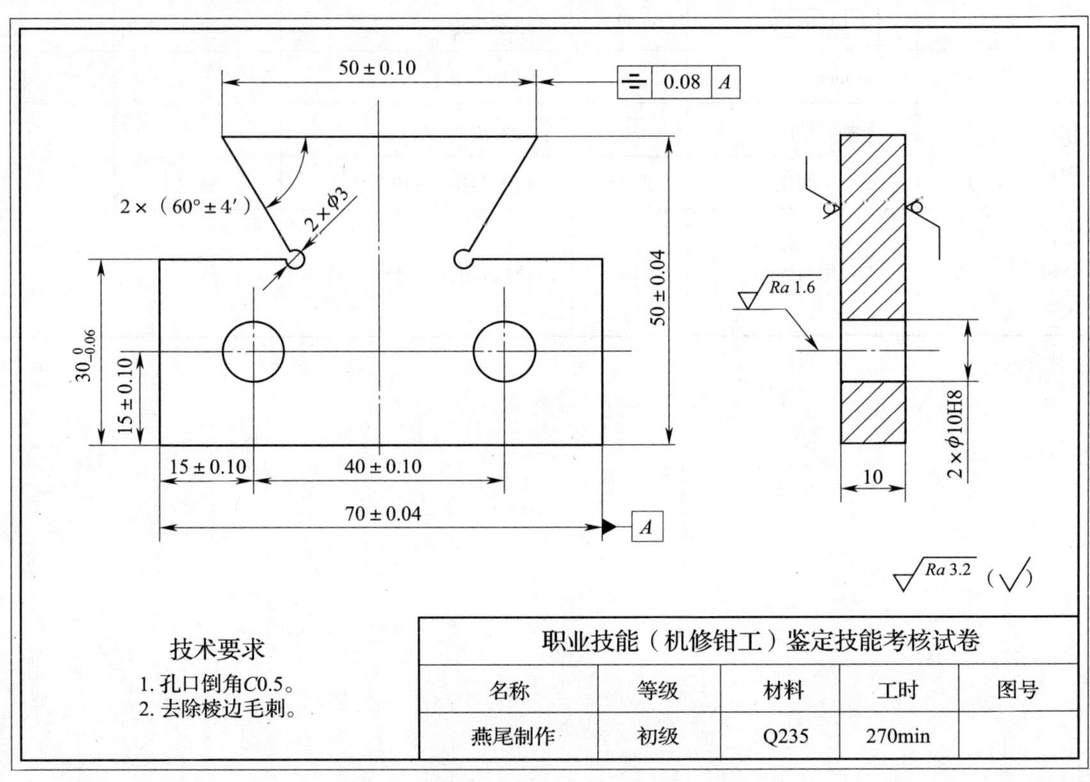

图 4—2—1　燕尾制作

2. 准备工作

（1）材料准备。准备加工过的 Q235 光坯 1 件，70 mm × 50 mm × 10 mm。

（2）设备准备。准备划线平台、平口钳、台虎钳、台钻、砂轮机等钳工常用设备。

（3）工具、量具、刃具准备（表 4—2—1）。

3. 时间定额：270 min

表 4—2—1　　　机修钳工初级考生工具、量具、刃具准备清单

序号	名称	规格	精度	单位	数量	备注
1	游标高度尺	0 ~ 300 mm	0. 02 mm	把	1	
2	游标卡尺	0 ~ 125 mm	0. 02 mm	把	1	

续表

序号	名称	规格	精度	单位	数量	备注
3	千分尺	0～25 mm、25～50 mm、50～75 mm、75～100 mm	0 级	把	各 1	
4	刀口直角尺	100 mm / 63 mm	0 级	把	1	
5	万能角度尺	0°～320°	1 级	把	1	
6	百分表	0～10 mm	0. 01 mm	块	1	表架
7	铰刀	ϕ8H8、ϕ10H8	H8	支	各 1	铰杠
8	丝锥	M8、M10		套	各 1	铰杠
9	麻花钻	自选		支	各 1	ϕ3 工艺孔
10	手锯			把	1	锯条若干
11	钳工划线工具	自选		套	1	手锤
12	钳工锉刀	自选		把	若干	
13	标准 V 形块	中号	1 级	块	1	
14	文具			套	1	

4. 考核项目及评分标准（表 4—2—2）

表 4—2—2　　燕尾制作评分标准

工件编号：________　　　　得分：________

时限	4. 5 h	开始时间		结束时间		实考时间	

要素	序号	鉴定内容	配分	评分标准	检测记录	得分
锉削 54%	1	（70 ±0. 04） mm	5	超差全扣		
	2	（50 ±0. 04） mm	5	超差全扣		
	3	$30_{-0.06}^{0}$ mm	6 ×2	超差全扣		
	4	（50 ±0. 10） mm	5	超差全扣		
	5	60° ±4′	6 ×2	超差全扣		
	6	[⌯ | 0.08 | A]	5	超差全扣		
	7	*Ra*3. 2 μm	1 ×10	不合格不得分		
钻孔铰孔 32%	8	（40 ±0. 10） mm	6	超差全扣		
	9	（15 ±0. 10） mm	6 ×2	超差全扣		
	10	ϕ10H8	3 ×2	超差全扣		
	11	*Ra*1. 6 μm	2 ×2	不合格不得分		
	12	ϕ3 mm	2 ×2	超差全扣		

续表

要素	序号	鉴定内容	配分	评分标准	检测记录	得分
其他 4%	13	毛刺、缺陷	4	每处扣 1 ~ 2 分		
	14	安全文明生产	扣分	违者酌扣 1 ~ 10 分		
工艺分析 10%	15	工艺编写内容	10	视内容酌情扣分		

评分人：　　　　年　月　日　　　　　　　　　　核分人：　　　　年　月　日

技能操作考核模拟试卷三

T 型制作

1. 内容及要求

T 型制作示意图如图 4—3—1 所示，按图样划线、加工达到要求。

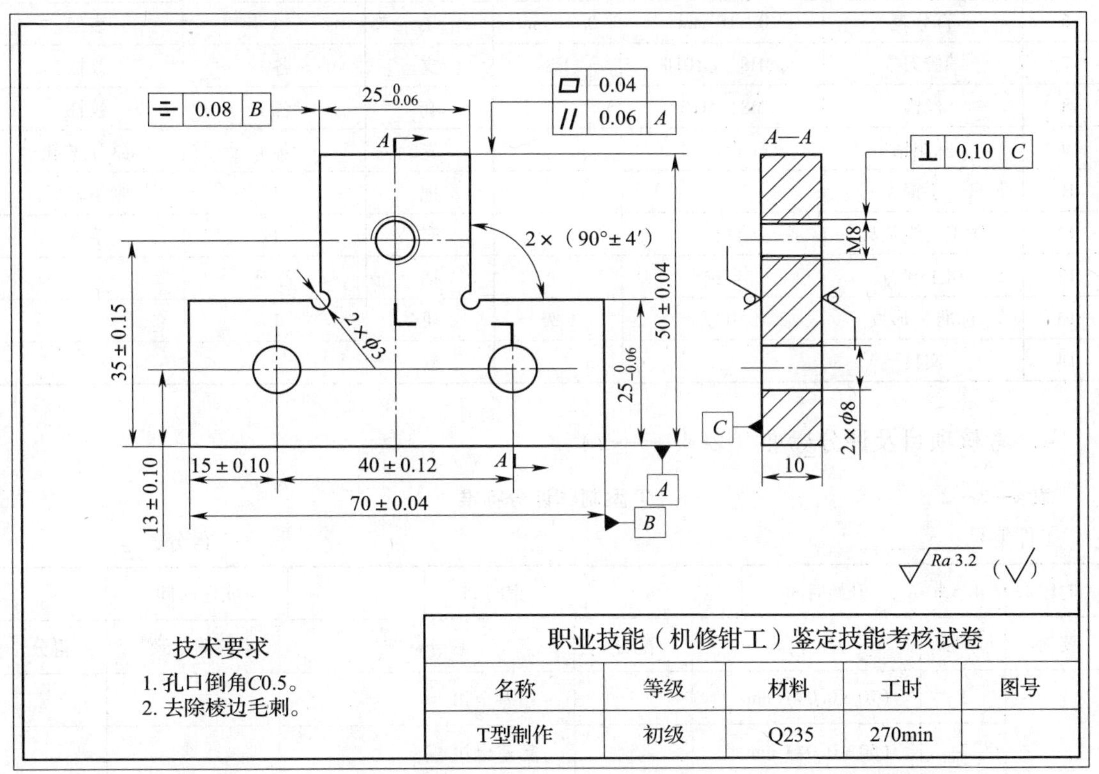

职业技能（机修钳工）鉴定技能考核试卷				
名称	等级	材料	工时	图号
T型制作	初级	Q235	270min	

图 4—3—1 T 型制作

2. 准备工作

（1）材料准备。准备加工过的 Q235 光坯 1 件，70 mm×50 mm×10 mm。

（2）设备准备。准备划线平台、平口钳、台虎钳、台钻、砂轮机等钳工常用设备。

（3）工具、量具、刃具准备（表 4—3—1）。

3. 时间定额：270 min

表 4—3—1　　机修钳工初级考生工具、量具、刃具准备清单

序号	名称	规格	精度	单位	数量	备注
1	游标高度尺	0～300 mm	0.02 mm	把	1	
2	游标卡尺	0～125 mm	0.02 mm	把	1	

续表

序号	名称	规格	精度	单位	数量	备注
3	千分尺	0 ~ 25 mm、25 ~ 50 mm 50 ~ 75 mm、75 ~ 100 mm	0 级	把	各 1	
4	刀口直角尺	100 mm / 63 mm	0 级	把	1	
5	万能角度尺	0° ~ 320°	1 级	把	1	
6	百分表	0 ~ 10 mm	0. 01 mm	块	1	表架
7	铰刀	ϕ8H8、ϕ10H8	H8	支	各 1	铰杠
8	丝锥	M8、M10		套	各 1	铰杠
9	麻花钻	自选		支	各 1	ϕ3 工艺孔
10	手锯			把	1	锯条若干
11	钳工划线工具	自选		套	1	手锤
12	钳工锉刀	自选		把	若干	
13	标准 V 形块	中号	1 级	块	1	
14	文具			套	1	

4．考核项目及评分标准（表 4—3—2）

表 4—3—2　　T 型制作评分标准

工件编号：________　　　　得分：________

时限	4. 5 h	开始时间		结束时间		实考时间	
要素	序号	鉴定内容	配分	评分标准	检测记录	得分	
锉削 52%	1	(70 ± 0. 04) mm	5	超差全扣			
	2	(50 ± 0. 04) mm	5	超差全扣			
	3	$25_{-0.06}^{0}$ mm	4 × 3	超差全扣			
	4	90° ± 4′	4 × 2	超差全扣			
	5	▱ 0.04	1 × 8	超差全扣			
	6	// 0.06 *A*	3	超差全扣			
	7	⌯ 0.08 *B*	3	超差全扣			
	8	*Ra*3. 2 μm	1 × 8	不合格不得分			
钻孔攻螺纹 34%	9	(40 ± 0. 12) mm	4	超差全扣			
	10	(15 ± 0. 10) mm	4	超差全扣			
	11	(13 ± 0. 10) mm	4 × 2	超差全扣			

续表

要素	序号	鉴定内容	配分	评分标准	检测记录	得分
钻孔攻螺纹34%	12	2×ϕ8 mm	2×2	超差全扣		
	13	Ra3.2 μm	1×2	不合格不得分		
	14	(35±0.15) mm	4	超差全扣		
	15	M8	3	超差全扣		
	16	⊥ 0.10 C	3	超差全扣		
	17	2×ϕ3 mm	1×2	超差全扣		
其他4%	18	毛刺、缺陷	4	每处扣1~2分		
	19	安全文明生产	扣分	违者酌扣1~10分		
工艺分析10%	20	工艺编写内容	10	视内容酌情扣分		

评分人：　　年　月　日　　　　核分人：　　年　月　日

理论知识考核模拟试卷参考答案

试卷一

一、判断题（对的打√，错的打×，每题1分，共20分）

1. × 2. √ 3. √ 4. √ 5. × 6. √ 7. × 8. √ 9. √
10. × 11. × 12. × 13. × 14. √ 15. √ 16. × 17. × 18. √
19. × 20. √

二、选择题（将正确答案的序号填入括号内，每题1分，共80分）

1. B 2. D 3. B 4. D 5. C 6. A 7. B 8. D 9. A
10. A 11. B 12. C 13. B 14. C 15. A 16. A 17. B 18. D
19. D 20. C 21. A 22. C 23. C 24. B 25. A 26. B 27. C
28. B 29. A 30. B 31. A 32. A 33. A 34. B 35. B 36. D
37. D 38. A 39. C 40. B 41. D 42. C 43. A 44. B 45. A
46. C 47. B 48. B 49. D 50. A 51. C 52. A 53. A 54. D
55. B 56. A 57. B 58. C 59. C 60. A 61. C 62. B 63. D
64. B 65. C 66. B 67. B 68. D 69. D 70. A 71. C 72. B
73. D 74. A 75. B 76. B 77. B 78. C 79. D 80. B

试卷二

一、判断题（对的打√，错的打×，每题1分，共20分）

1. √ 2. × 3. × 4. √ 5. × 6. √ 7. √ 8. × 9. √
10. √ 11. √ 12. √ 13. √ 14. × 15. × 16. √ 17. √ 18. ×
19. √ 20. √

二、选择题（将正确答案的序号填入括号内，每题1分，共80分）

1. A 2. D 3. D 4. C 5. C 6. D 7. C 8. D 9. C
10. B 11. B 12. B 13. B 14. C 15. A 16. C 17. C 18. A
19. D 20. D 21. B 22. C 23. D 24. A 25. D 26. B 27. B
28. B 29. A 30. D 31. A 32. C 33. A 34. C 35. A 36. B
37. B 38. C 39. C 40. B 41. B 42. C 43. D 44. D 45. B
46. D 47. C 48. B 49. D 50. B 51. B 52. A 53. D 54. B
55. D 56. C 57. A 58. D 59. C 60. A 61. C 62. B 63. B
64. A 65. D 66. C 67. C 68. C 69. B 70. B 71. B 72. D
73. A 74. C 75. B 76. C 77. B 78. C 79. B 80. B

试卷三

一、判断题（对的打√，错的打×，每题1分，共20分）

1. √　2. √　3. √　4. √　5. ×　6. √　7. √　8. ×　9. ×
10. √　11. √　12. √　13. √　14. ×　15. ×　16. √　17. √　18. √
19. √　20. √

二、选择题（将正确答案的序号填入括号内，每题1分，共80分）

1. C　2. B　3. A　4. C　5. A　6. B　7. D　8. B　9. A
10. D　11. B　12. C　13. C　14. D　15. C　16. D　17. A　18. B
19. A　20. D　21. C　22. B　23. B　24. D　25. C　26. D　27. B
28. C　29. B　30. B　31. A　32. D　33. A　34. B　35. C　36. C
37. B　38. D　39. B　40. D　41. B　42. D　43. A　44. D　45. D
46. B　47. B　48. D　49. B　50. D　51. A　52. C　53. D　54. A
55. D　56. C　57. D　58. C　59. C　60. C　61. A　62. B　63. A
64. C　65. C　66. A　67. B　68. A　69. B　70. D　71. D　72. D
73. A　74. B　75. D　76. D　77. A　78. B　79. D　80. D